G. Olbrich M. Quick J. Schweikart

Desktop Mapping

Springer-Verlag Berlin Heidelberg GmbH

G. Olbrich M. Quick J. Schweikart

Desktop Mapping

Grundlagen und Praxis in Kartographie und GIS

3., überarbeitete und erweiterte Auflage

Mit 153 Abbildungen und 25 Tabellen

Springer

Dipl.-Geogr. Gerold Olbrich
Etzwiesenweg 14
69226 Nußloch

Dipl.-Geogr. Michael Quick
Königsäcker 70
68723 Schwetzingen

Professor Dr. Jürgen Schweikart
Technische Fachhochschule Berlin
FB III: Bauingenieur- und Geoinformationswesen
Luxemburger Straße 10
13353 Berlin

ISBN 978-3-642-62974-7 ISBN 978-3-642-56346-1 (eBook)
DOI 10.1007/978-3-642-56346-1

Die Deutsche Bibliothek - CIP-Einheitsaufnahme
Desktop Mapping : Grundlagen und Praxis in Kartographie und GIS / Gerold Olbrich ; Michael Quick ; Jürgen Schweikart. - 3., überarb. und erw. Aufl.
- Berlin ; Heidelberg ; New York ; Barcelona ; Budapest ; Hongkong ; London; Mailand ; Paris ; Singapur ; Tokio : Springer, 2002
2. Aufl. u.d.T.: Computerkartographie
ISBN 3-540-64890-9

Springer-Verlag Berlin Heidelberg GmbH

http://www.springer.de

Softcover reprint of the hardcover 3rd edition 2002

Herstellung: PRO EDIT GmbH, Heidelberg
Einbandgestaltung: design & production, Heidelberg
Satz: Reproduktionsfertige Autorenvorlage
Gedruckt auf säurefreiem Papier SPIN: 10687587 30/3130/Di 5 4 3 2 1 0

Vorwort

Mit der 3. Auflage bot sich uns nicht nur die Gelegenheit zur Korrektur fehlerhafter oder missverständlicher Textstellen, sondern auch zu Ergänzungen und Aktualisierungen. Letzteres ist in diesem sich rasch wandelnden Themenbereich von besonderer Bedeutung. Alle Programmbesprechungen wurden neu bearbeitet, einige Programme nicht mehr aufgenommen und ein neues ist hinzugekommen. Auch das zweite und dritte Kapitel wurden aktualisiert und erweitert. Wie in der zweiten Auflage liegt eine CD-ROM mit Testversionen vieler Programme bei, die jedem Zugang in die Welt der digitalen Kartographie gestatten.

Mit der neuen Auflage hat sich der Titel des Buches geändert; er ist nun enger auf den Inhalt abgestimmt. In Anlehnung an den Begriff Desktop Publishing werden unter *Desktop Mapping* alle PC-gestützten Vorgänge zusammengefasst, die von der Erfassung der Daten bis zur Ausgabe einer thematischen Karte reichen.

Unser Dank gilt allen Lesern, die mit kritischen Hinweisen diese Überarbeitung erleichtert haben. Danken möchten wir auch Kollegen, die uns mit konstruktiven Hinweisen Impulse für die neue Auflage gegeben haben. Besonderer Dank gebührt Frau Dipl.-Ing. Marina Rösler und Frau Dipl.-Ing. Nicole Ueberschär für die tatkräftige Unterstützung an dieser neuen Auflage.

Ausdrücklich möchten wir die bereits in den bisherigen Auflagen geäußerte Bitte an unsere Leser um Korrektur- und Verbesserungsvorschläge wiederholen.

Berlin, im Januar 2002

Gerold Olbrich, Michael Quick und Jürgen Schweikart

Vorwort zur ersten Auflage

Karten zu erzeugen ist vielleicht zu einfach geworden,
die ungewollte Selbsttäuschung ist unvermeidlich.
(nach Monmonier 1991)

Lange wurde die Computerkartographie nur von wenigen Spezialisten beherrscht. Dies hat sich grundlegend geändert. Mit jedem Schritt, bei dem die Programme einfacher und bedienerfreundlicher werden, erhöht sich unter den Anwendern der Anteil der kartographischen Laien. Dies wird bei der kritischen Betrachtung der Resultate, sprich Karten, immer deutlicher sichtbar.

Obwohl es eine Vielzahl von Programmen gibt, fehlt bisher eine praxisbezogene Einführung in die Computerkartographie am PC. Dieses Buch ist nicht als umfassendes Lehrbuch konzipiert und erhebt keinen Anspruch auf die vollständige und lückenlose Darstellung. Vielmehr wurde versucht, die Aspekte auszuwählen, die von vielen Anwendern häufig gebraucht werden. Die Autoren sind für Anregungen einer kritischen Leserschaft dankbar.

Das Thema wurde auch im Zusammenhang mit dem Aufbau der Computerkartographie am Mannheimer Zentrum für Europäische Sozialforschung erarbeitet. Für die Möglichkeit zur Inanspruchname der Infrastruktur bedanken wir uns herzlich. Ferner bedanken wir uns bei den Softwareherstellern, die uns großzügig ihre Programme zum Test zur Verfügung stellten.

Die Verfasser danken Frau Dipl.-Geogr. Sabine Quick und Frau Gabriela Pecht-Schweikart M.A. für die kritische Durchsicht des Manuskripts und die zahlreichen Anregungen. Für seine Hilfe in allen Fragen zur Hardware bedanken wir uns bei Herrn Christoph Bartoschek. Den Herren Marcel Emami, Dipl.-Geogr. Bernd Goldschmidt und Dipl.-Ing. Stephan Scherer gilt unser Dank für die Unterstützung beim Zusammenstellen der Literatur und Anfertigen der Abbildungen. Für vielfältige Unterstützung und anregende Diskussionen danken wir allen Kollegen und Freunden, die hier nicht namentlich erwähnt sind.

Nicht zuletzt sind die Autoren dem Springer Verlag zu großem Dank verpflichtet, besonders Herrn Christian Witschel M.A. für die angenehme Zusammenarbeit.

Mannheim, im März 1994

Gerold Olbrich, Michael Quick und Jürgen Schweikart

Inhaltsverzeichnis

1 Einleitung

Während in den 80er Jahren Karten noch überwiegend manuell hergestellt wurden, nimmt die Kartenerstellung am PC heute nur noch wenig Zeit in Anspruch. Diese Entwicklung verläuft parallel zu dem gestiegenen Informationsbedürfnis unserer Gesellschaft, in der Aktualität und schnelle Verfügbarkeit von Daten aller Art einen großen Stellenwert einnehmen. Die Darstellung raumbezogener Daten erfolgt in thematischen Karten, die sich bezüglich Wesen und Funktion voneinander unterscheiden. Dabei kommt der computergestützten Kartenerstellung eine besondere Bedeutung zu, die eine schnelle und flexible Visualisierung ermöglicht. Der Begriff *Desktop Mapping* fasst den gesamten Entstehungsprozess einer Karte, von der Dateneingabe bis zur Ausgabe, an einem Computerarbeitsplatz zusammen. Desktop Mapping Systeme verfügen u. a. über den vollständigen Umfang von Präsentationswerkzeugen sowie eingeschränkte Analysemöglichkeiten.

Das Desktop Mapping nimmt zwar dem Autor die Handarbeit ab, liefert aber keine Patentrezepte für die Anfertigung einer Karte. Um in einer Karte die Inhalte leicht verständlich darzustellen, ist „eine kartographische Ausbildung als Grundlage wichtig, da so eine Darstellung nicht nur nach inhaltlichen Gesichtspunkten, sondern auch nach formalen und optisch-ästhetischen Regeln aufgebaut wird" (Mocker, Mocker u. Werner 1990). Diese Überlegungen sind für die Konzeption und Gliederung dieses Buches maßgeblich gewesen.

Kapitel 2 führt in die Theorie der thematischen Kartographie ein. Im Rahmen dieses Kapitels werden die kartographischen Ausdrucksformen, die Darstellung der Sachdaten und der wichtige Aspekt der Gestaltung von Karten behandelt. Daran anschließend führt Kapitel 3 in die hardware- und softwareseitigen Grundlagen ein, gefolgt von einer Erörterung der grundlegenden digitalen Arbeitsmethoden. Während diese Erörterung noch weitgehend unabhängig von spezifischen Kartographieprogrammen erfolgt, wird in Kapitel 4 die Software zur Kartenerstellung am Rechner systematisch beschrieben, und wichtige PC-Programme werden vorgestellt. Kapitel 5 fasst die wesentlichen Punkte des Buches zusammen. Das Buch schließt mit einem Literaturverzeichnis und einem Anhang, in dem u. a. Bezugsquellen von Software, Daten und Koordinaten angegeben werden, ab.

Doch zuvor gibt das einleitende Kapitel Auskunft über Wesen und Funktion thematischer Karten und zeigt die Vorteile der digitalen Kartographie auf. Ein kurzer Ausflug in die Geschichte der Computerkartographie soll jedoch auch zeigen, dass der heutige Stand der Technik sich erst allmählich entwickelte, was auch für die Kartenerstellung am PC gilt.

1.1 Wesen und Funktion thematischer Karten

Während die thematische Kartographie als eigenständige Teildisziplin der kartographischen Wissenschaft noch relativ neu ist, besitzen thematische Karten schon eine lange historische Tradition und stellen gegenwärtig ca. 85 % aller herausgegebenen Karten dar (Hake 1985, 20). Die derzeit wachsende Bedeutung der thematischen Kartographie geht insbesondere auf die Computerkartographie zurück, die eine schnelle Kartenproduktion ermöglicht.

Die Darstellung räumlicher Informationen in Form von Karten hat in den letzten Jahren sprunghaft zugenommen und ist nicht nur auf den Wissenschafts- und Planungsbereich beschränkt, sondern wird auch im Zeitalter der Massenkommunikation von den Medien gezielt angewendet. Im Fernsehen sind neben der aktuellen Wetterkarte auch Übersichtskarten von politischen Krisengebieten täglich zu sehen; in der Zeitungslandschaft werden Karten ebenfalls für die verschiedensten Themenbereiche eingesetzt. Vor diesem Hintergrund erscheint es notwendig, Sinn und Funktion des Einsatzes von Karten zu klären.

Tabelle 1.1. Anzahl der gemeldeten kriminellen Delikte in Frankreich 1984-1989

Region	Einwohner in 1000 1.1.1990	kriminelle Delikte innerhalb eines Jahres 1985	1986	1987	1988	1989
Alsace	1624	90938	80393	78345	80638	87130
Aquitaine	2795	172396	153961	143536	137274	142600
Auvergne	1321	52193	47903	44053	44096	46688
Bourgogne	1609	78082	65960	63854	65411	64851
Bretagne	2795	116457	104298	95518	94960	94554
Centre	2371	106123	102001	101199	99687	97189
Champagne-Ardenne	1347	69131	62101	60648	58941	62886
Corse	250	15714	17869	18954	18923	19050
Franche-Comté	1097	53283	45203	43800	42727	41493
Île de France	10660	945974	870194	832710	807535	858735
Languedoc-Roussillon	2115	165129	160859	149161	157274	160898
Limousin	722	24807	24217	22607	21996	22733
Lorraine	2305	114584	98095	96014	90783	89347
Midi-Pyrénées	2430	112517	112278	110116	109245	115548
Nord-Pas-de-Calais	3965	259294	236483	222569	223145	230754
Basse Normandie	1391	68914	58598	60376	60716	63802
Haute Normandie	1737	101844	98649	91401	90824	91433
Pays de la Loire	3059	121929	113713	110583	108607	114164
Picardie	1810	103595	96228	88975	83644	84589
Poitou-Charentes	1595	74250	65502	65593	61260	60476
Prov.-Alpes-Côte d'Azur	4257	408560	381212	376849	375581	401033
Rhône-Alpes	5350	315139	287590	293034	298035	315087

Quelle: INSEE 1992, 75/109

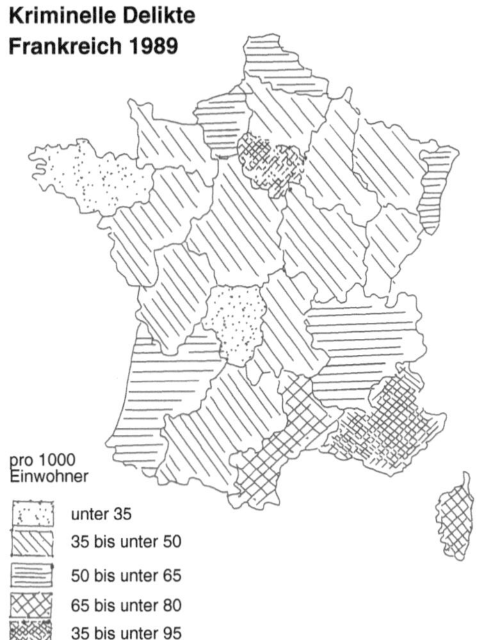

Abb. 1.1. Von Hand gezeichnete thematische Karte

1.1.1 Funktion thematischer Karten

Die Vorteile einer Karte sind offensichtlich. Es bedarf nur weniger Argumente, um zu zeigen, dass die räumliche Darstellung von Daten nicht nur dekorativer aussieht und häufig einen Aha-Effekt nach sich zieht, sondern auch einen Zugewinn an Information bedeutet. Denn neben dem schlichten Datenwert gibt es die zusätzliche und neue Information, *wo* sich dieser Wert befindet. Ein simples Beispiel lässt sich konstruieren, indem z. B. zur Tabelle 1.0 die Frage gestellt wird: Wo lebt man in Frankreich gefährlicher, im Süden oder an der Westküste? Die Daten seien im Folgenden unreflektiert der Statistik entnommen, und es wird davon ausgegangen, dass die Zahl der kriminellen Delikte ein geeigneter Indikator für Gefahr ist. Die Beantwortung dieser Frage ist dann für jemanden einfach, der zum einen mit der regionalen Gliederung des Landes vertraut ist und zum anderen ein gutes räumliches Vorstellungsvermögen hat. Zwei Eigenschaften die im Allgemeinen nicht immer zusammentreffen und daher nicht grundsätzlich vorausgesetzt werden können.

Hier kann eine Karte Abhilfe schaffen. Dabei spielt es zunächst keine Rolle, wie diese Karte zustande kommt, ob es sich um eine einfache Skizze oder eine Karte, die mit konventionellen Methoden hergestellt wurde oder um ein Produkt der Computerkartographie handelt. Der wichtigste Effekt ist immer der gleiche, und zwar der Informationsgewinn. Dieser besteht im vorgestellten Beispiel zum einen darin, dass die Daten durch die Klasseneinteilung in ihrer Struktur, d. h. der Verteilung, leichter und schneller zu erfassen sind, und zum anderen in dem wichtigeren und allgemeingültigen Aspekt, dass deren räumliche Struktur deutlich wird. Informationen, die in Tabellenform kaum zu erfassen waren, sind in der Karte mit einem Blick sichtbar wie Abbildung 1.1 deutlich zeigt.

1.1.2 Definition der thematischen Karte

Unter einer Karte wird ein verebnetes, maßstabsgebundenes, generalisiertes und inhaltlich begrenztes Modell räumlicher Informationen verstanden (Hake 1982, 23). Im Gegensatz zu den traditionellen Begriffsbestimmungen, die die Karte – in Papierform – als Grundrissbild der gesamten oder eines Teils der Erdoberfläche bzw. anderer Weltkörper ansah, wird nun auch die Computertechnik, die Karten in digitaler Form ermöglicht, berücksichtigt. Digitale Karten können einerseits in analoge Produkte umgewandelt werden, andererseits können diese latent als gespeicherte kartographische Modelle vorliegen, d. h. die klassische Karte wird zunehmend zur graphischen Aussage digital gespeicherter Informationen (Hake 1988, 66).

Karten werden nach dem Inhalt in topographische und thematische Karten unterschieden. *Topographische Karten* dienen in erster Linie der Orientierung im Gelände und haben die Aufgabe, Geländeformen und sonstige Phänomene der Erdoberfläche darzustellen, wobei exakte Vermessungen und Kartierungen notwendig sind.

Thematische Karten dagegen haben den Zweck, über bestimmte raumbezogene Themen (z. B. Geologie, Klima, Bevölkerung, Verkehr) zu informieren. Das Ziel dieser Karten ist es, für den Betrachter ein bestimmtes Wissen schnell und anschaulich zu übermitteln. Dabei handelt es sich um die Dokumentation von Beobachtungsmaterial bzw. von abstrakten wissenschaftlichen Ergebnissen, aber auch die sogenannten Übersichtsskizzen in Zeitungen und Fernsehen zählen dazu. Die Abgrenzung thematischer von topographischen Karten ist nicht eindeutig zu vollziehen, da eine topographische Karte auch als Spezialfall der thematischen Karte angesehen werden kann. Auch sind viele Karten im Bereich des Tourismus und der Freizeit, wie z. B. Radwanderkarten oder illustrierte Stadtpläne als Übergangsformen anzusehen (Hake 1982, 19).

Während topographische Karten vom Erscheinungsbild her hauptsächlich nur vom Maßstab abhängen, lassen sich im Vergleich dazu die thematischen Karten wie folgt charakterisieren:

- Sie weisen selbst bei gleichen Maßstäben entsprechend den verschiedenen thematischen Aussagen eine sehr große Vielfalt graphischer Gestaltungen auf.
- Sie besitzen je nach Thema einen unterschiedlichen Grad geometrischer Exaktheit, der teilweise sogar bis zur bloßen Raumtreue reduziert ist. In diesem Zusammenhang sind die Begriffe *Karte* und *Kartogramm* zu unterscheiden. Während in einer *Karte* die Sachverhalte in Situations- bzw. Positionstreue dar-

gestellt sind, verzichtet das *Kartogramm* auf eine genaue Lagetreue und bildet die Sachverhalte nur „raumtreu“ ab. Kartogramme können nach Arnberger (1987) je nach der Darstellungsart noch weiter untergliedert werden. In *Flächenkartogrammen* werden u. a. administrative Einheiten oder auch naturräumliche Einheiten dargestellt, die sich durch unterschiedliche Farben oder Füllmuster voneinander unterscheiden. In *Diakartogrammen* werden die Variablen mittels verschiedener Diagrammarten wie Kreise, Quadrate usw. abgebildet.

Der Begriff des Kartogramms ist besonders für thematische Karten am PC wichtig. Da bei diesen Karten, wie oben erwähnt, die Vermittlung von Informationen, häufig von statistischen Daten, im Vordergrund steht, müssen zwangsläufig Abstriche bei der Lagetreue hingenommen werden. Eine Zwischenrolle nehmen z. B. Stadtpläne ein, die auf der Grundlage topographischer Karten erstellt sind und in erster Linie der Orientierung dienen, aber auch allgemeine thematische Informationen wie Sehenswürdigkeiten etc. vermitteln.

1.1.3 Typologie

Durch die ständig wachsende Zahl von Themenbereichen in der Wissenschaft und im täglichen Leben gibt es eine Vielzahl thematischer Karten. Da viele Themenbereiche einer gleichartigen graphischen Gestaltung unterworfen sind, ist es notwendig, die verschiedenen Klassifikationsmöglichkeiten thematischer Karten vorzustellen und die entsprechenden Begriffe zu erläutern. Aus einer Fülle von Möglichkeiten werden im Folgenden die wichtigsten Gliederungsmöglichkeiten und die daraus resultierenden Kartentypen vorgestellt (vgl. Tabelle 1.2).

Tabelle 1.2. Gliederungsaspekte und die daraus resultierenden Kartentypen

Gliederungsaspekt	Kartentypen
Themengebiet	Geologische Karten / Bevölkerungskarten usw.
Art der Information	Qualitative Karten / Quantitative Karten
Art und Umfang der Wiedergabe	Analytische Karten / Komplexe Karten / Synthetische Karten
Zeitliches Verhalten	Statische Karten / Dynamische Karten
Kartographisches Gestaltungsmittel	Standortkarten / Choroplethenkarten / Diagrammkarten usw.

Quelle: Witt 1970, 25ff.

Gliederung nach Themengebieten. Die Kartengruppierung erfolgt nach dem behandelten Thema bzw. Inhalt, wobei die Themen bestimmten Fachgebieten zugeordnet werden. In diesem Zusammenhang bietet sich eine Gliederung nach den Forschungsgebieten der Geographie an, die die Bereiche des Naturraums –

Atmosphäre, Lithosphäre, Hydrosphäre – und des vom Menschen gestalteten Wirtschafts- und Kulturraums umfasst. Für den Naturraum können beispielsweise folgende Kartenarten auftreten:

- Geologische Karten
- Klimatologische Karten
- Bodenkarten

Für den Kulturraum dagegen sind beispielsweise diese Kartenarten zu nennen:

- Bevölkerungskarten
- Wirtschaftskarten
- Verkehrskarten

Gliederung nach der Art der Information. Je nach der Art der dargestellten Information können *qualitative* von *quantitativen Karten* unterschieden werden. Qualitative Karten beantworten die Frage: Was ist wo? Solche Informationen, wie Lagerstätten, Fundorte oder Anbauprodukte, können vor allem durch unterschiedliche Signaturen oder Schraffuren zum Ausdruck gebracht werden. Beispiele für qualitative Karten sind u. a. geologische und politische Karten sowie allgemein alle Standort- und Fundkarten.

Bei quantitativen Karten können die entsprechenden Informationen, die sich auf Größen bzw. Mengen beziehen, entweder absolut oder relativ dargestellt werden; sie beantworten demnach die Frage: Wie viel ist wo? Solche Informationen sind beispielsweise die Bevölkerungsdichte (relativ) oder die Einwohnerzahl (absolut). Als Gestaltungsmittel werden hier in erster Linie Diagramme eingesetzt.

Gliederung nach Umfang und Art der Wiedergabe. Wird bei einer thematischen Karte nur eine einzige Variable dargestellt, handelt es sich um eine *analytische Karte*. Solche Variablen sind z. B. einzelne Klimaelemente wie Temperatur, Niederschlag, Luftdruck oder die absolute Bevölkerungsverteilung, die Bevölkerungsdichte, die Verkehrsbelastung der Straßen usw.

Komplexe Karten geben mehrere Variablen mit oder ohne sachlichen Zusammenhang wieder und sind eigentlich nichts anderes als die Zusammenschau mehrerer analytischer Karten. Werden in einer Karte beispielsweise Temperatur und Niederschlag dargestellt, so handelt es sich um zwei unterschiedliche Variablen und deshalb um eine komplexe Karte.

Bei *synthetischen Karten* wird aus einer Vielzahl von Variablen, die für die Fragestellung relevant sind, eine oder mehrere neue Variablen nach einem festgelegten Verfahren bestimmt, woraus sich Typen ergeben. Diese Typen werden kartographisch dargestellt. In die Typisierung fließen nicht nur die Zahlenwerte ein, sondern auch deren Bewertung auf Grund von wissenschaftlichem Hintergrundwissen.

Eine Weltkarte der Jahresmitteltemperaturen ausgewählter Klimastationen ist eine *analytische Karte*. Wird in dieser Karte zusätzlich noch die jährliche Niederschlagsmenge abgebildet, so handelt es sich um eine *komplexe Karte*. Ein Beispiel für eine *synthetische Karte* ist die Klimakarte nach Köppen/Geiger. Sie zeigt die Klimate der Erde und unterscheidet zum Beispiel tropische Klimate, Trockenklimate usw. Ein anderes Beispiel für eine synthetische Karte ist eine Deutschlandkarte, auf der strukturschwache Regionen abgegrenzt sind und von Wachstumsregionen unterschieden werden.

Gliederung nach dem zeitlichen Verhalten. Die meisten thematischen Karten sind Zustandsdarstellungen zu einem bestimmten Zeitpunkt und werden demnach als *statische Karten* bezeichnet. *Dynamische Karten* zeigen dagegen räumliche Veränderungen von Objekten, wie z. B. Transporte oder Vogelflüge, und vermitteln somit stetige Bewegungsabläufe. Allgemein werden unter dynamischen Phänomenen alle in der Zeit und/oder im Raum stattfindenden Veränderungen von Objekten oder Erscheinungen sowie die damit in Verbindung stehenden qualitativen und/oder quantitativen Differenzierungen verstanden (Bär 1976).

Während die kartographische Gestaltung statischer Objekte oder Erscheinungen im Wesentlichen keine oder kaum Probleme bereitet, ist die Wiedergabe dynamischer Phänomene mit Schwierigkeiten verbunden, da es nur wenig aussagekräftige Darstellungsformen gibt.

Gliederung nach der kartographischen Darstellungsform. Während die oben genannten Typisierungen sich auf den Inhalt bezogen, lassen sich Karten auch nach ihrem Aussehen unterscheiden. Raumbezogene Informationen können durch unterschiedliche Darstellungsformen wiedergegeben werden, z. B. durch Signaturen, Diagramme oder Flächen. Je nach der vorherrschenden Darstellungsform können thematische Karten in die Kategorien Standortkarten, Diagrammkarten usw. eingeteilt werden. Werden mehrere Formen verwandt, liegt eine mehrschichtige Karte vor.

1.1.4 Anforderungen und Grenzen

Immer wenn raumbezogene Sachinformationen vorliegen, ist die Darstellung in Form einer thematischen Karte möglich. Aber nicht immer, wenn eine Karte möglich ist, ist sie auch sinnvoll. Die Kartendarstellung kann auch Nachteile haben, oder die Vorteile können bei bestimmten Konstellationen nicht zur Geltung kommen. In den folgenden Ausführungen werden Anforderungen und Grenzen skizziert.

- Variablen mit Flächenbezug sollten nur dann in eine Karte umgesetzt werden, wenn die Anzahl der räumlichen Einheiten groß genug ist, um eine geographisch relevante Aussage zu vermitteln. Eine Karte, in der lediglich zwei Flächen abgebildet werden, bringt gegenüber einer Tabelle keinen Informationsgewinn. Werden allerdings Flächendaten dargestellt, die sich auf Staaten, Staatengruppen, Bundesländer, Stadtteile usw. beziehen, so können nicht nur Aussagen über die Werte an sich gemacht werden, sondern vor allem auch räumliche Strukturen aufgezeigt werden.

So bietet beispielsweise die Umsetzung der Bevölkerungsdichte von Frankreich und Deutschland in einer Karte, in der nur diese beiden Staaten abgebildet werden, keinen nennenswerten Informationsgewinn. Demgegenüber zeigt eine Karte, in der die Bevölkerungsdichte von allen Staaten der Erde wiedergegeben wird, nicht nur die absolute Lage von dicht- oder dünnbesiedelten Gebieten, sondern auch deren relative Lage in Bezug auf beliebige Raumkategorien wie Nordhalbkugel/Südhalbkugel usw.

- Die Vollständigkeit der Daten kann die Aussagekraft einer Karte entscheidend beeinflussen. Ist die Anzahl fehlender Werte zu groß, so weist die Karte Lücken auf und lässt keinen geschlossenen Eindruck zu.

Liegen Werte zur Bevölkerungsdichte nur für die Hälfte aller 16 deutschen Bundesländer vor, so kann eine entsprechende thematische Karte keinen Gesamteindruck vermitteln.

- Bei den Sachdaten ist die zeitliche Dimension zu berücksichtigen. Die Daten aller Regionen einer Variablen sollten dem gleichen Zeitpunkt bzw. der gleichen Periode entstammen, so dass sie vergleichbar sind.

Bei der kartographischen Darstellung des Pro-Kopf-Einkommens in den Staaten der Erde für das Jahr 1990 ist zu beachten, dass alle Werte für 1990 vorliegen, ansonsten entsteht ein verzerrtes Bild der wirklichen Verhältnisse.

- Bei den Sachdaten sollte die Zahl der darzustellenden Variablen begrenzt sein. Es gilt der Grundsatz, dass die Darstellung eines oder weniger Themen zur schnelleren Erfassung der Inhalte beiträgt. Hier haben gerade Computerkarten den entscheidenden Vorteil, dass ganze Kartenserien rasch produziert werden können. Allzu komplexe Thematiken lassen sich häufig besser in textlicher Form erläutern. Die kartographische Darstellung beschränkt sich besser auf ausgewählte Teilaspekte des Themas.

So ist es beispielsweise nur unter Einschränkungen möglich, ein komplexes Themengebiet, wie die Wirtschaft, in einer einzigen Karte darzustellen. Deshalb werden die Themen oft aufgegliedert und entsprechend wiedergegeben; im Bereich der Wirtschaft sind z. B. Karten des Bergbaus, der Fischerei, des Handels usw. zu nennen.

- Bei den geometrischen Daten stehen Fragen wie Generalisierungsgrad, Maßstab, Kartennetz usw. im Vordergrund. Der Generalisierungsgrad bestimmt neben dem Maßstab die Genauigkeit, mit der die Sachdaten dargestellt werden können. Grundsätzlich gilt hier die Regel, dass die Geometriedaten der Güte der Sachdaten anzupassen sind, d. h. die Geometriedaten sollen keine Genauigkeit vortäuschen, die es in Wirklichkeit nicht gibt.

Das ist beispielsweise bei der Umsetzung von Kartierungsergebnissen wichtig. Wird eine Geländekartierung im Maßstab 1:25.000 durchgeführt, so sollte auch die kartographische Umsetzung der Ergebnisse nicht größer als im Maßstab 1:25.000 erfolgen.

Selbst wenn die genannten Anforderungen erfüllt sind, kann eine thematische Karte nie das Thema selbst abbilden, sondern dieses nur vereinfacht wiedergeben.

Eine Karte ist nur ein Modell der Realität, mit dem Vorteil gegenüber der komplizierten Wirklichkeit, dass sich die dargestellten Variablen auf das gewünschte Thema beschränken.

So können Landnutzungskarten, die z. B. Wald- und Wiesenflächen ausweisen, nie den genauen natürlichen Grenzverlauf wiedergeben. Um solche Informationen zu erhalten, müssen z. B. hochauflösende Luftbilder verwendet werden.

1.2 Thematische Karten in der raumbezogenen Forschung

Karten sind grundsätzlich überall dort einsetzbar, wo räumlich differenziert oder vergleichend gearbeitet wird, sowohl in der Wissenschaft als auch in der Praxis. Das Ausmaß der Bedeutung von Karten in den einzelnen Disziplinen ist demzufolge unterschiedlich, je nach dem Gewicht räumlicher Fragestellungen. In der Geographie beispielsweise ist Raumbezug in den meisten Studien vorhanden, in anderen Natur- oder Geisteswissenschaften ist dies eher die Ausnahme.

Um die Bedeutung thematischer Karten für die Präsentation von Ergebnissen in den räumlich arbeitenden Wissenschaften abschätzen zu können, wurden verschiedene Fachzeitschriften im Hinblick auf darin enthaltene Kartenabbildungen analysiert. Um einen eventuellen Einfluss der sich entwickelnden Computerkartographie beurteilen zu können, wurde der Zeitraum von 1975 bis Ende 1999 betrachtet. Das erste Ergebnis lag sehr schnell vor und zeigte, dass, von den Geowissenschaften abgesehen, die allermeisten Zeitschriften überhaupt keine Karten enthalten, auch wenn sie vergleichende oder räumlich differenzierende Themen behandeln. Hiervon existieren nur wenige Ausnahmen, von denen eine in der folgenden Abbildung wiedergegeben ist. Als Indikator dient der Anteil jener Aufsätze, die mindestens eine Karte enthalten.

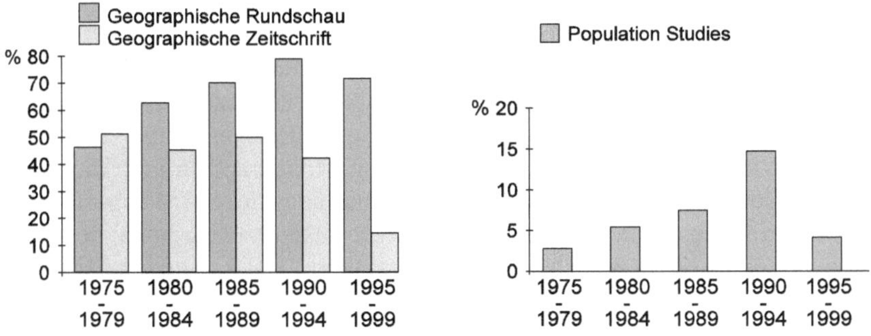

Abb. 1.2. Anteil der Artikel mit Karten an allen Artikeln in ausgewählten Fachzeitschriften; Entwicklung im Zeitraum 1975-1999

Die Abbildung 1.2 zeigt die Diskrepanz zwischen geowissenschaftlichen – hier geographischen – und anderen Fachzeitschriften. In der Geographie spielten Karten naturgemäß schon immer eine große Rolle. Praktisch alle geographischen Institute verfügen deshalb traditionell über eine kartographische Abteilung, die von den Institutsangehörigen genutzt wird. Die aufkommende Computerkartographie hat den Einsatz von Karten in geographischen Zeitschriften daher nur partiell beeinflusst. Im nichtgeowissenschaftlichen Bereich dagegen dürften fehlende kartographische Grundkenntnisse und fehlende technische Möglichkeiten bis heute zahlreiche Autoren daran hindern, räumliche Ergebnisse in Kartenform zu präsentieren. Gerade hier finden die leicht bedienbaren Desktop-Mapping-Programme einen fruchtbaren Boden. Der Trend zum Karteneinsatz in der sozialwissenschaftlichen Zeitschrift *Population Studies* scheint diese Vermutung zu bestätigen. Während der Anteil der Autoren, die Karten verwenden, bis 1980 die Hürde von 5 % nicht überschritten hat, ist er in den späten 80er Jahren klar angestiegen und erreichte in der Periode 1990-1994 seinen Höhepunkt mit fast 15 %. Danach geht es allerdings rasant nach unten und der Karteneinsatz ist heute praktisch wieder auf seinem niedrigen Ausgangsniveau angelangt.

Dieser Einbruch ist ebenfalls bei der Geographischen Zeitschrift eingetreten, weniger bei der Geographischen Rundschau. Die Interpretation dieser Änderung muss auch mit einbeziehen, inwieweit sich Themenschwerpunkte der betrachteten Zeitschriften im Beobachtungszeitraum geändert haben. So würde eine Wendung in Richtung theoriezentrierter Beiträge automatisch den Anteil der Karten verringern. Ohne diesen Effekt näher zu analysieren, kann ein Teil des Rückgangs als Auswirkung einer Konsolidierungsphase interpretiert werden. Die anfängliche Begeisterung für die Karte, bedingt durch die Leichtigkeit ihrer Herstellung, zieht die Autoren inzwischen nicht mehr in ihren Bann. Karten werden nur noch eingesetzt, wo es sinnvoll erscheint, raumbezogene Sachverhalte zu visualisieren und weniger nur deshalb, weil sie einfach herzustellen sind.

Die Karte als Werkzeug visueller Analyse hat heute als Teil von Geoinformationssystemen (GIS) in der gesamten raumbezogenen Forschung einen festen Platz eingenommen. Es gibt kaum einen Fachbereich, in dem nicht versucht wird, mit Hilfe von GIS zu arbeiten. GIS, und damit automatisch die Karte, haben sich zu einem wichtigen Werkzeug entwickelt, auch außerhalb der klassischen geowissenschaftlichen Fachbereiche; es sei hier nur die Betriebswirtschaft genannt. Viele unternehmerische Aktivitäten weisen einen konkreten Raumbezug auf. So beinhaltet z. B. das Marketing einen räumlich-geographischen Bezug, und das Business-Mapping ist hier deshalb ein wichtiges Planungsinstrument (Leiberich 1997). Diese Entwicklung spiegelt sich in einer Flut von Monographien und Fachzeitschriften zu diesem Themenbereich wider. Das enorme weltweite Wachstum des GIS-Marktes, in dem jährlich zweistellige Zuwachsraten erzielt werden, bestätigt ebenfalls die Bedeutung der Geoinformationssysteme (Dickmann und Zehner 1999, 14).

1.3 Vorteile des Desktop Mapping

Es wurde vielfach die Bedeutung der Kartographie nachgewiesen; damit ist jedoch noch kein Argument für die Anwendung der Digitale Kartographie gefunden. Das Beispiel über die Kriminalität in Frankreich (vgl. 1.1.1) zeigt, dass eine Karte relativ leicht und preisgünstig mit konventionellen Methoden zu erstellen ist (vgl. Abb. 1.1). Der Einsatz von ein paar Tuschestiften lässt eine solche Karte, etwas Geschick vorausgesetzt, in wenigen Stunden entstehen. Werden Klebebuchstaben und Transparentfolie benutzt, kann das Aussehen noch weiter optimiert werden. Ist bereits ein Computer verfügbar, ist es auch möglich, Karten mit Hilfe von graphischer Standardsoftware zu entwickeln. Bereits mit einfachen Graphik- oder Zeichenprogrammen können brauchbare Karten entworfen werden. Warum also noch mehr Geld und eine Menge Energie für Hard- und Software investieren, um eine solche Karte zu produzieren? Es müssen z. T. umfangreiche Kenntnisse erworben werden, um effizient arbeiten zu können. Dabei ist die Überwindung, die dieser Schritt für viele bedeutet, noch völlig außer acht gelassen, und der Einsatz eines Computers ist, wie jeder weiß, nicht immer die Garantie für schnellen Erfolg. Häufig ist er besonders in der Anfangsphase eher die Quelle für Chaos als für die gewünschte Erleichterung.

Sollen nur eine oder vielleicht auch ein paar Karten hergestellt werden, und ist nicht zu erkennen, dass in nächster Zeit nochmals Karten erstellt werden sollen, hat es wenig Sinn, sich eines komplexen Systems zu bedienen. In solchen Fällen lohnt sich die Anschaffung eines Kartographieprogrammes nicht.

Alles erscheint in einem anderen Licht, wenn weitere Karten gebraucht werden, z. B. wenn es von Interesse ist, wie es mit der Kriminalität im Jahre 1983 aussah oder wie sich die Kriminalität regional entwickelt hat. In welchen Regionen hat sie in den letzten Jahren zugenommen, und in welchen Regionen ist sie rückläufig? Es erwacht leicht die Neugierde, die jedoch mit konventionellen Methoden nicht schnell befriedigt werden kann. Denn um jede dieser Fragen zu beantworten, bedarf es erneut einige Stunden, um die zusätzlichen Karten zu realisieren. Schnell können sich auch weitere Fragen auftun, wie z. B.: Gibt es einen Zusammenhang mit dem Tourismus? Ist die Kriminalität, insbesondere ausgewählte Straftaten, dort hoch, wo es viele Touristen gibt? Viele weitere, sicherlich interessante Fragen könnten sich ergeben, wodurch sich die Anzahl gewünschter Karten potenziert.

Wird solchen Fragen mit Hilfe einer kartographischen Software nachgegangen, werden sich die Investitionen schnell amortisieren. Immer dann, wenn viele Daten für ein und denselben Raum dargestellt werden und häufig aktualisiert werden müssen, ist eine Voraussetzung erfüllt, die den Einsatz der digitalen Kartographie rechtfertigt. Die dafür notwendigen Kartengrundlagen sind inzwischen reichhaltig vorhanden, so dass das aufwendige Digitalisieren häufig entfällt. In Bezug auf die entstehenden Kosten darf dieser Faktor allerdings nicht vernachlässigt werden. Auch hier macht es die Masse: Für eine einzelne Karte lohnt häufig der Kauf der entsprechenden digitalen Grundkarte nicht.

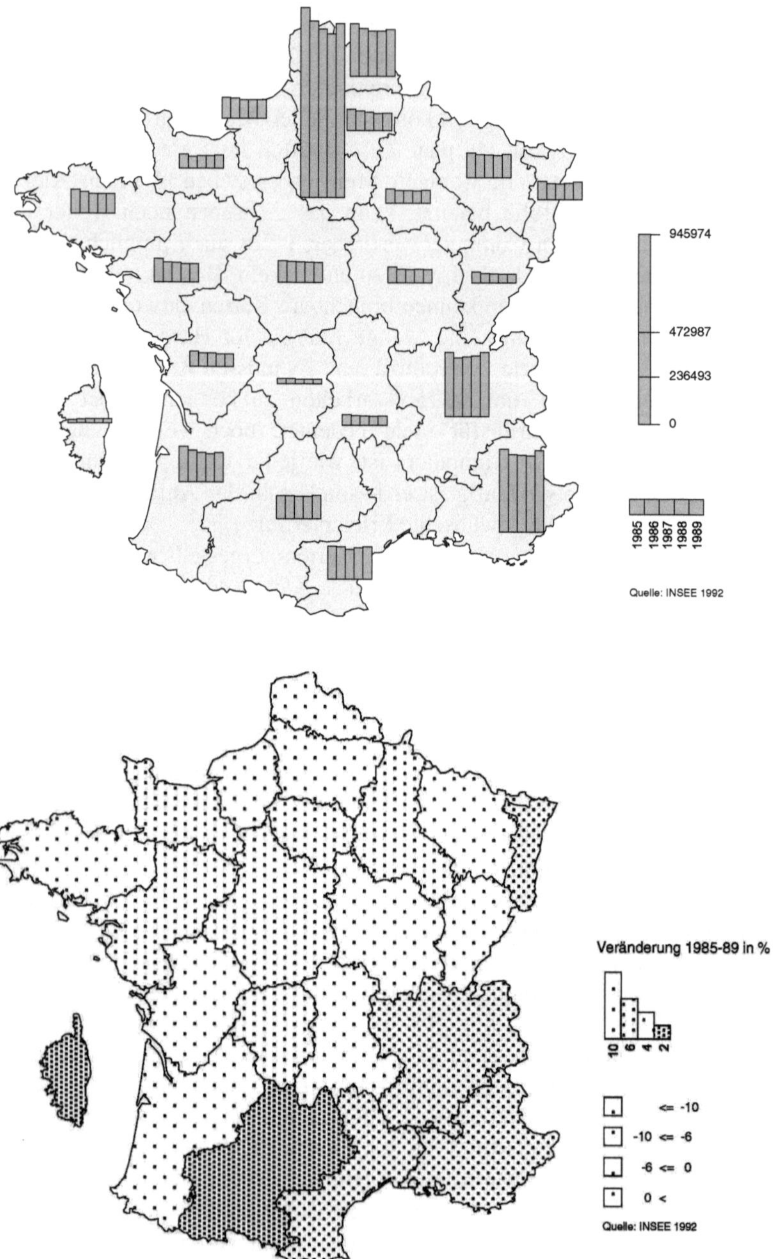

Abb. 1.3. Zeitreihe in unterschiedlichen Darstellungsformen

Des Weiteren erlauben viele Kartographieprogramme, bei der Umsetzung der Daten spielerisch vorzugehen und zu experimentieren. Häufig kann zwischen vielen verschiedenen Möglichkeiten gewählt werden, um die Daten in der Karte darzustellen (vgl. Abb. 1.3). Der schnelle Wechsel unterschiedlicher Methoden erlaubt es, Alternativen zu entwickeln und in ihrer Wirkung zu überprüfen. Dies ist in der konventionellen Kartographie nur mit viel Aufwand zu verwirklichen. Hier liegt also einer der größten Vorteile der digitale Kartographie.

Gleichzeitig birgt diese Eigenschaft eine Gefahr: Der Entwurf einer Karte folgt nicht der Überlegung, welches die beste Darstellung ist, das Thema zu vermitteln, sondern es wird häufig versucht, die Daten an die Möglichkeiten der Software anzupassen. Das Ziel der digitale Kartographie ist identisch mit der konventionellen Kartographie, nämlich das Thema objektiv, leicht verständlich, klar und zielgruppengerecht darzustellen. Der Computer ist dazu das Werkzeug, nicht mehr.

Die Kartographie am Computer steigert nicht nur die Effizienz in der Kartenherstellung, sondern birgt kreative Möglichkeiten mit Daten umzugehen und fördert damit nicht selten das Verständnis für räumliche Probleme und trägt dazu bei, Zusammenhänge leichter und schneller zu erkennen. Die Sensibilität für die Beziehung zwischen Raum und Daten kann im interaktiven Umgang mit dem Medium Karte geschult werden. Der einfache Austausch und die schnelle Modifikation der Daten und damit der Karte selbst, hat ein analytisches Potential, das der Tabelle und der konventionellen Kartenherstellung weit überlegen ist. Die digitale Kartographie eröffnet die Möglichkeit, sich an räumliche Fragestellungen explorativ anzunähern, wenn auch so manche Software in dieser Beziehung nur über begrenzte Methoden verfügt. Steht die räumliche Analyse im Vordergrund, ist der Einsatz eines Geoinformationssystems (GIS) vorzuziehen, wenn auch diese meist nur limitierte Möglichkeiten in der Gestaltung der Karten besitzen.

1.4 Geschichte der Computerkartographie

Obwohl Computerkartographie von den meisten für eine sehr aktuelle Entwicklung gehalten wird, besitzt sie aber doch Ursprünge, die weit genug zurückreichen, um schon von einer Geschichte der Computerkartographie sprechen zu können. Diese ist eng verknüpft mit der rasanten Entwicklung im EDV-Bereich, da Neuerungen in der Computertechnik stets den Fortschritt in der automatisierten Kartenerstellung erst ermöglichten. Dabei gilt es zu berücksichtigen, dass sich der Prozess der automatisierten Kartenerstellung in vier Teilschritte gliedert, und zwar in die Datenerfassung, Datenspeicherung, Datenverarbeitung und Datenausgabe (Weber 1991). Während die Schritte bis zur Datenverarbeitung mit Rechenautomaten bereits in den 40er Jahren möglich war, konnten raumbezogene Daten erst viel später kartographisch visualisiert werden.

Vor diesem Hintergrund unterscheidet Meusburger (1979) verschiedene Entwicklungsphasen in der Computerkartographie, die hauptsächlich durch unterschiedliche Ausgabetechniken bei der Kartenerstellung begründet sind. Die Anfangsphase wird durch die Kartenausgabe mittels Zeilendrucker bestimmt. Für die nächste Generation der Computerkartographie steht der Einsatz von Plottern. Von der dritten Generation an bis zum heutigen Stand der Computerkartographie verbessert sich die Ausgabequalität der Karten ständig. Die anfänglich mindere graphische Qualität der Karten wird im Laufe der Zeit durch druckreife Vorlagen, die auch Farbdarstellungen ermöglichen, abgelöst. Heute können bereits mit einfachen Druckern hochwertige Karten ausgegeben werden.

Die folgenden Ausführungen stellen schlaglichtartig die wichtigsten Entwicklungen in der Computerkartographie vor, ohne dass ein Anspruch auf Vollständigkeit erhoben wird. Ausführliche Übersichten zu diesem Themenbereich bieten u. a. Arnberger (1979), Oest und Knobloch (1974/76), Taylor (1991) oder Weber (1991). Des Weiteren beschränken sich die Ausführungen in erster Linie auf die computergestützte Erstellung thematischer Karten.

Anfänge in der Computerkartographie. Mit dem steigenden Bedarf an Umweltdaten in neuen, schnell reproduzierbaren Kartenformen hat die Computerkartographie bei der Kartenerstellung besonders an Bedeutung gewonnen. Obwohl es schon um 1945 digitale Rechenanlagen gab, haben Geographen und Kartographen erst seit den 60er Jahren deren Kapazität bei Speicherung, Aufbereitung und Ausgabe von großen Mengen von raumbezogenen Daten genutzt. Das Anfangsstadium der Computerkartographie ist eng verknüpft mit der sogenannten quantitativen Revolution in der Geographie, einer Strömung, die in den 50er Jahren u. a. von Wissenschaftlern in den USA vorangetrieben wurde. In diesem Zusammenhang schrieb Tobler 1959 einen Artikel über Automation und Kartographie. In diesem Artikel wird „the map as a data-storage element" beschrieben (Tobler 1959). 1964 stellten Bickmore und Boyle auf der IKV-Konferenz in Edinburgh ein erstes automatisches System für die Kartographie vor (vgl. Brassel 1988).

Die ersten Institutionen, die sich intensiv mit der Computerkartographie beschäftigten, waren ab Mitte der 60er Jahre die *Experimental Cartographic Unit* in Oxford und das *Laboraty for Computer Graphics and Spatial Analysis* an der Harvard University. Aber auch schwedische Wissenschaftler nahmen in zahlreichen Artikeln Stellung zur Automation in der Kartographie. Nordbeck sah die Computerkartographie als Chance an, den subjektiven Einfluss des Kartographen so weit wie möglich auszuschalten (vgl. Oest und Knobloch 1974).

Die erklärten Ziele in der Automation von Karten, die in dieser Anfangsphase postuliert wurden, können folgendermaßen zusammengefasst werden:

- Bewältigung der Datenfülle,
- Verbesserung bestehender Informationsmöglichkeiten,
- schnelle Darstellung des statistischen Materials,
- gleichbleibende Qualität des Erscheinungsbildes.

Computerkarten mit Zeilendruckern. Die oben genannten Ziele in der Automation von Karten sind nur dann zu verwirklichen, wenn die Karte als Endprodukt eines Datenverarbeitungsprozesses auch EDV-gestützt hergestellt werden kann. Dies war erst mit der Erfindung von Zeilendruckern möglich. Auf diese Ausgabetechnik aufbauend, entwickelten Wissenschaftler der Harvard University in Cambridge/Massachusetts das Programm SYMAP (Synagraphic Mapping Technique). SYMAP besteht aus einer Sammlung von Programmen, wobei die Karten auf einem Zeilenschnelldrucker durch die Kombination von alphabetischen und numerischen Zeichen zustande kommen. Durch das Übereinanderdrucken von Zahlen und Buchstaben können verschiedene Schattierungen erreicht werden, die in Choroplethenkarten und Isolinienkarten die entsprechenden Dichtewerte wiedergeben. Zur Darstellung heller Flächen eignen sich Buchstaben wie O oder U. Wird dagegen ein X mit einem Z und einem H überdruckt, entsteht an dieser Stelle eine sehr dunkle Farbschattierung. Anfang der 70er Jahre wurden erste Farbkarten erzeugt, indem farbige Drucktücher in die Zeilendrucker eingelegt wurden. Durch einen additiven Druck konnten somit Karten mit sechs Farben hergestellt werden (Seele u. Wolf 1973). Das Ausgabeformat solcher Zeilendruckerkarten war in der Breite durch die Zahl der Druckstellen beschränkt und betrug ca. 32 cm, d. h. größere Karten mussten streifenartig zusammengesetzt werden. Ein entscheidender Nachteil dieser Art von Choroplethenkarten ist neben der mangelnden Druckqualität auch die Tatsache, dass Gebiete nicht durch Linien voneinander abzugrenzen sind, was die Lesbarkeit einer Karte erheblich einschränkt (vgl. Abb. 1.4).

Auch im deutschsprachigen Raum wurden Computerkartographieprogramme entwickelt, die Karten mittels Zeilendrucker ausgeben konnten. Neben der Anwendung von SYMAP bei der früheren Bundesanstalt für Landes- und Raumordnung (BfLR) (Rase und Peuker 1971) oder an der Freien Universität Berlin (Fehl 1967) sind auch stellvertretend die Programme GEOMAP, SYMVU oder THEMAP zu nennen. In diesem Zusammenhang ist auch der Computer-Atlas der Schweiz zu erwähnen, der am Geographischen Institut der Universität Zürich von Kilchenmann, Steiner, Matt und Gächter bearbeitet und 1972 von Kümmerly und Frey verlegt wurde. Dieser Atlas zeigt z. T. auch farbige Karten von Themengebieten der Bevölkerungs- und Agrargeographie

Computerkarten mit Linien-Plottern. Im Gegensatz zu den Zeilendruckern bieten Plotter eine größere Flexibilität und eine erheblich verbesserte Qualität bei der Kartenherstellung. Unter Plottern werden allgemein Zeichengeräte verstanden, bei denen ein Schreibgerät die Karte entweder auf ein ebenes Papier zeichnet (Flachbett-Plotter) oder bei denen die Zeichenfläche zylindrisch, d. h. rollenförmig angeordnet ist (Trommel-Plotter). Der erste kartographische Zeichenautomat wurde 1963 vom *US Naval Oceanographic Office* eingesetzt. Während die ersten Plotter-Generationen im Farbbereich sehr eingeschränkt waren, zeichnete sich das in den 70er Jahren von Applicon Inc. entwickelte Color Plotting System durch die Darstellungsmöglichkeit von 15.625 Farbschattierungen aus (Meusburger 1979).

Großrechnerprogramme mit Bildschirmausgabe. Die Visualisierung von Computerkarten war zunächst auf die gedruckten Ergebnisse beschränkt, da es in der Anfangsphase der EDV keine geeigneten Sichtgeräte gab. Der Datenverarbeitungsprozess fing mit der Dateneingabe mittels Lochkarten an und endete mit der Kartenausgabe auf dem Drucker, ohne dass die Möglichkeit bestand, das Ergebnis zwischenzeitlich zu sehen. Erst durch die Einführung von Sichtgeräten, die mit Hilfe von Kathodenstrahlenröhren (CRT) ein- oder mehrfarbige Bilder erzeugen, konnten Karten auf dem Bildschirm schnell und flexibel visualisiert werden.

Außerdem war die Computerkartographie in den 60er und 70er Jahren weitgehend auf Großrechner beschränkt. Dies schränkte den Benutzerkreis dieser Technik erheblich ein, da die Kosten im Hardwarebereich für Einzelanwender viel zu hoch waren. Der Einsatzbereich der Computerkartographie erstreckte sich daher vor allem auf Universitäten, Großforschungseinrichtungen oder große Behörden. Zu nennen sind zum Beispiel das von W. D. Rase entwickelte CHOROS und das an den Universitäten Innsbruck und Heidelberg entwickelte GEOTHEM (Schön und Meusburger 1986).

Computerkarten am PC. Ab Mitte der 80er Jahre waren erstmals PCs für die Computerkartographie einsetzbar. Bahnbrechend war in diesem Zusammenhang die Einführung des AT (Advanced Technology)-Standards mit 16 Bit Verarbeitungsbreite und 16 Bit Datenbus sowie die Definition des VGA-Standards. Diese Entwicklungen vollzogen sich im Laufe der 80er Jahre.

Dem Entwicklungsstand dieser PCs entsprechend waren die Programmpakete wie beim Großrechner vielfach *batch-orientiert*, d. h. die Ausführung eines Programms erfolgt auf Betriebssystemebene durch schrittweises Abarbeiten entsprechender Befehle. Das Kennzeichen solcher batch-orientierter Programme ist die fehlende Möglichkeit, in den Prozessablauf einzugreifen.

Nach und nach wurden diese Programme durch Programme mit *Benutzeroberflächen* ersetzt. Eine Benutzeroberfläche ermöglicht die direkte Anwendung eines Programms, ohne auf die Betriebssystemebene angewiesen zu sein. Vorbild für diese Entwicklungen stellten CAD-Programme dar, die auf Grund ihrer flexiblen Oberflächen eine maximale Effektivität gewährleisteten.

Die nächste Phase in der Computerkartographie am PC bilden Programme, die unter Verwendung geeigneter Hardware – 386er/486er Rechnerarchitektur – in die dem Betriebssystem aufgesetzten Benutzeroberflächen (OS/2 oder WINDOWS) integriert sind und somit bezüglich Schriftauswahl, Im- und Exportmöglichkeiten usw. flexibel anwendbar sind.

Die Entwicklung ist so weit fortgeschritten, dass es durch den Stand der Technik möglich ist, die vier Schritte bei der Erstellung von Computerkarten, nämlich Datenerfassung, Datenspeicherung, Datenverarbeitung und Datenausgabe in einer Systemeinheit umzusetzen. Im Bereich des Kartenentwurfs wird dies am besten durch den Begriff Desktop Mapping zum Ausdruck gebracht (Herzog 1988). Darauf aufbauend ist es möglich, Karten interaktiv in Dokumente und Informationssysteme einzubinden und die Aktualisierung der Karte zu automatisieren.

Die rasante Steigerung der Leistungsfähigkeit der Hardware führte seit Mitte der 90er Jahre verstärkt dazu, dass auch die Software für Geoinformationssysteme für den PC verfügbar ist. Damit steigt automatisch Finanzierbarkeit und Akzeptanz dieser Systeme auf breiter Basis. GIS und digitale Kartographie sind keine Domäne von Spezialisten mehr, sondern entwickeln sich zu einem Universalwerkzeug, das mit geringen EDV-spezifischen Kenntnissen bedient werden kann. Dabei ist zu beobachten, dass sich Software aus dem Bereich GIS und Kartographie, deren Schwerpunkt der Kartenentwurf ist, einander annähern. GIS-Software verfeinert immer mehr die Möglichkeiten, raumbezogene Daten benutzergerecht zu visualisieren, und Software zum Kartenentwurf verfügt mehr und mehr über GIS-Funktionalitäten. Damit ist es immer mehr möglich, auch mit Programmen zur Kartenerstellung raumbezogene Informationssysteme, zum Teil unter Einbeziehung multimedialer Elemente, aufzubauen.

Der heutige Stand der Computerkartographie am PC wird bezüglich Technik und Anwendung ausführlich in den Kapiteln 3 und 4 vorgestellt.

Ausblick. Wie schon bei den Anfängen der Computerkartographie wird auch die zukünftige Entwicklung durch den technischen Fortschritt in der EDV und der weltumspannenden Vernetzung, dem Internet, getragen. Der zukünftigen Entwicklung scheinen keine Grenzen gesetzt. Dabei werden vor allem Vernetzung und der Zugriff auf zentral gespeicherte aktuelle Datenbestände wichtiger werden. Die Herstellung von aktuellen Karten könnte weiter automatisiert werden. Dies deutet sich längst an. Mit Hilfe von Kartenservern ist es im Internet möglich, aktuelle Karten benutzerspezifisch und individuell bereitzustellen. Diese Entwicklung kann unter dem Begriff „Maps on demand" zusammengefasst werden. Karten können aus den Zutaten, wie raumbezogene Objekte, Sachdaten und Gestaltungsmethoden, zur Karte zusammengefügt werden.

Elektronische Atlanten und Routingsysteme sind heute zu Massenprodukten geworden. Jedes Telefonbuch auf CD-ROM enthält einen Stadtplan, auf dem zum Teil bis auf die Ebene der Hausnummern Standorte gezeigt werden können. Kartographische Produkte sind immer mehr in EDV-Anwendungen integriert. Möglich ist dies vor allem durch die Verfügbarkeit von aktuellen Geometriedaten, die auf dem freien Markt bezogen werden können. Allein das Vorhandensein georeferenzierter Daten wird die Integration von Karten vor allem in Verlagsprodukten weiter forcieren.

Jedoch werden auch noch in Zukunft eine große Anzahl von Problemen zu lösen sein, die bereits die gesamte bisherige Entwicklung begleitet haben. Erfahrungen in der praktischen Arbeit zeigen dies auf. Hier können viele Beispiele angeführt werden: Das Problem der Konvertierung von Raster- zu Vektordaten oder das Problem der Schnittstellen, d. h. wie bringe ich Daten von Programm A zu Programm B, ohne Qualitätseinbußen in Kauf zu nehmen. Nicht zuletzt seien die Probleme genannt, die in der graphischen Kommunikation an der Schnittstelle Karte-Mensch auftreten. Besonders bei der voll automatisierten Kartenerstellung ist es bereits beim Entwurf des Systems wichtig, Missverständnissen und Fehlinterpretationen basierend auf den Darstellungsmethoden vorzubeugen.

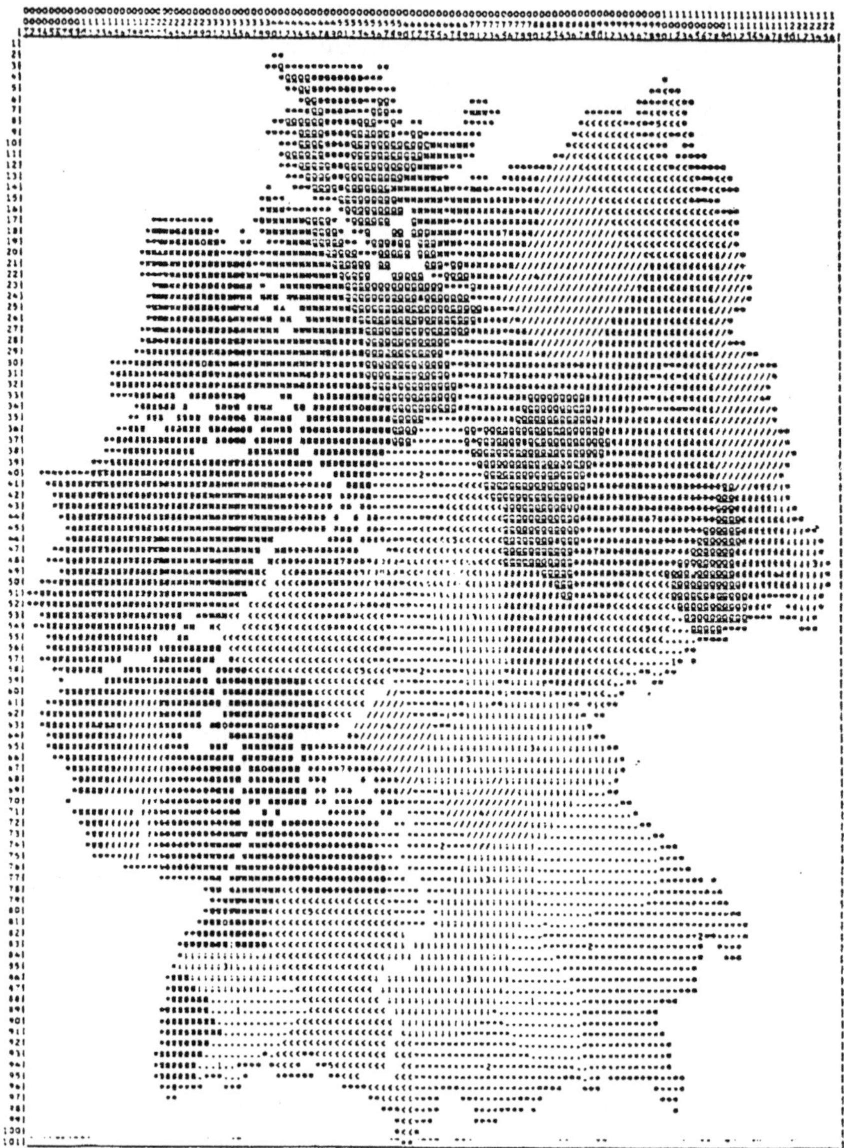

Abb. 1.4. Beispiel einer Computerkarte mittels Zeilendrucker (Quelle: Lammers 1980)

2 Einführung in die thematische Kartographie

Wer als Anfänger die Vorführung einer computerkartographischen Software verfolgt, ist häufig geneigt, die Kartographie auf den technischen Aspekt zu reduzieren. Das einzige Problem bei der Kartenerstellung scheint die Bedienung der Software zu sein. Alles ist im Rechner gespeichert, und nach einigen Eingaben mit Tastatur oder Maus stellen sich die schönsten Ergebnisse auf Knopfdruck ein. Die Karten entstehen quasi automatisch.

Der Begriff „automatisch" ist im Zusammenhang mit der digitalen Kartographie allerdings missverständlich. Denn lediglich der letzte Arbeitsschritt, die Kartenausgabe, läuft völlig automatisch ab, wenn zuvor alles richtig eingestellt wurde. Kartenentwurf und Kartengestaltung sind hingegen nach wie vor arbeitsintensive Vorgänge, die einiges an kartographischem Sachverstand und an gestalterischen Fähigkeiten verlangen. Auch wenn keine manuellen Zeichentechniken mehr beherrscht werden müssen, so sind dennoch die kartographischen Gestaltungsgrundsätze zu beachten. Andernfalls ergeben sich zwar technisch einwandfreie Karten, die aber den kartographischen Grundsätzen vollständig oder teilweise widersprechen können (Junius 1991, 142). Schlimmer ist noch, dass die Aussage der Karte vernebelt oder verfälscht werden kann. Dies ist der Grund, warum den computerkartographischen Ausführungen ein Kapitel mit den wichtigsten Grundlagen der thematischen Kartographie vorangestellt wird.

Diese Grundlagen gelten allgemein, d. h. unabhängig von der Art der Herstellungstechnik. Aus dem umfangreichen Lehrgebäude der thematischen Kartographie wurden aber bewusst die für die digitale Kartographie relevanten Aspekte ausgewählt. Eine umfassendere Darstellung geben unter anderem Arnberger 1966, Arnberger 1987, Hake 1985, Hake und Grünreich 1994, Imhof 1972, Wilhelmy 1990 und Witt 1970.

2.1 Aufbau einer thematischen Karte

Jede thematische Karte ist eine Sammlung unterschiedlichster Zeichen und Formen, die im Idealfall zu einem Ganzen verschmelzen, nämlich einer inhaltlichen Aussage mit räumlichem Bezug. Wird versucht, dieses Ganze in Bestandteile zu zerlegen, bestehen dazu verschiedene Möglichkeiten. Zunächst lässt sich die Karte *formal* in *Bereiche* gliedern. Des Weiteren können einzelne Bestandteile wie Diagramme, Grenzlinien, Beschriftungen, Schraffuren, der Maßstab usw. unterschieden werden. Diese *graphischen Elemente* bilden in immer neuer Zusammensetzung und Variation thematische Karten. Ein weiterer möglicher Aspekt ist schließlich die Zerlegung in *inhaltliche Schichten.* Inhaltlich besteht eine Karte zum einen aus den topographischen Geometriedaten, zum anderen aus den Sachdaten.

2.1.1 Formale Bereiche

Formal zerfällt eine Karte in drei Bereiche (vgl. Abb. 2.1; im Folgenden in Anlehnung an Hake 1982, 26ff.):

- Das *Kartenfeld*: Es enthält jene Teile der Karte, die in einem räumlichen Bezug stehen. Darunter sind auch jene Elemente, die im Folgenden unter der Bezeichnung *Grundkarte* zusammengefasst werden. Dazu zählen die fest in einem Koordinatensystem verorteten Punkte, Linien und Flächen, die auf der Karte dargestellt und von den Sachdaten unabhängig sind. Diese können administrative Grenzen, Flüsse, Standorte und vieles mehr sein. Die Grundkarte dient einerseits dazu, sich im dargestellten Raum zu orientieren, andererseits bildet sie das Gerüst, in das sich die weiteren Teile der Karte einfügen. Werden der Grundkarte die räumlich zugeordneten Sachdaten beigefügt, beispielsweise in Form von Diagrammen, ergibt sich das Kartenfeld.

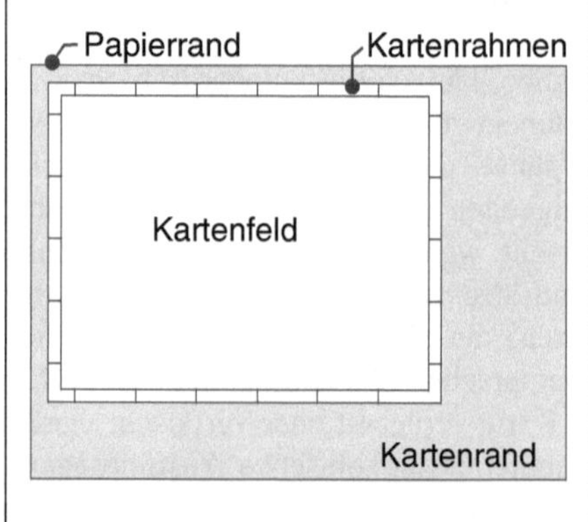

Abb. 2.1. Formale Gliederung einer Karte

- Den *Kartenrahmen*: Er stellt die äußere Begrenzung des Kartenfeldes dar und kann aus einer oder mehreren Linien bestehen. Bei topographischen Karten ist zwischen inneren und äußeren Rahmenlinien eine schmale Fläche vorhanden, in der u. a. Koordinaten- und Ortsangaben stehen (vgl. Abb. 2.6).
- Den *Kartenrand*: Er ist die verbleibende Fläche zwischen dem Kartenrahmen und der physischen Begrenzung der Karte, die durch das Papierformat vorgegeben wird. Der Kartenrand enthält alle Zusatzinformationen, die notwendig sind, um das Thema der Karte zu verstehen, z. B. Titel und Legende.

Auf der Grundlage der Ausgestaltung des Kartenfeldes können zwei Kartentypen unterschieden werden, die Rahmen- und die Inselkarte. Während bei der *Rahmenkarte* die benachbarte Umgebung der dargestellten Region mit einbezogen ist, wird bei der *Inselkarte* ausschließlich die Region wiedergegeben, auf die sich die

Daten beziehen. Dadurch hat das Kartenfeld bei der Rahmenkarte meistens eine rechteckige Form, bei der Inselkarte entspricht die Form der dargestellten Region (vgl. Abb. 2.2).

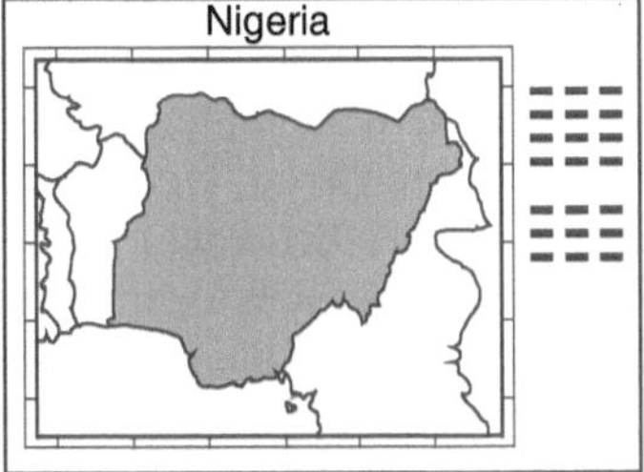

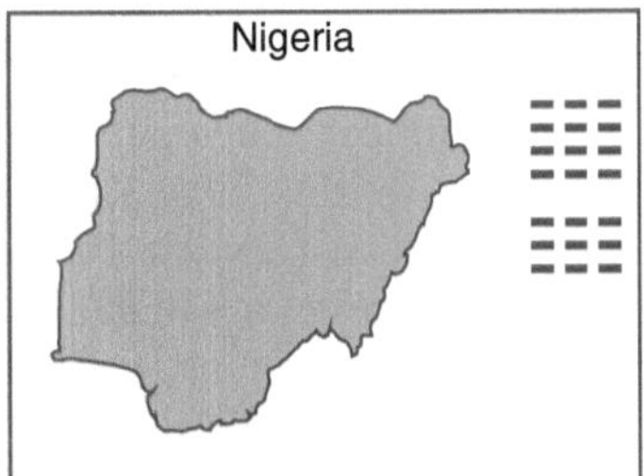

Abb. 2.2. Rahmen- und Inselkarte

2.1.2 Kartenrandangaben

Die einzelnen Bereiche der Karte bestehen aus unterschiedlichen Elementen, die ausgewählte Informationen vermitteln. Es wird vielfach diskutiert, welche Informationen unabdingbar notwendig sind, um die Abstraktion räumlicher Informationen auf der Karte nachvollziehen zu können. Freitag (1987) nennt z. B. fünf Elemente, die jede Karte enthalten sollte: Titel, Maßstab, Projektion, Datum und Zeichenerklärung. Nicht alle diese Angaben sind jedoch wirklich in jedem Fall für das Verständnis einer Karte erforderlich. So werden z. B. die Projektion oder der Maßstab nicht immer gebraucht. Eine endgültige Entscheidung, welche Informationen in eine Karte aufgenommen werden müssen, ist letztlich von der individuellen Karte abhängig. Das wichtigste Ziel ist immer, dass das Thema klar, schnell und unmissverständlich übermittelt wird.

Die Kartenrandangaben sind formale Teile einer Karte und nicht zwangsläufig mit einem bestimmten Inhalt verknüpft. Soll z. B. die inhaltliche Information über den in der Karte dargestellten Indikator vermittelt werden, kann sich diese in verschiedenen formalen Elementen wiederfinden, etwa im Titel oder als Teil der Legende. Es muss also unterschieden werden zwischen den Informationen in der Karte und den Ausdrucksmitteln als Träger dieser Informationen. Entscheidend ist, dass alle notwendigen Informationen übermittelt werden, nicht so sehr mit welchen Elementen dies geschieht. Neben dem Kartenfeld sollte jede thematische Karte mindestens folgende Informationen enthalten:

- *Thema der Karte*, meist in Form einer Überschrift. Diese kann in der Karte selbst entfallen, wenn das Kartenthema in einer Abbildungsunterschrift angegeben wird. Diese Form ist besonders verbreitet, wenn Karten im Rahmen wissenschaftlicher Publikationen erscheinen.

- *Legende*: Entschlüsselung aller verwendeten Punkt-, Linien- und Flächensignaturen und Diagramme, einschließlich der Signaturenmaßstäbe zur Erläuterung quantitativer Angaben.
- *Definitionen* der dargestellten Indikatoren.
- *Quellenangabe und zeitlicher Bezug*: Angabe der Quelle der dargestellten Sachdaten und des zeitlichen Bezugs der Daten, eventuell auch Quelle der Kartengrundlage, zum Beispiel bei historischen Karten.

Der zeitliche Bezug der Daten ist besonders wichtig, denn ohne diese Angabe ist eine Karte nahezu wertlos. Eine Karte behält nur dann ihren Wert, wenn sie sich zeitlich einordnen lässt (Boesch 1968). Von ebenso großer Bedeutung sind die Definitionen der dargestellten Indikatoren. Besonders wenn es sich um aufwendig berechnete Indikatoren handelt, sollte die Karte möglichst detailliert Aufschluss geben. Des Weiteren kann die Karte um folgende Informationen erweitert werden:

- Vermerk über das Copyright,
- Name des Autors,
- Name des Kartographen,
- Jahr der Kartenerstellung,
- Maßstab,
- Angabe der Nordrichtung,
- Name der Herstellerfirma, Herausgeber bzw. Verleger,
- Aggregationsniveau der räumlichen Einheiten,
- Projektion.

Diese Informationen werden mit Hilfe graphischer Elemente in die Karte eingebracht. Dabei können die meisten der Informationen in verschiedenen Elementtypen vermittelt werden, z. B. kann die Zeitangabe im Titel, in der Legende oder in einem eigenen Schriftblock vermittelt werden. Folgende Elementtypen stehen zur Verfügung (vgl. Abb. 2.3):

- Titel: Hauptüberschrift,
- Untertitel: Weitere untergeordnete Überschriften,
- frei positionierbare Schriftblöcke,
- Maßstabsdarstellung,
- Nordpfeil,
- Legende.

Die zusätzlichen Informationen sollten dann aufgenommen werden, wenn sie geeignet sind, das Verständnis der thematischen Karte zu ermöglichen oder zu erleichtern. Dies gelingt nur dann, wenn diese Informationen zielgerichtet eingebracht und positioniert werden. So kann trotz Widerspruch zum klassischen Kartographieverständnis eine Karte ohne Maßstabs- und Richtungsangaben ausreichend sein. Dies ist solange möglich, wie die Aussagekraft des dargestellten Themas erhalten bleibt oder unterstützt wird (Rey 1991, 22). Nicht selten tragen zusätzliche Angaben in Karten mehr zur allgemeinen Verwirrung bei, anstatt das Verständnis zu fördern.

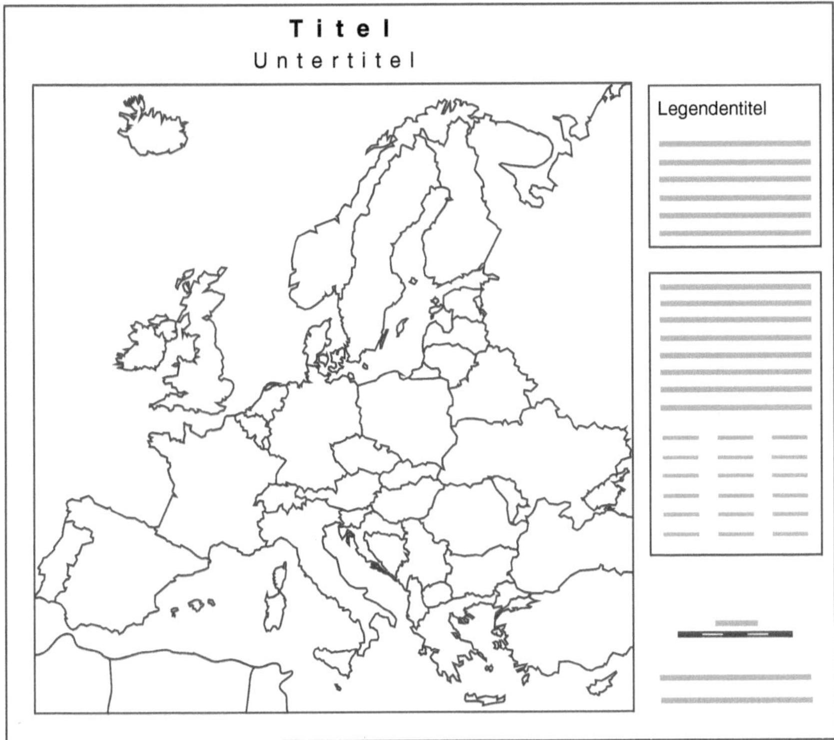

Abb. 2.3. Schematisches Beispiel einer Karte mit graphischen Elementen

2.1.3 Inhaltliche Schichten

Dem formalen Aufbau steht der inhaltliche Aufbau gegenüber. Während beim formalen Aufbau die Karte in übertragener Form mit der Schere zerlegt wurde, handelt es sich bei der inhaltlichen Gliederung um eine vertikale Zerlegung in verschiedene Schichten (vgl. Abb. 2.4). Dabei lassen sich prinzipiell zwei Schichten unterscheiden:

- *Geometriedaten*: Das sind die Daten, die die Grundkarte bilden. Dabei handelt es sich um Daten, die in ein Koordinatensystem, z. B. Gauß-Krüger-Koordinaten, eingebettet sind.
- *Sachdaten*: Dabei handelt es sich um jene Sachinformationen, die dargestellt werden sollen. Sie stehen in einem indirekten räumlichen Bezug, und zwar entweder zu einem Punkt, einer Linie oder einer Fläche.

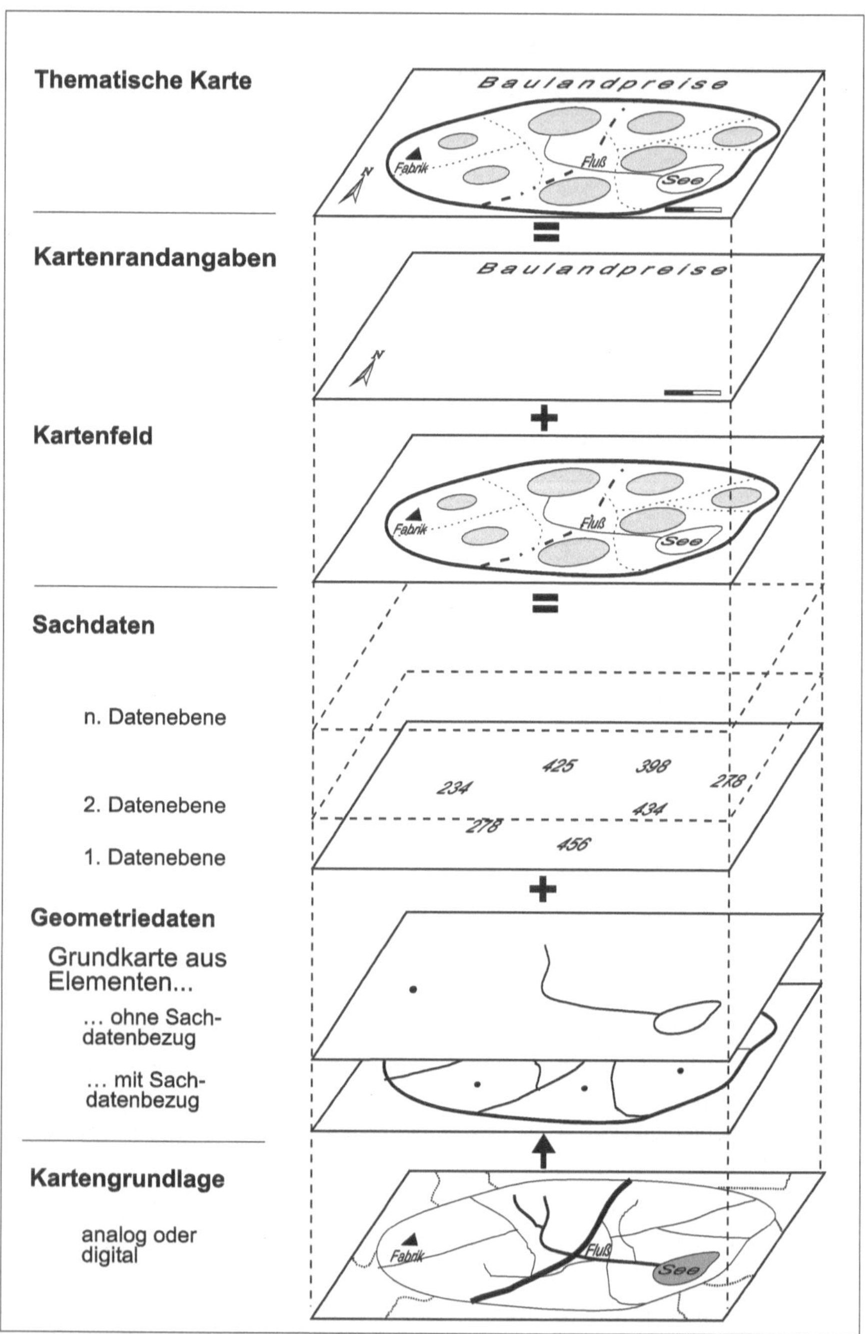

Abb. 2.4. Schichtenmodell des inhaltlichen Aufbaus einer thematischen Karte

Aus der Kartengrundlage, die analog oder digital vorliegen kann, werden die Geometriedaten, das sind Punkte, Linien und Flächen gewonnen. Manche dieser geometrischen Objekte sind notwendig, um Daten zu verorten. So werden z. B. Punkte gebraucht, um Lokalsignaturen oder Diagramme zu platzieren. Andere Geometriedaten werden graphisch gestaltet und können anderen Zwecken dienen. Meist helfen sie dem Betrachter der Karte, sich zu orientieren. Dazu sind u. a. Flussläufe, administrative Grenzen und Küstenlinien hilfreich.

Sofern mehrere Variablen dargestellt werden, lassen sich diese eventuell in mehrere Sachdatenebenen teilen. Eine gegliederte Variable, z. B. die Bevölkerung nach Geschlecht, ist als eine Datenebene zu werten, sofern sie in einem Diagramm dargestellt wird. Nur eine Datenebene liegt auch dann vor, wenn Zeitreihen in einem Diagramm abgebildet werden. Die Definition der Datenebenen orientiert sich an der formalen Darstellung und nicht nach der Zahl der Variablen.

Die Darstellung der raumbezogenen Sachdaten und die zusätzlichen graphisch gestalteten Geometriedaten ergeben zusammen das Kartenfeld, das meist durch weitere Angaben ergänzt wird. Dazu gehören Titel, Legende, Beschriftungen, usw. – alles was notwendig ist, um eine effektive und unmissverständliche Informationsübermittlung zu gewährleisten.

2.2 Grundkarte

Das Kennzeichen einer Karte ist die räumliche Fixierung von Informationen. Um den auf der Karte dargestellten Raum einordnen zu können, bedarf es zweierlei Informationen. Zum einen muss die Lage des Gebiets in Relation zu einer bekannten geographischen Einheit erkannt werden und zum anderen die Ausdehnung der dargestellten Fläche. Die erste Information wird häufig über den Umriss der dargestellten Fläche assoziiert, z. B. werden Europa und seine Nationen meist richtig erkannt. Ansonsten gibt es die Möglichkeit, Beschriftungen in die Karte einzubringen, wie z. B. Städte- oder Ländernamen. Die Ausdehnung einer Region wird ebenfalls häufig assoziiert oder kann über die Maßstabsangabe vermittelt werden.

Alle Punkte, Linien und Flächen, die in einer thematischen Karte direkt oder indirekt geographisch verortet sind, bilden die Grundkarte. Sie ist ein wesentliches Element jeder thematischen Karte. Im Folgenden werden die Bestandteile der Grundkarte sowie die wichtigsten Grundsätze für ihren Entwurf erläutert.

2.2.1 Kartengrundlage

Um eine thematische Karte erstellen zu können, wird eine Kartengrundlage benötigt, quasi als Vorlage. In der Kartengrundlage müssen alle nötigen topographischen Informationen verortet sein. Es kommen sowohl gedruckte topographische oder thematische Karten in Frage als auch digitale Koordinaten, Luftbilder und Fernerkundungsdaten. Die Auswahl der richtigen Grundlage hängt in erster Linie vom Ziel der thematischen Karte ab. Alle Elemente, deren räumliche Verortung wichtig ist, müssen in der Kartengrundlage lagerichtig enthalten sein.

Die Kartengrundlage ist eine abstrakte Darstellung räumlicher Informationen, wobei sich Punkt-, Linien- und Flächeninformationen unterscheiden lassen. Während Flächen, wie Städte oder Seen, per Definition einen bestimmten abgegrenzten Raum belegen, haben Punkte und Linien zum Teil in der Realität keine Ausdehnung, so zum Beispiel Grenzen oder Höhenpunkte. Für die kartographische Darstellung ist es aber unumgänglich, diesen eine Ausdehnung zuzuweisen und sie damit flächig darzustellen (Bertin 1974, 293). Punkte und Liniengeometrien werden also auf der Kartengrundlage durch Signaturen dargestellt und auch so in die Grundkarte übernommen.

Flächenhafte Objekte werden jedoch nicht selbstverständlich in ihrer wirklichen Ausdehnung übernommen, sondern werden häufig durch Signaturen dargestellt. Das hängt vom Maßstab ab. In kleinmaßstäbigen Karten müssten viele Flächen so klein gezeichnet werden, dass sie bei einer maßstabstreuen Darstellung nicht mehr zu erkennen wären.

Viele Städte in Deutschland haben eine sehr geringe Flächenausdehnung, so dass sie in einer kleinmaßstäbigen Deutschlandkarte nicht in ihrem wirklichem Umriss, sondern als Punktsignaturen abgebildet werden.

Je nach Ziel und Art der thematischen Karte werden auch mehrere Kartengrundlagen benötigt, um die Grundkarte zusammenzustellen. Grundsätzlich sind bereits digital vorhandene Karten als Quelle zu bevorzugen. Da unterschiedliche Quellen in der Regel nicht deckungsgleich zu einander passen, ist diese Aufgabe meist sehr beschwerlich und Handarbeit unvermeidlich. Die notwendigen Informationen müssen häufig mühsam in die Grundkarte übertragen werden. Des Weiteren können in diesem Arbeitsschritt Orientierungshilfen eingebracht werden, die nicht in direktem Bezug zu den Sachdaten stehen. Diese Hilfen sollen es ermöglichen, die geographische Einordnung der Karte zu erleichtern.

Für die Anbindung der Sachdaten an die Geometrie sind in dieser Phase Vorbereitungen notwendig. Um Flächen sachdatengebunden zu gestalten, reicht es nicht aus, wenn nur die Grenzlinien vorliegen. Die Flächen müssen in geeigneter Weise definiert sein. Um Regionen Diagramme zuzuordnen, müssen deren Positionen festgelegt werden. Diese Koordinaten haben selten einen natürlichen Bezug, sondern orientieren sich an der Form der Region. Alle diese Vorbereitungen stehen in direkter Beziehung zur verwendeten Software.

Soll eine Karte der Bevölkerungsdichte der Bundesrepublik Deutschland auf der Basis der Kreise erstellt werden, sind die Grenzen der Kreise notwendig, um sie mit einer Schraffur oder einem Raster zu füllen, unabhängig davon, ob diese später zusätzlich als Grenze eingezeichnet werden oder nicht. Als Orientierungshilfen können z. B. Flüsse, Städtenamen oder Ländergrenzen eingezeichnet werden.

Werden in einer Karte Signaturen oder Diagramme mit einem Raumbezug dargestellt, so ist es notwendig, ihre Position festzulegen. Zum einen kann es sich um eine lagegenaue Position handeln, wie sie z. B. bei Probenentnahmestellen vorliegt. Zum anderen müssen Positionen nicht an einem festen Punkt verortet sein. Das ist immer der Fall, wenn es sich um Informationen über

Regionen handelt. In diesem Fall müssen Punkte definiert werden, damit Diagramme zugeordnet und positioniert werden können.

2.2.2 Maßstab

Die Karte ist immer ein verkleinertes Abbild der Erdoberfläche. In welcher Größe und Genauigkeit die Grenzlinien und die topographischen Zusatzelemente auf der Grundkarte abgebildet werden und welche Größe die Signaturen und Diagramme besitzen, hängt vom Maßstab der Grundkarte ab. Der Maßstab ist das wichtigste Charakteristikum einer Karte. Er bestimmt die Gestaltung einer Karte, ihre Genauigkeit, Vollständigkeit und Ausführlichkeit.

Der Maßstab sollte unter Berücksichtigung des Themas und des Ziels der kartographischen Darstellung gewählt werden. Allgemein gilt, je detaillierter und genauer die Wiedergabe von Objekten erfolgen soll, desto größer muss auch der Maßstab der Kartengrundlage sein.

Sollen auf einer Europakarte die Unterschiede zwischen den einzelnen Staaten dargestellt werden, so genügt es völlig, den Maßstab so zu wählen, dass die Information für das kleinste Land gerade noch gut zu erkennen ist. Eine größere Darstellung verwirrt nur, weil der Eindruck erweckt wird, als sei die Karte detailgenauer und gebe z. B. auch Informationen über Teilregionen der Staaten. Außerdem lässt sich das Gesamtbild dann nicht mehr so schnell erfassen.

Welche Maßstabszahl dies nun konkret bedeutet, kann nur unter Berücksichtigung der Präsentationsform entschieden werden. Eine Karte in einem Buch sollte natürlich kleiner sein als eine, die zum Wandaushang bestimmt ist.

Der Maßstab wird über die Maßstabszahl m beschrieben, die den Grad der Verkleinerung angibt, d. h. das Verhältnis des verkleinerten Karteninhalts zu den entsprechenden Dingen in der Natur. Generell gilt: Je kleiner m ist, desto größer ist der Maßstab, je größer m ist, desto kleiner ist der Maßstab. Oder: Je größer der Maßstab, desto größer erscheinen auf der Karte auch alle Einzelheiten.

Welcher Maßstab zu wählen ist, hängt vom dargestellten Gebiet ab. Zum Beispiel ist 1:25.000 für die Darstellung von ganz Deutschland ein viel zu großer Maßstab, für die Darstellung eines Stadtteils dagegen eher zu klein. In der allgemeinen Terminologie werden Maßstäbe von 1:25.000 an aufwärts, wie z. B. 1:10.000, 1:5.000 als groß bezeichnet. Der mittlere Maßstabsbereich reicht von 1:50.000 bis 1:200.000, kleine Maßstäbe liegen unter 1:200.000. Kleine Maßstäbe liegen allen Karten zugrunde, die die gesamte Erde oder Kontinente bzw. Staatengruppen abbilden. Solche Karten besitzen einen hohen Generalisierungsgrad und sind nicht dazu geeignet, Punkte lagetreu wiederzugeben.

Ist auf der Kartengrundlage kein Maßstab angegeben, so lässt sich dieser näherungsweise selbst berechnen. Die Entfernung zwischen zwei beliebigen Punkten auf der Karte kann u. a. ermittelt werden, indem auf einer Karte mit bekanntem Maßstab nachgemessen wird. Zur Berechnung der Maßstabszahl wird die reale Entfernung durch die Entfernung auf der Kartengrundlage, gemessen in der gleichen Einheit, geteilt.

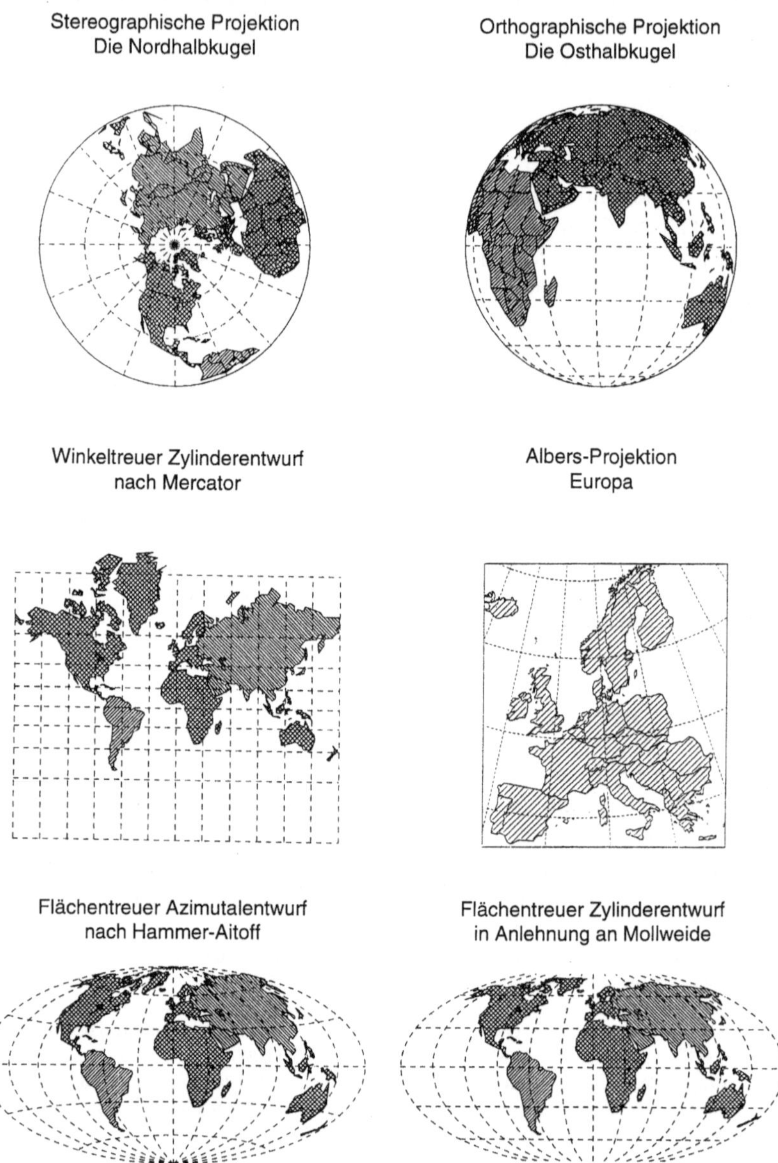

Abb. 2.5. Auswahl von Kartennetzentwürfen (Quelle: Fasbender 1991, 131ff.)

2.2.3 Netzentwürfe

Bei allen Darstellungen der Erde oder von Teilen derselben stellt sich immer wieder das Problem, dass sich die gekrümmte Fläche des Erdellipsoids – oder vereinfacht: der Erdkugel – nicht verzerrungsfrei in die Kartenebene ausbreiten lässt. In diesem Zusammenhang wird das ebene, aber verzerrte Abbild des Kugelnetzes als *Kartennetzentwurf* bezeichnet.

Bei der Abbildung der Erdoberfläche treten Winkel-, Flächen- oder Längenverzerrungen auf, und nur der Globus als verkleinerte Abbildung der Erde ist gleichzeitig winkel-, flächen- und längentreu. Bei Karten ist es allerdings nur möglich, entweder die Winkeltreue oder die Flächentreue oder in bestimmten Richtungen die Längentreue zu erhalten (Hake 1982, 128).

Je nach dem darzustellenden Gebiet und nach den Verzerrungseigenschaften stehen verschiedene Netzentwürfe zur Auswahl. Diese können in zwei Kategorien eingeteilt werden, nämlich in Netzentwürfe mit geographischen Koordinaten und in Netzentwürfe mit ebenen rechtwinkligen Koordinaten.

Netzentwürfe mit geographischen Koordinaten. Diese Kartennetze sind für Karten mit kleinen Maßstäben (1:1.000.000 und kleiner) gebräuchlich. Als Abbildungsgrundlage wird bei diesen Karten die Erde als Kugel angenommen.

Das Kugelnetz der Erde ist ein Koordinatensystem, das aus sich rechtwinklig schneidenden Kreislinien aufgebaut ist und auch Gradnetz heißt. Dieses Gradnetz besteht aus Breitenkreisen und Längenkreisen. Die Breitenkreise verlaufen parallel zum Äquator, der die Erde in Nord- und Südhalbkugel teilt. Zwischen dem Äquator und der Nord- bzw. Südhalbkugel werden je 90 Breitenkreise gezählt, wobei dem Äquator der Wert 0 und den beiden Polen jeweils die Werte 90 zugeordnet werden. Die Längenkreise, auch Meridiane genannt, gehen durch den Nord- und Südpol und sind ausgehend vom Nullmeridian, der durch Greenwich bei London verläuft, in 180 östliche bzw. westliche Längenkreise eingeteilt.

Wie der Name Gradnetz schon sagt, werden die Werte in diesem Koordinatensystem in Winkelgraden angegeben und als *geographische Koordinaten* bezeichnet. Bei den Breitenkreisen sind Werte zwischen 0° und 90° nördlicher bzw. südlicher Breite, bei den Längenkreisen Werte zwischen 0° und 180° östlicher bzw. westlicher Länge möglich. So wird beispielsweise die Lage Hamburgs im Gradnetz durch die Koordinaten 53°33'57" nördliche Breite und 9°59'33" östliche Länge beschrieben.

Für die Wahl des Kartennetzentwurfs sind die Größe, die Breitenlage und die Form des darzustellenden Gebiets wichtig, vor allem aber der Verwendungszweck. Für Navigationskarten sind winkeltreue Abbildungen wichtig, Verbreitungskarten, z. B. Klimakarten oder Bevölkerungsdichtekarten, müssen dagegen eine flächentreue Abbildung als Grundlage haben. Ansonsten gelten für die Auswahl des Kartennetzentwurfs folgende Regeln (Wilhelmy 1990):

- Für die Abbildung von *Polargebieten* bzw. polnaher Regionen eignen sich besonders Azimutalprojektionen (vgl. Abb. 2.5 oben).

- Für *äquatoriale Gebiete* und Länder mit Nord-Süd-Erstreckung, wie Nordamerika, stellen Zylinderprojektionen die beste Grundlage dar (vgl. Abb. 2.5 Mitte links).
- Für *Gebiete mittlerer Breite* und Länder mit westöstlicher Erstreckung sind Kegelprojektionen ideal (vgl. Abb. 2.5 Mitte rechts).

Ein Sonderfall bei den Kartennetzentwürfen stellt die Abbildung der gesamten Erde, die sogenannte *Planisphäre* dar. Solchen Planisphären liegen meistens vermittelnde Abbildungen zugrunde, die durch die Kombination zweier oder mehrerer Kartennetzentwürfe entstehen und einen Mittelweg zwischen winkel- und flächentreuer Projektion darstellen. Es gibt eine Reihe von vermittelnden Projektionen, wie die von Hammer-Aitoff, Mollweide, Peter, Robinson oder Winkel (vgl. Abb. 2.5 unten). Der Entwurf von Winkel wird häufig in deutschsprachigen Atlanten für Verbreitungskarten aller Art verwendet. Er liefert ein dem Globus sehr ähnliches Bild, da die Pole als Linien und die Breiten- und Längenkreise als gekrümmte Kreise abgebildet werden.

Netzentwürfe mit ebenen rechtwinkligen Koordinaten. Karten großer und mittlerer Maßstäbe, die oft als Kartierungsgrundlage oder Planungskarten eingesetzt werden, müssen sehr genau sein und dürfen nur geringe Verzerrungen aufweisen. Die Kartennetze solcher Karten beruhen auf einem ebenen rechtwinkligen Koordinatensystem und resultieren aus *geodätischen Abbildungen.*

Der Begriff geodätische Abbildungen bezieht sich auf die *Geodäsie,* die Wissenschaft, die sich u. a. mit der Ausmessung und Abbildung der Erde beschäftigt. Die Landesvermessung als Teildisziplin der Geodäsie verwendet zur Festlegung von Punkten sog. ebene geradlinige rechtwinklige (kartesische) Koordinaten (vgl. Hake 1982, 50). Diese entstehen durch die Abbildung des Gradnetzes der Erde in die Ebene, wobei auf Grund der geforderten Genauigkeit ein genau definiertes Ellipsoid verwendet wird. Als Projektionsgrundlage dient zumeist eine Zylinderprojektion, bei der die Zylinderachse den Äquator berührt. Das Koordinatensystem solcher geodätischer Abbildungen ist so aufgebaut, dass die positive x-Achse nach oben und die positive y-Achse nach rechts zeigt (vgl. Hake 1982, 51).

In Deutschland ist das *Gauß-Krüger-System* gebräuchlich. Bei dieser geodätischen Abbildung berührt der Zylinder das Erdellipsoid längs eines Meridians, der längentreu abgebildet wird und die x-Achse des Systems bildet. Der Äquator ist die y-Achse. Da mit zunehmender Entfernung von diesem sog. Hauptmeridian die Verzerrungen immer größer werden, werden durch Drehung des Zylinders um je 3° weitere längentreue Hauptmeridiane abgebildet, die jeweils eigenständige Koordinatensysteme bilden. Beim Gauß-Krüger-System sind dies die Meridiane 6°, 9° und 12°. Jedes dieser Koordinatensysteme dehnt sich um 1,5° östlich und westlich eines Hauptmeridians aus.

Im Gauß-Krüger-System werden die x-Achsen als Hochwerte H und die y-Achsen als Rechtswerte R bezeichnet (vgl. Abb. 2.6). Der Hochwert gibt die Entfernung vom Äquator (in Metern) an. Der Rechtswert bezeichnet den Abstand vom Hauptmeridian und setzt sich aus zwei Komponenten zusammen:

- aus der Kennziffer des jeweiligen Hauptmeridians, die ein Drittel der Gradzahl beträgt (bei den in Deutschland gebräuchlichen Hauptmeridianen 6°, 9° und 12° sind dies die Kennziffern 2, 3 und 4);
- der zweite Bestandteil gibt die Entfernung vom Hauptmeridian an. Um negative Werte zu vermeiden, erhält jeder Hauptmeridian den Wert 500.000. Demnach werden Punkte, die östlich des Hauptmeridians liegen, zu 500.000 addiert, und Punkte, die westlich des Hauptmeridians liegen, werden subtrahiert.

Der Nullpunkt eines Koordinatensystems ist der Schnittpunkt zwischen dem Hauptmeridian und dem Äquator und hat beispielsweise bezogen auf den 9. Längengrad die Koordinaten R 3500000 / H 0.

Die Gauß-Krüger-Koordinaten einer Lokalität mit den Werten R 3.593.571 / H 5.902.863 beziehen sich auf den Hauptmeridian 9° östlicher Länge, da die erste Ziffer des Rechtswertes ein Drittel der Gradzahl des Hauptmeridians ist (9:3=3). Der Ort liegt 93.571 m östlich von diesem Hauptmeridian (500.000+93.751=593.571) und 5.902.863 m nördlich des Äquators.

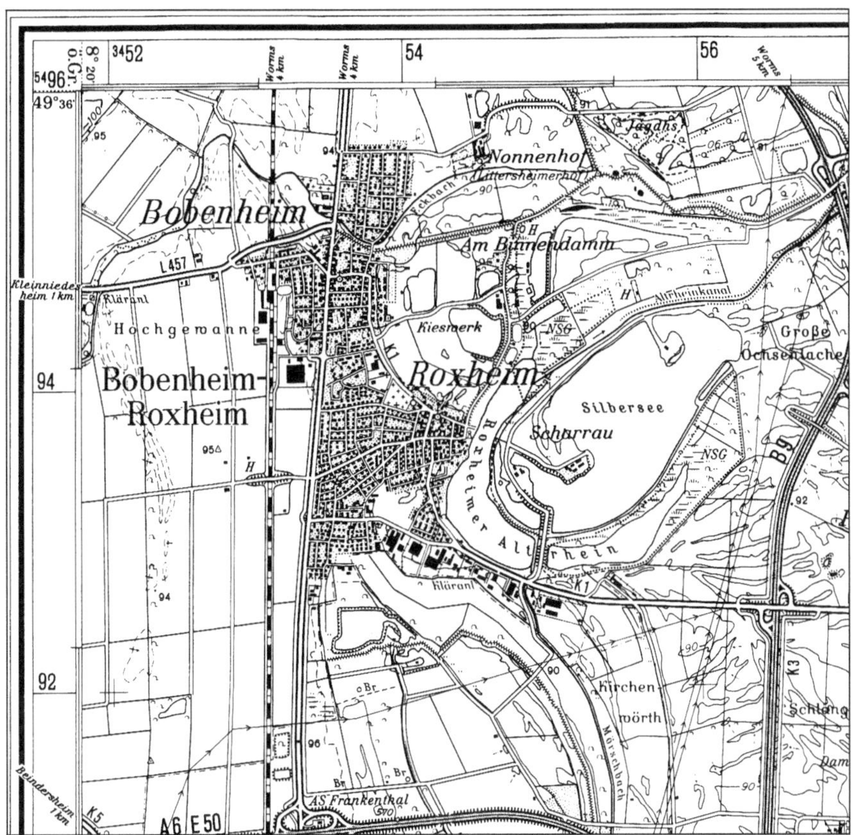

Abb. 2.6. Topographische Karte mit Gauß-Krüger-Koordinaten

Bei der abgebildeten Karte handelt es sich um einen verkleinerten Ausschnitt der topographischen Karte L 6516, Blatt Mannheim (herausgegeben vom Landesvermessungsamt Baden-Württemberg, Büchsenstraße 54, 70174 Stuttgart; Vervielfältigung genehmigt unter Az.: 5.13/1068). Die Gauß-Krüger-Koordinaten werden außerhalb des Kartenfeldes angegeben. In der linken oberen Ecke steht der Rechtswert als vierstellige Zahlenangabe, wobei die ersten Ziffern hochgestellt sind (3452). Diese abgekürzte Form ist bei allen deutschen topographischen Karten üblich und bedeutet, dass die Koordinaten in Kilometern angegeben werden. Bei allen weiteren Rechtswerten, die im Abstand von 2 km folgen, sind nur die beiden letzten Ziffern vorhanden (54, 56 usw.). Der Rechtswert 3452 bedeutet, dass sich der Kartenausschnitt westlich des Hauptmeridians 9° östlicher Länge befindet (452 < 500). Die Hochwerte sind am linken Kartenrand verzeichnet, wobei von oben nach unten zunächst die vierstellige Angabe (5496) von den zweistelligen Angaben (94, 92 usw.) abgelöst wird. Der Hochwert 5496 besagt, dass ein Abstand von 5496 km zum Äquator besteht. Durch die Angabe von Rechts- und Hochwerten können alle Lokalitäten in der Karte bestimmt werden. So hat beispielsweise die Straßenkreuzung westlich von Petersau die Koordinaten R 3456500 / H 5492500.

2.2.4 Entwurf der Grundkarte

Ist eine Kartengrundlage vorhanden und sind die Vorentscheidungen bezüglich Maßstab und Netzentwurf gefallen, so kann mit dem eigentlichen Entwurf der thematischen Karte begonnen werden. Die unterste Schicht dieser Karte bildet, wie bereits erläutert (vgl. 2.2.3), die Grundkarte. Diese wird aus der Kartengrundlage entwickelt, die meist viel mehr Informationen enthält, als zum Verständnis der thematischen Karte nötig sind. Der erste Arbeitsschritt zum Entwurf der Grundkarte besteht daher darin, aus den verfügbaren Informationen diejenigen auszuwählen, die zweckmäßig sind.

Zum Beispiel kann die Kartengrundlage für eine Stadtteilkarte mit Wahlergebnissen ein Stadtplan sein. Dieser enthält eine große Menge an Informationen, die für das Verständnis der thematischen Karte unerheblich sind, etwa Straßennamen und öffentliche Gebäude. Wird diese Informationsvielfalt nicht reduziert, so lenken diese Informationen von der eigentlichen Kartenaussage ab, und die Aussagekraft der Karte wird geschwächt.

Durch den Einsatz des Computers sind eine Reihe von Eigenschaften der Grundkarte von temporärer Natur und jederzeit änderbar, so z. B. Ausgabegröße und -medium. Die Entscheidung über diese Eigenschaften kann deshalb zweckmäßigerweise in der Arbeitsabfolge erst später erfolgen, z. B. bei der Gestaltung des Layouts (vgl. 2.5.6) oder bei der Kartenausgabe (vgl. 3.1.4 und 3.4).

Neben den genannten äußeren Eigenschaften ist die Grundkarte durch ihre inhaltlichen Bestandteile definiert. Zwei Kategorien sind von besonderer Bedeutung und sollen deshalb etwas näher betrachtet werden:

- Geometriedaten, die mit Sachdaten verknüpft sind, wie administrative Regionaleinheiten,
- raumbezogene *Zusatzinformationen*, wie z. B. Flüsse, Städte, Höhenpunkte etc.

Es kann zwar davon ausgegangen werden, dass die genannten Linienelemente selten ihre Lage verändern. Ein Fluss sucht sich nicht jede Woche ein neues Bett! Dennoch kommt es vor allem im Bereich der administrativen Grenzen immer wieder zu einer Veränderung. Durch den Rechnereinsatz ist es prinzipiell jederzeit möglich, alle Elemente der Grundkarte zu ändern.

Alle absehbaren Veränderungen an der Grundkarte sollten bei den Vorarbeiten berücksichtigt werden, da sie z. T. sehr arbeitsaufwendig sein können. Grundsätzlich sollten auch alle Eigenschaften, die für die graphische Gestaltung eine Rolle spielen, in die Vorbereitung einfließen.

Sollen zum Beispiel auf der Karte Grenzlinien in verschiedenen Typen und Farben erscheinen, so muss dies je nach Software zum Teil schon bei der Digitalisierung entsprechend angelegt werden. Auch Flüsse, Städte etc. können in der Grundkarte nur dann enthalten sein, wenn ihre räumliche Anordnung zuvor digital verfügbar gemacht wurde.

Grenzlinien. Bei punktbezogenen Darstellungen mittels Punktsignaturen oder Diagrammen spielen die Grenzen eine untergeordnete Rolle und dienen allenfalls der Orientierung. Bei flächenbezogenen Daten haben die Grenzen dagegen zusätzlich die Funktion, die Bezugseinheiten der Diagramme oder Schraffuren sichtbar zu machen. Deshalb sollten generell die Grenzen der von den Daten repräsentierten Gebietseinheiten eingezeichnet werden. Verschiedene Hierarchieebenen, wie z. B. Gemeinde-, Kreis- und Bundeslandgrenzen, sollten entsprechend visualisiert werden (vgl. 2.5). Von diesem Prinzip ist nur im begründeten Einzelfall abzuweichen:

- Bei der Darstellung von vielen Gebieten auf kleiner Fläche können die Grenzlinien zu einer Überfrachtung der Karte führen, vom eigentlichen Inhalt ablenken und die Lesbarkeit erschweren. Dies trifft in besonderem Maße zu, wenn Choroplethenkarten mit Schraffuren dargestellt werden. Oft kommen räumliche Strukturen ohne Grenzlinien optisch besser zu Geltung.

  Wird beispielsweise Europa auf regionaler Ebene dargestellt, so ergeben sich rund 420 Einheiten (vgl. Abb. 2.7). Werden hier alle Grenzen eingezeichnet, sind die Grenzlinien so zahlreich, dass sie zum auffallendsten Kartenelement werden. Zur Orientierung kann es hier genügen, die nationalen Grenzen einzuzeichnen und die Aggregationsniveaus der einzelnen Länder zu nennen.

- Sind die Einzelwerte auf der Karte von untergeordneter Bedeutung und geht es in erster Linie um die Veranschaulichung der Struktur des Raumes, können die Grenzen unter der Bedingung entfallen, dass das Aggregationsniveau der Daten auf der Karte angegeben wird und dieses als bekannt gelten kann.

  Zum Beispiel genügt es bei einer gemeindeweisen Darstellung des Fremdenverkehrsaufkommens in Deutschland, die Aggregationsebene Gemeinde zu nennen. Die Grenzen müssen nicht eingezeichnet werden. Der Kartenzweck, Regionen mit großer Bedeutung des Fremdenverkehrs sichtbar zu machen, wird dennoch erfüllt.

Werden die Grenzen weggelassen, muss die Aggregationsebene genannt werden. Kommen mehrere Karten des gleichen Gebiets vor, so lohnt es sich, eine Übersichtskarte mit allen Grenzen zu erstellen und beizufügen, evtl. als Folie zum Auflegen.

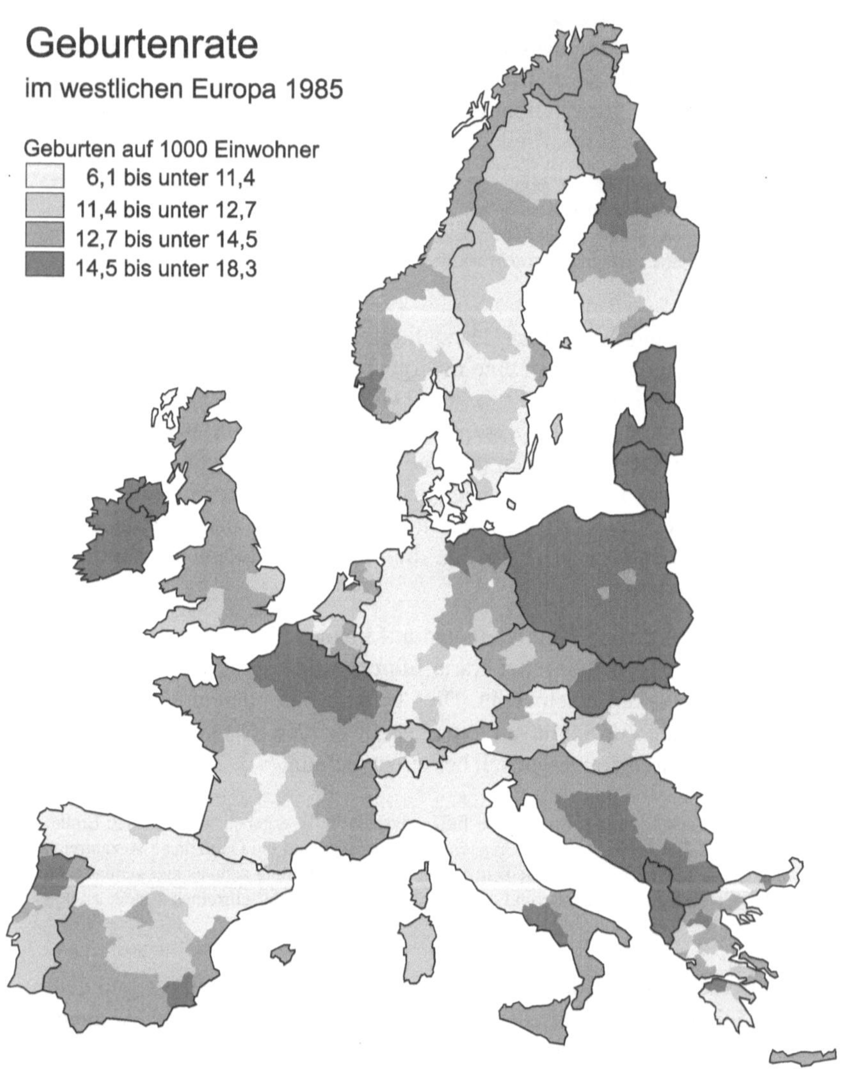

Abb. 2.7. Choroplethenkarte ohne Regionalgrenzen. Die Aggregationsebenen in den einzelnen Ländern bedürfen der zusätzlichen Erläuterung

Zusatzinformationen. Das Einzeichnen von zusätzlichen raumbezogenen Informationen wie Flüssen, Städten, Höhenpunkten, Höhenlinien, Verkehrswegen etc. kann zweierlei Funktionen erfüllen:

- Die zusätzlichen raumbezogenen Informationen können die Orientierung erleichtern, wenn die Struktur des Kartengebiets über die äußere Form schwer assoziierbar ist.

  Stellt beispielsweise eine Karte die Stadt Frankfurt nach Stadtteilen dar, so finden sich nur wenige anhand der Stadtteilgrenzen auf der Karte zurecht. Hier kann das Einzeichnen des Flusses Main und einiger markanter Punkte abhelfen.

- Mitunter kann ein Zusammenhang der Zusatzelemente mit dem Inhalt begründet werden. Die zusätzlichen Elemente erleichtern in diesem Fall die Interpretation des Kartenbilds.

  Eine Karte, welche die Baulandpreise in einer Stadt darstellt, ist mit einigen Angaben über Relief, Wasserflächen, Standorte von emittierenden Industrieanlagen etc. wesentlich einfacher zu interpretieren.

Ist keiner der beiden genannten Fälle gegeben, so sollte vom Einzeichnen zusätzlicher Informationen abgesehen werden.

2.3 Ausdrucksformen und ihr Entwurf

Die stilistischen Möglichkeiten, die zur Verfügung stehen, um Daten in Kartenform zu präsentieren, sind praktisch unbegrenzt. Dies gilt für die konventionelle Kartographie, bei der jede Karte als Einzelstück von Hand angefertigt wird und prinzipiell auch für Karten, die am Computer erstellt werden. In der praktischen Anwendung reduziert sich die Vielfalt der automatisiert erstellbaren Formen je nach Software auf eine unterschiedlich große Auswahl. Eine leistungsstarke Software sollte aber immerhin noch eine gewisse Spannbreite bieten. Dann stellt sich die Frage, welcher Kartentyp ausgewählt werden soll. Diese Problematik wird ausführlich in den Abschnitten 2.3 und 2.4 behandelt.

Im ersten Abschnitt werden alle für Desktop Mapping relevanten Darstellungsformen vorgestellt und die wichtigsten Begriffe erklärt. Die beim jeweiligen Kartentyp zu berücksichtigenden Gesichtspunkte werden herausgestellt und die wichtigsten Vor- und Nachteile genannt. Im folgenden Abschnitt (2.4) werden die Kriterien für die Auswahl des Kartentyps behandelt. Wer eine thematische Karte konzipiert, geht nicht vom Kartentyp aus, sondern von den darzustellenden Daten. Daraus folgt, dass die Auswahlkriterien nach Dateneigenschaften gegliedert behandelt werden.

Zum Verständnis der im Folgenden verwendeten Begriffe muss darauf hingewiesen werden, dass die Terminologie der Kartentypen in der Literatur sehr wechselhaft ist, was sich in die Graphiksoftware hinein fortsetzt. Die Darstellung der möglichen Kartenarten erfolgt geordnet nach den im Folgenden abgegrenzten Kategorien:

- *Standortkarten* stellen *qualitative Daten* dar, d. h. sie geben die Information, wo eine bestimmte Eigenschaft vorhanden ist und wo nicht. Sie beantworten aber nicht die Frage nach dem *Wie viel*, d. h. die Daten sind nicht quantitativ.
- *Choroplethenkarten* sind *flächenhafte Darstellungen* flächenbezogener quantitativer Daten. Die Areale in einer Karte werden mit bestimmten Füllmustern versehen, die jeweils einem bestimmten gruppierten Datenwert entsprechen.
- *Diagrammkarten* sind Karten, auf denen von den Sachdaten abhängig gestaltete *Diagramme*, räumlich angeordnet sind. Diese Darstellungsformen liefern *quantitative* Informationen.
- *Mehrschichtige Karten* sind Karten, auf denen sich *mehrere Darstellungen* des gleichen oder verschiedenen Typs in einer Karte *überlagern*. Dies kann zum Beispiel eine von Diagrammen überlagerte Choroplethenkarte sein oder eine Karte mit Schichten bestehend aus Lokalsignaturen oder Diagrammen. Nicht zu verwechseln ist diese Kategorie mit der Darstellung mehrerer Variablen in *einem* Diagramm.

Diese Gruppierung bildet keine allgemeingültige Typologie. Die Problematik von Typologien thematischer Karten wurde bereits in Abschnitt 1.1.3 behandelt. Die folgende Darstellung berücksichtigt hauptsächlich jene Darstellungsformen, welche mittels kartographischer und GIS-Standardsoftware erstellt werden können.

2.3.1 Standortkarten

In Standortkarten werden qualitative Daten dargestellt. Diese werden mit Hilfe von Signaturen graphisch verwirklicht. In der Kartographie werden unter Signaturen Kartenzeichen verstanden (Hake und Grünreich 1994, 99ff). Dabei können punkt-, linien- und flächenhafte Signaturen unterschieden werden. Charakteristisch für Signaturen ist die weitgehend lagetreue Verortung der Objekte im Raum.

Die qualitative Aussage beschränkt sich im Allgemeinen nicht auf die reine Ortsangabe, sondern meist sind eine oder mehrere Eigenschaften graphisch umgesetzt. Durch die Verwendung komplexer Signaturen in einer Karte können viele Informationen über Eigenschaften der Objekte vermittelt werden. So kann eine Signatur in einer Lagerstättenkarte Auskunft über Ergiebigkeit, Alter und Abbauverfahren der Lagerstätten geben. Auch ordinal skalierte Aussagen über Größe oder Bedeutung, die sich zum Beispiel auf Gruppen wie *groß/mittel/klein* beschränken, zählen noch zu den qualitativen Daten. Kommt hingegen eine quantitative Aussage hinzu, so liegt ein *Diagramm* vor (vgl. 2.3.3).

Punkthafte Signaturen. Punkt- oder Lokalsignaturen lassen sich nach ihrem Erscheinungsbild grob in drei Kategorien aufteilen (vgl. Abb. 2.8). *Bildhafte Signaturen*, auch sprechende Signaturen genannt, weisen in ihrer Form einen konkreten Bezug zum dargestellten Objekt oder zur dargestellten Eigenschaft auf. Ein Bezug ist meist auch dann vorhanden, wenn *Buchstaben und Ziffern* als Signaturen verwendet werden. *Geometrische Signaturen* dagegen sind völlig abstrakt und weisen keinen sichtbaren Bezug zum Dargestellten auf. Sie bestehen aus einfachen geometrischen Elementarfiguren. Beide Signaturenarten haben Vor- und Nachteile. Bildhafte Signaturen erklären sich zum Teil selbst und ihr Inhalt ist leicht erkennbar, weil sie wenig abstrahiert sind. Dadurch kann die Zahl verschiedener Signaturen in einer Karte höher sein als bei den geometrischen Signaturen. Diese haben den Vorteil, dass sie durch die graphisch einfache Gestaltung auch bei kleiner Darstellung noch gut erkennbar sind. Sie sind den bildhaften Signaturen vor allem dann überlegen, wenn auf kleiner Fläche viele Signaturen anzuordnen sind.

Abb. 2.8. Verschiedene Lokalsignatur en

Ein weiterer Vorteil geometrischer Signaturen ist die bessere Gruppen- und Kombinationsfähigkeit (vgl. Abb. 2.9). *Gruppenfähigkeit* bedeutet, aus dem Grundtyp jeder Signatur verschiedene Varianten ableiten zu können, um so ähnliche Objekte auf der Karte ähnlich darstellen zu können. Unter *Kombinationsfähigkeit* wird die Eignung von Signaturen verstanden, durch Kombination mehrerer Grundformen die gegenseitigen Beziehungen und Kombinationen verschiedener Sachverhalte zum Ausdruck zu bringen (ausführlicher zur Gruppenbildung und Kombination vgl. Arnberger 1987, 50ff. oder Wilhelmy 1990, 239ff.).

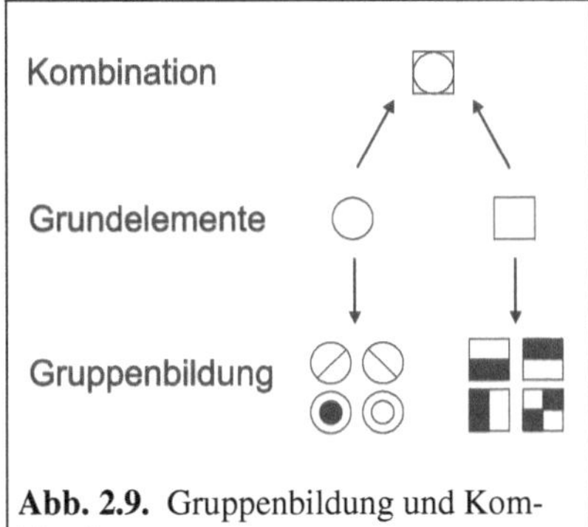

Abb. 2.9. Gruppenbildung und Kombination

Die drei Typen punkthafter Signaturen

können untereinander kombiniert werden. Häufig werden einfache geometrische Signaturen, wie Quadrat oder Kreis mit bildhaften Signaturen oder mit Buchstaben und Ziffern gefüllt.

Buchstaben werden zum Beispiel in Lagerstättenkarten eingesetzt, indem die chemischen Kurzbezeichnungen die jeweiligen Vorkommen charakterisieren. Buchstaben oder Ziffern können aber auch völlig abstrakt verwendet werden. Sie sollten in jedem Fall in der Legende erläutert werden.

Linien und Flächen. Linien- und Flächensignaturen können ebenfalls qualitative Informationen vermitteln.

Lineare Signaturen kommen auf Karten von Verkehrswegenetzen vor, in denen Straßen, Flüsse und Schienen durch verschiedene Linienarten dargestellt werden.

Flächenbedeckende Signaturen werden zum Beispiel auf Bodennutzungskarten eingesetzt. Wald, Wasser, Rebflächen usw. werden durch verschiedene, meist sprechende und flächig angeordnete Lokalsignaturen dargestellt.

Signaturen können alleinige Darstellungsform zur Vermittlung des Kartenthemas sein. Häufig werden sie jedoch auch als eine zusätzliche Ebene in mehrschichtigen Karten eingesetzt und mit quantitativen Choroplethen- oder Diagrammkarten kombiniert.

2.3.2 Choroplethenkarten

Viele raumbezogene Daten sind flächenbezogen, d. h. sie geben Eigenschaften von Flächen wieder. Die betreffende Flächeneigenschaft kann beispielsweise durch in die Gebiete platzierte Diagramme dargestellt werden. Nahe liegender ist es jedoch, eine flächenhafte Darstellung zu wählen. Die am häufigsten verwendete flächenhafte Darstellungsform ist die Choroplethenkarte (vgl. Abb. 2.17). Andere Bezeichnungen für diese Darstellungsform sind Flächenmosaik und Chorogramm (vgl. Arnberger 1987, 129ff.).

Echte und unechte Flächen. Flächenhafte Darstellungen zeigen nur selten *echte* flächenhafte Erscheinungen wie z. B. Wasserflächen, Anbauflächen oder auch den Geltungsbereich eines bestimmten Gesetzes. Diese werden als echt flächenhaft bezeichnet, weil die dargestellte Eigenschaft tatsächlich an jedem Punkt der betreffenden Fläche gilt. Dagegen zeigen die meisten Flächendarstellungen *unechte* Flächen, deren Abgrenzung mehr oder weniger willkürlich ist. Beispiele für unechte Flächen:

eine Karte, die die Durchschnittslöhne in den Ländern der Europäischen Gemeinschaft darstellt; Durchschnittswerte unterschlagen immer die Unterschiede innerhalb der Areale;

eine Verbreitungskarte von Bodentypen in Mitteleuropa, die riesige Areale mit einem bestimmten Bodentyp darstellt; in Wirklichkeit handelt es sich zwar um den vorherrschenden, aber nicht den einzigen Bodentyp im jeweiligen Gebiet;

eine Darstellung der Bevölkerungsdichte in den Gemeinden Hessens; auch wenn sich dabei ein sehr differenziertes Bild ergibt, darf das nicht darüber hinwegtäuschen, dass Dichtedarstellungen immer künstlich flächenhaft sind. Je nach Gebietsabgrenzung können sie sehr unterschiedlich ausfallen.

Geeignete Datentypen. Die in diesem Abschnitt für Choroplethenkarten gemachten Ausführungen gehen von quantitativen Daten aus. Bei diesen Daten handelt es sich zumeist um *Verhältniszahlen*, d. h. um Quotienten wie *Anteil der SPD an den Wählerstimmen* oder *PKW je 1.000 Einwohner*. Werden hingegen *Absolutwerte*, z. B. die Bevölkerungszahl, in flächiger Form dargestellt, so kann auf Grund unterschiedlicher Bezugsgrößen, d. h. Flächen, ein völlig fehlleitender optischer Eindruck entstehen. Die flächige Darstellung von Absolutwerten ist deshalb nur bei gleich großen Flächeneinheiten zulässig.

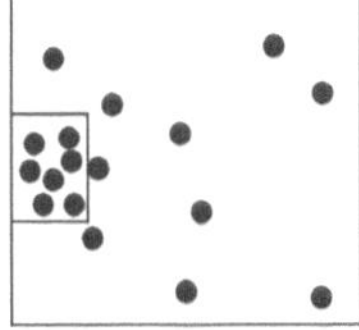

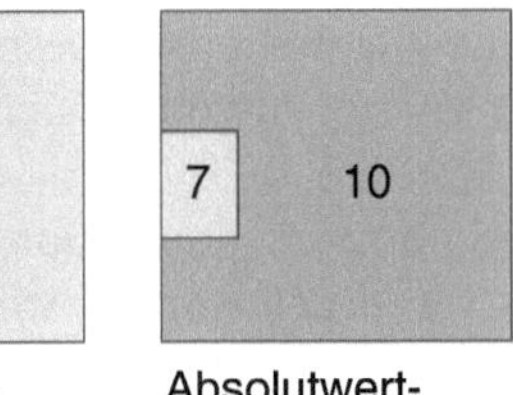

Abb. 2.10. Fehlinformation durch Darstellung von Absolutwerten in einer Choroplethenkarte

In Abbildung 2.10 verteilen sich Objekte in einem Areal, welches in zwei unterschiedlich große Regionen geteilt ist. Die tatsächliche Verteilung zeigt eine eindeutige Häufung in der westlichen, sehr viel größeren Region. Diese Raumstruktur wird aber nur bei der Relativwertdarstellung in Form eines Dichteindikators richtig wiedergegeben. Die Absolutwertdarstellung ergibt ein genau gegensätzliches Bild.

Klassifizierung. Ein Hauptmerkmal der Choroplethenkarte besteht darin, dass sie metrische Daten meist klassifiziert darstellt. Es ist auch möglich, Daten unklassifiziert graphisch umzusetzen, z. B. indem dem kleinsten Wert ein helles Grau und dem größten Wert ein dunkles Grau zugeordnet wird. Allen weiteren Werten wird jeweils ein Grauwert zugewiesen, der aus der Interpolation zwischen den beiden Extremwerten resultiert. Eine Alternative dazu ist eine dreidimensionale Darstellung der Sachdaten. Dies ist besonders dann von Vorteil, wenn sich die Daten auf Punkte beziehen und erst eine Aggregation auf Flächen notwendig ist. Die Darstellung kann in diesem Fall als kontinuierliche Oberfläche erfolgen (vgl. Rase 1998 und 2000). Sowohl Choroplethenkarten als auch dreidimensionale Sachdatenkarten auf der Grundlage unklassifizierter Daten sind technisch ohne weiteres zu realisieren, sind jedoch wenig verbreitet.

Werden Daten klassifiziert, ergibt sich bei der Konzeption einer Choroplethenkarte die Frage nach der Vorgehensweise. Wie sollen die Klassen gebildet werden? Eine allgemeingültige Lösung gibt es hierfür nicht. Die Methode sollte sich vor allem am Thema und den vorliegenden Daten orientieren, wobei einige Grundsätze dabei stets beachtet werden müssen:

- *Vollständigkeit.* Die Klassen umfassen alle Werte der Datenreihe und bilden eine zusammenhängende Folge. Es dürfen keine Lücken entstehen.
- *Eindeutige Klassengrenzen.* Die Klassengrenzen sind eindeutig bezeichnet, so dass für jeden Wert eine eindeutige Zuordnung möglich ist.
- *Klassenzahl.* Die Anzahl der Klassen steht in einem angepassten Verhältnis zu den Ausgangsdaten.
- *Methode der Klassenbildung.* Das Verfahren ist an die Verteilung der Ausgangsdaten angepasst.
- *Genauigkeit der Klassengrenzen.* Die Verfahren zur Klassenbildung liefern zum Teil exakte Klassengrenzen mit vielen Dezimalstellen. Es stellt sich die Frage, ob deren Verwendung sinnvoll ist. Die exakten Werte täuschen häufig eine Genauigkeit von Daten vor, die nicht immer gerechtfertigt ist und die feinen Unterschiede sind auch selten interpretierbar. Deshalb ist gerundeten Klassengrenzen im Allgemeinen der Vorzug zu geben, nicht zuletzt sind sie auch einprägsamer.
- *Wenig Informationsverlust.* So viel Information als möglich muss erhalten bleiben. Deshalb sollte alles vermieden werden, was zu Verlusten führt. Dazu zählen offene Klassen, die entweder nach oben oder unten unbegrenzt sind. Diese führen zu einem Informationsverlust, da minimale und maximale Werte der Datenreihe verborgen bleiben.

Vor einer Klassifizierung sind grundsätzlich zwei Fragen zu klären. Zum einen wie viele Klassen zu bilden sind, d. h. es muss die *Klassenzahl* bestimmt werden; zum anderen ist zu klären, wie die *Klassengrenzen* festzulegen sind. In fast allen Lehrbüchern zur Statistik und in vielen Fachaufsätzen wird das Problem der Klassenbildung aufgegriffen und auch in der Fachliteratur der Geographie und Kartographie wird das Thema intensiv behandelt, jedoch ohne befriedigende Lösung (Kessler-de Vivie 1993).

Die Bedeutung der Klassenbildung sollte auf keinen Fall unterschätzt werden. Dies wird deutlich in Abbildung 2.11. Hier wurden dieselben Daten mit drei unterschiedlichen Verfahren klassifiziert. Obgleich die Anzahl der Klassen gleich ist und die Graustufen konstant abgestuft sind, scheint die Aussage der Karten unterschiedlich zu sein. Die Wirkung reicht vom Eindruck einer relativ homogenen Verteilung bis zur Heterogenität mit ausgeprägtem Stadt-Land-Gefälle.

Die Klassifizierung verfolgt in erster Linie ein Ziel: Die Informationsvermittlung effizienter zu gestalten und es dem Betrachter der Karten zu ermöglichen, Daten schnell und sicher wahrzunehmen. Jedoch ist Vorsicht geboten: Die Manipulationsmöglichkeiten sind nahezu unbegrenzt; so können verschiedene Klassenbildungsverfahren zu völlig unterschiedlichen Interpretationen führen (Monmonier 1996, 66). Um so wichtiger ist es, sich mit dem Problem der Klassenbildung intensiv auseinander zusetzen. Eine sehr ausführliche Darstellung des gesamten Komplexes der Klassifizierung in der thematischen Kartographie findet sich bei Kessler-de Vivie (1993).

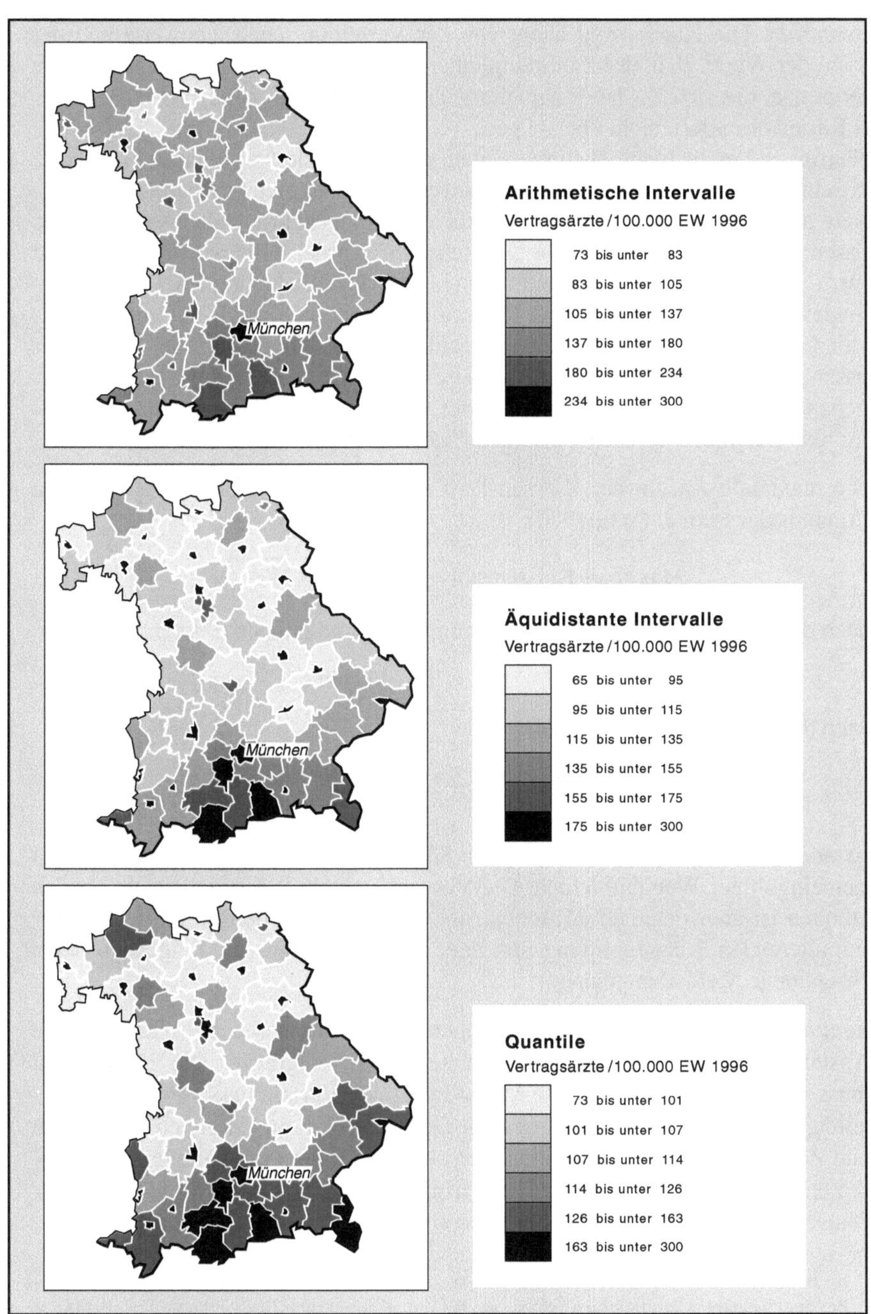

Abb. 2.11. Auswirkungen unterschiedlicher Klassenbildungsverfahren

Klassenzahl. Die Klassenzahl hängt von der Verteilung der Datenwerte und der Anzahl der Werte, d. h. der Zahl räumlicher Einheiten, ab und sollte eine gewisse Obergrenze, die sich an der Wahrnehmungsfähigkeit durchschnittlicher Benutzer von Karten orientiert, nicht übersteigen.

Häufig sind es metrisch skalierte Daten, die klassifiziert werden und mit Hilfe von Schraffuren oder Rastern dargestellt werden. Dabei bietet es sich an, die Helligkeit abzustufen, von hell nach dunkel oder umgekehrt. Dabei sollten sechs Klassen, höchstens sieben, nicht überschritten werden. Bei Farbausgabe sind mehr, z. B. beim Einsatz von zwei Farben bis zu 12 Klassen möglich.

Inwieweit diese Maximalzahl an Klassen ausgeschöpft wird, hängt von den Daten und der Methode der Klassengrenzenbildung ab, wobei sich die Anzahl der Klassen teilweise aus der Methode selbst ergeben kann. Muss die Zahl aber vorgegeben werden, so stehen als Richtschnur verschiedene Faustformeln zur Verfügung. Es seien drei Methoden beispielhaft genannt:

- Die maximale Anzahl der Klassen lässt sich berechnen nach dem gerundeten Ergebnis der Formel (Witt 1970):

$$\text{Maximale Klassenzahl} = \sqrt{\text{Anzahl der Werte}}\ ,$$

- nach der Regel nach Sturges (Bahrenberg, Giese und Nipper 1990, 32):

$$\text{Klassenzahl} = 1 + 3{,}32 \times \log\,(\text{Anzahl der Werte}),$$

- nach der Regel von Davis (1974):

$$\text{Maximale Klassenzahl} = 5 \times \log\,(\text{Anzahl der Werte}).$$

Klassengrenzen. Für die Bestimmung der Klassengrenzen lässt sich ebenfalls kein allgemeingültiger Weg empfehlen. Die Verwendung einer der hier beschriebenen Methoden ist aber dennoch anzuraten, um dem Verdacht der willkürlichen oder manipulierenden Klassenbildung aus dem Weg zu gehen. Im Folgenden seien sechs gängige Methoden genannt:

- *Äquidistante Klassen.* Alle Klassen haben die gleiche Breite, d. h. den gleichen Abstand zwischen der oberen und unteren Klassengrenze. Die Klassenzahl muss vorgegeben werden. Diese Methode hat den Vorteil, dass sie von der Verteilung der Datenwerte unabhängig ist. Dadurch wird ein Vergleich über Raum und Zeit hinweg ermöglicht, indem verschiedene Karten mit den gleichen Klassen erstellt werden. Der Nachteil ist darin zu sehen, dass diese Methode nur für Daten geeignet ist, die eine relativ gleichmäßige Verteilung aufweisen.

  Im Beispiel in Abbildung 2.14 reichen die Datenwerte bis zu einem Maximum von 120.000. Bei äquidistanter Klassifizierung ergibt sich bei drei Klassen eine Intervallbreite von 40.000. Die drei Klassen sind: 0 bis unter 40.000; 40.000 bis unter 80.000; 80.000 bis unter 120.000.

- *Mathematische Progression.* Unter dieser Bezeichnung werden alle Verfahren zusammengefasst, die auf der Grundlage von mathematischer Reihenbildung entstehen. Die Folge ist, dass die Klassenbreite regelhaft zu- oder abnimmt. Zwei wichtige und weit verbreitete Reihen sind die arithmetische und die geometrische Reihe. Bei Letzterer wird auch von „logarithmischer Klassenbildung“ gesprochen. Die Unterschiede der Verfahren liegen in der Geschwindigkeit, mit der die Klassenbreite ansteigt. Bei der arithmetischen Reihe wachsen die aufeinander folgenden Klassen jeweils um einen konstanten Faktor, bei der geometrischen Reihe wachsen sie exponentiell (vgl. Abb. 2.12). Die Methode ist für Daten mit großer Spannweite geeignet, wobei die Daten sehr ungleichmäßig verteilt sind. Steht einem Bereich mit hoher Häufung der Daten, meist zu Beginn oder Ende des Datenspektrums, ein weiter Bereich mit wenigen Werten gegenüber, kann die mathematische Progression einen Lösungsansatz zur Klassifizierung bieten.

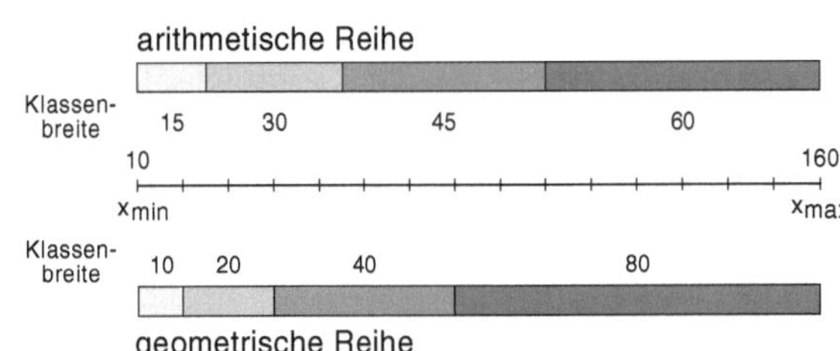

Abb. 2.12. Klassenbildung mit Hilfe der mathematischen Progression

- *Quantile.* Die Grenzen werden so gewählt, dass alle Klassen gleich häufig besetzt sind. Vorteil dieser Methode ist es, dass die Karte ein differenziertes Bild zeigt. Quantile sind im Desktop Mapping eine gute Methode, um in der Arbeitsphase einen ersten Kartenentwurf zu erstellen und die Verteilung der Datenwerte abschätzen zu können. Nachteile sind, dass die Klassifizierung nicht sachlogisch begründbar ist, dass die Klassen nur auf eine bestimmte Karte anwendbar sind und dass die Klassenbreiten sehr unterschiedlich sein können. Lücken in der Verteilung der Werte werden nicht visualisiert.

  In Abbildung 2.14 werden die 30 Werte in vier Klassen eingeteilt. Es entstehen zwei Klassen mit sieben und zwei Klassen mit je acht Werten. Die Klassenbreite variiert dabei stark. Durch die ungleichmäßige Verteilung fallen Städte zwischen 66.000 und 77.000 Einwohnern in eine Klasse und Städte mit mehr als 77.000 Einwohnen bis zu 112.000 Einwohnern in die daran anschließende Klasse. Eine sachlich begründete Erklärung fällt hier schwer. Dies veranschaulicht einen Nachteil dieser Methode.

- *Sinnklassen.* Die Klassenbildung folgt auf Grund einer sachlogischen Begründung und ist deshalb von der Verteilung der Daten weitgehend unabhängig. Diese Methode kann u. a. angewendet werden, wenn Grenzwerte oder Klassenbildungen vorliegen, die in der amtlichen Statistik verbreitet sind.

Bei der Darstellung der Luftverschmutzung bilden die gesetzlichen Grenzwerte für die Smog-Warnstufen sinnvolle Klassengrenzen. Ein anderes Beispiel ist in Abbildung 2.14 dargestellt. Hier werden die Städte in Klein-, Mittel- und Großstädte klassifiziert. Die Einteilung ist im konkreten Fall zwar sinnvoll, ließe sich aber nur bedingt auf andere Regionen anwenden.

- *Natürliche Klassen.* Diese Methode wird auch häufig mit „natural breaks" bezeichnet und geht von der Verteilung der Datenwerte aus. Die Klassenzahl wird nicht vorgegeben. Mit Hilfe von mathematischen Algorithmen werden „Datenlücken" genutzt, um Klassen zu definieren. Nicht selten ergeben sich hierbei Sinnklassen, die sich dann auch sachlich begründen lassen. Ein Nachteil kann es sein, dass die Klassen unterschiedlich groß sind und die Klassengrenzen unter Umständen schon bei einem einzelnen sich verändernden Datenwert nicht mehr haltbar sind.

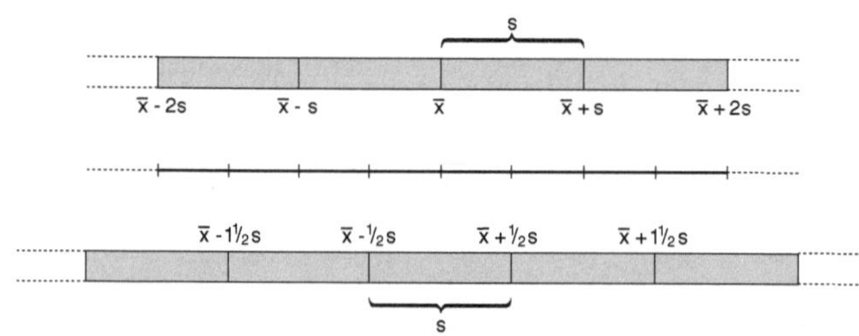

Abb. 2.13. Klassenbildung mit Hilfe statistischer Parameter

- *Statistische Parameter.* Die Verteilung der Daten kann mit statistischen Parametern beschrieben werden. Diese können herangezogen werden, um Klassen zu bilden. Am häufigsten wird das arithmetische Mittel in Kombination mit der Standardabweichung benutzt. Die Anzahl der Klassen ergibt sich bei dieser Methode aus den statistischen Parametern und ist deshalb nicht frei wählbar. Meist werden nicht mehr als sechs Klassen benötigt, sofern die Standardabweichung als Klassenbreite herangezogen wird (Dent 1999). Abbildung 2.13 zeigt zwei alternative Klassenbildungen, zum einen mit dem arithmetischen Mittel als Mitte einer Klasse und zum anderen als Klassengrenze.

In Abbildung 2.14 zeigt die Verteilung zwei Lücken um den Wert von 15.000 und 94.000 Einwohnern. Die Klassenbildung ergibt daher drei Klassen mit diesen Werten als Grenzen.

Aggregation. Liegen keine echten Flächen vor, so stellen die Daten nur Mittel- oder Summenwerte unechter Flächen dar. Es ist klar, dass dabei die Art der Abgrenzung der Gebietseinheiten einen großen Einfluss auf den jeweiligen Wert hat. Bei Choroplethenkarten ist die Gefahr der verzerrten Datendarstellung deshalb besonders groß. Durch Änderungen bei Klassengrenzen und räumlicher Aggregation können dieselben Daten auf der Karte völlig andere Strukturen zeigen (Monmonier 1991, 123). Deshalb ist es sehr wichtig, eine sinnvolle, sachlich begründbare Aggregationsebene zu wählen. Niemals sollte an der Aggregation manipuliert werden, um Ergebnisse in eine bestimmte Richtung zu lenken.

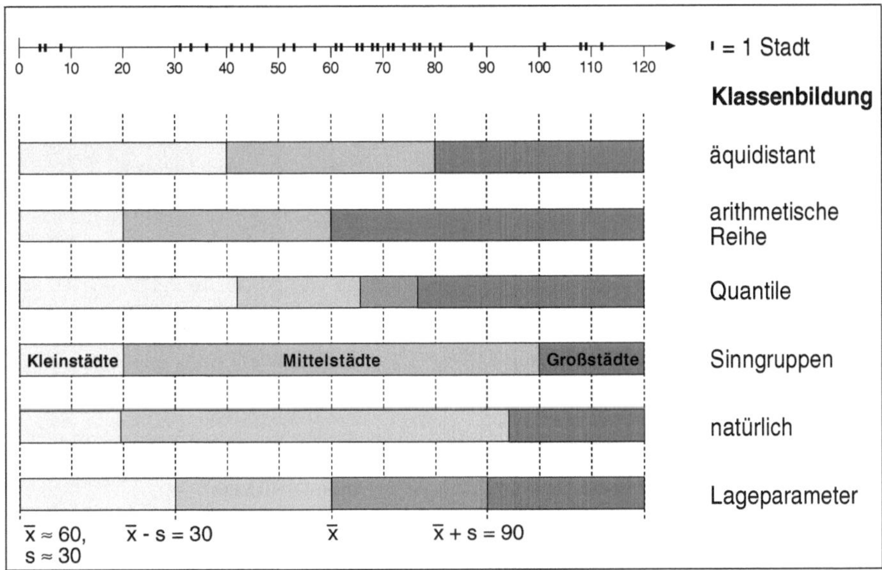

Abb. 2.14. Verschiedene Methoden der Klassenbildung anhand der Verteilung der Einwohnerzahlen von 30 Städten

Der Art der räumlichen Aggregation kommt besondere Bedeutung zu, sofern Relativwerte dargestellt werden. Werden Areale mit sehr unterschiedlichen Werten zu größeren Einheiten zusammengefasst, so ergeben sich Mittelwerte, die die tatsächlichen Disparitäten verschleiern. In gewissem Rahmen ist dies meist unvermeidbar und kann hingenommen werden. Problematisch ist es, wenn das Aggregationsniveau innerhalb einer Karte uneinheitlich ist. Dies kann zu Fehlinterpretationen führen. Deshalb sollte innerhalb einer Karte das Aggregationsniveau konstant gehalten werden.

Die meisten Karten verwenden administrative Einheiten als Grundlage, z. B. Gemeinden oder Kreise. Aber das kann problematisch werden. So werden zum Beispiel thematische Karten der deutschen Bundesländer häufig falsch interpretiert, weil sich die Extremwerte bei den Stadtstaaten Bremen, Hamburg und Berlin zeigen. Dieser Effekt ist meist durch die Aggregation künstlich hervorgerufen. Andere Städte wie München, Köln oder Frankfurt haben wahrscheinlich ähnliche Werte, zeigen diese aber auf der Karte nicht, weil sie in den sie umgebenden Bundesländern aufgehen. Auch die Werte der ländlichen Regionen werden dadurch verändert dargestellt. Würde Hamburg mit Schleswig-Holstein zusammengefasst, so würde dieses Bundesland auf der Karte ganz anders erscheinen.

Auf Grund dieser Problematik ist es unbedingt erforderlich, das Aggregationsniveau der Karte aufzuzeigen oder zu nennen, besonders dann, wenn nicht alle Gebietsgrenzen als Linien in der Karte eingezeichnet werden.

Wie Aggregation das Kartenbild völlig verändern kann, wird in Abbildung 2.15 deutlich. In einem aus 28 rechteckigen Gemeinden bestehenden Gebiet ist die absolute Verteilung von PKWs und von Haushalten angegeben. Im unteren Teil der Abbildung wird aus diesen beiden Variablen ein Indikator berechnet, nämlich die durchschnittliche Anzahl PKWs je Haushalt. Bei gemeindeweiser Berechnung und Darstellung ergibt sich ein ganz eindeutiges Süd-Nord-Gefälle. In Ost-West-Richtung liegt keine Variation vor. Werden die Gemeinden aber in einer bestimmten Weise zu Regionen aggregiert, so entsteht aus den gleichen Daten das Bild eines ausgeprägten Ost-West-Gefälles, diesmal ohne Variation in Nord-Süd-Richtung. Die Ausgliederung der drei einwohnerstärksten Gemeinden aus dem Gesamtraum ergibt wiederum eine völlig neue Struktur. Nun wirkt der Gesamtraum homogen mit zwei Extremen im Nordwesten und im Südosten.

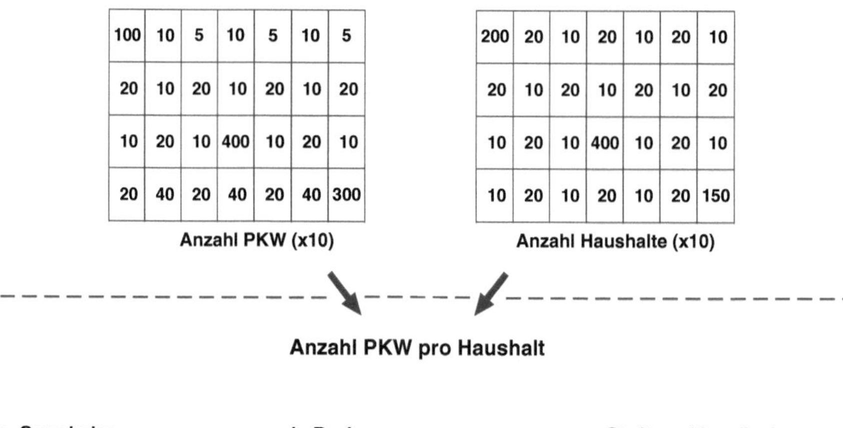

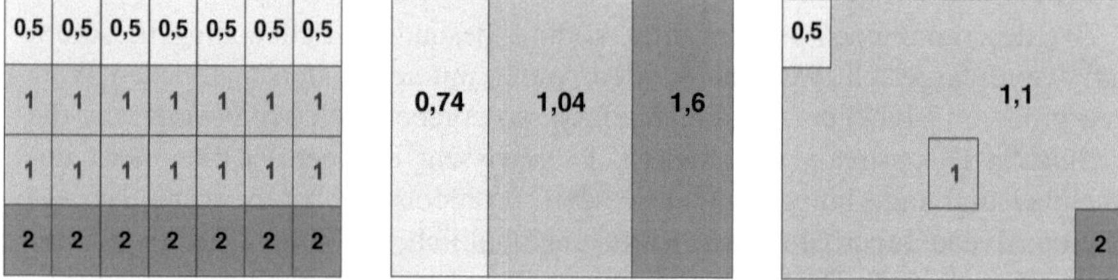

Abb. 2.15. Wie Aggregation das Ergebnis verändert (nach Monmonier 1991, 124)

Zweidimensionale Choroplethenkarten. Sollen zwei oder mehr Variablen mit Choroplethenkarten dargestellt werden, so gibt es mehrere Möglichkeiten. Die am häufigsten angewandten Methoden sind Diagrammkarten (vgl. 2.3.3) sowie mehrere nebeneinander gestellte Choroplethenkarten. Eine weitere Alternative ist die Erstellung einer zwei- oder mehrdimensionalen Choroplethenkarte. In einer zweidimensionalen Choroplethenkarte überlagern sich quasi zwei einzelne Choroplethenkarten mit einem jeweils eigenständigen Indikator. Durch die Überlagerung sieht die Kartenlegende aus wie eine Kreuztabelle.

In Abbildung 2.16 überlagern sich zum Beispiel die Variablen A und B. Für die graphische Umsetzung sind zwei Möglichkeiten abgebildet. Im Fall (a) werden die Variable A durch einen Farbverlauf von Blau nach Rot und die Variable B durch einen Verlauf von hell nach dunkel dargestellt. Dadurch entstehen im abgebildeten Fall vier Felder, bei differenzierterer Einteilung wären auch mehr Felder möglich. Hellrot bedeutet beispielsweise, dass der Wert der Variable A hoch und jener der Variable B niedrig ist.

Die unter (b) dargestellte Methode ist bei Schwarzweißausgabe der Karte anwendbar. Die Variable A wird durch eine horizontale Schraffur, die Variable B durch eine vertikale Schraffur dargestellt. Mit zunehmendem Variablenwert wird die Schraffur dichter.

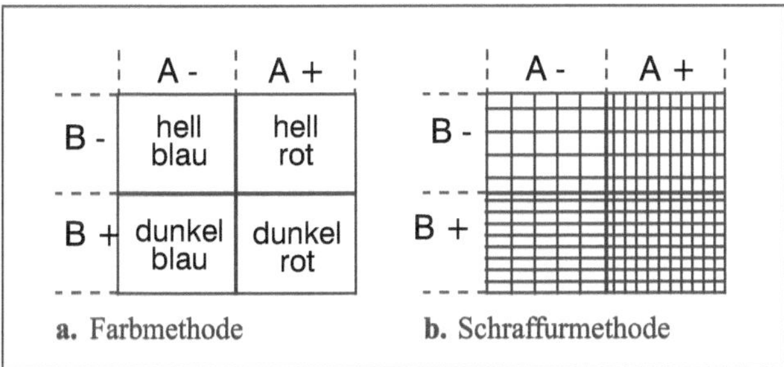

Abb. 2.16. Legenden von zweidimensionalen Choroplethenkarten (Vierfelderkarten)

2.3.3 Diagrammkarten

Thematische Karten und Diagramme haben beide das Ziel, Daten zu visualisieren und dadurch Strukturen zu verdeutlichen. Karten visualisieren primär räumliche, Diagramme dagegen nichträumliche Strukturen. Sollen bei der kartographischen Darstellung neben den Raumstrukturen auch inhaltliche Beziehungen verdeutlicht oder z. B. zeitliche Tendenzen und Änderungen sichtbar gemacht werden, so bietet sich die *Diagrammkarte* an. Diagrammkarten können die Vorteile von Karte und Diagramm verbinden.

In Abb. 2.17 soll zum Beispiel die räumliche Struktur der Ergebnisse von aufeinanderfolgenden Umfragen dargestellt werden. Ohne den Einsatz von Diagrammen müssen mehrere Choroplethenkarten nebeneinander gestellt werden, um die zeitliche Variation zu zeigen (a). Diagramme können die zeitliche Abfolge direkt darstellen, verlieren dabei aber die räumliche Struktur (b). Erst die Diagrammkarte verbindet räumliche und zeitliche Strukturinformation (c).

Bevor näher auf Diagrammkarten eingegangen wird, ist zunächst zu klären, was unter diesem Begriff zu verstehen ist. Hier wird als *Diagrammkarte* eine thematische Karte bezeichnet, die Diagramme in räumlicher Anordnung enthält. Ein *Diagramm* ist die graphische Umsetzung quantitativer Daten. Damit setzen sich Diagramme einerseits ab gegen die nicht graphischen Tabellen und andererseits gegen Signaturen, die qualitative Daten visualisieren.

Die Diagramme werden in einer Diagrammkarte räumlich angeordnet. Jedes Diagramm enthält Informationen für eine bestimmte räumliche Bezugseinheit. Sind diese Bezugseinheiten auf der Karte Punkte, so liegt eine *Positions-*

diagrammkarte vor, zum Beispiel bei der Darstellung von Klimamesswerten. Geben die Diagramme dagegen Summen oder Mittelwerte für Flächen an, so handelt es sich um eine *Gebietsdiagrammkarte*. Diese Unterscheidung ist für die Positionierung der Diagramme auf der Karte wichtig. Positionsdiagramme sollten entweder auf den Bezugspunkt zentriert werden, was vor allem bei Kreisdiagrammen gut möglich ist, oder direkt neben einen auf der Karte eingezeichneten Punkt platziert werden. Die Positionierung von Gebietsdiagrammen kann dagegen pragmatisch erfolgen, möglichst überschneidungsfrei in der Gebietsmitte.

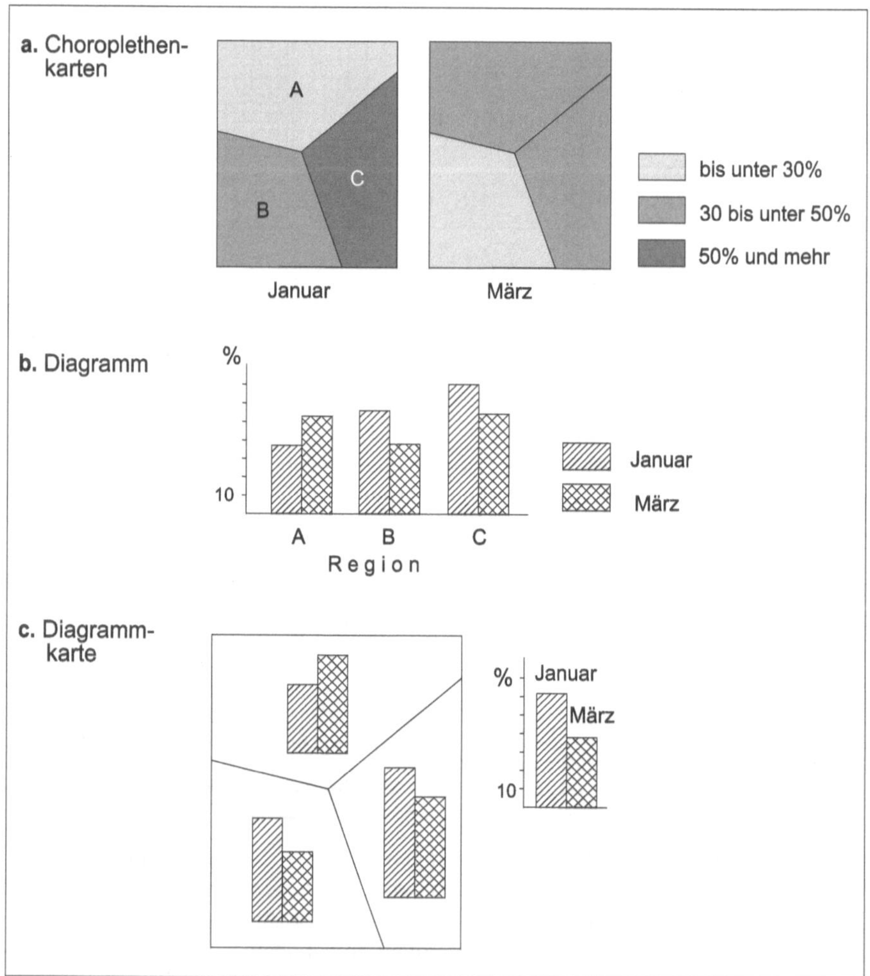

Abb. 2.17. Kombination von räumlicher und zeitlicher Strukturinformation in der Diagrammkarte

Im Folgenden werden Typen von Diagrammkarten vorgestellt, was zunächst gleichbedeutend ist mit der Vorstellung von Diagrammtypen. Allerdings gelten für Diagramme in Karten besondere Bedingungen. Es liegt in der Natur der Sache, dass eine Diagrammkarte eine Vielzahl von Diagrammen enthält, die relativ klein abgebildet sind. Deshalb kommen nur sehr einfache, leicht lesbare Diagrammtypen ohne Beschriftung für den Karteneinsatz in Frage. Die Verwendung einfacher Formen ist auch deshalb angeraten, weil die komplexe Information, die in einer Vielzahl von räumlich angeordneten Diagrammen steckt, den Betrachter einer Karte leicht überfordern kann. Der Hauptnutzen der Kartendarstellung, die Anschaulichkeit, ist damit zunichte gemacht.

Es gibt eine praktisch unbegrenzte Vielfalt von Diagrammtypen, und viele davon können auch in Karten eingesetzt werden. Bei systematischer Betrachtung und bei Beschränkung auf die für die thematische Kartographie relevanten Typen ist es möglich, einen großen Teil der Vielfalt in vier Gruppen zu ordnen:

- *Diagramme für Einzelwerte* sind alle in Karten vorkommenden Diagrammtypen, die nur einen einzigen Zahlenwert pro Diagramm visualisieren, unabhängig vom äußeren Erscheinungsbild des Diagramms.
- *Balken- und Säulendiagramme* setzen Zahlenwerte in unterschiedlich lange horizontale oder vertikale Balken um. Ein Diagramm kann aus einem geschichteten oder aus mehreren Balken bzw. Säulen bestehen und damit mehrere Variablen repräsentieren.
- *Kurvendiagramme* stellen kontinuierlich angeordnete Daten in Kurvenform dar. Die einzige sinnvolle Anwendung sind Zeitreihen.
- *Kreisdiagramme* bestehen aus in Sektoren aufgeteilten Kreisen. Die Größe der Sektoren variiert proportional zum Zahlenwert.

Die drei letztgenannten Typen dienen generell der Darstellung mehrerer Variablen. Wird nur eine Variable dargestellt, so liegt unabhängig von der äußeren Form immer ein Diagramm für Einzelwerte vor.

Wird zum Beispiel die Anzahl Wohnhäuser nach Regionen in Form von flächenproportionalen Kreisen dargestellt, so ist dies nur eine Variable. Die Darstellungsform fällt daher in die Kategorie Diagramme. Werden die Wohnhäuser dagegen nach Baujahr unterschieden, so sind das mehrere Variablen. Erfolgt deren Darstellung durch flächenproportionale, in Sektoren aufgeteilte Kreise, so liegt ein Kreisdiagramm vor.

Diagramme für Einzelwerte. Diese können sehr unterschiedliche Formen annehmen, zum Beispiel Kreise, Rechtecke oder Umrisse von Tieren, Häusern und vielem mehr (vgl. Abb. 2.18). Diagramme können leicht mit Signaturen (vgl. Kap. 2.5.1) verwechselt werden. Der entscheidende Unterschied zwischen Signaturen und Diagrammen ist, dass Signaturen eine rein *qualitative* Information liefern. Eine Eigenschaft ist an einem Ort vorhanden. Diagramme dagegen vermitteln zusätzlich eine *quantitative* Information, z. B. eine Information über Anzahl oder Größe. Diese Diagrammkartenform erscheint in Literatur und Software unter verschiedenen anderen Bezeichnungen, zum Beispiel als Figurenkartogramm

(Arnberger 1987, 16) oder Zahlenwertsignatur (Imhof 1972, 71). Es sind verschiedene Methoden zu unterscheiden, wie die Zahlenwerte optisch umgesetzt werden können, nämlich die proportionale Methode, die Mengen- und Kleingeldmethode sowie die Umrissmethode.

Proportionale Methode: Ein geometrisches Grundelement wie Kreis, Quadrat oder Dreieck verändert seine Größe proportional zum repräsentierten Zahlenwert (vgl. Abb. 2.18a). Wichtig ist, dass die Größenänderung flächenproportional erfolgt. Was der Betrachter eines Diagrammes optisch quantitativ wahrnimmt, ist bei zweidimensionalen Objekten wie Kreisen oder Quadraten nämlich nicht Radius oder Seitenlänge, sondern die von dem Diagramm belegte Fläche. Deshalb werden die Zahlenwerte, nach denen sich die Diagrammgröße berechnet, nicht an Radius oder Seitenlänge, sondern an die jeweilige Fläche gekoppelt.

Dies bedeutet zum Beispiel, dass sich die Seitenlänge eines Quadrates nicht verdoppelt, wenn sich der zu repräsentierende Wert verdoppelt, sondern dass sich die Seitenlänge nur um die Differenz der Quadratwurzeln erhöht.

Diese Berechnungsmethode gilt im Prinzip auch für alle anderen zweidimensionalen Formen, wenn anstatt der Seitenlänge die jeweils maximale horizontale und vertikale Ausdehnung herangezogen wird. Wichtig ist außerdem, dass das gesamte Objekt vergrößert bzw. verkleinert wird und nicht nur einzelne Teile. So muss bei der Darstellung eines Symbols, z. B. für einen Menschen die gesamte Fläche verändert werden und nicht die Höhe des Diagramms.

Mengenmethode: Ebenfalls zu den Diagrammen sind die Typen zu rechnen, bei denen sich nicht die Größe, sondern die Menge der Zeichen mit dem Datenwert ändert (vgl. Abb. 2.18b). Gängig sind zum Beispiel Karten, auf denen die Bevölkerungsverteilung nach Regionen auf diese Weise dargestellt wird. Dabei werden dann beispielsweise jeweils 1.000 Einwohner durch eine Signatur, meist durch ein stark abstrahierten Menschen, dargestellt. Die Größe der Figur bleibt unverändert, jedoch ändert sich die Anzahl der Figuren von Region zu Region. Die Figuren sollten hierbei schematisch in der Regionsmitte angeordnet werden.

Ein Sonderfall der Mengenmethode sind *Punktdichte-Darstellungen*. Hierbei werden Punkte, die jeweils eine bestimmte Menge repräsentieren, zufällig in der betreffenden Fläche verteilt. Diese Darstellung, die von verschiedenen Computerprogrammen angeboten wird, ist problematisch, da sie eine Verteilung vortäuscht, die so nicht stimmt und äußerlich nicht als Zufallsverteilung erkennbar ist.

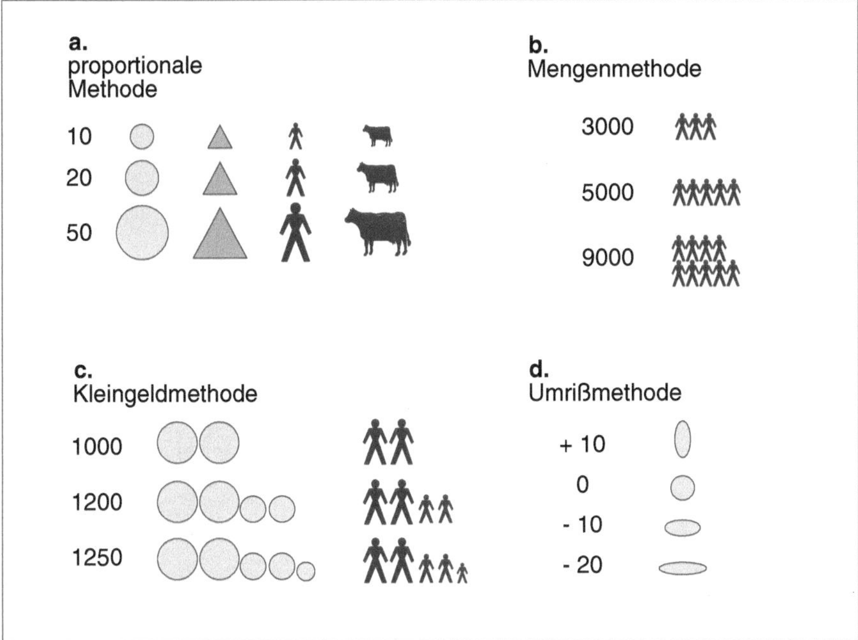

Abb. 2.18. Verschiedene Formen von Diagrammen

Kleingeldmethode. Eine Mischform zwischen flächen- und mengenproportionaler Darstellung ist die Kleingeldmethode (Abb. 2.18c). Hierbei werden unterschiedliche Mengen durch unterschiedlich große Darstellungen repräsentiert, die sich flächenproportional verhalten. Die Anordnung erfolgt ansonsten wie bei Mengendiagrammen. Der Vorteil der Kleingeldmethode gegenüber dem Mengendiagramm liegt darin, dass auch Variablen mit sehr großen Spannweiten zwischen Minimal- und Maximalwert dargestellt werden können, ohne die Werte zu stark runden zu müssen.

Umrissmethode: Die letzte zu nennende Möglichkeit, quantitative Einzelwerte in Diagrammen zu veranschaulichen, liegt darin, nicht Größe oder Anzahl der Diagramme zu variieren, sondern die Umrissform (*Formdiagramm*). Sehr anschaulich ist beispielsweise das sogenannte Zigarrendiagramm (Abb. 2.18d). Dabei ist die Grundform ein Kreis, der einen Mittelwert repräsentiert (oder den Nullwert). Positive und negative Abweichungen von diesem Mittelwert werden durch vertikale bzw. horizontale Verzerrungen umgesetzt. Der Flächeninhalt wird konstant gehalten.

Obwohl Diagramme primär nur eine Variable visualisieren, ist es durchaus auch möglich, mehrere Variablen in einer Karte darzustellen, so etwa durch eine Überlagerung mehrerer Schichten von Diagrammen in einer Karte. Eine weitere Möglichkeit ist der Einsatz der Farbe bzw. der Schraffur als Darstellungsform für eine zweite Variable. Zum Beispiel können Bevölkerungszahlen durch unterschiedlich große Kreise, die Bevölkerungsdynamik durch unterschiedliche Kreisfüllungen ausgedrückt werden.

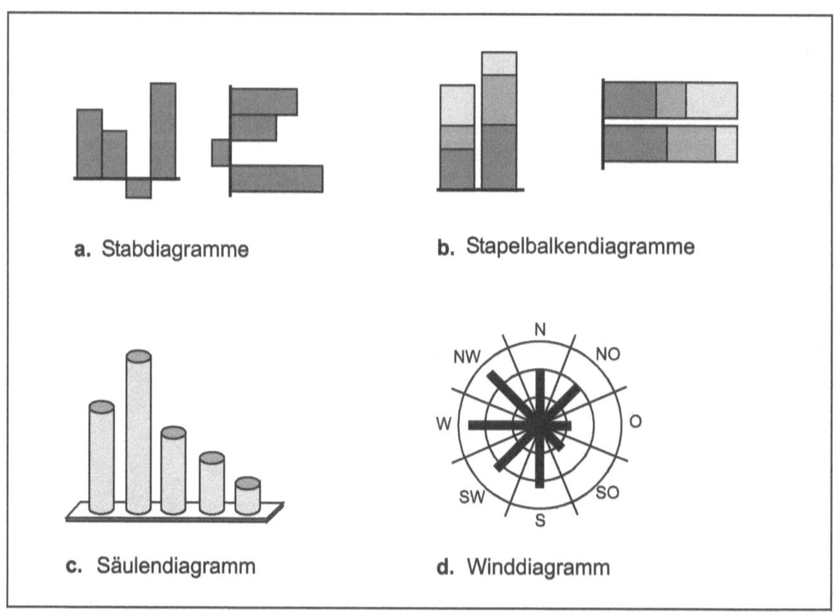

Abb. 2.19. Verschiedene Formen von Diagrammen

Balken- und Säulendiagramme. Balken- und Säulendiagramme setzen Zahlenwerte in unterschiedlich lange Linien oder Rechtecke um, die horizontal bzw. vertikal angeordnet sind. Im Gegensatz beispielsweise zu Kreisdiagrammen sind mittels Balken- und Säulendiagrammen sowohl positive als auch negative Zahlenwerte darstellbar (vgl. Abb. 2.19a). Sie eignen sich deshalb besonders für die Analyse von zeitlichen Veränderungen oder Bilanzen, die um einen Nullwert pendeln, zum Beispiel Wanderungssalden. Ist die Spannweite sehr groß, kann auch eine logarithmische Umsetzung der Zahlenwerte gewählt werden.

Wenn die Säulen bzw. Balken eines Diagramms jeweils den gleichen Inhalt darstellen, z. B. bei den bereits erwähnten Zeitreihendaten, lässt sich ein Vergleich über die Balkengröße leicht vornehmen. Wenn die y-Achse bei den einzelnen Balken nicht die gleiche ist, z. B. weil ein Balken Prozentwerte und der andere Absolutwerte darstellt, ist der Vergleich hingegen schwieriger. Trotzdem ist es in Einzelfällen zulässig, mehrere verschiedene Indikatoren in einem Diagramm zu verbinden. Zu empfehlen ist dies, wenn ein inhaltlicher Zusammenhang besteht und wenn dieser Zusammenhang optisch umgesetzt wird.

Optische Umsetzung bedeutet, dass der Zusammenhang dann am größten ist, wenn die Balken gleich lang sind. In einer Entwicklungsländerstudie wäre es ungünstig, die Darstellung von Sozialprodukt und Analphabetenquote zu kombinieren, weil zum Beispiel besser entwickelte Länder ein *hohes* Sozialprodukt und eine *niedrige* Analphabetenquote haben. Damit dieser Zusammenhang auch optisch sichtbar wird, wäre es günstiger, anstelle der *Analphabetenquote* die *Alphabetisierungsquote*, das heißt, den schreib- und lesekundigen Bevölkerungsanteil zu verwenden.

Stapelsäulendiagramme stellen gegliederte Summen dar (vgl. Abb. 2.19b). Dabei können sowohl absolute als auch relative Werte graphisch umgesetzt werden.

Polarkoordinatendiagramme sind einsetzbar, wenn eine Abhängigkeit der Variablen von Himmelsrichtungen oder aber vom Kreislauf der Stunden, Tage oder Monate besteht. Entscheidendes Kriterium für die Brauchbarkeit der Daten für diesen Diagrammtyp ist, dass sich Anfangs- und Endwert der unabhängigen Variablen treffen. Die dargestellten Richtungen können Windrichtungen sein, weshalb diese Form oft auch als *Winddiagramm* (vgl. Abb. 2.19d) bezeichnet wird, aber auch nach Himmelsrichtungen gruppierte Migrations- oder Pendlerströme. Ist der Bezugsrahmen kein räumliches Koordinatensystem, sondern die Tageszeit, so liegt ein *Zifferblattdiagramm* vor. Dieses kann zum Beispiel angewendet werden, um das Verkehrsaufkommen an einer Straße nach Tageszeiten differenziert darzustellen. Adäquat kann das Zifferblatt der Uhr auch durch eine radiale Anordnung der Wochentage oder Monate ersetzt werden.

Kurvendiagramme. Kurvendiagramme finden für die Darstellung zeitlicher Verläufe Verwendung. Im Vergleich zu Balken- und Säulendiagrammen sind sie dabei vor allem dann überlegen, wenn die Anzahl der Zeitpunkte sehr groß ist. Allerdings sollten sie nur eingesetzt werden, wenn die Zeitreihen lückenlos vorliegen. Existieren Lücken, so muss die Kurve zumindest an den entsprechenden Stellen unterbrochen sein.

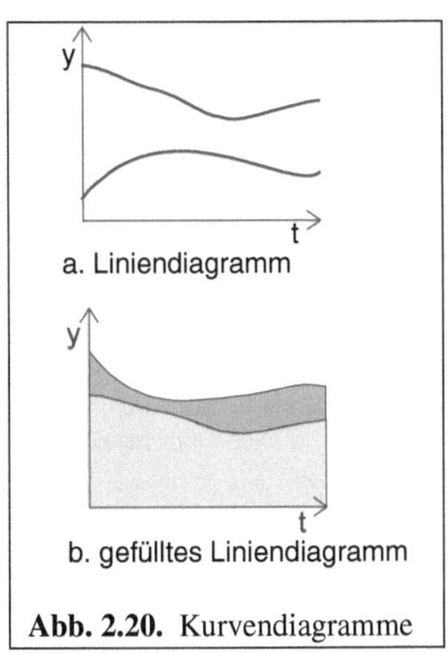

Abb. 2.20. Kurvendiagramme

Da die Kurvendiagramme in Karten sehr klein abgebildet sind, kann die Beschriftung der Achsen in der Karte selbst entfallen oder stark vereinfacht werden. Ein komplett beschriftetes, maßstabsgleiches Diagramm muss dann in der Legende vorhanden sein. Eine gute Möglichkeit ist es, dieses Legendendiagramm mit den aggregierten Gesamtwerten für das gesamte Kartengebiet zu erstellen und so eine zusätzliche Information zu geben.

Es gibt im Wesentlichen drei Typen von Kurvendiagrammen: *Liniendiagramme* verbinden einfach die Datenpunkte im Diagrammbereich mit einer Linie (vgl. Abb. 2.20a). Es sind problemlos auch mehrere Linien pro Diagramm möglich, wenn mit verschiedenen Linientypen gearbeitet wird. Beim *Flächendiagramm* wird der Bereich zwischen der Linie und der t-Achse als Fläche ausgefüllt (vgl. Abb. 2.20b). Beim Einzeichnen mehrerer Kurven müssen diese Flächen übereinandergeschichtet werden. Dies ist nur sinnvoll, wenn sich die Werte der beiden Kurven sinnvoll addieren lassen. Ist die unabhängige Variable ein ringförmig darstellbares Kontinuum, wie z. B. Uhrzeit oder Himmelsrichtungen, so lassen sich auch *ringförmige Kurven* darstellen, analog zum ringförmigen Winddiagramm in Abbildung 2.19d.

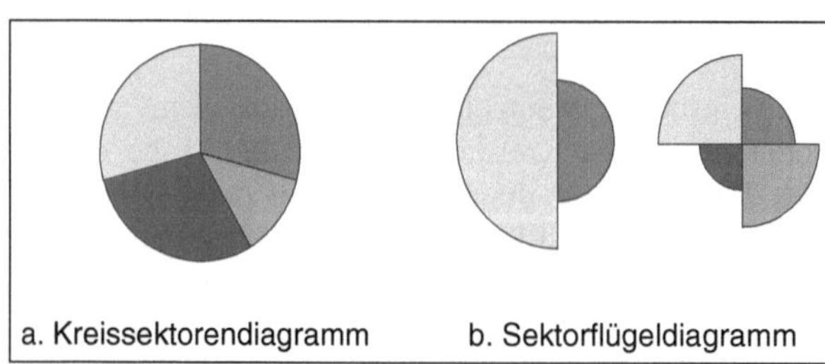

Abb. 2.21. Kreisdiagramme

Kreisdiagramme. Ein Kreis bietet sich für die Darstellung mehrerer Variablen geradezu an, da er sich leichter als jede andere graphische Figur in Teilflächen aufspalten lässt. Ein vollendeter Kreis hat einen Drehwinkel von 360 Grad. Wird dieser aufgeteilt, so ergeben sich *Kreissektoren.* Häufig wird diese Diagrammform auch als *Tortendiagramm* bezeichnet.

Aus dem Prinzip, dass beim Kreisdiagramm eine Gesamtheit in Teile aufgespalten wird, folgt eine Bedingung, der die darzustellenden Daten genügen müssen. Die in einem Kreisdiagramm abgebildeten Variablen sollten sich nämlich zu einer logischen Gesamtheit addieren, so wie sich die Sektoren zu einem Kreis addieren. Ansonsten sagen die optisch sichtbaren Anteile nichts aus oder vermitteln sogar einen falschen Eindruck.

Eine häufige Anwendung ist es, dass ein Kreis die gültigen Stimmen einer Wahl repräsentiert, die sich auf mehrere Parteien verteilen. Dabei müssen sich die Kreissegmente insgesamt zu 100 Prozent addieren. Will man nicht alle kleinen Parteien separat ausweisen, so kann man sie zusammenfassen („sonstige") oder anstelle der Stimmenverteilung die Verteilung der Mandate darstellen, so dass kleine Parteien wegfallen.

Ein anderes Beispiel für eine unterteilte Gesamtheit wären alle in einem Biotop vorkommenden Pflanzenarten, die nach der Vegetationsperiode unterschieden werden. Die Beschränkung auf einige ausgewählte Pflanzenarten ist hingegen in einem Kreisdiagramm unzulässig, wenn nicht die Auswahl selbst wiederum eine neue Gesamtheit bildet, z. B. Gräser.

Die am häufigsten verwendete Form eines Kreisdiagramms ist das *Kreissektordiagramm* (vgl. Abb. 2.21a). Dieses wird häufig auch dreidimensional dargestellt, was einen guten optischen Effekt ergibt. Für die thematische Kartographie ist aber von der dreidimensionalen Darstellung abzuraten, weil sie die Lesbarkeit einer Karte mit Kreissektordiagrammen reduziert.

Grundsätzlich gibt es zwei Möglichkeiten, eine Karte mit Kreissektordiagrammen zu konzipieren. Entweder zeigen die Diagramme allein die Aufteilung einer Gesamtheit in mehrere Teilgruppen und alle Diagramme in der Karte sind gleich groß. Das bedeutet, dass die zugrundeliegenden Daten relative Daten sind, d. h. Prozentwerte, und der Gesamtkreis 100 Prozent entspricht. Die zweite Möglichkeit besteht darin, zusätzlich zu der Aufteilung des Kreises in Sektoren auch die Kreisgröße zu variieren, d. h. flächenproportionale Kreise zu zeichnen. Auch hier entspricht der Gesamtkreis 100 Prozent. Es wird aber die zusätzliche Information in die Karte gepackt, wie groß diese 100 Prozent absolut sind. Die zugrundeliegenden Daten sind also keine Relativ-, sondern Absolutwerte. Der Karte ist, wie beim Kreisdiagramm, ein Signaturenmaßstab beizufügen, aus der der Zusammenhang zwischen Daten und Kreisgröße hervorgeht.

Sektorflügeldiagramme (vgl. Abb. 2.21b) stellen mehrere Variablen dar, indem der Kreis in mehrere Sektoren *mit gleichem Drehwinkel* geteilt wird. Deren Radien variieren wie beim Kreisdiagramm, so dass sich die Fläche des Kreissektors proportional zum Zahlenwert verhält. Im Vergleich mit dem Kreissektordiagramm zeigt das Sektorflügeldiagramm aber einige Nachteile. So lässt sich zwar der von einem Sektorflügel repräsentierte Zahlenwert optisch recht gut abschätzen, aber die vom jeweiligen Diagramm repräsentierte Gesamtzahl dagegen kaum. Auch die Relationen der Variablen zueinander und deren Anteile sind sehr schwer abzuschätzen, sobald mehr als zwei Variablen verwendet werden. Es ist auch kaum möglich, Summen zu bilden.

Betrachten wir beispielsweise das rechte, aus vier Sektorflügeln gebildete Diagramm in Abbildung 2.21b und versuchen, seine Aussage zu interpretieren: Wieviel Prozent der Gesamtheit repräsentiert etwa das linke obere Kreissegment? Ergeben die beiden rechten Kreissektoren zusammengenommen mehr oder weniger als die Hälfte vom Ganzen? Wir stellen fest, dass sich diese Fragen ohne Nachmessen nicht beantworten lassen. Eine Karte, die nur durch Nachmessen zu verstehen ist, veranschaulicht aber nichts und gehört in den Papierkorb.

Sektorflügeldiagramme sollten aus den genannten Gründen nicht mehr als zwei Variablen beinhalten. Mehr Variablen lassen sich weitaus besser mit anderen Diagrammformen wie z. B. dem Kreissektordiagramm visualisieren. Bei zwei Variablen ist das Sektorflügeldiagramm jedoch sehr aussagekräftig. Die Größenrelation der beiden Sektorflügel ist auf den ersten Blick zu erfassen, und der Vergleich zwischen den verschiedenen Diagrammen, d. h. Gebieten, fällt leicht, vor allem wenn die Sektoren mit unterschiedlichen Farben oder Schraffuren gefüllt werden.

Die Beispielkarte in Abbildung 2.22 stellt die Analphabetenraten in den spanischen Provinzen dar. Das linke Kreissegment gibt die Werte für die männliche Bevölkerung wieder, das rechte Kreissegment die Werte für die weibliche Bevölkerung. Auf den ersten Blick ist zu erkennen, dass die Werte der weiblichen Bevölkerung generell höher sind. Auch die regionale Struktur wird sehr gut visualisiert. Eine weitere sinnvolle Anwendung dieses Diagrammtyps wäre der Vergleich zweier Zeitpunkte. Zu- oder Abnahme der Werte zwischen den beiden Zeitpunkten würde sich über eine optische Rechts- bzw. Linkslastigkeit der Diagramme visualisieren.

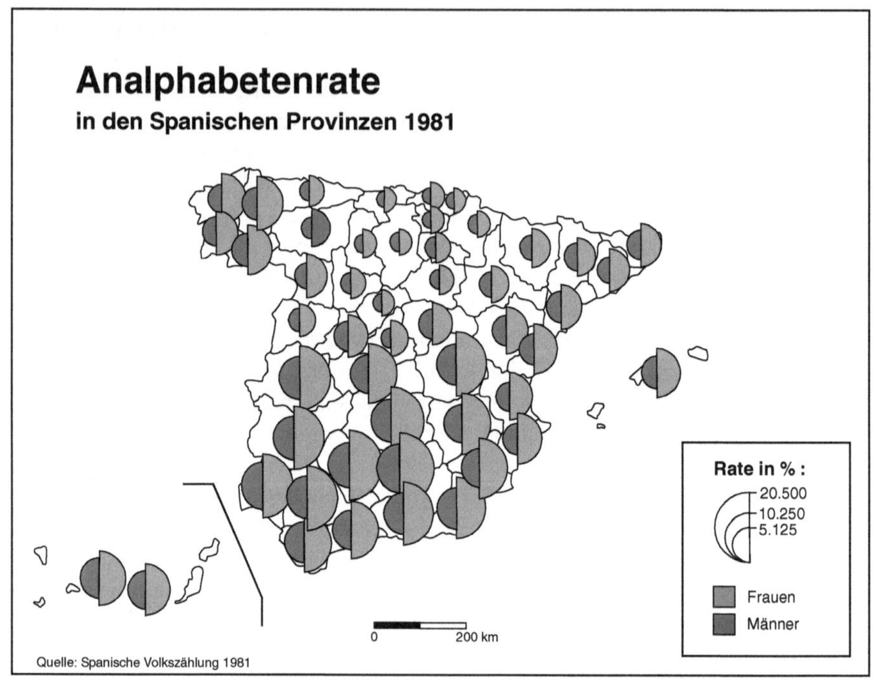

Abb. 2.22. Karte mit Sektorflügeldiagrammen

2.3.4 Mehrschichtige Karten

Die bisher vorgestellten Kartentypen sind in ihrer Grundform *einschichtig*. In einschichtigen Karten gibt es nur eine Informationsebene, deren Inhalt z. B. durch Signaturen, Diagramme oder Choroplethen dargestellt ist. Hingegen werden in *mehrschichtigen* Karten durch Überlagerung mehrerer Informationsschichten für Flächen, Linien oder Punkte qualitativ und quantitativ verschiedene Aussagen geboten, wobei es dem Betrachter überlassen bleibt, in einem Denkprozess die Aussagen der einzelnen Schichten zu summieren (Arnberger 1987, 17). Mehrschichtige Karten sind also genaugenommen keine eigene Darstellungsform, sondern eine Kombination der zuvor beschriebenen Formen. Der Sinn der mehrschichtigen Karten besteht darin, dass komplexe, aus mehreren Ebenen bestehende Sachverhalte dargestellt und Zusammenhänge aufgezeigt werden können.

Soll beispielsweise der Zusammenhang zwischen der Krebssterblichkeit und der Luftbelastung in einem Gebiet untersucht werden, so wäre es sinnvoll, eine Choroplethenkarte mit den aggregierten Mortalitätsziffern zu überlagern durch eine Positionsdiagrammkarte, auf der Messwerte für Luftschadstoffe dargestellt sind.

2.3.5 Andere Kartentypen

Die vorangehende Abhandlung gibt selbstverständlich nur einen Ausschnitt aus der Vielfalt der möglichen kartographischen Darstellungsformen wieder. Von den mittels der digitalen Kartographie automatisiert herstellbaren Formen dürften allerdings die meisten dargestellt sein. Nicht behandelt wurden zum Beispiel *3D-Oberflächenkarten* und *transformierte Karten.*

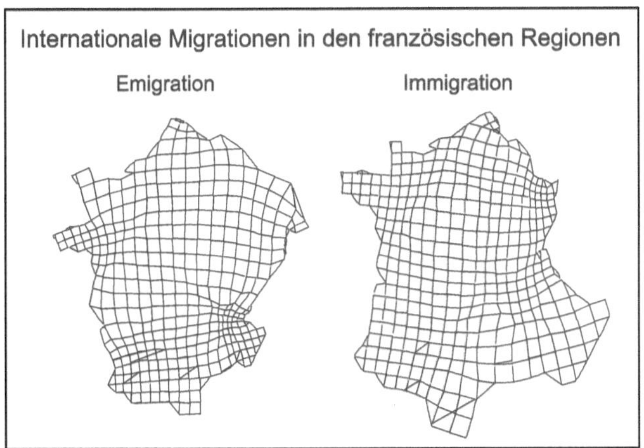

Abb. 2.23. Transformierte Karten (nach Cauvin 1991, 491)

Bei den bisher vorgestellten Kartentypen blieb die geographische Kartengrundlage unverändert, es wurden lediglich unterschiedliche Darstellungsformen über die aus einer maßstabsgebundenen Darstellung bestehende Kartenfläche gelegt. Bei den zuletzt genannten Typen wird das der Kartendarstellung zugrundeliegende zwei- oder dreidimensionale Koordinatensystem dagegen selbst zur variablen Darstellungsform.

- Bei *3D-Oberflächenkarten* wird die Fläche der Gebietseinheiten je nach Zahlenwert unterschiedlich stark vertikal hervorgehoben. Dies ergibt in sehr begrenzten Ausnahmefällen ein anschauliches Bild, zumeist sind solche Darstellungen aber kaum lesbar.
- Bei *transformierten Karten* (vgl. Abb. 2.23; Rase 1992) wird die Fläche der dargestellten Areale zur variablen Größe. Solche Karten können nur unter Einsatz der elektronischen Datenverarbeitung korrekt und zu vertretbaren Kosten erstellt werden, weil ihnen komplexe Berechnungen zugrunde liegen (Rase 1992, 101). Ihre Herstellung ist kaum automatisierbar.

Der Einsatz dieser Kartentypen ist nur in Einzelfällen sinnvoll. Meist wird das dargestellte Gebiet so stark deformiert, dass Strukturen kaum noch erkennbar sind.

2.4 Darstellung der Sachdaten

Mit denselben Daten und Zielformulierungen kann eine Vielzahl unterschiedlich aussehender Karten konstruiert werden. Dies resultiert nicht nur aus den unzähligen Möglichkeiten, das Erscheinungsbild gestalterisch zu beeinflussen, sondern folgt bereits aus den verschiedenen Möglichkeiten für den inhaltlichen Entwurf des Kartenfeldes, des zentralen Bereiches einer thematischen Karte. Der wesentlichste Teil des Kartenfelds ist die Sachdatenschicht, welche die Daten in geeigneter Form wiedergibt und in das räumliche Netz der Grundkarte eingebettet ist. Variationen bei der Darstellungsform der Sachdaten verändern nicht nur das äußere Erscheinungsbild, sondern auch die inhaltliche Aussage der Karte. Deshalb zählt ihre inhaltliche Festlegung, unabhängig von Farben, Strichstärken etc., nicht zur Kartengestaltung (vgl. 2.5), sondern zum Entwurf.

Tabelle 2.1. Charakterisierung der Sachdaten nach dem Skalenniveau

Skalenniveau	Eigenschaft	Beispiele
Nominal (Qualitativ)	Die Datenwerte sind nur durch eine Bezeichnung im Sinne eines Namens charakterisiert.	Geschlecht, Farbe, Gebäudenutzung, naturräumliche Gliederung
Ordinal (Qualitativ)	Die Datenwerte sind untereinander vergleichbar, beschränkt auf die Aussage größer, gleich oder kleiner. Sie können dadurch sortiert werden.	Schulnoten, Schwierigkeitsgrad einer Wanderstrecke
Metrisch (Quantitativ)	Den Datenwerten liegt eine konstante Maßeinheit, z. B. Meter oder Kilogramm, zugrunde. Mit den Daten kann gerechnet werden.	Fertilitätsrate, Bevölkerungsdichte, Temperatur, Gewicht, Umsatz

Bei der Betrachtung der für das Desktop Mapping wichtigsten Darstellungsformen (vgl. 2.3) fällt auf, dass sich die meisten für verschiedene Datentypen eignen. Dies gilt auch in umgekehrter Richtung, d. h. die Daten können meist in vielen Formen umgesetzt werden, z. B. verschiedenen Diagrammtypen. Aber nur wenige der technisch möglichen Formen bringen die Daten auch inhaltlich sinnvoll zur Geltung. Wird es versäumt, die Karte von den Daten ausgehend systematisch zu konzipieren und Alternativmöglichkeiten zu betrachten, werden leicht interessante räumliche Muster übersehen. Die folgenden Abschnitte gehen vom Sachdatentyp aus und bieten eine Hilfestellung bei der Auswahl der Darstellungsform. Dabei handelt es sich um Anregungen, denn *die* „richtige“ Karte für einen

Sachverhalt gibt es nicht. Es existieren immer mehrere sowohl kartographisch korrekte wie inhaltlich aussagekräftige Alternativen.

2.4.1 Darstellung qualitativer Daten

Qualitative Daten, das sind ordinal bzw. nominal skalierte Variablen (vgl. Tabelle 2.1), müssen stets in Standortkarten dargestellt werden (vgl. 2.3.1). Für die Auswahl der Signaturen ist zu prüfen, ob die darzustellenden Phänomene gruppierbar sind oder ob Kombinationen vorkommen. In diesen Fällen sollten gruppierte bzw. kombinierte Signaturen gewählt werden (vgl. Abb. 2.9). Ansonsten sind sprechende Signaturen zu bevorzugen, was vor allem dann empfehlenswert ist, wenn eine große Zahl verschiedener Signaturen eingesetzt werden soll. Sind die auf der Karte dargestellten Objekte von unterschiedlicher Bedeutung, kann dies durch entsprechende Gestaltung der Signaturen veranschaulicht werden.

Die Abbildung 2.24 gibt ein Beispiel für die Wahl von Signaturen. Die Bildungs- und Gesundheitssignaturen sind jeweils als Quadrate bzw. Kreise gruppiert. Die Signatur für „Gesamtschule" stellt eine Kombination aus den Signaturen der einzelnen Schultypen dar. Die Bedeutung der wichtigsten Bildungs- und Gesundheitseinrichtungen ist durch die kräftige Füllung hervorgehoben. Für „sonstiges" wurden sprechende Signaturen gewählt.

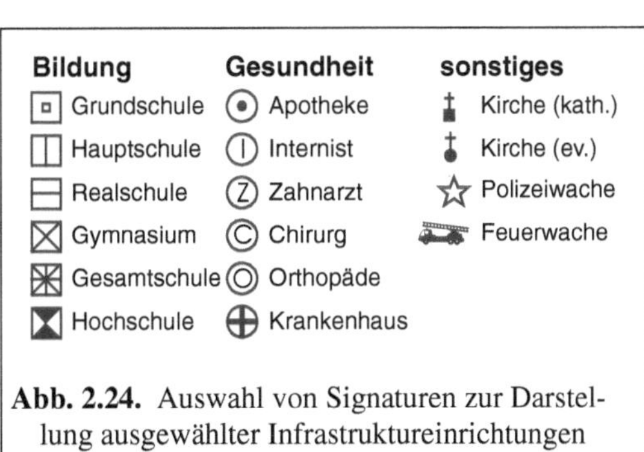

Abb. 2.24. Auswahl von Signaturen zur Darstellung ausgewählter Infrastruktureinrichtungen

Beziehen sich die qualitativen Daten auf echt flächenhafte Erscheinungen, so können neben den abgebildeten Lokalsignaturen auch Flächensignaturen verwendet werden, d. h. homogene Flächen werden mit Füllrastern versehen.

Synthetische Karten. Flächensignaturen sind auch für synthetische Karten geeignet. Diese zeigen zumeist strukturelle Gebietstypen, in deren Definition nicht nur statistische Daten, sondern auch Bewertungen eingegangen sind und die deshalb subjektiv beeinflusst sein können (Arnberger 1987, 20). Die Einzelelemente sind der synthetischen Aussage nicht mehr zu entnehmen.

Charakterisiert eine synthetische Stadtkarte zum Beispiel bestimmte Gebiete als Villenviertel, Arbeiterviertel usw., so sind in die Abgrenzung der Typen wahrscheinlich gewisse Vorstellungen über das Einkommen und die Berufsstruktur der Bewohner, die Gebäudeformen etc. eingeflossen. Diese einzelnen Elemente können aber auf der Karte nicht mehr aufgelöst werden, selbst wenn die Typisierungsmethode im Text erläutert wird.

Die Verwendung synthetischer Karten für ein breites Zielpublikum ist meist problematisch. Hier sollten thematische Karten, wo immer dies möglich ist, aus sich heraus verstehbar sein. Ihre Aussage soll sich dem Betrachter ohne zusätzliche textliche Erläuterungen eröffnen. Synthetische Karten können diese Bedingung nur dann erfüllen, wenn die verwendeten Begriffe und Korrelationsbedingungen als allgemein bekannt betrachtet werden dürfen.

2.4.2 Darstellung quantitativer Daten

Der Bereich quantitativer Daten umfasst sehr unterschiedliche Variablentypen. Einige der wichtigsten werden deshalb in eigenen Abschnitten behandelt:

- zeitliche Veränderungen und Abläufe (vgl. Kap. 2.4.3),
- Richtungsdaten (vgl. Kap. 2.4.4),
- Zusammenhänge (vgl. Kap. 2.4.5).

Um Ordnung in die Vielfalt sonstiger quantitativer Daten zu bringen, ist es hilfreich, die darzustellende Variablenzahl sowie verschiedene Dateneigenschaften als Kriterien heranzuziehen. So ist beispielsweise von Bedeutung, ob es sich um *Absolutwerte* oder *Relativwerte* handelt und wie viele Variablen darzustellen sind. Eine weitere Eigenschaft betrifft den *Raumbezug* der Daten:

- *Flächenbezogene Daten* geben im Idealfall eine Eigenschaft eines homogenen Raumes wieder, zumindest einen auf den Raum bezogenen Mittelwert oder eine Summe.
- *Linienbezogene Daten* geben Eigenschaften einer linearen Struktur auf der Karte wieder. Beispiele sind der Schadstoffgehalt eines Flusses oder das Verkehrsaufkommen in einer Straße. Wichtig ist bei den genannten Fällen, dass nicht nur punktuelle Messergebnisse dargestellt werden, sondern dass die Gültigkeit der Werte jeweils für einen ganzen Linienabschnitt zumindest behauptet wird.
- *Punktbezogene quantitative Daten* beanspruchen nur für einen bestimmten Ort Gültigkeit. Dieser Ort kann ein Punkt sein, z. B. die Entnahmestelle einer Wasserprobe an einem Flusslauf, oder eine Fläche, die wegen des Kartenmaßstabs nur als Punkt dargestellt wird, z. B. eine Stadt auf einer Europakarte.

Eine Variable. Wird nur eine Variable dargestellt, so kommen *für punkt- bzw. flächenbezogene Daten* zwei Darstellungsformen in Betracht: *Choroplethenkarte* und *Diagramme für Einzelwerte* (vgl. Tabelle 2.2).

- Bei *punktbezogenen Daten* kommen nur Diagramme für Einzelwerte in Frage.
- Auch bei *flächenbezogenen Absolutwerten* ist diese Form die beste.
- Für eine Variable mit *flächenbezogenen Relativwerten* ist dagegen die Choroplethenkarte zu bevorzugen.

Bei der Entscheidung zwischen Diagrammkarte oder Choroplethenkarte ist auch die Fragestellung ein zu berücksichtigendes Kriterium. Choroplethenkarten veranschaulichen sehr gut die Struktur des Raumes, stellen die Werte allerdings nur in klassifizierter Form dar, so dass die Einzelwerte der Gebiete nicht exakt ablesbar sind. Kommt es also weniger auf die Raumstruktur als auf die Präsentation der Einzelwerte an, so ist die Diagrammkarte überlegen.

Eine Kombination von Diagrammen für Einzelwerte- und Choroplethendarstellung lässt sich bei punktbezogenen Daten konstruieren. Jeder Punkt wird auf der Karte durch einen Kreis repräsentiert, der dann entsprechend der klassifizierten Variablen schraffiert wird.

Tabelle 2.2. Darstellungsformen für eine punkt- oder flächenbezogene quantitative Variable

	Punktbezogene Daten, z. B. Hauptstädte Europas *	**Flächenbezogene Daten,** z. B. Deutsche Bundesländer
Zeitliche Veränderungen	vgl. 2.4.3	
Richtungsdaten	vgl. 2.4.4	
Zusammenhänge	vgl. 2.4.5	
sonstige Absolutwerte, z. B. Bevölkerungszahl	Diagramme für Einzelwerte	Diagramme für Einzelwerte
sonstige Relativwerte, z. B. Bevölkerungsdichte	Diagramme für Einzelwerte	Choroplethen (Diagramme für Einzelwerte)

* Der Punktbezug bezieht sich hier nur auf die Darstellung. Städte bestehen eigentlich aus Flächen, werden aber auf kleinmaßstäbigen Karten punkthaft dargestellt.

Linienbezogene Daten können über die Form, Farbe und Strichstärke der Linien visualisiert werden (vgl. Abb. 2.25). Die Strichstärke erlaubt hierbei eine stufenlose, das heißt nicht klassifizierte Darstellung der Werte, indem sie sich proportional den Daten anpasst. Sie ist jedoch auch für die klassifizierten Daten am besten geeignet. Jede Klasse wird durch eine Strichstärke repräsentiert, wobei mit den Daten auch die Strichstärke in Stufen zunimmt. Gestufte Darstellungen sind sowohl einfacher herzustellen als auch besser lesbar.

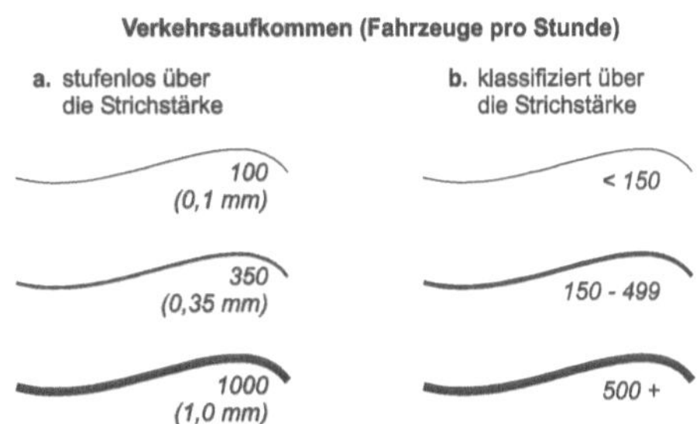

Abb. 2.25. Darstellung linienbezogener quantitativer Daten

Mehrere Variablen. Eine zentrale Forderung an jede Karte ist deren Übersichtlichkeit. Dies ist besonders dann zu beachten, wenn komplexe Sachverhalte mit mehreren Variablen dargestellt werden sollen. Im Interesse dieser Forderung ist die Zahl der in einer Karte dargestellten Variablen auf das absolut erforderliche Mindestmaß zu begrenzen. Insbesondere sollten nicht mehrere Variablen, die inhaltlich zueinander in keinem Sinnzusammenhang stehen, gemeinsam in einer Karte präsentiert werden, nur um Platz zu sparen. Auch bei inhaltlich begründbaren Zusammenhängen ist eine Beschränkung anzuraten. Hierfür können allerdings keine allgemeinen Prinzipien festgelegt werden. Kriterium sollte sein, dass die Karte die dargestellte Thematik tatsächlich visualisiert und nicht nur über langwieriges Lesen verstehbar ist.

Mehrere Variablen liegen bezüglich der Darstellung immer dann vor, wenn je Gebietseinheit mehr als ein Zahlenwert repräsentiert wird, also z. B. die Arbeitslosenquote und der Frauenanteil an den Arbeitslosen. Dies umfasst auch Zeitreihen, z. B. die Bevölkerungszahl 1960, 1970, 1980 sowie gegliederte Variablen, z. B. Beschäftigte nach Wirtschaftssektor.

Die wichtigste Form zur Darstellung mehrerer Variablen ist die Diagrammkarte. Es gibt allerdings Fälle der Darstellung von zwei Variablen, in denen eine zweidimensionale Choroplethenkarte zu bevorzugen ist:

- Steht die Struktur des Gesamtraumes bei der Fragestellung völlig im Vordergrund, so kann die gute Visualisierung dieser Struktur durch die Choroplethenkarte den Nachteil des Genauigkeitsverlustes auf Grund der Klassifizierung ausgleichen.
- Soll die Karte sehr klein ausgegeben werden und sind viele Gebietseinheiten darzustellen, so sind Diagramme oft nicht mehr lesbar. Als ungefähre Richtschnur mag dienen, dass diese Möglichkeit in Erwägung zu ziehen ist, sobald die Zahl der Gebietseinheiten die Zahl der Quadratzentimeter des Kartenfeldes übersteigt.

Soll die Darstellung mehrerer Variablen mit einer Diagrammkarte erfolgen, so ist die Frage nach dem geeigneten *Diagrammtyp* zu klären. Der Typ ist unter Berücksichtigung der Variablenzahl und der Beziehung der Variablen zueinander auszuwählen.

- Für den *Vergleich zweier Variablen* eignen sich Sektorflügeldiagramme. Sie sind aber nur einsetzbar, wenn die beiden Variablen gleich skaliert sind, d. h. wenn die beiden Kreissektoren über eine einheitliche Legende erklärt werden können. Optimal ist diese Darstellungsform z. B. für die Darstellung bestimmter Bevölkerungseigenschaften, die getrennt für Männer und Frauen präsentiert werden (vgl. Abb. 2.22). Da die Größe der Sektorflügel flächenproportional berechnet wird, werden relativ kleine Unterschiede schlecht visualisiert. In diesem Fall sind Balken- bzw. Säulendiagramme besser geeignet.
- *Gegliederte Summen* sind über Stapelbalken- oder Kreissektordiagramme darstellbar. Kommt es stärker auf die absoluten Werte an, so sind Stapelbalken zu

bevorzugen; Relationen dagegen, d. h. die Anteile der einzelnen Komponenten, werden besser von Kreissektordiagrammen veranschaulicht.

- Andere Datentypen, die von den bisher genannten Kriterien nicht erfasst werden, können über *Balken-* bzw. *Säulendiagramme* dargestellt werden. Ist die Spannweite der Werteverteilung sehr groß, so ist die dreidimensionale Darstellung überlegen, es sei denn, die extremen Unterschiede in der Diagrammgröße bis hin zum optischen „Verschwinden“ einiger Balken ist im Sinne der Kartenaussage erwünscht.

2.4.3 Darstellung zeitlicher Veränderungen und Abläufe

Die in thematischen Karten dargestellten Daten sind immer an einen bestimmten Zeitpunkt oder Zeitraum gebunden. Dieser zeitliche Bezug wird an geeigneter Stelle auf der Karte genannt und spielt bei der Interpretation des Kartenbildes eine erhebliche Rolle, besonders beim Vergleich verschiedener Karten für den gleichen Raum. Noch größere Bedeutung erlangt die zeitliche Dimension, wenn die Sachdaten für mehrere Zeitpunkte vorliegen und in einer Abbildung dargestellt werden sollen. Zum *räumlichen* Vergleich tritt dann der *zeitliche* Vergleich hinzu.

Im Wesentlichen gibt es vier Möglichkeiten, zeitliche Veränderungen kartographisch umzusetzen (vgl. Tabelle 2.3), nämlich mit Hilfe von Choroplethenkarten, einer Karte mit Zeitreihendiagrammen, der Darstellung eines statistischen Veränderungsindikators oder schließlich durch eine Kombination der genannten Möglichkeiten. Welche Darstellungsform jeweils zu bevorzugen ist, hängt wesentlich von folgenden Faktoren ab:

- *Dateneigenschaften*: Liegen stetige oder diskrete Daten vor? Daten sind *stetig*, wenn zu jedem beliebigen Paar erhobener Daten ein Datenwert existiert, der zwischen diesen Zeitpunkten liegt. Es ist in der Praxis äußerst selten, dass stetige Daten im beschriebenen mathematischen Sinn vorliegen. Wird aber eine gewisse Kontinuität zeitlicher Verläufe angenommen, so können viele Daten als stetig akzeptiert werden. In diesen Fällen kann die Darstellungsform des Kurvendiagramms benutzt werden, in den anderen Fällen ist das Balken- bzw. Säulendiagramm zu bevorzugen.

  Liegen zum Beispiel stündlich gemessene Temperaturwerte vor, kann davon ausgegangen werden, dass zwischen den Messzeitpunkten keine extremen Schwankungen stattgefunden haben. Die Darstellung kann in Kurvenform erfolgen, obwohl streng mathematisch keine Stetigkeit vorliegt.

  Soll die Karte eine Zeitreihe von Bevölkerungszahlen darstellen, die in 10-Jahres-Abständen vorliegen, so sind die Daten nicht stetig, sondern diskret. Es ist nicht unwahrscheinlich, dass zwischen den einzelnen Zeitpunkten erhebliche Schwankungen der Einwohnerzahl stattgefunden haben. Deshalb sollte die Balkendarstellung der Kurvenform vorgezogen werden.

- *Anzahl der räumlichen Einheiten:* Je größer die Anzahl räumlicher Einheiten ist, desto einfacher muss die Darstellung sein. Kurvendiagramme lassen sich zum Beispiel nicht mehr sinnvoll ablesen, wenn sie zu klein werden. Bei sehr vielen Gebietseinheiten kann unter Umständen eine symbolhafte Darstellung der zeitlichen Veränderung, zum Beispiel in Kategorien wie Zunahme, Stagnation oder Abnahme die räumliche Aussage am besten vermitteln.

- *Raumbezug*, d. h. Fläche, Linie oder Punkt, und *Fragestellung*: Soll die zeitliche Entwicklung der Teilgebiete oder die Raumstruktur in Abhängigkeit von der Zeit im Vordergrund stehen?
  Raumstrukturen werden am besten durch Choroplethenkarten visualisiert. Flächenbezogene Daten für mehrere Zeitpunkte können über mehrere Choroplethenkarten dargestellt werden, allerdings nur unter bestimmten Bedingungen bezüglich der Anzahl an Variablen und Zeitpunkten. Punktbezogene Daten lassen sich nur über Lokalsignaturen oder Diagramme darstellen.
- *Anzahl der Variablen und Anzahl der Zeitpunkte*: Ob eine einzelne Variable für mehrere Zeitpunkte vorliegt, ob es eine gegliederte Variable ist oder ob es mehrere verschiedene Variablen sind, ist für die Darstellungsart von großer Bedeutung, ebenso wie die Anzahl der Zeitpunkte. Die Thematik wird im Folgenden ausführlicher behandelt.

Eine Variable für mehrere Zeitpunkte. Wenn nur eine einzige Variable, wie z. B. die Arbeitslosenrate oder die Niederschlagsmenge für mehrere Zeitpunkte vorliegt, so besteht eine Vielzahl von Möglichkeiten für deren kartographische Umsetzung. Als Lösungsansätze können genannt werden:

- Flächenbezogene Variablen können in *Choroplethenkarten* dargestellt werden. Mehrere Zeitpunkte sind durch eine mehrdimensionale Choroplethenkarte oder durch *mehrere nebeneinandergestellte* Choroplethenkarten darstellbar; beide Darstellungsmöglichkeiten erlauben allerdings nur eine begrenzte Anzahl an Zeitpunkten. Diese Form hat den Vorteil, dass sich die Raumstrukturen zu allen beteiligten Zeitpunkten gut erkennen lassen. So lässt sich auch der Wandel der Raumstruktur sehr leicht optisch erschließen. Nachteile bestehen darin, dass die Veränderungen in den Teilgebieten relativ umständlich abzulesen sind und dass mehrere Karten relativ viel Platz beanspruchen. Deshalb und aus Gründen der Übersichtlichkeit sollten nur so viele Zeitpunkte mit dieser Methode dargestellt werden, dass alle Karten inklusive Legende auf eine Seite oder Doppelseite passen.
- Die zeitliche Veränderung kann mit einer *Diagrammkarte* dargestellt werden. Es kommen verschiedene Diagrammformen in Frage. Bei zwei Zeitpunkten sind Sektorflügeldiagramme gut geeignet, bei maximal 10-12 Zeitpunkten Säulendiagramme. Kurvendiagramme können auch längere Zeitreihen darstellen. Es lässt sich gut ablesen, wie sich die einzelnen Teilgebiete auf der Karte verändert haben und ob es zusammenhängende Regionen auf der Karte gibt, in denen Zu- oder Abnahme überwiegt. Die Struktur des Gesamtraumes zu den einzelnen Zeitpunkten ist dagegen schlecht erkennbar.
- Wenn nur zwei Zeitpunkte vorliegen, ist es leicht möglich, der kartographischen Darstellung einen rechnerischen Arbeitsschritt vorzuschalten. Durch die Bil-

dung eines Indikators, zum Beispiel einer *Veränderungsrate* in Prozent, reduziert sich die Variablenzahl auf eins, so dass die Darstellung sich vereinfacht und die Daten beispielsweise durch eine Choroplethen- oder Diagrammkarte abgebildet werden können. Vorteile hat diese Methode dann, wenn in erster Linie die Veränderung selbst die Fragestellung ist und die Struktur zu bestimmten Zeitpunkten von untergeordnetem Interesse ist.

Besteht die Fragestellung darin, die Wirksamkeit der Arbeitsmarktpolitik in verschiedenen Regionen anhand der Veränderung der Arbeitslosenrate zu analysieren, so wäre es vorteilhaft, ein Maß für die Veränderung der Rate zu berechnen und darzustellen. Wie hoch die Arbeitslosenrate in den einzelnen Regionen aber tatsächlich ist, ist auf dieser Karte nicht zu erkennen.

- Bei mehr als zwei Zeitpunkten können mehrere Veränderungsraten berechnet werden, jeweils von einem Zeitpunkt zum nächsten. Diese sind dann in einer Säulendiagrammkarte darstellbar.
- Schließlich besteht die Möglichkeit der Kombination verschiedener genannter Methoden in einer *mehrschichtigen Karte*. Beispielsweise kann der letzte Zeitpunkt in einer Choroplethenkarte dargestellt werden, die von Diagrammen überlagert wird. Diese Diagramme stellen entweder die komplette Zeitreihe oder die Veränderungsrate dar. Genauso kann die Veränderungsrate als Choroplethenkarte dargestellt werden, die von Zeitreihendiagrammen überlagert wird.

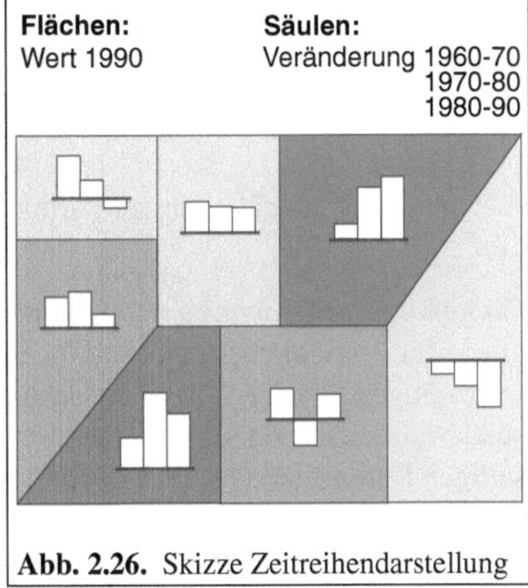

Abb. 2.26. Skizze Zeitreihendarstellung

Tabelle 2.3. Vor- und Nachteile verschiedener Varianten der Zeitreihendarstellung
A: je Zeitpunkt eine Choroplethenkarte
B: eine Diagrammkarte der Zeitreihe (Balken, Kurven, Sektorflügel)
C: Darstellung einer Veränderungsrate
D: mehrschichtige Darstellung: Choroplethenkarte + Zeitreihendiagramm

	Darstellungsvariante			
	A	B	C	D
Anzahl der Zeitpunkte	wenige	viele	2	viele
Raumstruktur				
zu den einzelnen Zeitp.	++	-	--	O
ihre Veränderung	+	-	+	+
Werte der Teilgebiete	+	++	--	++
Veränderung in den Teilgeb.	-	++	++	++

Interpretierbarkeit: ++ sehr gut; + gut; O mäßig; - schlecht; -- nicht erkennbar

Die Tabelle 2.3 fasst die wichtigsten Eigenschaften der genannten Darstellungsmethoden zusammen. Abbildung 2.26 zeigt eine Zeitreihendarstellung in Form einer mehrschichtigen Karte.

Mehrere Variablen für mehrere Zeitpunkte. Liegen Zeitreihen für mehrere Variablen vor, so ist zunächst zu fragen, ob diese Daten wirklich in dieser Komplexität in einer Karte dargestellt werden sollten. Häufig lassen sich Variablengruppen auf einen im Hinblick auf die jeweilige Fragestellung aussagekräftigen Indikator vereinfachen.

Zum Beispiel liegen als Daten für die EG-Länder die Zahlen der Erwerbstätigen gegliedert nach drei Wirtschaftssektoren für die Zeitpunkte 1960, 1970, 1980 und 1990 vor, also drei Variablen je Zeitpunkt. Die Fragestellung besteht in der Entwicklung des landwirtschaftlichen Sektors. In diesem Fall ist es sehr einfach, die landwirtschaftlichen Beschäftigten als absolute Zahl oder als Anteil herauszugreifen und die Variablenzahl damit auf eine je Zeitpunkt zu reduzieren. Wäre dagegen die Fragestellung der Wandel der Wirtschaftsstruktur insgesamt, so bliebe es bei der Mehrvariablendarstellung.

Es seien zwei Möglichkeiten der kartographischen Umsetzung genannt (vgl. Abb. 2.27):

- *Stapelbalkendiagramme* oder *Flächendiagramme* sind für die Darstellung gegliederter Variablen geeignet, d. h. beispielsweise für die Darstellung der Erwerbstätigen nach Wirtschaftssektoren. Beim Stapelbalkendiagramm beispielsweise wird für jeden Zeitpunkt ein gegliederter Balken gezeichnet. Bei stetigen Daten sind alternativ auch Flächendiagramme einsetzbar.
- *Gruppierte Balken-* bzw. *Säulendiagramme* sind auch einsetzbar, wenn es sich nicht um gegliederte Variablen handelt, sondern z. B. um zwei eigenständige Variablen wie die Arbeitslosenrate und das Bruttosozialprodukt. Dabei wird für jede Variable zu jedem Zeitpunkt jeweils ein Balken gezeichnet.

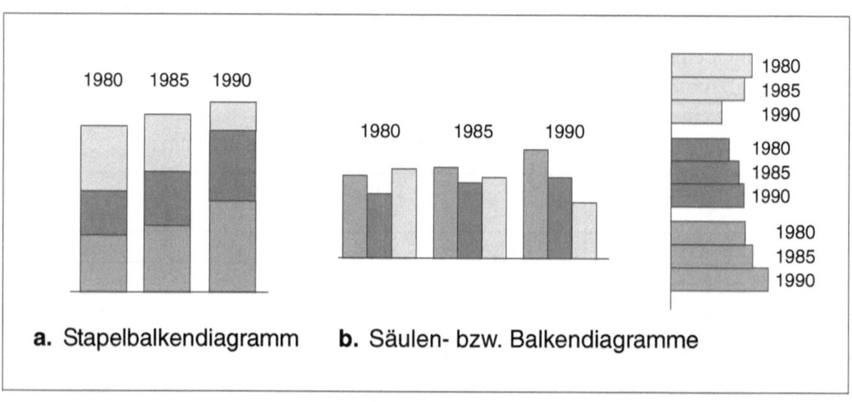

Abb. 2.27. Darstellung von Zeitreihen mehrerer Variablen

Die Darstellung anhand gruppierter Balken- bzw. Säulendiagramme wird leicht unübersichtlich und sollte deshalb nur gewählt werden, wenn die Balken- bzw. Säulenanzahl, die sich aus Variablen- und Zeitpunktzahl ergibt, insgesamt etwa 8-12 nicht übersteigt; je größer die Zahl der Regionen, desto weniger Balken können erfasst werden.

2.4.4 Darstellung von Richtungsdaten

Bei der Bearbeitung räumlicher Fragestellungen sind häufig räumliche *Bewegungen,* zum Beispiel Migrationsströme, ein zu berücksichtigender Faktor, der die Strukturen zwischen verschiedenen Zeitpunkten entscheidend beeinflussen kann. Die kartographische Darstellung ist ein Problem, da Bewegungen dynamisch sind, eine Karte hingegen statisch ist. Ähnlich ist die Problematik bei der Darstellung von *Beziehungen* zwischen Gebieten auf der Karte, zum Beispiel Zahlungsbilanzen zwischen Volkswirtschaften. Daten über räumliche Bewegungen oder Beziehungen werden im Folgenden als *Richtungsdaten* bezeichnet.

Bei Richtungsdaten sind Ursprung und Ziel der Bewegung darzustellen. Zusätzlich können noch Richtung, Art und Stärke sowie eine zeitliche Komponente eingehen. Es handelt sich häufig um sehr komplexe Vorgänge, die entsprechende Probleme bei der kartographischen Umsetzung bereiten. Bereits an dieser Stelle sei vermerkt, dass keine befriedigenden automatisierten Lösungen für dieses Problem existieren, sondern fast immer individuelle Karten hergestellt werden müssen.

Tabelle 2.4. Beispiele für die Charakterisierung von Richtungsdaten

	ein Gebiet	mehrere Gebiete
eine Richtung	• Herkunft der Touristen auf Mallorca • Exporte aus Deutschland	• Zahlungsbilanzen zwischen den EU-Ländern
beide Richtungen	• Im- und Export von und nach Deutschland	• Migrationsströme zwischen den Bundesländern

Die am häufigsten angewandte Methode zur Veranschaulichung von Bewegungen sind *Pfeilkarten.* Die Pfeile können mit oder ohne quantitativer Komponente dargestellt sein. Es gibt aber neben den Pfeilkarten noch weitere Möglichkeiten. Welche die beste Darstellungsform ist, hängt von der Charakteristik der Daten und von der Fragestellung ab. Bezüglich der Datencharakteristik sind folgende Unterscheidungen wichtig (vgl. Beispiele in Tabelle 2.4):

- Es ist zu trennen zwischen Richtungsdaten für ein einzelnes Gebiet auf der Karte und solchen Richtungsdaten, die mehrere Gebiete in einer Matrix verknüpfen.

- Es muss unterschieden werden zwischen Richtungsdaten, die jeweils nur für eine von zwei möglichen Richtungen vorliegen, und solchen Daten, die jeweils zwischen beiden Richtungen unterscheiden. Beziehungsdaten liegen häufig als Summe beider Richtungen vor. Kartographisch sind diese Fälle so zu behandeln, dass die Regionen ggf. durch Bänder anstelle von Pfeilen verbunden werden.

Daten für ein Gebiet. Im einfachsten Fall liegen die Daten nur für ein Gebiet und nur eine Richtung vor. Die Darstellung kann in diesem Fall auf verschiedenste Art erfolgen, z. B. über eine Diagrammkarte (vgl. Abb. 2.28), bei der die Diagramme mit der Bezugsregion durch eine Linie verbunden sind. Auch Pfeilkarten sind möglich. Soll eine Choroplethenkarte erstellt werden, so müssen die Daten relativiert werden, indem sie zum Beispiel auf die jeweilige Bevölkerungszahl bezogen werden.

Liegen die Daten jeweils für beide Richtungen vor, so können sie ebenfalls über Diagrammkarten dargestellt werden (vgl. Abb. 2.29). Pfeilkarten sind nur eingeschränkt sinnvoll, denn sie werden leicht unübersichtlich, wenn die Pfeile in beide Richtungen gehen und mehr als vier bis fünf Regionen beteiligt sind. Je nach Fragestellung sollte geprüft werden, ob ein Aufrechnen der beiden Richtungen gegeneinander, d. h. die Bildung eines Saldos, möglich ist. Dadurch halbiert sich die Zahl der Pfeile auf der Karte.

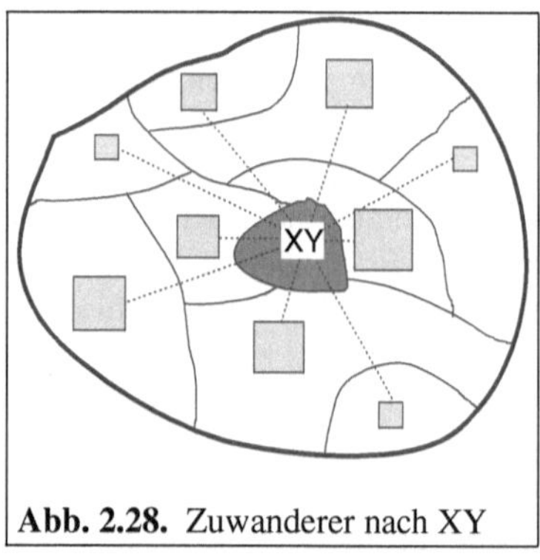

Abb. 2.28. Zuwanderer nach XY

Daten für mehrere Gebiete. In diesem Fall sind alle Gebiete auf der Karte untereinander verknüpft. Bei Pfeildarstellung ergeben sich dadurch z. B. bei zehn Regionen insgesamt 45, wenn beide Richtungen darzustellen sind sogar 90 Pfeile. Daraus wird ersichtlich, dass es sehr von Vorteil ist, eine Methode für die Reduzierung der Pfeilzahl zu finden, indem die bedeutendsten Beziehungen selektiert werden. Das kann z. B. dadurch geschehen, dass nur Bewegungen ab einer bestimmten Größe dargestellt werden oder dadurch, dass die zwei größten Bewegungen je Region ausgewählt werden (vgl. Abb. 2.30).

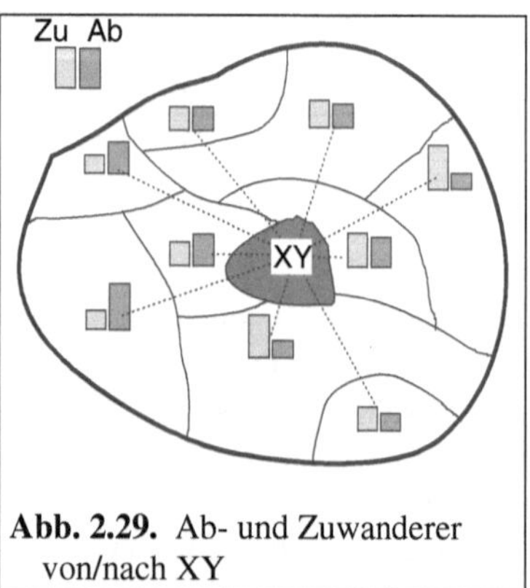

Abb. 2.29. Ab- und Zuwanderer von/nach XY

Diagrammkarten sind zwar möglich, aber nicht sehr anschaulich, z. B. wenn in jede Region ein Balkendiagramm mit den Bewegungen nach bzw. aus den anderen Regionen gesetzt wird. Unter Umständen ist es wirkungsvoller, die Daten vor der kartographischen Darstellung zu vereinfachen, z. B. indem Salden berechnet oder die Bewegungen für jede Region nach Himmelsrichtungen gruppiert und dann in einem Winddiagramm dargestellt werden.

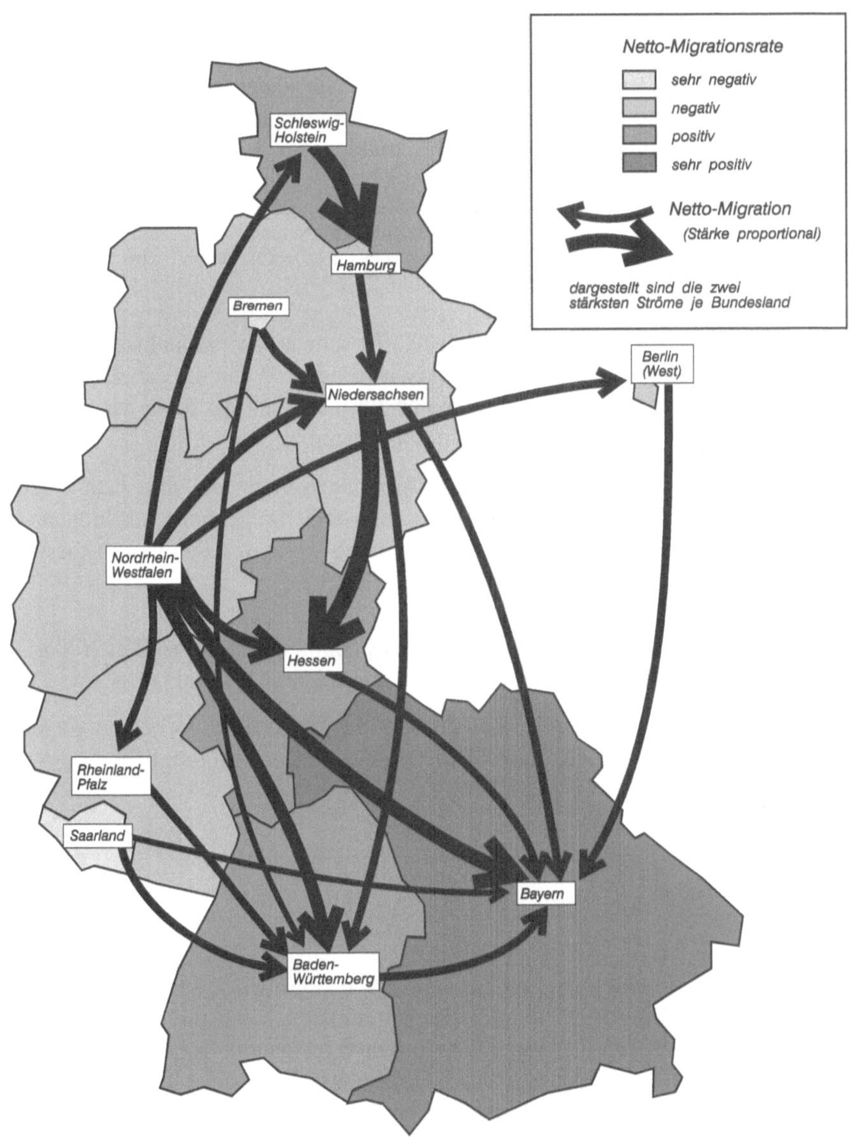

Abb. 2.30. Skizze einer Pfeilkarte

2.4.5 Darstellung von Zusammenhängen

Mit der kartographischen Darstellung wird meist mehr als nur die Präsentation der Daten beabsichtigt. Vielmehr soll eine Karte Strukturen und Zusammenhänge erkennen lassen. Am besten lassen sich durch thematische Karten solche Strukturen zeigen, bei denen eine Variable in Abhängigkeit zum Raum steht, also beispielsweise Zentrum-Peripherie-Gefälle oder Nord-Süd-Gegensätze. Allerdings ist der Raum selbst nur selten die unmittelbare Ursache für die sichtbaren Disparitäten, sondern er wirkt mittelbar über andere Variablen.

Zeigen sich zum Beispiel auf einer Karte des Lebensstandards in Europa ein Nord-Süd- und ein West-Ost-Gefälle, so ist nicht die Lage bestimmter Regionen im Norden, Süden, Osten oder Westen die eigentliche Ursache. Vielmehr sind es unterschiedliche politische und wirtschaftliche Strukturen, die sich räumlich gruppieren.

Diese *erklärenden Variablen* lassen sich häufig schwer operationalisieren, d. h. anhand aussagekräftiger Indikatoren statistisch belegen. Wenn dies aber möglich ist, so kann der Zusammenhang zwischen den Variablen auf der Karte visualisiert werden. Die Visualisierung kann auf mehreren Wegen erfolgen:

- über eine Diagrammkarte, z. B. mit Balkendiagrammen, die alle beteiligten Variablen darstellt. Hierbei ist darauf zu achten, dass Berechnung der Indikatoren und Skalierung der Balken so vorgenommen werden, dass ein evtl. bestehender Zusammenhang auch sichtbar wird (vgl. 2.3.3);
- über eine zweidimensionale Choroplethenkarte (vgl. 2.3.2);
- über eine mehrschichtige Karte, in der die Darstellung der präsentierten Variablen kombiniert wird mit der Darstellung der erklärenden Variablen.

Nähere allgemeine Richtlinien für die Auswahl der Darstellungsform sind wegen der Unterschiedlichkeit der möglichen Darstellungsinhalte nicht möglich.

2.5 Gestaltung

Die bisherige Darstellung beschränkte sich auf den *Entwurf* von thematischen Karten. Auf Grund der Vorgaben durch das Kartenthema sowie die damit verbundenen Daten sind die Grundkarte und der Kartentyp festgelegt. Die *Gestaltung* der einzelnen Elemente sowie der Karte als Ganzes wurde bisher nicht betrachtet. Auch wenn die grundlegenden Strukturen bereits feststehen, gibt es noch viele unterschiedliche Möglichkeiten, die Karte zu gestalten und dadurch die Qualität der Informationsvermittlung wesentlich zu beeinflussen. Häufig ist es erst die Gestaltung der Karte, die den Sachverhalt klar erkennbar macht.

Im Folgenden wird die thematische Karte nach graphischen Gesichtspunkten zerlegt, und die einzelnen Elemente werden im Hinblick auf ihre Gestaltungsmöglichkeiten vorgestellt. Die Grundlage bilden die graphischen Grundelemente als Ausgangsformen für alle weiteren Betrachtungen. Es folgen die Möglichkeiten, die kartographischen Ausdrucksformen auszuarbeiten und das Layout zu bestimmen.

2.5.1 Graphischer Aufbau

In Abschnitt 2.1 wurde die Karte nach formalen und inhaltlichen Gesichtspunkten gegliedert. Die formale Gliederung kann weiter verfeinert werden. Sowohl das Kartenfeld als auch der Kartenrahmen lassen sich in weitere Teile zerlegen, wobei diese Teile sehr unterschiedliche Feinheit aufweisen können. Der Kartenrahmen beinhaltet z. B. die Legende, eine Maßstabsangabe und Beschriftungen. Diese können weiter zerlegt werden, bis schließlich nur noch Punkte, Linien und Flächen bleiben.

Prinzipiell lassen sich drei Ebenen unterscheiden. Diese Ebenen einzeln zu betrachten, hat den Vorteil, dass sich die Gestaltungsmöglichkeiten dadurch besser systematisieren lassen. Abbildung 2.31 zeigt diese drei Ebenen schematisch; es werden unterschieden:

- Die *graphischen Grundelemente*: Sie sind die unterste Ebene jeder graphischen Darstellung. Es handelt sich um die Elemente Punkt, Linie und Fläche. Häufig werden die alphanumerischen Zeichen ebenfalls als Grundelemente behandelt.
- Die *Kartenfeld- und Kartenrandangaben*: Sie bilden die zweite Ebene und stellen komplexe Kombinationen der ersten Ebene, d. h. der graphischen Grundelemente, dar. Es handelt sich dabei um Beschriftung, Legende, Kartenfeld usw. Im Gegensatz zu den Grundelementen sind die graphischen Elemente mit einer Aussage verbunden.
- Das Zusammenspiel der Kartenfeld- und Kartenrandangaben zur *Karte*: Dies ist die dritte Ebene und damit die oberste Betrachtungsstufe. Im Vordergrund steht das sogenannte *Layout*, die harmonische und zielorientierte Anordnung der Ausdrucksformen in der thematischen Karte.

Wird die Sichtweise mit den drei Ebenen z. B. auf einen Text übertragen, so würden den graphischen Grundelementen die Buchstaben entsprechen, die in Form, Größe und Farbe variierbar sind. Die zweite Ebene sind die Worte, aus denen der Text, die dritte Ebene, entsteht.

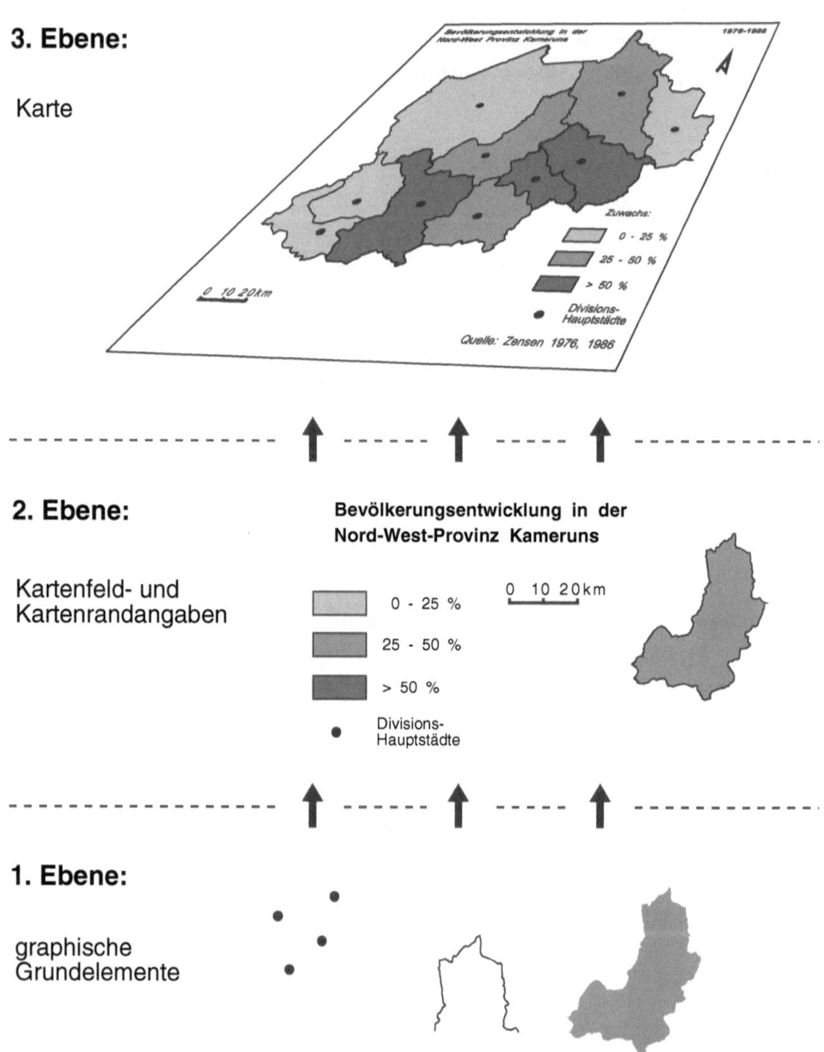

Abb. 2.31. Betrachtungsebenen einer thematischen Karte

Es ist notwendig, diese drei Ebenen getrennt zu betrachten, um den graphischen Aufbau einer Karte besser zu verstehen. Die Möglichkeiten, die eine kartographische Software bezüglich der Gestaltung bietet, sind im Wesentlichen davon abhängig, welche Eigenschaften die graphischen Grundelemente annehmen können. Linienformen und -stärken, Schraffuren, Farben oder Graustufen von Flächen sind nur eine Auswahl von Eigenschaften, die die gestalterischen Möglichkeiten der Elemente beeinflussen. Die Mittel, die schließlich verfügbar sind, definierte Elemente anzuordnen, geben den Rahmen vor, in dem die Karte ausgearbeitet werden kann. Je vielfältiger die Möglichkeiten innerhalb einer Software sind, desto zielsicherer und kreativer kann ein Thema in eine Karte umgesetzt werden. Gleichzeitig nehmen Fehlerquellen zu und damit die Gefahr, die Aussage zu verfälschen.

2.5.2 Graphische Grundelemente

Jede Graphik, nicht nur die Karte, lässt sich in graphische Grundelemente als unterste Ebene zerlegen. Die Grundelemente Punkte, Linien und Flächen werden symbolhaft dargestellt, denn streng geometrisch hat z. B. ein Punkt keine Ausdehnung und kann deshalb nur durch eine Signatur dargestellt werden.

Die alphanumerischen Zeichen können ebenfalls als Grundelemente aufgefasst werden. Strenggenommen sind sie zwar eine Kombination aus Punkten, Linien und Flächen und somit keine echten Grundelemente, aber in der Praxis werden Buchstaben, Ziffern und Sonderzeichen im Sinne eines Grundelements benutzt. Insbesondere für die digitale Kartographie ist diese Unterscheidung von erheblicher Bedeutung. Kann eine Software auf fertige Elemente, d. h. vordefinierte Druckerschriftarten wie z. B. PostScript-Fonts zurückgreifen, so steht ein großer Vorrat hochauflösender Schriftarten zur Verfügung. Muss eine Software hingegen die alphanumerischen Zeichen selbst aus Linien und Punkten erzeugen, so sind Auflösung und Auswahl meist schlechter, was sich im Erscheinungsbild der Karte deutlich sichtbar niederschlägt. Ähnlich verhält es sich bei der manuellen Kartenherstellung. Die Unterscheidung ist hier zu machen zwischen dem freien Zeichnen der alphanumerischen Zeichen und dem Verwenden von vorgedruckten Klebezeichen.

Die drei symbolhaft dargestellten Grundelemente Punkt, Linie und Fläche können hinsichtlich ihrer Eigenschaften, im Folgenden auch *graphische Variablen* oder *Farb-Muster-Variablen* genannt, sehr unterschiedlich gestaltet werden. Theoretisch lassen sich sechs graphische Variablen unterscheiden, und zwar Größe, Helligkeit, Form, Muster, Richtung und Farbe (Bernhardsen 1992, 216; Bertin 1974, 74; Monmonier 1991, 20). Die Variationsmöglichkeiten der graphischen Variablen sind in Abbildung 2.32 wiedergegeben.

Nicht alle graphischen Variablen sind in ihrer Variation für jedes der drei Grundelemente in gleichem Maße sinnvoll. Linien werden meist in Größe, Muster und Farbe variiert, weniger durch unterschiedliche Grautönung. Flächen sind dagegen häufig durch die Helligkeit, z. B. unterschiedliche Grautöne, gestaltet. Des Weiteren werden die graphischen Variablen selten in reiner Form angewendet, sondern meistens kombiniert. Um z. B. Straßen darzustellen, werden die Linien in ihrer Größe, d. h. Breite, und in ihrer Farbe variiert, um dadurch den Straßentyp zu charakterisieren. Um Einbahnstraßen darzustellen, können zusätzlich kleine Pfeile eingefügt werden.

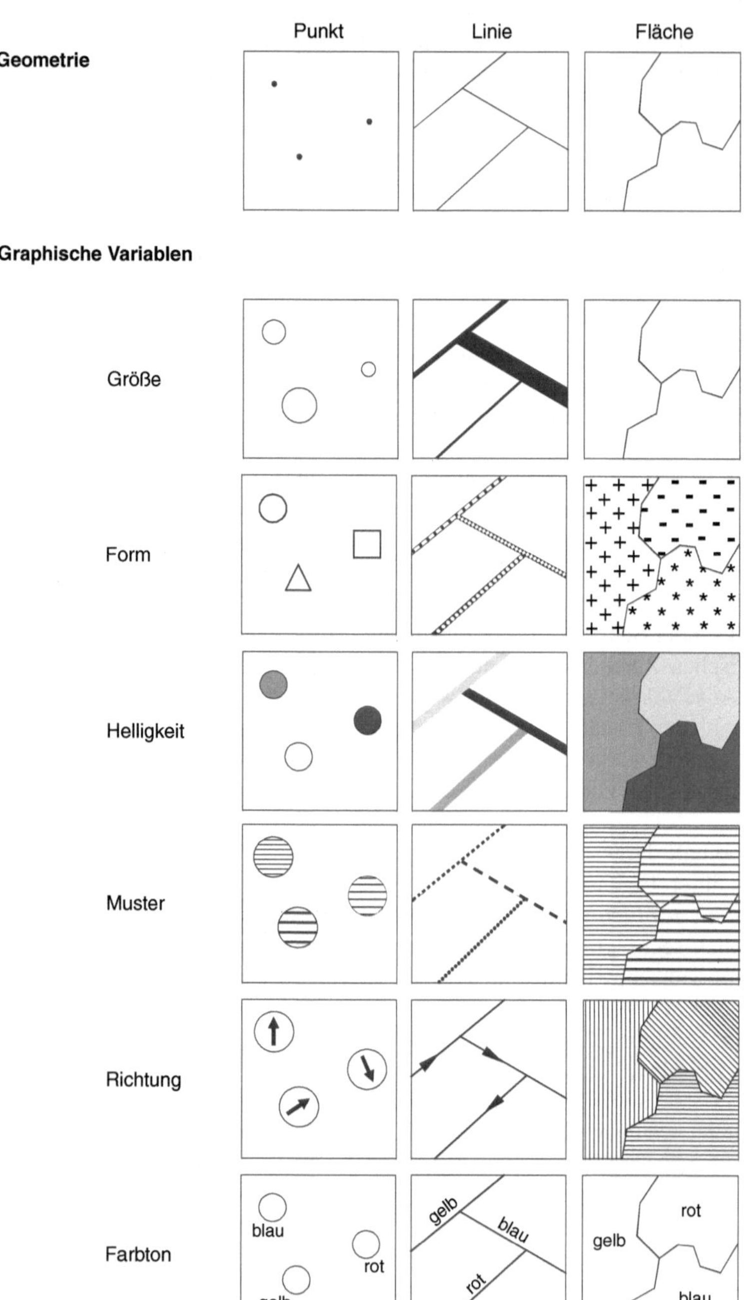

Abb. 2.32. Variationsmöglichkeiten der Grundelemente

Flächen werden nur selten durch eine graphische Variable gestaltet, sondern es werden mehrere dazu genutzt, um Schraffuren und Raster zu entwerfen. Sie werden aus den Attributen Helligkeit, Form, Muster und Richtung kombiniert. Flächenfüllungen (vgl. Abb. 2.34) hinterlassen sehr unterschiedliche Wirkungen bezüglich der Helligkeit. So werden z. B. Graustufen häufig durch die Dichte und Größe von rasterartig angeordneten Punkten erreicht.

Wie die graphischen Grundelemente tatsächlich ausgestaltet werden, ist von den Eigenschaften der Daten, die dargestellt werden sollen, abhängig. Ein wichtiges Kriterium ist das Skalenniveau (vgl. Tabellen 2.1 und 2.5). Nominalskalierte Daten sind anders zu behandeln als metrische Daten. Wo dies möglich ist, sollten sich Dateneigenschaften in den graphischen Variablen wiederfinden, z. B. sollten metrische Datenwerte, die sich auf eine Fläche beziehen, durch kontinuierliche Grau- oder Farbabstufung dargestellt werden.

Ein weiteres Kriterium, das berücksichtigt werden muss, ist die Grenze der Lesbarkeit und Erfassbarkeit der dargestellten Elemente. Alle Punkte, Linien und Flächen müssen so ausgestaltet sein, dass sie mit bloßem Auge leicht zu erkennen sind. Kreise mit einem Durchmesser kleiner als 0.15 mm sind mit dem Auge kaum noch wahrzunehmen, verwendete Linienstärken sollten immer größer als 0.1 mm sein, und Flächen sollten einen minimalen Durchmesser von 0.3 mm besitzen. Werden Elemente farbig dargestellt, müssen diese Minimalwerte angehoben werden. Weiterhin muss beachtet werden, dass alle Beschriftungen leicht lesbar sind.

Tabelle 2.5. Beispiele geeigneter Gestaltungsmöglichkeiten für die graphischen Grundelemente in Abhängigkeit vom Skalenniveau

	Nominalskala	Ordinalskala	Metrische Skala
Punkte	Form	Form, Größe	Größe, Helligkeit
Linien	Form, Muster	Form, Muster, Größe	Größe
Flächen	Strukturmuster, Schraffuren	Schraffuren, Helligkeit	Schraffuren, Punktraster, Helligkeit

In der praktischen Anwendung sind eher Kombinationen von graphischen Variablen bedeutend als reine graphische Variablen. Von besonderer Bedeutung für die kartographische Gestaltung sind die folgenden graphischen Variablen und deren Kombinationen, auf die im Anschluss näher eingegangen wird:

- *Größe* von Punkten und Linien,
- Helligkeit, Form, Muster, und Richtung von Flächen, d. h. *Schraffuren* und *Raster,*
- Form und Muster von Linien, d. h. *Linientypen,*
- *Farbe* für alle Grundelemente.

Größe. Im Vergleich zu den anderen Attributen ist die Größe sicherlich eine der am häufigsten verwendeten Möglichkeiten, Punkte und Linien zu gestalten. Bei Punkten kann die Ausdehnung, bei Linien die Strichstärke variiert werden. Die Größe der Figuren bzw. die Strichstärke heben die unterschiedliche Bedeutung von Punkten und Linien hervor. Insbesondere bei den Punkten ist es eine gängige Methode, Variablen als flächenproportionales Diagramm darzustellen (vgl. 2.3.3). Bei den Flächen spielt die Variation der Größe keine Rolle, da die Flächen im Kartenfeld vorgegeben sind.

Abbildung 2.33 zeigt das Bundesland Bayern. Die Landesgrenzen heben sich von den regionalen Grenzen ab, indem unterschiedliche Linienstärken verwendet werden. Für die politisch wichtigeren Grenzen wurde eine dickere Linie gewählt. Dadurch wurde ein Zusammenhang zwischen Strichstärke und politischer Bedeutung hergestellt.

Abb. 2.33. Anwendung unterschiedlicher Strichstärken

Schraffuren und Raster. Unter *Schraffuren* versteht man die regelmäßige Anordnung von durchgezogenen Linien, dagegen bestehen *Raster* aus regelmäßig angeordneten Elementen, die aus Linien, Punkten oder figürlichen Darstellungen zusammengesetzt sind (vgl. Abb. 2.34). Unter der Helligkeit ist in erster Linie die subjektive Wahrnehmung der Grauwerte von Schraffuren und Rastern zu verstehen. Eine Abfolge von hell nach dunkel kann sowohl durch Schraffuren als auch durch Raster erzeugt werden. Allerdings sollten die Typen nicht gemischt werden, d. h. eine Reihe sollte beispielsweise entweder aus Punktrastern oder aus Linienschraffuren bestehen. Am gebräuchlichsten ist der Einsatz von Punktrastern. Bei der Gestaltung von Schraffuren und Rastern ist zu bedenken, dass nur eine begrenzte Anzahl leicht zu unterscheiden ist. So können z. B. nur fünf bis sechs Graustufen, die zwischen einem sehr hellen Grau und Schwarz angeordnet sind, unterschieden werden (Monmonier 1991, 22). Eine große Anzahl von dargestellten Klassen erschwert es wesentlich, den Karteninhalt schnell und korrekt zu erfassen. Sind viele Klassen unvermeidbar, kann z. B. die zusätzliche Variation der Farbe Abhilfe schaffen.

a. einfache Linienschraffuren

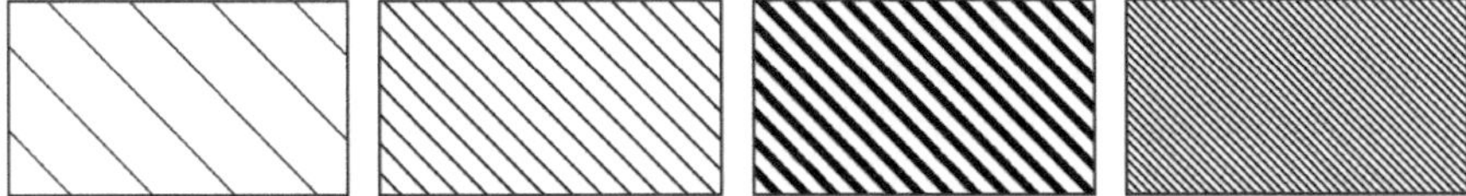

b. gekreuzte Linienschraffuren

c. Punktraster, variiert in Größe bei gleichem Abstand

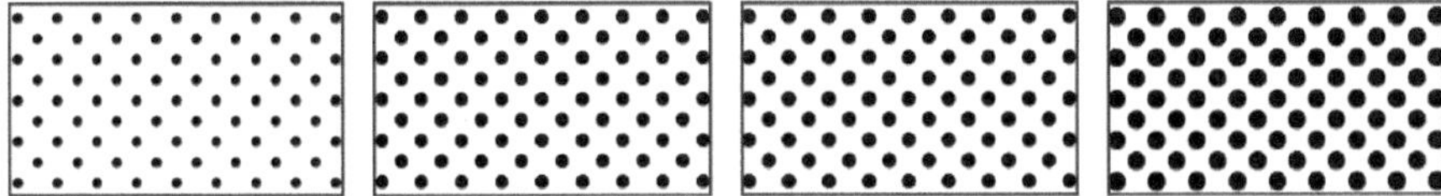

d. Punkte, variiert in Abstand und Größe

e. Strukturmuster

f. Muster aus Strichkombinationen

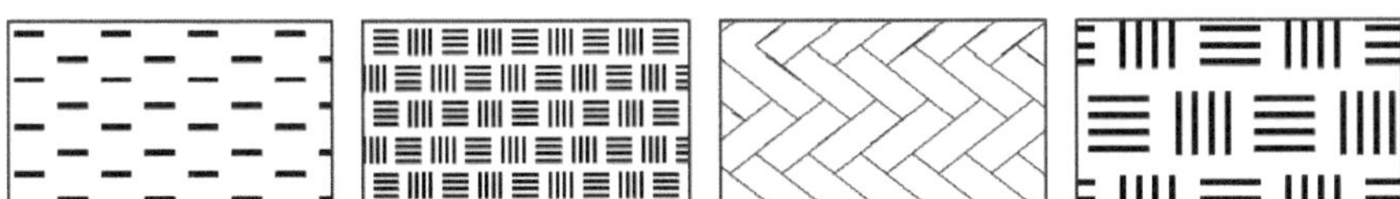

Abb. 2.34. Schraffuren und Raster

Linientypen. Die Möglichkeiten, Linien zu variieren, sind im Vergleich zu Flächen bei weitem nicht so vielfältig. Es lassen sich Strichstärke, Farbe und Strichart unterscheiden (vgl. Abb. 2.35). Unterschiedliche Strichstärken sind geeignet, metrische Variablen darzustellen. Generell gilt, dass qualitative Unterschiede durch die Variation von Farbe und Form, quantitative Unterschiede durch die Strichstärke kenntlich zu machen sind (Wilhelmy 1990, 228). Durchgezogene Linien sind vorzugsweise geeignet, konkrete Sachverhalte, z. B. administrative Grenzen oder Eisenbahnlinien, darzustellen. Gestrichelte Linien sollten dagegen eher eingesetzt werden, um Sachverhalte darzustellen, die nicht genau bekannt oder von geringer Bedeutung sind.

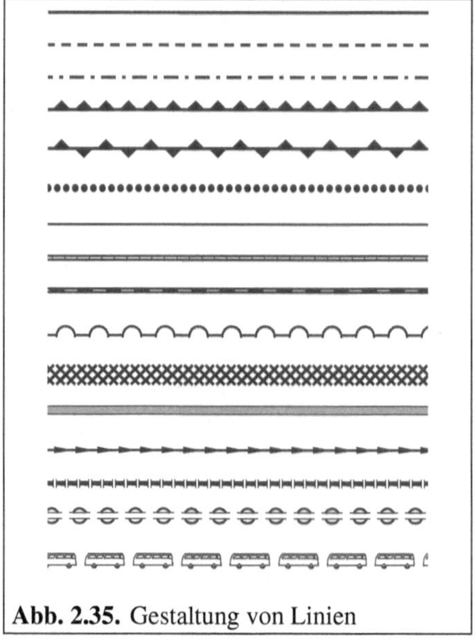

Abb. 2.35. Gestaltung von Linien

Allgemeine Prinzipien. Unabhängig von der Geometrie lassen sich allgemeine Prinzipien formulieren, die beachtet werden sollten. Es ist grundsätzlich zu empfehlen, die formalen und inhaltlichen Eigenschaften der Daten so weit als möglich in die Gestaltung zu übertragen. So sollte die Ähnlichkeit von Sachverhalten und Daten in deren kartographischen Umsetzung zum Ausdruck kommen, und deutliche Unterschiede von Daten sollten sich ebenfalls in deren Darstellung wiederfinden. Die formalen Eigenschaften der Daten sind durch deren Skalenniveau weitgehend bestimmt und geben bereits vor, welche graphischen Variablen zweckmäßigerweise variiert werden können. Um z. B. metrischskalierte Variablen darzustellen, ist es sinnvoll, diese stetigen Daten durch kontinuierlich gestufte graphische Variablen abzubilden. Die Zunahme der Merkmalsausprägung kann z. B. durch die Abnahmen der Helligkeit abstrahiert werden, d. h. je höher der Wert, desto dunkler die Füllung.

Migrationsströme können durch Pfeile vom Ursprung zum Ziel dargestellt werden, wobei die Strichstärke des Pfeils proportional zur Stärke der Migration ist.

Die Bevölkerungsdichte kann durch eine Abfolge von Grautönen dargestellt werden. Je dunkler die Graustufe, desto höher die Bevölkerungsdichte.

Das Vorhandensein unterschiedlicher kultureller Einrichtungen kann durch die Wahl verschiedener Signaturen dargestellt werden. Falls die Einrichtungen in ihrer Bedeutung gleich sind, sollten sie in ihrer Größe ähnlich sein.

Die landwirtschaftliche Nutzung einer Fläche kann durch eine Auswahl von Rastern dargestellt werden, die sich aus sprechenden Lokalsignaturen zusammensetzt.

Die Bewertung der Güte von Böden bezüglich den ackerbaulichen Nutzungsmöglichkeiten kann durch Schraffuren erfolgen, wobei sich die zunehmende Güte in den Helligkeitsstufen der zugeordneten Schraffuren wiederfinden sollte.

Die räumliche Abgrenzung von Einflussbereichen, z. B. Einzugsgebiete von Einzelhandelseinrichtungen, sollte durch gestrichelte Linien erfolgen, da solche Gebiete in der Realität selten fest zugeordnete Grenzen besitzen.

2.5.3 Farbe

Mit Hilfe von Farbe lassen sich Karten vielfältig gestalten. Sie ist die wirkungsvollste Ausdrucksform, die allerdings nur verwendet werden kann, wenn das Ausgabemedium es zulässt. Durch den farboptisch und psychologisch richtigen Einsatz von Farben kann die Aussage einer Karte um ein Vielfaches gesteigert werden. Gleichzeitig ist bei den Farben die Gefahr falscher Anwendung am größten.

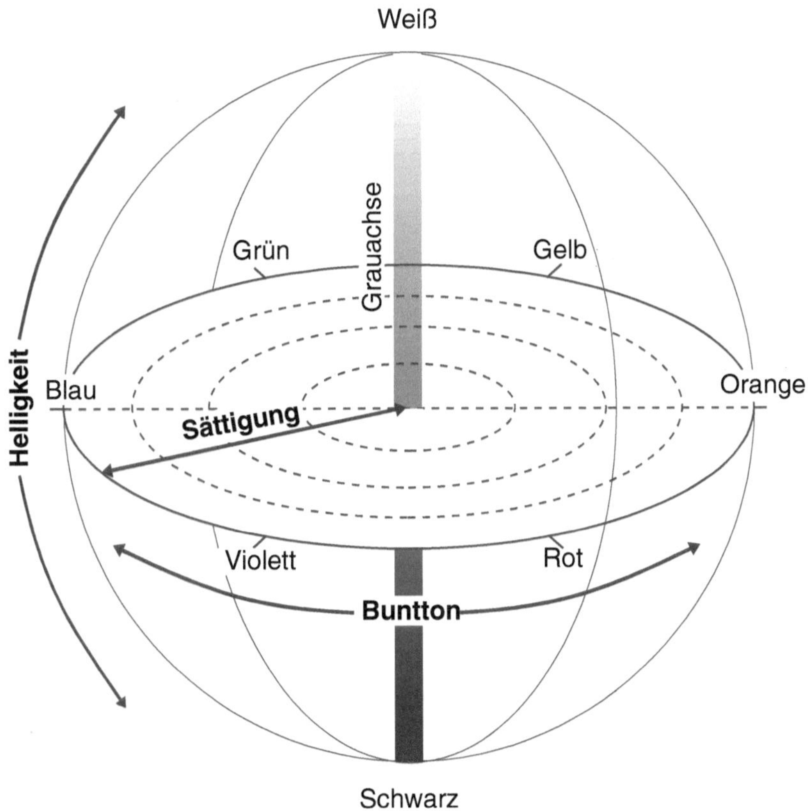

Abb. 2.36. Farbkugel (in Anlehnung an Schiede 1962, 26)

Farben haben drei Eigenschaften: *Buntton*, *Helligkeit* und *Sättigung*. Mit diesen drei Eigenschaften lässt sich ein dreidimensionales Modell aufspannen, um Farben zu charakterisieren (vgl. Abb. 2.36). Der Buntton repräsentiert den sichtbaren Teil des Lichtes mit den Spektralfarben Rot, Orange, Gelb, Grün, Blau und Violett. Diesen bunten Farben des Spektrums stehen die unbunten Farben Schwarz und Weiß gegenüber. Die Helligkeit wird durch vergleichbare Graustufen charakterisiert. Bei der Sättigung handelt es sich um die Reinheit der Farbe in der Abfolge von reinen Farben auf der Außenfläche der Farbkugel zu den trüben Farben im Inneren.

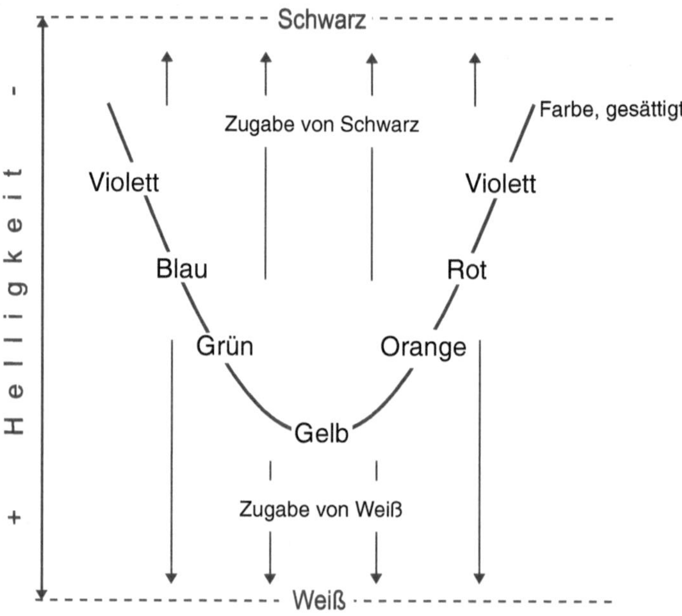

Abb. 2.37. Farbe und Helligkeit

Beim praktischen Einsatz von Farben ist der Begriff Farbe streng vom Begriff Helligkeit zu trennen (Bertin 1974, 93). Die Farbe wird verändert, indem die Grundfarben anders zusammengesetzt werden, der Helligkeitswert entsteht durch die Zugabe von Schwarz oder Weiß (vgl. Abb. 2.37). Jede Farbe besitzt einen Helligkeitswert, der weder durch Weiß aufgehellt noch durch Schwarz abgedunkelt ist – die gesättigte Farbe (Bertin 1974, 93). Sie ist am auffälligsten. Je nach Anforderung ist es besser, den Buntton oder die Helligkeit zu variieren. Letzteres ist z. B. besonders geeignet, um quantitative Unterschiede darzustellen.

Beim Einsatz von Farben sollten folgende allgemeine Grundsätze beachtet werden (Arnberger 1987, 60ff., ergänzt):

- Farben sollen möglichst *naturnah* ausgewählt werden. Mit vielen Objekten auf thematischen Karten werden bestimmte Farben assoziiert. In diesen Fällen sollten die entsprechenden Farben gewählt werden; zum Beispiel werden Flüsse und Wasserflächen bevorzugt in Blau dargestellt, Wiesen in Grün, Siedlungen in Rot usw.
- Der *Empfindungswert* von Farben sollte berücksichtigt werden. Da blaue Farbtöne kalt wirken, können damit z. B. kühle, mit grünen Farben feuchte Klimate dargestellt werden. Rote Farben stehen dagegen für warme Klimate. Die Bindung von Farben an Symbole sollte ebenfalls berücksichtigt werden, z. B. wird Gold mit der Farbe Gelb assoziiert.
- Es sollte eine *harmonische Auswahl* der Farben erfolgen. Eine Hilfe bietet dabei der Farbkreis von Schiede (1970). In diesem Farbkreis können harmonische Farben ermittelt werden, indem die im Kreis enthaltenen geometrischen Figuren gedreht werden. Für vier harmonische Farben ergeben sich z. B. Gelb, Orange, Blau und Violett.
- Die *Helligkeit* gesättigter Farben kann bewusst eingesetzt werden. Die geringste Helligkeit hat die Farbe Gelb. Sie steigert sich im Farbkreis (vgl. Abb. 2.37 und Abb. 2.38) sowohl über die Farben Grün-Blau als auch über die Farben Orange-Rot bis Violett. Diese Ausdrucksform ist besonders geeignet, um die Wertigkeit einer Rangfolge auszudrücken. Je höher der Rang, desto dunkler die Farbe.
- Farben haben eine sehr unterschiedliche *Leuchtkraft*. Gelb wirkt z. B. sehr leuchtend und hell und ist damit Weiß am ähnlichsten. Rot, Blau und Violett wirken dagegen sehr dunkel, sie verfügen über eine niedrige Leuchtkraft. Um Einzelheiten hervorzuheben, kann die Leuchtkraft der Farben eingesetzt werden.
- Die internationale *Standardisierung* von Farbzuweisungen sollte immer beachtet werden. In ausgewählten Gruppen thematischer Karten sind die zuzuordnenden Farben durch Regeln festgelegt. In Geologischen Karten sind die Farben für die Erdzeitalter festgelegt, z. B. Jura in Blau, Kreide in Grün usw. Daneben existieren noch Themen, deren Farbgebungen zwar nicht verbindlich bestimmt sind, sich aber weitgehend an allgemein anerkannte Regeln halten. Ein Beispiel ist die Zuordnung von Farben zu Anbauflächen in der Landwirtschaft: Im Allgemeinen werden für Grünland und Futterpflanzen Grüntöne, für Kulturarten im Ackerbau Gelb- und Orangetöne sowie für Sonderkulturen Rottöne verwendet.

Neben diesen mehr allgemeinen Regeln lassen sich folgende, mehr pragmatische Hinweise formulieren (Wilhelmy 1990, 235; Scholz, Tanner u. Jänckel 1983, 73; ergänzt):

- Beachtung von *Simultankontrasten.* Bei gleichzeitigem Auftreten mehrerer Farben nebeneinander können sich diese beeinflussen. So wirken z. B. grüne

Flächen in blauer Umgebung gelblich. Dieser Effekt tritt besonders dann stark hervor, wenn kleine Flächen in größere eingebettet sind.

- Große, ausgedehnte Flächen sollten in helleren Farben dargestellt werden, kleine Flächen in kräftigeren Farben.
- Damit die Karte geschlossener wirkt, können Rand- und Eckgebiete in intensiveren Farben dargestellt werden.
- Weiß sollte höchstens zur Darstellung von fehlenden Werten verwendet werden, da dies allgemein so üblich ist.
- Schwarz sollte nicht flächig verwendet werden, da es sonst andere Farben erdrückt.
- Das zentrale Thema einer Karte sollte auch mit der intensivsten Farbgruppe dargestellt werden. Eine Karte sollte nicht durch eine Farbe beherrscht sein, die inhaltlich für das Thema unbedeutend ist.
- Um quantitative Abfolgen darzustellen, empfiehlt es sich, eine Farbe in verschiedenen Helligkeitsstufen zu verwenden. Allzu bunte Karten mit vielen verschiedenen Farben sollten vermieden werden, weil die Farben dann vom eigentlichen Thema ablenken.
- Ähnliche Sachverhalte sollten durch ähnliche Farben dargestellt werden, d. h. sie sollten im Farbkreis nahe beieinander liegen.
- Punkte und Linien sollten durch gesättigte Farben dargestellt werden, da sich diese besser von der Umgebung abheben. Generell sind Schwarz, Dunkelgrau, Dunkelbraun, gesättigtes Violett, Blau, Rot und Grün geeignet, wobei die Farbe sich deutlich vom Untergrund abheben muss.
- Punkte und Linien, die von großer Bedeutung sind, sollten schwarz dargestellt werden.

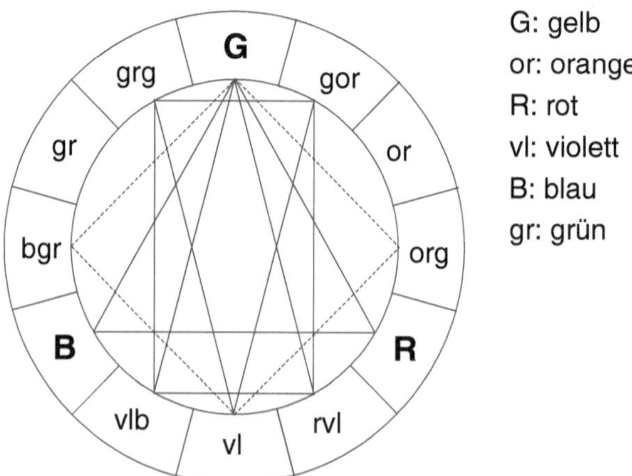

Abb. 2.38. Harmonische Farbzusammenstellung nach H. Schiede (Arnberger 1987, 62)

Selbst wenn alle Regeln der Farbgebung berücksichtigt werden, ist die Farbwahl letztendlich immer noch von der Gesamtkomposition der thematischen Karte abhängig. Die Gestaltung in Bezug auf Thema und Zielgruppe der Karte sind die wichtigsten Kriterien, die über die Farbwahl entscheiden. Schließlich ist es häufig notwendig, dass die Abstimmung der Farben für jede Karte individuell gelöst werden muss, da die Wirkung von Farben sehr stark vom gesamten Arrangement der Karte abhängt.

Anwendung digital definierter Farben. Um Farbe am Computer zu verarbeiten und zu standardisieren, ist es notwendig, diese zahlenmäßig exakt zu beschreiben, da Begriffe wie Hellrot oder Moosgrün nicht eindeutig sind. Die Wirkung der Farbe ist jedoch ein Sinneseindruck, der nicht mit physikalischen Größen beschrieben werden kann (Schläpfer 1991, 8). Das äußert sich z. B. dann, wenn eine völlig identische Farbe in unterschiedlichen Umgebungen dargestellt ist. Die Wahrnehmung des gleichen Rots ist unterschiedlich, wenn es einmal in einer blauen Umgebung und einmal in einer grauen Umgebung dargestellt ist. Dieser Effekt trägt den Namen Simultankontrast. Ein anderes Problem ist die unterschiedliche Gewichtung von Farbe im Farbraum. Unterschiede in dunklen Farben werden weniger stark gewichtet als in hellen Farben oder in Grautönen (Schläpfer 1991, 8).

Farbmodelle. Für die praktische Arbeit in der digitalen Bildverarbeitung werden unterschiedliche Modelle angewendet. Dabei kann es sich um eine Sammlung von Farbmustern handeln, wie sie in Form von Farbpaletten von einer Vielzahl von graphischer Software angeboten wird, oder von Modellen, die Farbe durch Zahlenwerte beschreiben, wobei dazu mindestens drei Dimensionen notwendig sind. Neben dem Angebot von Farbpaletten sind in der graphischen Verarbeitung von Farben folgende drei Modelle stark verbreitet:

- RGB-Modell: Farben werden über die Zusammensetzung aus Rot, Grün und Blau definiert;
- CMYK-Modell: Farben werden durch die Grundfarben Zyan (C), Magenta (M), Gelb (Y) und Schwarz (K) definiert;
- HSB-Modell: Farben werden durch die Größen Farbton (Hue), Sättigung (Saturation) und Helligkeit (Brightness) definiert. Dieses Modell erscheint teilweise auch unter der Bezeichnung IHS (Intensi-

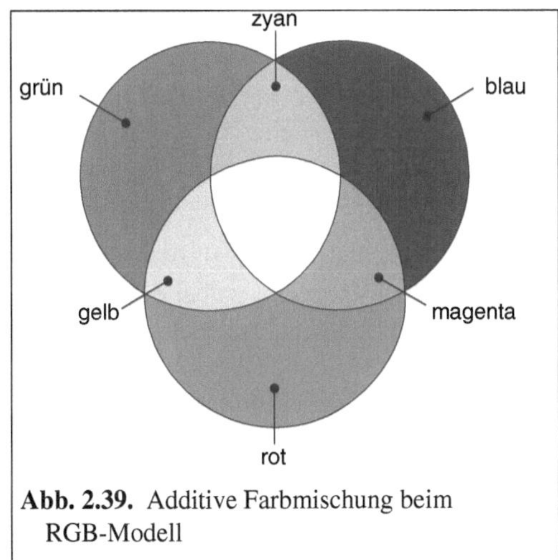

Abb. 2.39. Additive Farbmischung beim RGB-Modell

ty, Hue, Saturation).
Beim RGB- und beim CMYK-Modell werden Grundfarben gemischt, um dadurch entsprechende Mischfarben zu erzielen. Die Grundfarben sind dabei genormt wie z. B. die Grundfarben der Europaskala nach DIN 16539. Abbildung 2.39 zeigt die Farben des RGB- und CMYK-Modells bei additiver Farbmischung, d. h. die Farbreize werden optisch gemischt, wie dies bei einer Übereinanderprojektion der Fall ist. Die Abbildung zeigt die Projektion von drei Diaprojektoren, die jeweils mit einem Rot-, Grün- und Blaufilter ausgestattet sind, wobei in den Überschneidungsflächen die Farben Magenta, Gelb, Zyan und Weiß entstehen (Schoppmeyer 1991, 25ff.).

Das CMYK-Modell basiert auf dem Vierfarbendruck. Durch das Mischen der vier Farben kann jede Farbe gebildet werden. Einer der wesentlichen Vorteile dieses Systems ist es, dass Farbtabellen verwendet werden können. Diese Farbtabellen, wie z. B. das TrueMatch-System, zeigen die Ergebnisse, die sich aus der Mischung der vier Farben ergeben. Zu jeder Farbe ist der prozentuale Anteil der vier Grundfarben angegeben, die wiederum zur Definition der Farben in der Software verwendet werden können. In Tabelle 2.6 sind die Mischverhältnisse ausgewählter Farben wiedergegeben. Farbtabellen, die auf dem CMYK-Modell basieren, können käuflich erworben werden und ermöglichen es somit, das Ergebnis einer farblichen Gestaltung mit einiger Sicherheit bereits im Vorfeld abzuschätzen.

Tabelle 2.6. Beispiele für das Mischen von Farben im CMYK-Modell

Farbe	Zyan	Magenta	Gelb	Schwarz
Orange	0 %	60 %	100 %	0 %
Marineblau	60 %	40 %	0 %	40 %
Braun	0 %	20 %	40 %	40 %
Rot	0 %	100 %	100 %	0 %

Gedruckte Farben. Die am Bildschirm sichtbaren Farben und die Farben auf einem analogen Ausgabemedium sind im Normalfall nicht identisch. Die gedruckten Farben sind von einer Reihe von Faktoren abhängig und können erhebliche Unterschiede aufweisen. Die beeinflussenden Faktoren sind:

- die *Art des Ausgabegeräts* (vgl. Abs. 3.1);
- die *Art des Druckpapiers*, wobei der Weißton und das Reflexionsverhalten die Farbe beeinflussen. Für die meisten Ausgabegerät gibt es ein optimal abgestimmtes Papier im Zubehörhandel;
- die *verwendeten Farben* orientieren sich im Allgemeinen an einer Norm, z. B. der Europaskala nach DIN 16539, können sich jedoch in Abhängigkeit des Herstellers, des Alters, der Lagerbedingungen und anderer Faktoren unterscheiden.

Um die Verwendung von Farben zu vereinfachen, ist es meist sinnvoll, sich für die vorhandenen Ausgabegeräte und die verwendeten Druckpapiere einen Farbatlas zu erstellen und die Farbauswahl auf dieser Grundlage zu treffen. Ein solcher Farbatlas kann im Allgemeinen nicht in einer Kartographiesoftware, sondern muss in einem Graphikprogramm erstellt werden, das über die entsprechenden Farbmodelle verfügt, so dass eine kontrollierte Mischung der Grundfarben möglich ist. Das Ausgabegerät, die verwendeten Farben und das Papier müssen für alle Ausdrucke konstant sein. Ändern sich eine oder mehrere dieser Komponenten, ist prinzipiell ein neuer Farbatlas zu erstellen. In Abbildung 2.40 ist ein Ausschnitt eines Farbatlas dargestellt; er zeigt deutlich den Aufwand. Werden die drei Grundfarben Zyan, Magenta und Gelb mit einer Abstufung von zehn Klassen gemischt, ergeben sich insgesamt 1.000 verschiedene Farben. Durch die Hinzunahme von Schwarz ergeben sich weitere Farbnuancen.

Ein Kompromiss zu einem Farbatlas kann die Entwicklung ausgewählter Farbpaletten sein. Hilfreich ist es, Farbabfolgen zu definieren, z. B. eine Abfolge von sechs Farben von Gelb über Orange bis Rot, die dann bei der Gestaltung der Karten eingesetzt werden.

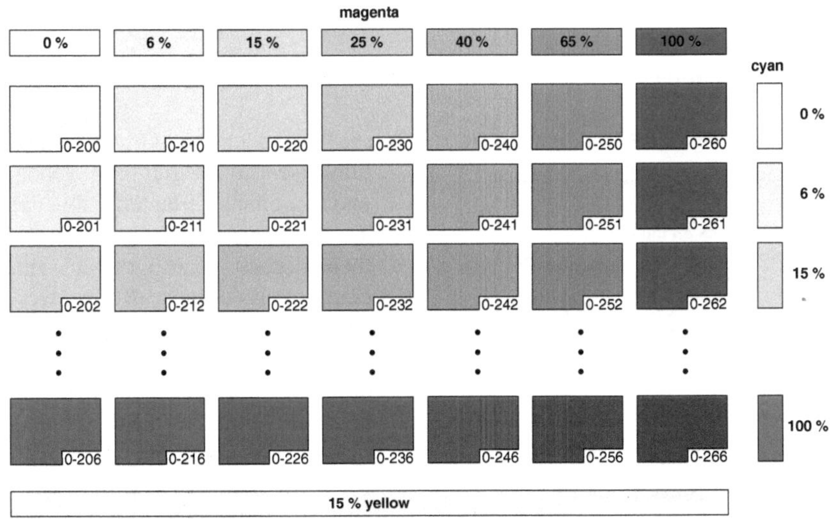

Abb. 2.40. Ausschnitt eines Farbatlas im CMYK-Modell ohne Schwarzanteil

Pantone-Farbsystem. Der in der Praxis häufig verwendete Vierfarbdruck ist äußerst leistungsfähig, jedoch ist er mit einem hohen Aufwand und einer sehr großen technischen Präzision beim Druckvorgang verbunden. Die übereinander zu druckenden Farben müssen hinsichtlich Frequenz und Winkelung des Rasters so angepasst werden, dass keine störenden Muster entstehen. In der thematischen Kartographie werden meist nur wenige Farben verwendet. In solchen Fällen ist es auch möglich, die Farben direkt aufzudrucken, d. h. sie werden als Volltonfarben auf das Papier aufgebracht und nicht aus den Grundfarben gemischt. Ein Standard ist das Pantone-Farbsystem. Es stellt eine große Auswahl an Volltonfarben zur Verfügung und die Farben sind auf dem gesamten Produktionsweg eindeutig definiert. Jeder Farbe ist ein eindeutiger Name zugeordnet. Zur Farbauswahl stehen Farbreferenzkarten bzw. -bücher zur Verfügung.

PANTONE Kühles Grau 1 CV
PANTONE Kühles Grau 3 CV
PANTONE Kühles Grau 5 CV
PANTONE Kühles Grau 7 CV

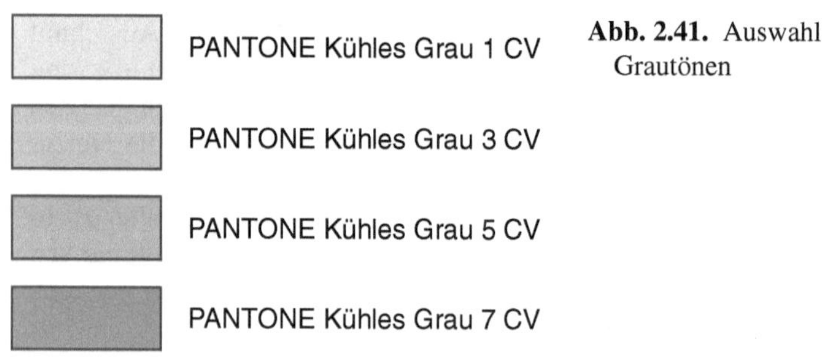

Abb. 2.41. Auswahl an PANTONE-Grautönen

2.5.4 Beschriftungen

Die Beschriftung der Karte dient zweierlei Zielen: Erstens kann sie Orientierungshinweise im Kartenfeld geben, und zweitens erläutert sie das Thema. Das erste Ziel spielt in der thematischen Kartographie nur eine untergeordnete Rolle, weshalb sich die Beschriftung unter Umständen auf wenige Ausdrucksformen wie Titel und Legende beschränken kann (Hüttermann 1979, 24). Auf jeden Fall sollte die Beschriftung möglichst sparsam eingesetzt und auf das notwendige Maß reduziert werden.

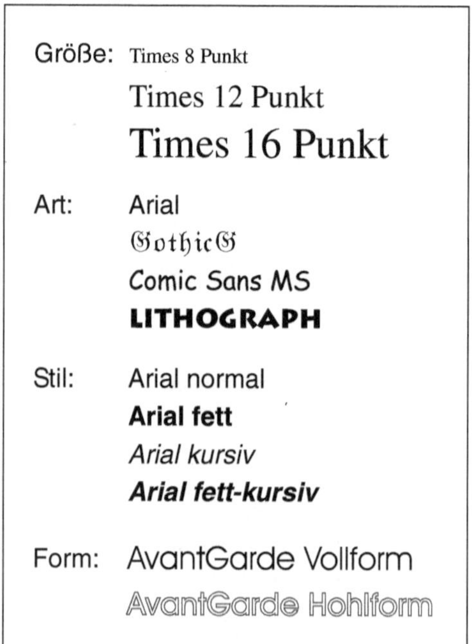

Größe: Times 8 Punkt
Times 12 Punkt
Times 16 Punkt
Art: Arial
Gothic
Comic Sans MS
LITHOGRAPH
Stil: Arial normal
Arial fett
Arial kursiv
Arial fett-kursiv
Form: AvantGarde Vollform
AvantGarde Hohlform

Abb. 2.42. Eigenschaften von Schrift

Schrift kann in ähnlicher Weise wie die graphischen Grundelemente variiert werden. Unterschiedliche Farben sind ebenso einsetzbar wie Variationen von Helligkeit und Größe. Dabei ist immer auf das Ziel der Beschriftung zu achten, woraus sich häufig die Gestaltung ableiten lässt. Der Titel ist einer der wichtigsten Teile einer Karte, deshalb sollte eine große, vielleicht fette Schrift gewählt werden. Beschriebene Merkmale, die sich in ihrer Hierarchie unterscheiden, können durch die Variation der Schriftgröße deutlich gemacht werden. So sollte beispielsweise der Untertitel kleiner sein als der Titel, die Legendenbeschriftung keinesfalls größer als die Legendenüberschrift usw.

Die für die alphanumerischen Zeichen gebräuchlichen Gestaltungsmöglichkeiten sind in Abbildung 2.42 zusammengestellt. Es lassen sich Größe, Stil und Art verändern. Des Weiteren können Vollformen und Hohlformen eingesetzt werden. Mit Hilfe des Wort- und Zeilenabstands der Buchstaben kann schließlich auf den Schriftzug insgesamt Einfluss genommen werden. Kombiniert ergibt sich daraus eine unüberschaubare Anzahl von Möglichkeiten, so dass für jede Aufgabe die passende Beschriftung gefunden werden kann.

Neben den allgemeinen Hinweisen, wie sie für die graphischen Grundelemente gelten, ist bei Beschriftungen folgendes zu beachten:

- Beschriftung sparsam verwenden; der Inhalt einer Karte sollte visuell erfasst werden können und nicht erst gelesen werden müssen.
- Schriftzüge in Großbuchstaben vermeiden, da diese im Vergleich zur korrekten Groß- und Kleinschreibung sehr viel schwerer zu erfassen sind.
- Wesentliches hervorheben, Unwichtiges sollte sich in der Gestaltung widerspiegeln, z. B. durch kleine Schriftgrößen.
- Auf ausgefallene Schriftarten, wie z. B. Script, zumindest im wissenschaftlichen Bereich verzichten. Häufig sind diese Schriftarten nur schwer zu lesen, was die hier in Script gehaltene Schriftprobe sicherlich bestätigt. Geeignet sind die Schriftarten Helvetica und Times sowie artverwandte Schriften.
- Die bestehenden Möglichkeiten, Beschriftungen zu variieren, gezielt nutzen; es dient meist nicht der Übersichtlichkeit einer Karte, zu viele unterschiedlich gestaltete Beschriftungen zu verwenden, dies gilt insbesondere für die Schriftarten. Es ist besser, Zusammengehöriges ähnlich zu gestalten. Die Legende kann z. B. in der gleichen Schriftart gehalten und Unterschiede mit Hilfe von Stil oder Schriftgröße verdeutlicht werden. Häufig ist es ein Vorteil für die Aussagekraft einer Karte, wenn die Anzahl der Schriftvariationen auf ein Minimum reduziert wird.

2.5.5 Kartenrandangaben

Den Kartenrandangaben fällt die konkrete Aufgabe zu, die Karte verständlich zu machen. Das Thema der Karte wird im *Titel* deutlich gemacht, die verwendeten Zeichen in der *Legende* erläutert sowie die Ausdehnung durch den *Maßstab* beschrieben.

Titel. Der Titel ist das wichtigste Element aller Kartenrandangabe. Er hat die Aufgabe, dem Kartenbenutzer schnell und unmissverständlich das Thema der Karte zu nennen. Dabei sind drei Informationen von Bedeutung: das Thema, die Region und eine Jahresangabe. Inwieweit die Informationen zu Region und Zeit notwendig sind, hängt vom Kontext ab, in dem die Karte veröffentlicht wird. Ist es eine Karte im Rahmen eines Atlas, ist die Regionenangabe z. B. sicherlich nicht immer notwendig. In einem Atlas über die Sozialstruktur Europas, der ausschließlich Karten von ganz Europa enthält, wäre es übertrieben, Europa in jedem Titel zu nennen. Genauso verhält es sich im Prinzip mit der Jahresangabe.

Legende. Die Legende erklärt alle in der Karte verwendeten Darstellungen für Punkte, Linien sowie Flächen und stellt somit eine Rekodierung dar. Sofern Diagramme verwendet wurden, müssen die Größenrelationen erläutert werden. Schon beim Entwurf der Darstellungsformen wird deshalb die Legende vorbestimmt. In diesem Arbeitsstadium steht nicht im Vordergrund, wie die Legende gestaltet und in die Karte integriert wird, sondern die Legende wird erstellt, um die Kodierung des Karteninhaltes sinnvoll festzulegen. Alle Signaturen, wie z. B. verwendete Linientypen, Schraffuren, Raster usw. werden bestimmt. Damit ist noch nicht festgelegt, ob diese Auswahl letztendlich in der Karte realisiert wird, denn ein Kennzeichen der digitalen Kartographie ist es, dass die Merkmale der Objekte nachträglich relativ leicht abgewandelt werden können. Trotz dieses Vorzuges ist es wichtig, vor der Kartenerstellung die Kodierung der Inhalte weitgehend festzulegen und die nachträglichen Änderungen auf inhaltlich weniger bedeutsame Gestaltungsmerkmale zu beschränken. Das hilft dabei, die Inhalte des Kartenfelds möglichst verständlich und logisch zu entwerfen.

In der fertiggestellten Karte ist die Legende das wichtigste Objekt, das die Verbindung zwischen der Karte und dem Betrachter herstellt. Ohne Legende ist eine Karte in den meisten Fällen wertlos. Nur durch die Legende ist eine Inwertsetzung der Informationen der Karte möglich. Deshalb sollte sie mit besonderer Aufmerksamkeit gestaltet und positioniert werden. Die Legende kann unter Umständen sehr umfangreich sein, wenn sehr viele verschiedene Signaturen verwendet wurden und diese sehr komplex sind, so dass viel Raum gebraucht wird, um die Inhalte zu erklären. Je nach der zu erwartenden Größe der Legende ist ausreichend Platz auf der Karte vorzusehen. Die wichtigsten Forderungen an eine Legende sind:

- klare und übersichtliche Anordnung der Signaturen und ihrer Beschreibung, so dass sich deren Inhalt schnell einprägt; je besser eine Legende gestaltet ist, desto schneller kann der Inhalt einer Karte erfasst werden;
- Wesentliches muss im Vordergrund stehen. Das Thema muss sich letztendlich immer in der Legende niederschlagen;
- eindeutige Beschreibung der verwendeten Signaturen; es ist darauf zu achten, dass exakte und eindeutige Begriffe verwendet werden;
- eindeutige Zuordnung des beschreibenden Textes zu den Signaturen;
- Anordnung der Legende in einem zusammenhängenden Block;

a. flächentreue Diagramme

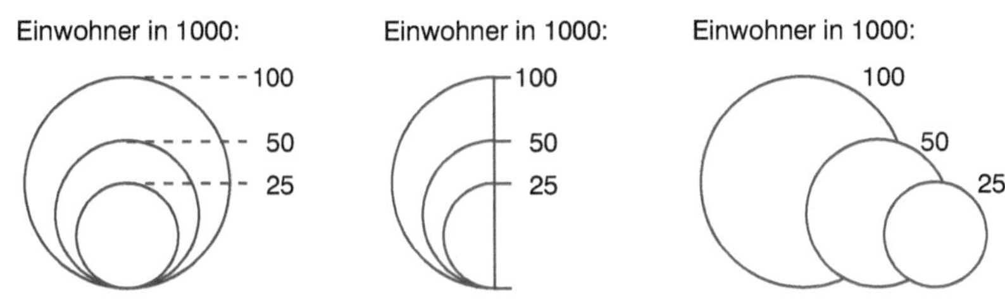

b.volumentreue Diagramme

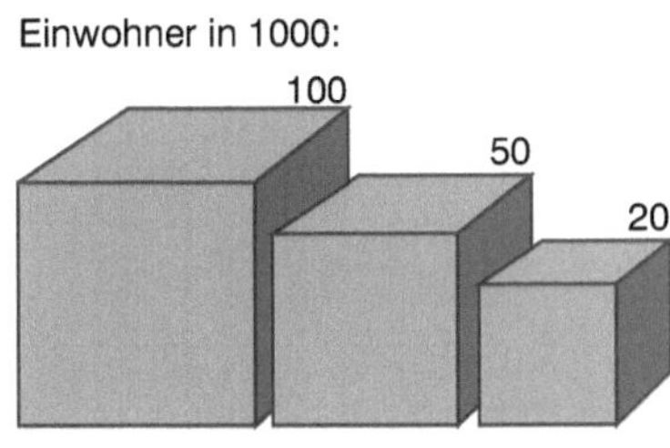

c. klassifizierte Diagramme

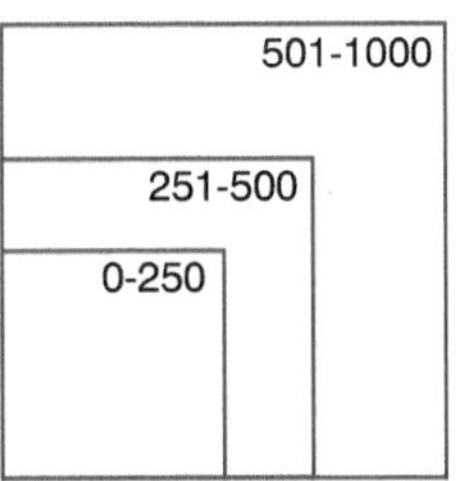

d. Flächen qualitativer Daten

e. Flächen quantitativer Daten

Abb. 2.43. Verschiedene Legenden und Signaturenmaßstäbe

- logischer Aufbau der Legende, d. h. Signaturen ähnlicher Inhalte sollten in Gruppen angeordnet werden. Falls z. B. Verkehrswege Teil einer Karte sind, sollten diese untereinander stehen und aufgeschlüsselt werden und von den anderen Signaturen getrennt dargestellt sein. Ein wichtiges Mittel, um den logischen Aufbau zu unterstützen, ist der Einsatz verschiedener Schriftgrößen.

Besonders gründlich sind die Beschriftungen zu wählen, wenn metrische Daten rekodiert werden. Betroffen sind sowohl flächenproportionale Diagrammdarstellungen als auch Choroplethendarstellungen klassifizierter Daten. Im letzten Fall ist es wichtig, dass für jeden möglichen Wert eindeutig dargestellt ist, in welche Klasse er fällt. Dazu müssen die maximalen und minimalen Werte aller Klassen eindeutig benannt werden. Bei flächenproportionalen Darstellungen können die Proportionen, z. B. in der Form 1 mm2 = 100 Einwohner, aufgelöst werden. Es ist jedoch immer besser, dies in Form von ausgewählt dargestellten Diagrammen zu rekodieren, da dadurch die Proportionen visuell auf direktem Wege erfasst werden. Eine solche Darstellung wird Signaturenmaßstab genannt. Dabei sollten mindestens drei bis vier Diagramme dargestellt sein, wobei es häufig hilfreich ist, wenn der maximal dargestellte Wert darin enthalten ist. In Abbildung 2.43 sind einige wichtige Formen von Legenden und Signaturenmaßstäben beispielhaft dargestellt.

Kartenmaßstab. Der Maßstab gibt den Grad der Verkleinerung an, er ist das Verhältnis des verkleinerten Karteninhalts zu den Sachverhalten in der Realität. Der Maßstab bestimmt die Gestaltung einer Karte, ihre Genauigkeit, Vollständigkeit und Ausführlichkeit sowie den Grad der Generalisierung. Handelt es sich bei einer Karte um ein Gebiet, das der Zielgruppe weitgehend unbekannt ist, kann die Ausdehnung nur durch das Hinzufügen des Maßstabs vermittelt werden. Auf Grund des Maßstabs kann auf die realen Größenverhältnisse geschlossen werden. Es lassen sich zwei Typen von Maßstabsangaben unterscheiden: Beim *Reduktionsmaßstab* oder *numerischen Maßstab* wird der Maßstab in der Form eines mathematischen Bruches wiedergegeben. Der *Maßstabsbalken* oder *graphische Maßstab* ist hingegen eine beispielhafte Wiedergabe einer Auswahl von Entfernungen (vgl. Abb. 2.44). Der Maßstabsbalken hat den Vorteil, dass er anschaulicher ist und schneller einen Eindruck von der Größe des dargestellten Raumes vermittelt. Reduktionsmaßstäbe sind dagegen sehr abstrakt und sollten nur dann verwendet

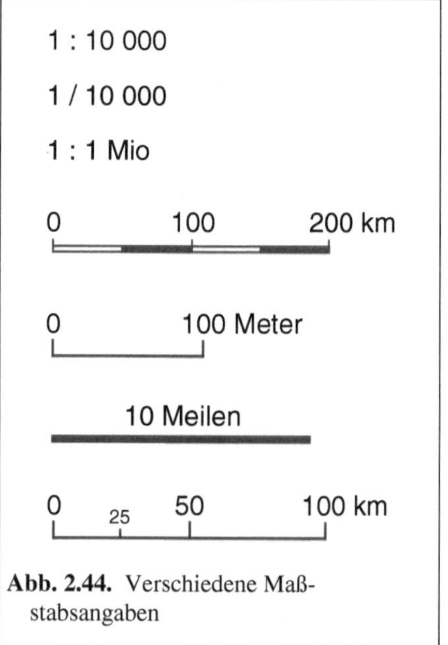

Abb. 2.44. Verschiedene Maßstabsangaben

werden, wenn es sich um glatte Zahlen handelt – z. B. ist die Angabe 1:232.500 wenig hilfreich. Des Weiteren hat der Maßstabsbalken den Vorteil, dass er unabhängig von der Ausgabegröße ist. Die Karte kann nachträglich vergrößert oder verkleinert werden, ohne den Maßstabsbalken zu korrigieren, ein Reduktionsmaßstab muss immer neu berechnet werden. Werden Karten auf Dia oder Folie verwendet, ist die Anwendung eines Reduktionsmaßstabs unmöglich.

Weitere Möglichkeiten, die Größenverhältnisse in eine Karte einzubringen, sind die folgenden Varianten:

- Einzeichnen eines Gitternetzes mit einer festen Entfernung, z. B. Netze mit einer Maschenweite von 1 km oder 1 Meile;
- vergleichbare bekannte Flächen, z. B. die Konturen der Bundesrepublik Deutschland;
- Eintragen von Entfernungsangaben in die Karte, wie dies z. B. bei Straßenkarten meist der Fall ist. Es sollte nur dann angewandt werden, wenn die eingetragenen Entfernungen in einem sachlichen Zusammenhang zum Inhalt der Karte stehen.

Sonstige Angaben. Darunter fallen viele Angaben, die nicht immer zum Verständnis der Karte notwendig sind. Sofern die zeitliche Einordnung der dargestellten Daten noch nicht erfolgt ist, könnte hier noch ein Schriftzug eingefügt werden. In vielen Fällen ist es für die Interpretation der Karte auch förderlich, die Quelle anzugeben.

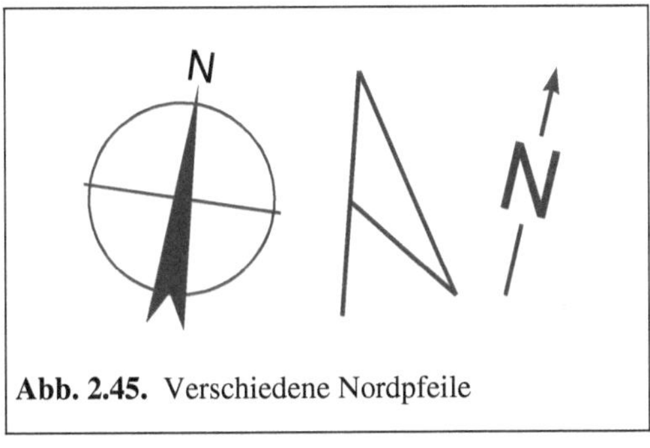

Abb. 2.45. Verschiedene Nordpfeile

Ein Nordpfeil hingegen ist selten notwendig. Inhaltlich ist er nur dann zu empfehlen, wenn der obere Kartenrand nicht nach Norden ausgerichtet ist. Dann sollte eine Richtungsangabe in Form eines Nordpfeils eingebracht werden. Abbildung 2.45 zeigt einige Beispiele für Nordpfeile.

Da bei vielen Netzentwürfen die Meridiane zum Pol konvergieren, gibt ein auf dem Kartenrand eingezeichneter Nordpfeil vor allem bei kleinmaßstäbigen Karten nicht für alle Meridiane die Richtung Geographisch-Nord an und ist daher unpräzise. Besser ist es, sofern möglich, die Netzlinien mit den Gradangaben in der Karte abzubilden.

2.5.6 Zusammenspiel der kartographischen Elemente

Die Tragfähigkeit einer thematischen Karte hängt von verschiedenen Faktoren ab. Neben der optimalen Auswahl der kartographischen Gestaltungsmittel sind auch bestimmte Anforderungen an das Kartenfeld und die Kartenrandangaben zu stellen. Bevor aber das Layout der Karte gestaltet wird, muss sowohl die Größe des darzustellenden Gebiets im Kartenfeld als auch die Größe der verwendeten Signaturen oder Diagramme feststehen. Erst durch das Zusammenspiel der Elemente wird die Karte vollendet und damit die Darstellung des Themas abgeschlossen.

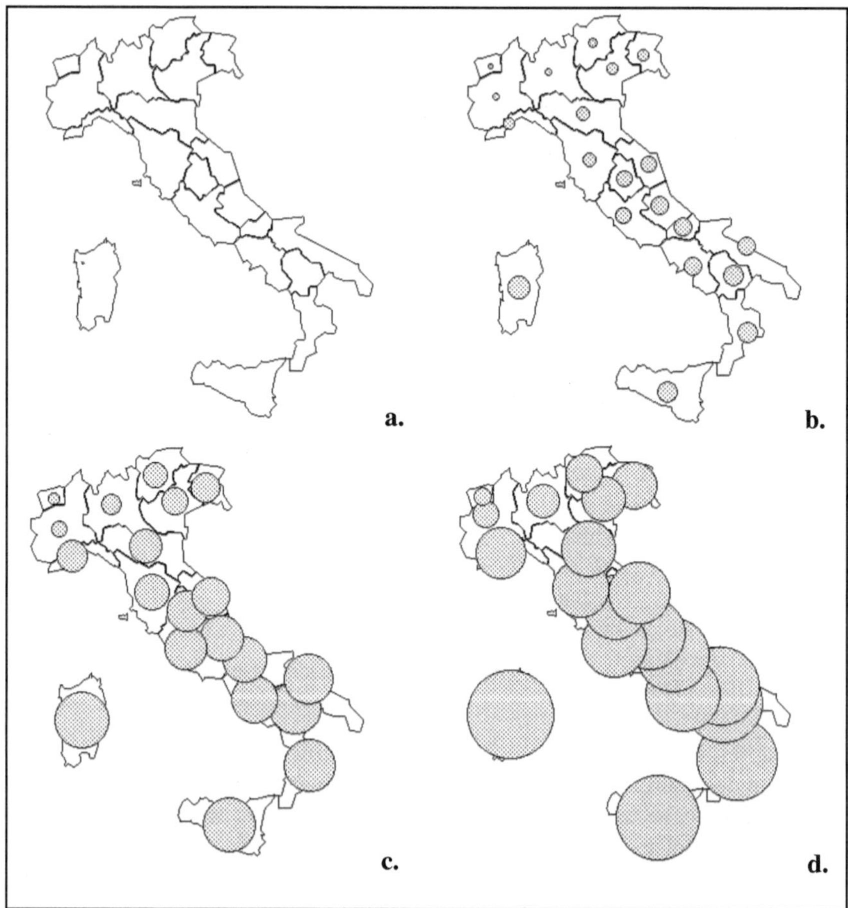

Abb. 2.46. Unterschiedliche Maßstäbe von Diagrammen bei gleicher Datengrundlage

Wahl des Maßstabs für Diagramme. Bei der Darstellung quantitativer Aussagen, wie z. B. Anzahl der Erwerbspersonen oder Anzahl der Unfälle, wird der Objektwert durch eine entsprechende Signaturengröße wiedergegeben. Die Größe der Signaturen, die zumeist als geometrische Figuren (Kreise, Quadrate) ausgeprägt sind, richtet sich bei flächenproportionalen Darstellungen nach dem Grundsatz: je größer der Wert, desto größer die Signaturen (Arnberger 1987). Bei der Anwendung dieses Grundsatzes ist allerdings zu beachten, dass die Wahl der Werteinheit und die daraus resultierende Signaturengröße im Kartenbild miteinander unlöslich verbunden sind. Diese Tatsache ist vor allem für die Aussagekraft einer Karte wichtig, die einerseits von der visuellen Erkennbarkeit der Objekte, andererseits von der Anzahl sich überlagernder Diagramme abhängt.

Für die Erkennbarkeit von Diagrammen für Einzelwerte gilt, dass diese mindestens einen Durchmesser bzw. eine Breite von 0,3 mm haben müssen, damit das menschliche Auge sie noch eindeutig erkennen kann (Witt 1970). Nach oben hin gibt es keine festen Grenzwerte, allerdings können zu große Diagramme sowohl Grenzlinien als auch benachbarte Diagramme überdecken, so dass wichtige Informationen verloren gehen.

Die richtige Wahl der Diagrammgröße ist weiterhin davon abhängig, ob eine lagetreue Abbildung gewünscht ist. Falls bei einer flächenproportionalen Darstellung eine exakte Positionierung der Diagramme durch eine extrem große Spannweite der Daten nicht möglich ist, müssen geeignete Klassifizierungs- bzw. Aggregierungsverfahren angewendet werden. Andererseits können Überlagerungen aus geographischer Sicht durchaus sinnvoll sein, wie z. B. bei der Darstellung von Bevölkerungszahlen auf Gemeindeebene in einem Verdichtungsraum in der BRD. Die Überlagerungen signalisieren hier hohe Bevölkerungskonzentrationen um die Kernstadt.

Die Abbildungsreihe 2.46 zeigt die Bevölkerungsverteilung der Regionen Italiens, wobei (a) die Grundkarte bildet. In (d) sind die Kreise zu groß gewählt worden: Hier werden sowohl die Regionsgrenzen als auch andere Kreise verdeckt. (b) vermittelt dagegen den Eindruck von dünnbesiedelten Regionen, da die Kreise zu klein erscheinen. Die beste Darstellung ist (c), da hier die Überlagerungen nicht stören und die Messbarkeit der Kreise gegeben ist.

Layout. Unter dem Layout von thematischen Karten wird vor allem die Anordnung von Kartentitel, Legende und anderen Beifügungen wie Maßstabsbalken, Nordpfeil usw. um das fertige Kartenfeld verstanden. Bei der Gestaltung des Layouts ist grundsätzlich zwischen *Rahmenkarten* und *Inselkarten* zu unterscheiden.

Inselkarten bieten meistens im Kartenfeld selbst noch genügend Platz, um Legende, Maßstab usw. aufzunehmen. Rahmenkarten dagegen sind im Platzangebot eingeschränkt, hier bleibt nur der Kartenrahmen als leerer Raum zur Gestaltung übrig.

Bei *Rahmenkarten* hat es sich bewährt, die Legende und weitere Beifügungen rechts neben das Kartenfeld zu platzieren; der Kartentitel kann entweder über dem Kartenfeld oder rechts über dem Legendenblock stehen. Diese rechtsseitige Anordnung bildet ein visuelles Gegengewicht zum linksseitigen Kartenfeld, das vom Betrachter zuerst wahrgenommen wird (vgl. Abb. 2.47 und 2.48).

Diese Art der Anordnung ist dem Lesevorgang eines Textes angelehnt, und zwar wird ein Text in vielen Kulturkreisen – so auch in Europa und Nordamerika – von links nach rechts gelesen. Da das menschliche Auge beim Lesen stets zuerst nach links blickt, ist es günstig, den Legendenblock rechts neben das Kartenfeld zu platzieren.

Abb. 2.47. Rahmenkarte mit rechtsseitiger Legendenanordnung

Abbildung 2.47 zeigt eine Rahmenkarte mit einem Feld für Kartenteil und Legende, darunter befindet sich der Maßstab. Die Reihenfolge Kartentitel, Legende, Maßstab ergibt sich auf Grund der Übersichtlichkeit, wobei der Kartentitel, der das Thema der Karte beschreibt, stets über der Legende stehen muss.

Gegenüber *Rahmenkarten* bieten *Inselkarten* auch im Kartenfeld genügend Raum, um Kartentitel, Legende, Maßstab usw. unterzubringen. Der zur Verfügung stehende Leerraum im Kartenfeld wird sowohl durch die Umrissform des Gebietes als auch durch den Abstand zum Kartenfeldrand bestimmt. Die folgenden Beispiele sollen einige Gestaltungsmöglichkeiten aufzeigen (vgl. Abb. 2.48 bis 2.50).

Diese Inselkarte zeigt die Anordnung eines Gebietes mit Nord-Süd-Erstreckung. Der Kartentitel steht zentriert über dem dargestellten Gebiet. Die Legende und der Maßstab sind in dem zur Verfügung stehenden Leerraum links unten platziert. Falls die Legende einen größeren Raum einnehmen würde, könnte der Maßstab als Alternative auch rechts unten angeordnet werden. Was aus gestalterischen und ästhetischen Gesichtspunkten vermieden werden sollte, ist die Aufsplitterung der Legende in Form einzelner Kästchen im Kartenbild. Bei einer Aufsplitterung wirkt die Karte insgesamt sehr unruhig und unübersichtlich. Beim Lesen der Legendenblöcke muss das Auge dauernd hin und her springen, was sich negativ auf eine schnelle Interpretation der Karte auswirkt.

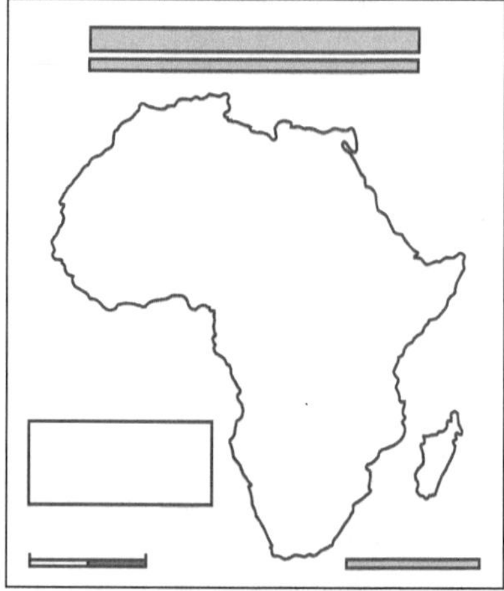

Abb. 2.48. Inselkarte mit Nord-Süd-Erstreckung (I)

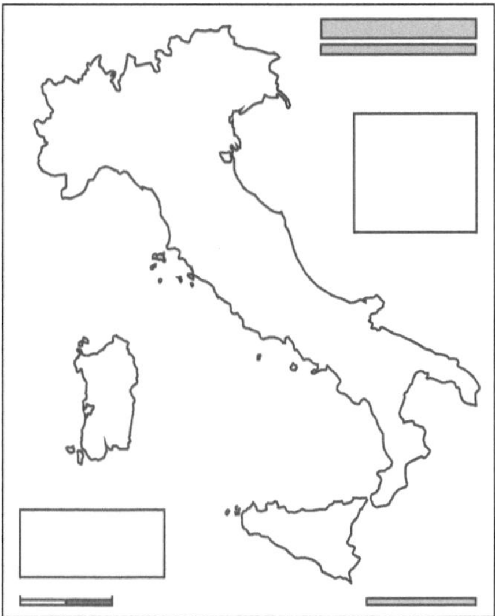

Bei dieser Inselkarte ist der Freiraum so genutzt worden, dass der Kartentitel und die Legende rechts oben angeordnet wurden und der Maßstab als visuelles Gegengewicht links unten. Falls der Platz für die Legende nicht ausreicht, könnte eine Teillegende auch an die Stelle des Maßstabs platziert und der Maßstab auf die rechte untere Seite verschoben werden. Kästchen um den Maßstab, wie hier abgebildet, sollten allerdings vermieden werden; sie lenken nur unnötig ab.

Abb. 2.49. Inselkarte mit Nord-Süd-Erstreckung (II)

Diese Inselkarte zeigt die Anordnung eines Gebietes mit Ost-West-Erstreckung. Der Kartentitel steht zentriert über dem dargestellten Gebiet. Die Legende und der Maßstab ordnen sich im unteren Bereich des Kartenfeldes an und können auch gegenseitig verschoben werden. Der Maßstab könnte auch hier links oben unterhalb des Kartentitels liegen. Bei dieser Karte gibt es sonst keine weiteren Gestaltungsfreiräume.

Abb. 2.50. Inselkarte mit Ost-West-Erstreckung

Weitere Gestaltungsfragen. Bei der Gestaltung einer Karte sollten des Weiteren folgende Punkte beachtet werden:

- Bei einer Aufgliederung des Kartentitels in mehrere Zeilen ist zu beachten, dass die entsprechenden Ober- und Untertitel auch räumlich zusammenstehen und durch die Variation von Schriftart und -größe auch als solche gekennzeichnet werden.
- Verschiedene Legendenteile sollten immer als zusammenhängende Blöcke dargestellt werden. Diese Blöcke können sowohl nebeneinander als auch un-

tereinander erscheinen. Es sollte allerdings vermieden werden, Legendenteile ohne ein erkennbares Ordnungsprinzip auf der Karte zu platzieren.

- Maßstabsbalken und Nordpfeil erzielen visuelle Gegengewichte und lockern leere Räume auf. Bei der Gestaltung dieser Beifügungen sollte darauf geachtet werden, dass eine günstige Größenproportion gegenüber Legende und Kartenfeld eingehalten wird. Übertrieben große Maßstabsbalken und Nordpfeile erzielen keinen Informationsgewinn, sondern zerstören die Harmonie der Karte.
- Es hat sich gerade im Zeitalter der digitalen Kartographie eingebürgert, Kartentitel, Legende, Maßstab usw. mit Rahmen zu versehen. Diese übertriebene Art der Gestaltung lenkt vom eigentlichen Karteninhalt ab und ist deshalb eher zu vermeiden. In diesem Zusammenhang gilt, je einfacher und klarer die Gestaltung einer Karte erfolgt, desto schneller können die entsprechenden Informationen vermittelt werden.

Als Fazit dieser Ausführungen und bezogen auf das 2. Kapitel kann gelten, dass bei der Erstellung einer thematischen Karte sowohl datentechnische als auch gestalterische Faktoren zu berücksichtigen sind. Ausgehend von der Wahl der Grundkarte über die gezielte Anwendung von kartographischen Ausdrucksformen bis hin zum Layout schließt sich ein Kreis, der nur dann zur einer aussagefähigen Karte führt, wenn alle Prinzipien in der thematischen Kartographie richtig angewendet werden.

3 Grundlagen der digitalen Kartographie

Die Erstellung thematischer Karten hat einen theoretischen und einen technischen Aspekt. Der theoretische Aspekt beschäftigt sich hauptsächlich damit, mit welchen kartographischen Ausdrucksmitteln eine Karte entworfen und in welcher Weise sie gestaltet werden soll. Diese Fragen, Gegenstand des vorhergehenden Kapitels, sind unabhängig von der Technik der Kartenherstellung. Beim technischen Aspekt ist hingegen zu unterscheiden zwischen der konventionellen und der computergestützten Arbeitsweise. Ein Buch über die konventionelle Arbeitsmethode muss Arbeitsmaterialien wie Stifte, Zirkel, Schablonen etc. vorstellen. Ein Buch über digitale Kartographie behandelt dagegen Koordinaten, Dateien, Drucker und andere EDV-technische Aspekte.

Über die EDV, speziell über die Computergraphik, existiert bereits umfangreiche Literatur. Nur wenige Autoren behandeln hingegen die EDV-spezifischen Themen unter dem speziellen Blickwinkel der thematischen Kartographie. Letzteres ist die Aufgabenstellung dieses Kapitels. Obwohl dabei Erfahrungen im Umgang mit Standardsoftware aus dem Bereich Desktop Mapping eingeflossen sind, ist es dennoch produktunabhängig. Es stellt zum einen grundlegende Prinzipien und Arbeitsweisen vor, die allen computerkartographischen Programmen gemeinsam sind, zum anderen werden Kriterien entwickelt, nach denen die einzelnen Programme unterschieden und beurteilt werden können.

3.1 Hardwareausstattung des Arbeitsplatzes

Ein Computer ist heute in allen Lebensbereichen eine gewohnte Erscheinung. Ob am Arbeitsplatz, beim Gang zur Bank oder bei der Anmeldung eines PKWs in der öffentlichen Verwaltung, das Ungewöhnliche ist nicht mehr die Existenz eines Computers, sondern dessen Abwesenheit. Wo früher viele verschiedene Computertypen die Landschaft schmückten, vom einfachen C64 bis zum Großrechner, hat sich der Markt heute konsolidiert. In der Kartographie spielen heute noch drei Typen eine Rolle: Workstation, Macintosh und PC (Personal Computer). Die wichtigsten Einsatzbereiche der Workstation sind nach wie vor alle Vorgänge mit sehr hohem Rechenaufwand. Dazu gehört vor allem die Fernerkundung mit der

Bearbeitung, Analyse und Darstellung von Luftbild- und Satellitenbilddaten. Der Macintosh hat seine Stärken im graphischen Bereich. Diese kommen in der Kartographie nicht zum Tragen, sofern die Darstellung in der Karte direkt durch Sachdaten gesteuert werden soll. Dafür verantwortlich ist in erster Linie der Mangel an Software. Der größte Teil der dafür geeigneten Software wird ausschließlich für die PC-Plattform angeboten. Dem Macintosh wird meist der Vorzug gegeben, wenn kartographische Projekte im Multimediabereich entwickelt werden. Die Mehrzahl der Anwender konzentriert sich jedoch auf einen vorherrschenden Typ, den PC, auf den sich das vorliegende Buch in erster Linie bezieht. Selbst auf dem Feld der Geoinformationssysteme (GIS) gewinnt der PC gegenüber der Workstation zunehmend an Bedeutung. Die voranschreitende Entwicklung von Desktop-GIS macht es immer mehr Anwendern möglich, effektiv und kostengünstig GIS auf dem PC anzuwenden.

Erstaunlich ist nicht nur, welche Leistungen der PC heute hervorbringt, sondern auch, wie sehr er noch variiert werden kann. Bei der Zusammenstellung eines kartographischen Arbeitsplatzes sollen die folgenden Hinweise etwas Erleichterung schaffen.

Um Karten am Computer zu entwerfen und zu gestalten, ist die Kenntnis dieser Technik nur von eingeschränkter Bedeutung. Das Innenleben eines Computers besteht aus verschiedenen elektronischen Bauteilen, die einen hohen technischen Standard repräsentieren und durch komplexe Schaltkreise miteinander verbunden sind. Es reicht aus, die Funktion der einzelnen Komponenten zu kennen, um den Rechner vernünftig zu konfigurieren, so dass die Produktion von Karten nicht an den äußeren Gegebenheiten scheitert.

Im Folgenden wird eine Übersicht über die wichtigsten Grundbegriffe gegeben und auf für die Kartographie wichtige Besonderheiten hingewiesen. Sie kann und will keine Empfehlungen bestimmter Marken geben, u. a. auch deshalb, weil diese Informationen extrem kurzlebiger Natur sind. Für ausführliche Beschreibungen und Vergleichstests für Hardware sei an dieser Stelle auf die einschlägigen PC-Fachzeitschriften sowie auf weiterführende Fachliteratur verwiesen (Eggeling und Frater 1999, Voss 1999).

3.1.1 Aufbau eines PCs

Die Ausstattung eines Computers besteht aus einer überschaubaren Anzahl von Einzelkomponenten. Wie eine Stereoanlage aus einem CD-Player, einem Verstärker und Boxen bestehen kann, so besteht ein PC zumindest aus der Recheneinheit, einem Monitor und einer Tastatur. Jede Art von Rechner, selbst der einfachste Taschenrechner, folgt dem EVA-Prinzip: Eingabe, Verarbeitung und Ausgabe. In Abbildung 3.1 ist dieser dreiteilige Ablauf in einem Computer schematisch wiedergegeben.

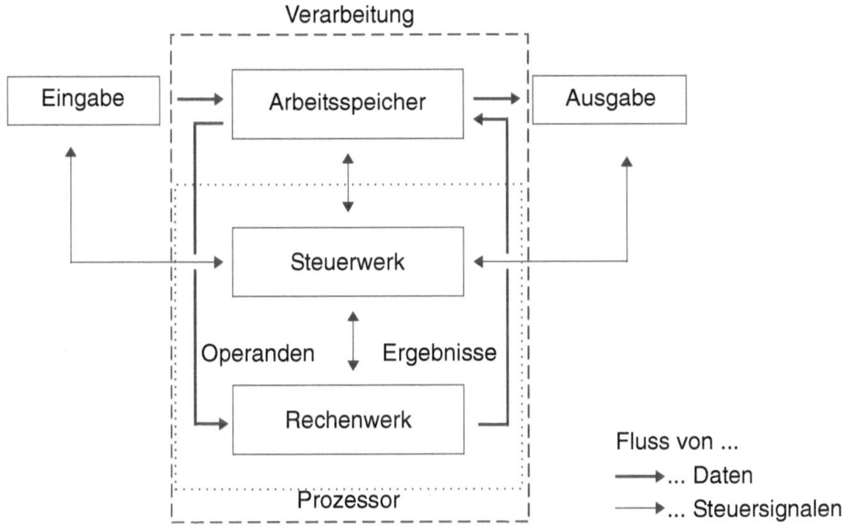

Abb. 3.1. Aufbau eines Computers (in Anlehnung an Rechenberg 1991, ergänzt)

Die Eingabe erfolgt entweder direkt über die Tastatur oder es werden Informationen von Datenträgern, z. B. Disketten übernommen und zur Verarbeitung weitergeleitet. Dabei ist das Rechenwerk der wichtigste Teil, es erhält Operanden aus dem Arbeitsspeicher, verknüpft diese und gibt die Ergebnisse dorthin zurück. Das Steuerwerk übernimmt die Koordination aller Vorgänge. Steuerwerk und Rechenwerk sind technisch eng verbunden und auf dem Prozessor, der sog. CPU (Central Processing Unit) untergebracht. Die Ausgabe kann auf einem peripheren Gerät sichtbar gemacht werden, wie einem Monitor oder einem Drucker, oder kann gespeichert werden, z. B. auf einer Diskette.

Die Grundelemente könnten bildlich verdeutlicht werden (in Anlehnung an Precht, Meier und Kleinlein 1992): Im Finanzamt sitzt ein Steuerbeamter (Steuerwerk), der durch einen Hausboten (Eingabeeinheit) seine Akten (Daten) erhält. Die Akten werden auf dem Schreibtisch (Arbeitsspeicher) bearbeitet und können in Hängeordner (permanente Speicher) ablegt werden. Mit Hilfe eines Taschenrechners (Rechenwerk) führt er seine Steuerberechnungen durch, die auf der Grundlage der bestehenden Steuergesetze durchgeführt werden (Programm). Zu guter Letzt verschickt er den Steuerbescheid per Post (Ausgabeeinheit).

3.1.2 Komponenten im Rechnergehäuse

Die Abbildung 3.2 zeigt schematisch den Aufbau eines Computersystems. Die wichtigsten Bestandteile befinden sich im Rechnergehäuse, zu dessen Standardausstattung ein Diskettenlaufwerk, eine Festplatte und ein CD-ROM-Laufwerk zählen. Diese Standardausstattung wird häufig durch ein Zip-Laufwerk für die Datensicherung ergänzt. Die sehr geringe Speicherkapazität von 1,44 Megabyte

(Mbyte) auf einer $3^1/_2$-Zoll-Diskette reicht für kartographische Anwendungen nicht aus, um Daten zu sichern oder zu transportieren, falls ein Netzzugang fehlt. Das Gehäuse des Rechners beinhaltet bereits mehrere Komponenten:

- die Haupt- oder Systemplatine, auch Motherboard genannt, mit der CPU, dem Arbeitsspeicher und dem Bus, der alle Informationen zwischen sämtlichen Bausteinen durch ein Bündel von Leitungen transportiert und damit die Kommunikation aller Elemente erst ermöglicht;
- die Erweiterungskarten, die verschiedene Aufgaben erfüllen können; eine Karte wird mindestens benötigt: die Graphikkarte, die die Daten für die Ausgabe auf dem Monitor aufbereitet. Die Ausstattung wird durch weitere Erweiterungskarten, wie Netzwerkkarte, Modemkarte usw. ergänzt;
- die Schnittstellen der Hardware, die verschiedene Komponenten verbinden und damit den Kontakt des Rechners zu den Peripheriegeräten, wie Maus, Tastatur, oder Drucker, herstellen;
- die permanenten Speichermedien und die Laufwerke, um diese zu lesen und zu beschreiben; darunter fallen Festplatten sowie Laufwerke für Disketten, CD-ROMs und Streamerkassetten. Zunehmend gewinnen auch CD-RW-Laufwerke zum Lesen und Beschreiben von CD's sowie DVD-Laufwerke an Bedeutung;
- die Stromversorgung und Kühlung aller Komponenten im Rechnergehäuse.

Die Leistungsfähigkeit des Rechners hängt auch davon ab, wie alle Komponenten zusammenwirken. Eine entscheidende Rolle spielt dabei einerseits der Bus, da er häufig ein Nadelöhr für den Datenfluss darstellt, und andererseits, besonders in der Kartographie, die Graphikkarte zur Steuerung des Bildschirms.

Hauptplatine. Die Hauptplatine ist das Herz eines Computers. Sie trägt die gesamte Steuerlogistik des Rechners. Hier werden alle wichtigen Rechenleistungen erbracht und der Computer gesteuert. Daten werden gelesen, Programme ausgeführt und die Ergebnisse wieder im Speicher abgelegt oder an den Monitor geleitet. Die Hauptplatine besteht im Wesentlichen aus folgenden Komponenten:

- Prozessorsockel mit Prozessor,
- Taktgenerator,
- Festspeicher: System-BIOS (Basic Input Output System),
- Sockel-Arbeitsspeicher mit Speichermedien,
- Cache-Speicher bzw. Sockel für Cache-Speicher,
- Steckplätze für Erweiterungskarten.

Das wichtigste ist der Prozessor, der auf einem speziellen Sockel sitzt. Der Datenfluss wird durch den Chipsatz kontrolliert. Weiterhin befinden sich auf der Hauptplatine der Hauptspeicher, der für die temporäre Speicherung der Daten zuständig ist und der Festspeicher, der BIOS genannt wird, mit dem grundlegenden Systemprogramm des PCs, das nach dem Einschalten aktiv wird. Die Steckplätze nach unterschiedlichen Industriestandards stellen den Kontakt nach außen her.

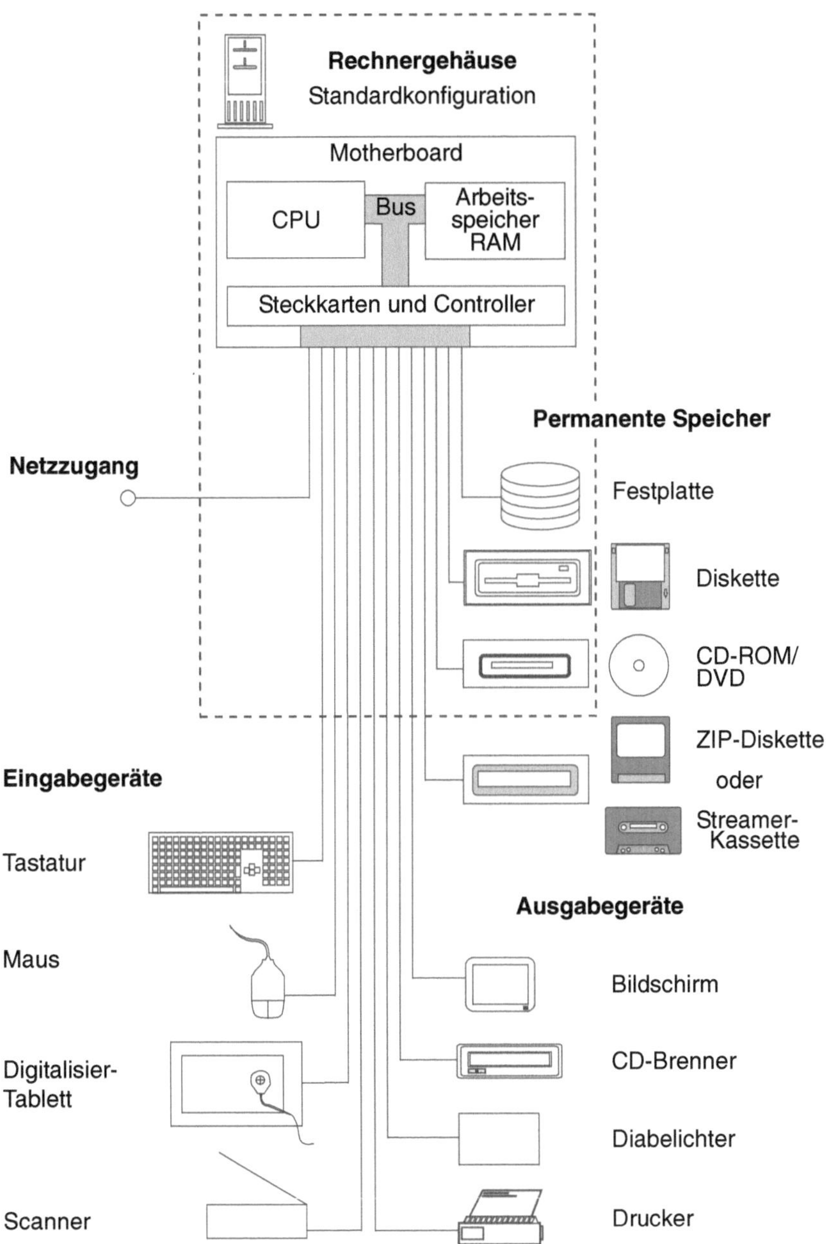

Abb. 3.2. Gerätetechnischer Aufbau eines PCs

Tabelle 3.1. Eigenschaften ausgewählter Intel-Prozessoren

CPU	Takt (MHz)	Breite des Datenbus in Bit
80486	bis 66	32
Pentium	60 - 200	32
Pentium Pro	150 - 200	64
Pentium II	233 - 450	64
Pentium III	650 - 1100	64
Pentium IV	1300 - 2000	64

Stand: Dezember 2001

Prozessor. Der Prozessor beinhaltet Steuer- und Rechenwerk auf einem winzigen, nur einige Quadratmillimeter großen, hochintegrierten Chip. Der Prozessor ist mit allen Komponenten des Rechners über den Bus verbunden.

Die Prozessoren entwickelten sich über viele Generationen. Die 286er, 386er und 486er Prozessoren waren Modelle auf dem Weg zu den neuesten Prozessoren, die kontinuierlich weiterentwickelt werden. Die Rechengeschwindigkeit wird durch die Taktfrequenz gesteuert, die der Taktgenerator vorgibt und wird in Megahertz (MHz) gemessen. Einem schnellen Prozessor ist bei einer Neuanschaffung aufgrund der hohen Rechenanforderungen in der Kartographie der Vorzug zu geben. In den letzten Jahren wurden bei der Entwicklung neuer Prozessoren neben der Erhöhung der Rechengeschwindigkeit vor allem die Leistungen im Multimedia-Bereich stark verbessert.

Tabelle 3.1 gibt eine Übersicht über die wichtigsten Prozessoren von Intel. Die Prozessoren unterscheiden sich durch ihre innere Struktur, die Taktfrequenz und die Breite des Datenbusses, d. h. die Anzahl der Daten- und Adressleitungen, mit der sie über den Bus mit den restlichen Elementen kommunizieren.

Arbeitsspeicher. Ein weiterer wichtiger Teil der Hauptplatine ist der Arbeitsspeicher, der in der Fachterminologie als RAM (Random Access Memory) bezeichnet wird. Das Speichervolumen wird in Byte gemessen, wobei die Angabe aufgrund der Größe in Megabyte (MByte) erfolgt. Ein MByte entspricht 1024 Kilobyte (KByte), ein KByte wiederum 1024 Byte. Beim Arbeitsspeicher handelt es sich um einen flüchtigen Speicher, d. h. die Daten bleiben im Arbeitsspeicher so lange erhalten, wie eine Spannung anliegt. Wird der Computer abgeschaltet, so sind die Daten des Arbeitsspeichers unwiederbringbar verloren, sofern sie vorher nicht auf einen permanenten Speicher übertragen wurden. In den Arbeitsspeicher werden alle Programme und Daten geladen, die der Rechner benötigt, um die jeweils vom Benutzer geforderten Aufgaben zu erfüllen, d. h. alles, um ein Programm abzuarbeiten. Inhalt des Programms kann es z. B. sein, Daten zu verwalten, zu modifizieren und als Karte auf dem Bildschirm auszugeben. Die Kapazität des RAMs ist beschränkt. Wird durch sie die zu verarbeitende Datenmenge überstiegen, muss der Rechner Daten oder Programmteile von einem permanenten Speicher, z. B. der Festplatte, nachladen bzw. darauf zwischenspeichern. Die Verarbeitungsgeschwindigkeit wird dadurch verringert.

Da es sich bei der Kartographie um sehr komplexe und große Dateien handelt, ist es von Vorteil, über einen möglichst großen Arbeitsspeicher zu verfügen. Die meisten der angebotenen Softwareprodukte kommen zwar mit relativ wenig Speicher aus, grundsätzlich gilt jedoch in dieser Beziehung: je mehr Speicher, um so komfortabler das Arbeiten. Der Bedarf an Speicher ist besonders hoch, wenn mit Rastergraphik gearbeitet wird oder Multimedia-Anwendungen integriert werden. Um Graphiken effektiv verarbeiten zu können, ist ein RAM von 128 MByte oder höher ist zu empfehlen. Als einfache Regel gilt: Je mehr regionale Einheiten in der Karte verarbeitet werden, desto mehr Arbeitsspeicher wird gebraucht.

Die Verarbeitungsgeschwindigkeit eines Rechners wird durch einen kleinen und schnellen Speicher, den Cache-Speicher, wesentlich erhöht. Dieser dient als Puffer, um einen schnellen Zugang zum Hauptspeicher herzustellen. Die Zugriffszeit auf diesen Speicher ist wesentlich kürzer, dafür sind diese Chips auch wesentlich teurer. Während die Zugriffszeit bei einem modernen RAM-Chip bei etwa 70 Nanosekunden liegt – das ist etwa der 10millionste Teil einer Sekunde – ist sie beim Chip des Cache-Speichers etwa siebenmal schneller.

Bus. Bus ist der Sammelbegriff für alle Leitungen, die die Komponenten der Hauptplatine verbinden. Er besteht aus hauchdünnen Leiterbahnen auf der Hauptplatine. Es wird zwischen Daten-, Adress- und Steuerbus unterschieden, die jeweils für andere Aufgaben zuständig sind. Die Geschwindigkeit des Bussystems ist von der Taktfrequenz und von der Busbreite abhängig. Die Taktfrequenz des Bussystems wird durch den Taktgenerator gesteuert und ist bei Pentium-Hauptplatinen langsamer als der Prozessor getaktet. Sie wird als externe Taktfrequenz bezeichnet, im Gegensatz zur internen Taktfrequenz des Prozessors. Die Busbreite wird in Bit gemessen. Ein 32-Bit-System verfügt über 32 parallele Leitungen und kann dadurch 32 Stromimpulse gleichzeitig übertragen. Im Laufe der Jahre wurden eine Reihe von Bussystemen entwickelt. Folgende Systeme werden unterschieden (vgl. Tabelle 3.2):

- Der *ISA-Bus* (Industry Standard Architecture) wird häufig nach dem ersten echten 16-Bit-System von IBM als AT-Bus bezeichnet. Er verfügt über Erweiterungssteckplätze bis zu einer Breite von 16 Bit, d. h. es sind bis zu 16 Datenleitungen parallel nutzbar und er ist mit ca. 8 MHz getaktet.
- Der *EISA-Bus* (Extented Industry Standard Architecture) hat eine Breite von 32 Bit, d. h. er kann in der gleichen Zeit doppelt so viele Daten transportieren wie der AT-Bus.
- Der *Local-Bus* ist eine Erweiterung vom AT-Bus und stellt zusätzlich zu den 16 Bit breiten Steckplätzen eine beschränkte Anzahl von 32 Bit breiten Steckplätzen zur Verfügung. Damit besteht die Möglichkeit, bei passenden Erweiterungskarten, wie z. B. einer 32 Bit breiten Graphikkarte, die Verarbeitungsgeschwindigkeit wesentlich zu erhöhen. Dies ist bei der graphischen Verarbeitung von Daten besonders wichtig. Die Local-Bus-Steckkarten sind inzwischen nach VESA (Video Electronics Standards Association) standardisiert.
- Der *PCI-Bus* (Peripheral Component Interconnect) ist in seiner ersten Ausführung (PCI I) eine völlige Neuentwicklung. Er wurde durch Intel zu einem neuen Standard forciert und hat eine Reihe namhafter PC- und Peripheriehersteller gewonnen. Er hat ein Breite von 64 Bit und war in der ersten Ausführung mit 33 MHz getaktet. Die zweite Ausführung (PCI II) wird mit Taktfrequenzen von

bis zu 60, 66, 100 oder 133 MHz betrieben. Der PCI-Bus hat im Vergleich zu anderen Systemen einen höheren Datendurchsatz (vgl. Tabelle 3.2).

Der PCI-Bus hat sich zum aktuellen Standard entwickelt. Dadurch, dass er sowohl Erweiterungskarten nach dem ISA-Standard als auch nach der PCI-Spezifikation aufnehmen kann, ist für diesen Bus die größte Auswahl an Zusatzkarten verfügbar. Der EISA- und der Local-Bus spielen bei einer Neuanschaffung keine Rolle. Die Hauptplatinen für Pentium-Prozessoren enthalten bereits die Schnittstellen für Festplatten, Diskettenlaufwerke sowie den Druckeranschluss.

Tabelle 3.2. Bussysteme und Datendurchsatz

Bus	Takt	Datendurchsatz pro Sekunde
ISA (AT)	16 Bit bei 8,33 MHz	16 MByte
EISA	32 Bit bei 8,33 MHz	32 MByte
VESA (Local)	32 Bit bei 33 MHz	132 MByte
PCI	64 Bit bei 33 MHz	264 MByte

Bemerkung: Der Datendurchsatz ist ein theoretischer Höchstwert, da bei den derzeitigen Systemen der Datentransport länger als ein Takt dauert.
Quelle: Wiesner 1993, 60

Erweiterungskarten. Die Erweiterungskarten werden in die Steckplätze (Slots) des PCs eingesteckt. Die Steckplätze verbinden den PC über die Erweiterungskarten mit peripheren Komponenten. Jedes Bussystem hat eine eigene Steckplatzform. Es werden drei Typen unterschieden:

- *Steckplätze nach dem ISA-Standard* mit langer Bauform und schwarzer Kontaktleiste; bei einer Breite von 16 Bit ist die Datentransferrate niedriger. Deshalb wird dieser Typ bald nur noch eine Rolle in der Evolutionsgeschichte des PCs spielen.
- *Steckplätze nach der PCI-Spezifikation* mit einer kurzen Bauform und weißer Kontaktleiste; bei einer Breite von 32 Bit ist eine hohe Datenübertragungsrate möglich.
- *Der AGP-Port* (Accelerated Graphics Port), der auf modernen Hauptplatinen zu finden ist; er wurde von Intel und einigen Graphikkarten-Herstellern entwickelt, um einen schnelleren Datenaustausch zwischen der Steckkarte und dem Arbeitsspeicher zu ermöglichen. Ihre Leistung kann eine AGP-Karte nur bei 3D-Anwendungen zeigen, die AGP tatsächlich nutzen (Eggeling und Frater 1999, 96).

Graphikkarte. Die wichtigste Erweiterungskarte ist die Graphikkarte. Sie übernimmt die Steuerung des Bildschirms. Das Bild des Monitors setzt sich aus Einzelpunkten zusammen, die Pixel genannt werden. Je mehr Punkte dargestellt sind, desto schärfer wird die Wiedergabe. Gleichzeitig wird der Aufwand des Rechners höher, um das Bild zu erzeugen. Immer wenn der Inhalt des Bildschirms verändert wird, z. B. durch das Öffnen eines neuen Fensters, ist eine aufwendige Neuberechnung der Bildfläche notwendig. Damit Bus und Prozessor mit dieser Aufgabe nicht belastet werden, sind sogenannte Accelerator-Graphikkarten mit einem Chip besetzt, der häufig benötigte Aktionen unter Windows, wie das Zeichnen eines Kreises, selbständig ausführen kann und somit den Bildaufbau beschleunigt.

Zwei Begriffe spielen im Zusammenhang mit der Graphikkarte eine zentrale Rolle:

- die *Auflösung*, die als Produkt der Anzahl der horizontalen Pixel mal der Anzahl der vertikalen Pixel angegeben wird, und
- die *Farbtiefe*, die die Anzahl der gleichzeitig anzeigbaren Bildschirmfarben angibt.

Die niedrigste Auflösung ist der VGA-Standard (Video Graphics Adapter), der bei 640 × 480 Punkten liegt und die Mindestanforderung an die Bildwiedergabe darstellt. Die *Super-VGA-Karte* ist eine Fortentwicklung und hat eine Auflösung von 1024 × 768 Bildpunkten. Graphikkarten mit höherer Auflösung, z. B. 1280 × 1024 oder 1600 × 1200 sind besonders in der Kartographie in Verbindung mit der passenden Bildschirmgröße sinnvoll.

Die Farbtiefe wird in Bit angegeben, wobei zwischen 8 Bit, 16 Bit, 24 Bit und 32 Bit unterschieden wird. Bei einer Farbtiefe von 8 Bit können 2^8, d. h. 256 Farben gleichzeitig dargestellt werden, bei einer Farbtiefe von 16 Bit sind es 2^{16}, also 65536 verschiedene Farben und bei 24 Bit sind es 16,7 Millionen Farben. Die 24-Bit-Farbtiefe ist für fotorealistische Darstellungen notwendig und spielt in der Kartographie nur eine untergeordnete Rolle.

Tabelle 3.3. Speicherbedarf von Graphikkarten

Auflösung	Farbtiefe in Bit	benötigter Graphikspeicher
640 × 480	8, 16, 24	512 KB, 1 MB, 1 MB
800 × 600	8, 16, 24	512 KB, 1 MB, 2 MB
1024 × 768	8, 16, 24	1 MB, 2 MB, 4 MB
1280 × 1024	8, 16, 24	2 MB, 4 MB, 4 MB
1600 × 1200	8, 16, 24	2 MB, 4 MB, 8 MB

Quelle: Eggeling und Frater 1999, 154

Weiterhin ist der Arbeitsspeicher der Graphikkarte, der Informationen über jeden dargestellten Pixel speichert, wichtig. Der notwendige Speicher berechnet sich aus der gewünschten Auflösung multipliziert mit der gewünschten Farbtiefe (vgl. Tab. 3.3). Er sollte aus mindestens 4 MByte RAM bestehen. Besser sind jedoch 8 oder 16 MByte. Dabei ist darauf zu achten, dass es sich um leistungsstarke Speicher handelt. Der Typ der Speicherbausteine beeinflusst wesentlich die Leistung der Graphikkarte. Es werden eine große Anzahl unterschiedlicher Typen von Speicherbausteinen angeboten: vom langsamen und preisgünstigeren DRAM

(Dynamic Random Access Memory) bis zum schnellen VRAM (Video Random Access Memory). Daneben existieren noch eine Reihe preisgünstiger Varianten, die preisgünstiger als VRAM angeboten werden, jedoch schneller als DRAM arbeiten. Ein relativ neuer Speicherbaustein ist der MDRAM (Multibank DRAM), der schneller als der VRAM arbeitet und sich auf High-End-Graphikkarten befindet (Eggeling und Frater 1999, 156).

Wichtig ist, dass Bildschirm und Graphikkarte aufeinander abgestimmt sind. Um die Fähigkeiten eines Bildschirms voll nutzen zu können, muss die Graphikkarte entsprechende Leistungen erbringen können. Der beste Bildschirm ist ohne entsprechende Graphikkarte ebenso nutzlos wie umgekehrt.

SCSI. Um eine höhere Datentransferrate zu erreichen, kann eine *SCSI-Erweiterungskarte* (Small Computer System Interface) als Standardschnittstelle genutzt werden.

SCSI wurde in den 70er Jahren als Anschluss für Massenspeicher an einen Minicomputer entwickelt. Das Ziel war es, mit Hilfe der SCSI-Schnittstelle Daten möglichst schnell zwischen verschiedenen Rechnerkomponenten auszutauschen. Zu Beginn der Entwicklung war eine Datenrate von 5 MByte pro Sekunde bei 8-Bit-Datenübertragung ausreichend. Es konnten maximal acht Geräte angeschlossen werden. Die Weiterentwicklung erfolgte in mehreren Stufen. Aktuell ist Ultra2-SCSI mit einer Transferrate von 80 Mbyte pro Sekunde, wobei bis zu 32 Geräte unterstützt werden können.

Wird eine SCSI-Schnittstelle eingesetzt, werden die peripheren Subsysteme als eigenständig arbeitende Geräte interpretiert, und die Kommunikation erfolgt über eine eigene Sprache, die SCSI-Kommandos. Der Vorteil ist, dass hardwarenahe Aktivitäten, wie die Steuerung des Lesekopfes einer Festplatte, nicht über die CPU gesteuert werden. Der Nachteil ist, dass die peripheren Systeme die logischen SCSI-Befehle verstehen müssen, um zu agieren. Für diesen Zweck gibt es speziell ausgestattete Festplatten, DAT-Streamer, CD-Brenner usw.

Eine SCSI-Schnittstelle sollte immer dort zum Einsatz kommen, wo große Datenmengen regelmäßig kopiert werden. Das ist z. B. der Fall, wenn umfangreiche kartographische Projekte periodisch gesichert werden oder kartographische Multimediaprodukte realisiert werden.

Hardware-Schnittstellen. Mit Hilfe der Schnittstellen wird die Verbindung zur Peripherie aufgenommen. Die Schnittstellen befinden sich meist auf der Rückseite des Computergehäuses. Mit Hilfe von Kabeln können an den Schnittstellen Peripheriegeräte, wie ein Drucker oder ein Modem angeschlossen werden. Es werden drei Typen von Schnittstellen unterschieden:

- *parallele* Schnittstellen,
- *serielle* Schnittstellen,
- *USB*-Schnittstellen (Universal Serial Bus).

Die parallele Schnittstelle erlaubt eine byteweise Übertragung von Daten, d. h. es werden Daten über acht Leitungen gleichzeitig ausgetauscht. Die Datenübertragung erfolgt deshalb sehr schnell. Die Leitungslänge sollte jedoch 5 m nicht überschreiten, da mit zunehmender Entfernung die Fehler beim Übertragen der Daten zunehmen. Diese Schnittstellen werden üblicherweise mit LPT1, LPT2 usw. benannt und dienen zum Anschluss von Druckern.

Die Übertragungsgeschwindigkeit ist bei seriellen Schnittstellen sehr viel geringer, da die Information Bit für Bit übertragen wird, jedoch können dadurch auch größere Strecken überbrückt werden. Diese Schnittstellen werden üblicherweise mit COM1 und COM2 benannt und dienen häufig zum Anschluss von Modems oder einer seriellen Maus.

Die USB-Schnittstelle ist ein neues Schnittstellensystem. Damit können alle Geräte, wie Monitor, Maus, Drucker usw., an eine einheitliche Schnittstelle angeschlossen werden. Verfügt der PC über keine USB-Schnittstelle, kann fast jeder Rechner durch eine Steckkarte für USB tauglich gemacht werden. Sinnvoll ist USB jedoch nur in Verbindung mit einem Betriebssystem, das diese Technik unterstützt, z. B. Windows 98, Windows 2000 oder Windows NT 5.0. Dadurch ist es sehr einfach, mit Hilfe der Unterstützung des Betriebssystems beliebige Geräte anzuschließen. Über ein USB-Kabel wird das Gerät mit dem Rechner verbunden, das Betriebssystem erkennt die neue Peripherie und fordert den Benutzer auf, einen Treiber zu installieren.

Permanente Speicher. Permanente Speichermedien sind notwendig, um alle Arten von Daten dauerhaft zu speichern. Dabei sind folgende wichtige Medien zu unterscheiden:

- *Disketten* (Floppydisks) sind transportable flexible und magnetische Speicherplatten, die in einem entsprechenden Laufwerk im PC beschrieben und gelesen werden. Die noch gebräuchliche Diskette hat eine Größe von $3^1/_2$ Zoll. Auf einer $3^1/_2$-Zoll-Diskette mit hoher Schreibdichte (HD, High Density) können 1,44 MByte gespeichert werden.
- *Festplatten* sind fest in das Gehäuse eingebaute Disketten, die aufgrund anderer technischer Eigenschaften sehr viel mehr Daten aufnehmen können und auf diese sehr viel schneller zugreifen. Die Speicherkapazität reicht heute bis in den zweistelligen Gigabyte-Bereich. Ein GByte entspricht 1024 MByte.
- *Wechselfestplatten* sind auswechselbare Festplatten, d. h. nur der Rahmen ist fest ins Gehäuse integriert. Zu einem Laufwerk können beliebig viele Platten angeschafft und genutzt werden.
- Das *Zip-Laufwerk* oder *Zip-Drive* ist eine sinnvolle Alternative zur Sicherung und zum Transport von kartographischen Projekten, die die Speicherkapazität von Disketten sprengen. Zip-Laufwerke gibt es wahlweise für SCSI-Schnittstellen oder für die parallele Schnittstelle. Es werden derzeit Modelle angeboten, die Speichermedien mit einer Kapazität von 100 Byte und 250 MByte beschreiben und lesen können. Die Daten werden auf einem flexiblen, diskettenähnlichen, robusten und wiederbeschreibbaren Medium gespeichert. Bedingt durch die hohe Drehgeschwindigkeit des Laufwerkes werden hohe Übertragungsraten erreicht.

- *Bandlaufwerke* oder *Streamer* schreiben Daten auf magnetische Bänder und dienen vorwiegend der Datensicherung, da Schreib- und Lesevorgang, bedingt durch das lineare Aufzeichnungsverfahren, relativ langsam sind. Werden die Daten komprimiert, können mit einem analog arbeitenden Streamer auf einem Band bis zu 680 MByte gespeichert werden. Daneben gibt es digitale Versionen: die DAT-Streamer, die viele GByte Speicherkapazität haben. Streamer werden im Allgemeinen komplett mit einer Sicherungssoftware geliefert.

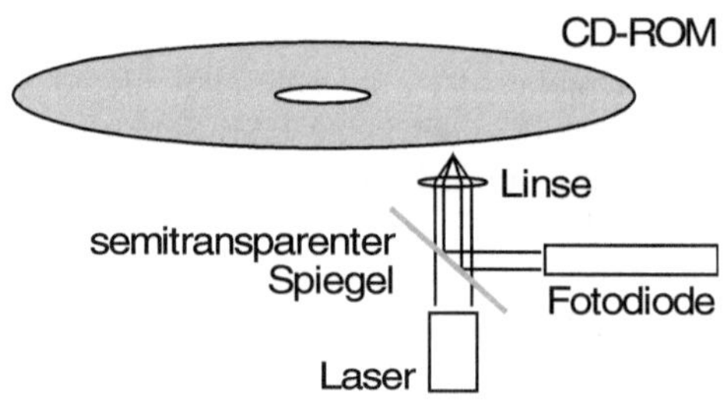

Abb. 3.3. Aufbau eines CD-ROM-Laufwerks

- *CD-ROM* (Compact Disk-Read Only Memory) sind bereits mit Daten und Programmen bespielt und werden in CD-ROM-Laufwerken gelesen (vgl. Abb. 3.3). Die Speicherkapazität beträgt nach dem CD-ROM-Standard 650 MByte.
- *CD-R und CD-RW* können mit Hilfe eines CD-Brenners beschrieben werden. Es gibt die einmal beschreibbare CD-R (CD Recordable), die im Allgemeinen Sprachgebrauch als CD-Rohlinge bezeichnet werden und die CD-RW (CD ReWritable), die bis zu 1000 Mal beschrieben werden kann. Beide Medien sind geeignet, um große Datenmengen zu speichern und zu archivieren.
- *DVD-Laufwerke* (Digital Versatile Disk) sind Speichermedien, deren Funktionsweise der CD-ROM ähnlich ist. Die DVD hat ebenfalls einen Durchmesser von 12 cm und besteht aus zwei aufeinandergeklebten 0,6 mm dicken Scheiben, wobei jede Scheibe zwei Schichten mit Daten enthalten kann (Dual Layer). Bei einseitiger Datenablage (Single Layer Verfahren) verfügen sie über eine Kapazität von ca. 4,7 GByte und 8,54 GByte bei doppelseitiger Datenablage. Werden beide Seiten mit zwei Schichten genutzt, hat eine DVD eine Kapazität von 17 GByte. Die DVD dient vor allem der Speicherung von Filmen und Musik in hoher Qualität. Mit einem DVD-Laufwerk können auch CD-ROMs gelesen werden.

Die Laufwerke aller Speichermedien können ins Rechnergehäuse eingebaut werden. Es gibt auch externe Geräte, die zumeist teurer sind. So lange das Gehäuse noch ausreichend Platz bietet, ist im Allgemeinen der Einbau vorzuziehen.

3.1.3 Bildschirm

Für die Leistungsfähigkeit eines Bildschirms sind das Zusammenwirken mit der Graphikkarte und die gewünschte Auflösung ausschlaggebend. Je höher die gewünschte Auflösung, desto höher sind die technischen Anforderungen an den Bildschirm.

Für Bildqualität und Ergonomie sind folgende Merkmale entscheidend:

- Die *Größe* des Bildes; sie wird durch die Länge der Diagonalen in Zoll (1 Zoll = 2,54 cm) definiert.
- Die *Lochmaske* ist für eine scharfe Bildschirmanzeige verantwortlich. Ein guter Monitor hat eine Lochmaske von 0,25-0,28 mm oder kleiner.
- Die *maximale Auflösung* bestimmt die Anzahl der Bildpunkte.
- Die *Horizontalfrequenz* gibt an, wie häufig pro Sekunde ein Schreibstrahl zur Darstellung einer Zeile über den Bildschirm rast. Dieser Wert wird in 1000 Hertz (kHz) angegeben.
- Die *Bildwiederholfrequenz* gibt wieder, wie viele Bilder pro Sekunde erzeugt werden. Dieser Wert wird in Hertz (Hz) angegeben. Dabei wird unterschieden zwischen *non-interlaced*, d. h. es werden vollständige Bilder geschrieben, und *interlaced*, d. h. es wird je Bildaufbau nur jede zweite Zeile geschrieben.
- Die *Videobandbreite* ist eine rechnerische Kombination aus Auflösung, Horizontalfrequenz sowie Bildwiederholfrequenz und spiegelt die maximale Leistung eines Bildschirms wieder. Je größer die Videobandbreite, desto höher die Leistungsfähigkeit des Bildschirms.
- Bei der *Bauart* können zwei Typen unterschieden werden: die Kathodenstrahlröhre (CRT, Cathode Ray Tube) und der LCD-Bildschirm (Liquide Crystal Display).
- Die *Bildschärfe* wird wesentlich durch die Konvergenz bestimmt. Darunter wird die Fähigkeit der drei Elektronenstrahlen verstanden, die drei Grundfarben Rot, Gelb und Blau (RGB) deckungsgleich zu projizieren.
- Die *Einstellmöglichkeiten* von Kontrast, Helligkeit und Bildgeometrie gehören im weitesten Sinn ebenfalls zur Ergonomie des Bildschirms. Diese Funktionen, die über Regler oder Tipp-Tasten abgestimmt werden können, sollten geprüft werden.

Die inzwischen verbreitete Fenstertechnik erfordert speziell für kartographische Anwendungen eine ausreichende Bildschirmgröße. Es ist ein Bildschirm mit einer minimalen Diagonale von 19 Zoll und einer minimalen Auflösung von 1024×768 zu empfehlen. Dabei sollte berücksichtigt werden, dass die Fläche des Schirms, die tatsächlich für das Bild genutzt wird, kleiner ist, da bei Kathodenstrahlröhren immer noch ein schwarzer Rand abgezogen werden muss. Bild-

Tabelle 3.4. Bildschirmgröße und maximal empfohlene Auflösung

Zoll (")	Auflösung
14, 15	800 × 600
17	1024 × 768
19	1280 × 1024
21	1600 × 1200

schirmgröße und Auflösung müssen zusammenpassen. Welche Bildschirmgröße mit welcher Auflösung harmoniert, ist in Tabelle 3.4 zusammengestellt.

Für die Bildwiederholfrequenz ist 75 Hz im Non-interlaced-Modus das absolute Minimum. Wichtig ist, dass jedes Bild vollständig aufgebaut wird und nicht wie im Interlaced-Modus bei jedem Aufbau nur jede zweite Zeile. Nur dann ist eine flimmerfreie Wiedergabe des Bildes gewährleistet. Wird z. B. eine weiße Fläche mit 60 Hz wiedergegeben, strengt das die Augen sehr an und führt nach einer gewissen Zeit fast immer zu Kopfschmerzen (Schnurer 1991).

Tabelle 3.5. Minimale Horizontalfrequenz bei 70 Hz Bildwiederholfrequenz

Auflösung	Horizontal-frequenz
640 × 480	34 kHz
800 × 600	42 kHz
1024 × 768	54 kHz
1280 × 1024	72 kHz
1600 × 1200	84 kHz

Die Horizontalfrequenz hängt direkt mit der Auflösung zusammen. Bei mindestens 70 Bildern pro Sekunde muss der Elektronenstrahl bei einer Auflösung von 1024 × 768 insgesamt 768 × 70 = 53760 mal über den Schirm flitzen, d. h. der Schirm muss in der Lage sein, eine Horizontalfrequenz von mindestens 54 kHz zu erreichen (vgl. Tabelle 3.5).

Als weiteres Kriterium sollte beachtet werden, dass es sich um einen strahlungsarmen Bildschirm handelt. Die bestehenden Normen, wie MPR II, TCO'92 und TCO'95, werden von modernen Monitoren weitgehend eingehalten und schließen Gesundheitsgefährdungen weitgehend aus. Durch diese Normen ist gewährleistet, dass das Modell gründlich geprüft und die Belastung für den Benutzer so weit wie möglich minimiert wird. Darüber hinaus sind höchste Anforderungen an Energiesparmaßnahmen erfüllt. Über eine Stromspareinrichtung EPA (Environmental Protection Agency) verfügen praktisch alle neuen Monitore.

Bei den Kathodenstrahlmonitoren können zwei Prinzipien unterschieden werden: der *Lochmasken-* und der *Schlitzmasken*-Monitor. Der Lochmaskenmonitor hat im Allgemeinen ein weicheres Bild, und Treppeneffekte bei der Wiedergabe von diagonalen Linien sind nur schwach ausgebildet. Ein kontrastreicheres und schärferes Bild erreichen die etwas teureren Bildschirme mit Trinitonröhren, die über eine nur wenig gewölbte Oberfläche verfügen.

Eine Alternative zum Kathodenstrahl-Monitor ist der LCD-Bildschirm (Liquid Crystal Display). Diese früher nur in Notebooks verwendete TFT-Technik (Thin Film Transistor) hat inzwischen den Weg zur stationären Ausgabe gefunden, und ein Gerät mit einer 15-Zoll-Bilddiagonale ist erschwinglich geworden. Da die gesamte Fläche zur Bildwiedergabe genutzt wird, hat ein LCD-Monitor eine Bildschirmdiagonale von 38,4 cm sichtbarer Fläche und ist damit knapp 5 cm größer als ein 15-Zoll-Bildröhren-Monitor. Ein weiterer Vorteil ist das stabile Bild bei einer Bildwiederholfrequenz von 60 Hz, da die TFT-Zellen einen Puffer bilden.

Die optimale Auflösung eines LCD-Monitors ist für 15-Zoll-Geräte auf 1024 × 768 Bildpunkte optimiert. Ein Betrieb mit niedrigerer Auflösung führt zu Qualitätseinbußen. Des Weiteren ist die Bildqualität eines LCD-Monitors vom Blickwinkel abhängig, unter dem das Display betrachtet wird.

Die Wahl eines Bildschirms ist in einem gewissen Umfang auch eine Entscheidung, die von subjektiven Eindrücken geleitet wird. Grundsätzlich sollte man eine

Entscheidung nicht ausschließlich auf der Grundlage von Herstellerangaben und Tests in Zeitschriften fällen, sondern diese nur als Grundlage heranziehen. Es ist empfehlenswert, das gewünschte Gerät vor Ort und in Aktion beim Händler zu begutachten, auf jeden Fall in Kombination mit der passenden Graphikkarte.

3.1.4 Drucker und Plotter

Die Konzeption einer Karte muss immer das Ausgabemedium einbeziehen. Zunehmend werden Karten für die Ausgabe am Bildschirm hergestellt. Sofern die Karte nicht selbst hergestellt wurde, erreicht sie über die CD-ROM oder über das Internet den Benutzer. Trotz der modernen Medien ist die analoge Ausgabe von Karten, meist auf Papier, zum Teil auf Folie oder Dia, nach wie vor wichtig und verfügt über eine große Anzahl von Vorteilen.

Beim Transformationsprozess der digital gespeicherten Daten in eine analoge Form wird meist ein Drucker benutzt, dessen Qualität entscheidenden Einfluss auf die Wirkung der Karte hat. Die Ausgabegeräte unterscheiden sich in vielerlei Hinsicht, z. B. in folgenden Punkten:

- *Druckqualität*, die u. a. durch die Auflösung bestimmt wird. Diese sagt aus, wie viele Punkte pro Zoll gedruckt werden können und wird in *dpi* (dots per inch) angegeben (vgl. Tab. 3.6).
- *Farboption*, d. h. ob das Gerät farbig drucken kann.
- *Papierformat*. Die gängigen Formate sind DIN A4 und DIN A3.
- *Ausgabematerial*. Viele Ausgabegeräte arbeiten mit Normalpapier, für manche sind jedoch spezielle Materialien notwendig. Des Weiteren ist es von Vorteil, wenn neben den Standardmaterialien Folien bedruckt werden können.
- *Anschaffungs- und Betriebskosten*. Diese lassen sich z. B. im Preis für eine ausgegebene Karte festmachen. Neben dem Ausgabematerial werden die Kosten vor allem durch den Preis für Farbbänder, Kartuschen usw. sowie deren Kapazität bestimmt.
- *Wartungskosten und Reparaturanfälligkeit* sind für den Laien schwer abzuschätzen, sollen aber berücksichtigt werden.
- Die *Technik des Ausgabegeräts* spielt eine entscheidende Rolle.

Tabelle 3.6. Pixelgröße und Anzahl in Abhängigkeit der Auflösung

dpi	Seitenlänge der Pixel in mm	Anzahl pro mm^2
50	0,508	4
100	0,254	16
200	0,127	62
300	0,085	140
600	0,042	558
1200	0,021	2232
2400	0,011	8928

Die ersten Ausgabegeräte im EDV-Bereich waren Zeilendrucker. Bei diesem Druckertyp werden die Buchstaben und Ziffern Zeile für Zeile auf Endlospapier geschrieben, und zwar mit einer relativ hohen Geschwindigkeit (ca. 10 Seiten pro

Minute). Dieser Druckertyp wurde vor allem in Rechenzentren für Großrechner eingesetzt. Die Einsatzmöglichkeiten für die Kartographie waren sehr beschränkt. Heute wird dieser Druckertyp nicht mehr zur Kartenerstellung eingesetzt, sondern nur noch zur Ausgabe großer Textmengen in niedriger Qualität.

Für Mikrocomputer stehen seit Ende der 70er bzw. Anfang der 80er Jahre kompakte und leistungsfähigere Drucker bzw. Plotter zur Verfügung, wobei sich folgende Typen unterscheiden lassen:

- Nadeldrucker,
- Tintenstrahldrucker,
- Laserdrucker,
- Thermotransferdrucker,
- Rollenplotter,
- Stiftplotter,
- Elektrostatische Plotter,
- Farbfilmrecorder.

Diesen Druckertypen liegt jeweils eine systemspezifische Drucktechnik zugrunde, wobei sich die Unterschiede in der Ausgabequalität niederschlagen. Diese ist zum Teil eine direkte Funktion der Dichte der Punkte, die auf das Papier aufgebracht werden. Je dichter und kleiner die gedruckten Punkte, desto schärfer wirkt die Graphik und desto besser sieht sie aus. Diese Druckdichte ist insbesondere bei den Nadeldruckern gering. Die Druckdichte wird in dpi (dots per inch) wiedergegeben. Eine Ausgabe von 600 dpi bedeutet, dass auf eine Länge von 2,54 cm (=1 inch) 600 Punkte gedruckt werden.

Nadeldrucker. Im Druckkopf eines Nadeldruckers sind einzelne Stahlstifte in einer Reihe (neun Nadeln) oder in zwei Reihen (24 Nadeln) angeordnet. Die Nadeln werden über Lochmasken geführt und von einem Elektromagneten abgeschossen. Dabei treffen die Nadelspitzen auf ein Farbband und übertragen so die Farbe auf das Papier. Wegen der geringen Auflösung und des beim Graphikdruck zumeist streifigen Druckbildes sind Nadeldrucker für die Kartenausgabe wenig geeignet.

Tintenstrahldrucker. Bei Tintenstrahldruckern werden kleine Tintentropfen durch Düsen auf das Papier gespritzt, wobei die Druckköpfe mit neun bis 64 winzigen, feinen Düsen bestückt sind. Es werden zwei Verfahren unterschieden (vgl. Abb. 3.4):

- Beim *Bubble-Jet*-Verfahren wird in einer kleinen Kammer Tinte erhitzt. Die daraus resultierende Dampfblasenbildung erzeugt den nötigen Druck, um ein kleines Tröpfchen aus einer Düse auf das Papier zu schleudern. Um dies zu gewährleisten, besteht der Druckkopf aus vielen eng aneinanderliegenden Mikrokammern, die durch gleichzeitiges Feuern die gewünschte Struktur auf das Papier bringen. Die erreichbare Schussfrequenz beträgt ca. 3600 Tröpfchen pro Sekunde.

- Beim *Piezoelektrischen Verfahren* verändert ein Keramikstück durch Anlegen einer Wechselspannung seine Länge. Diese schnelle Formänderung überträgt sich auf die Wände eines feinen Röhrchens, das mit Tinte gefüllt ist. Der entstehende Überdruck im Rohr führt zum Ausstoß von Tintentropfen. Dieses Verfahren ist etwa fünfmal schneller als das Bubble-Jet-Verfahren und kann über die angelegte Spannung reguliert werden.

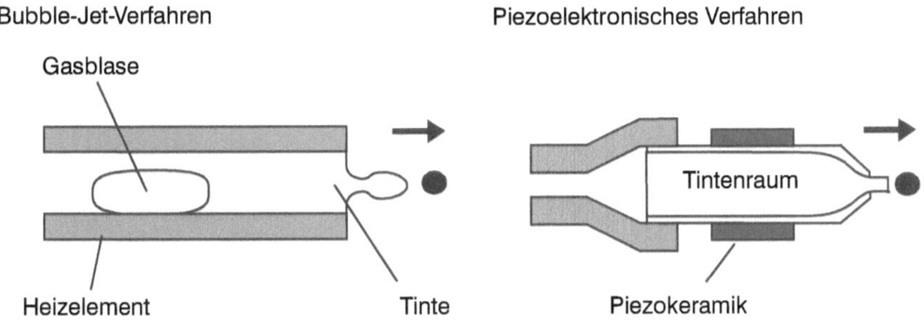

Abb. 3.4. Ausstoßtechniken bei Tintenstrahldruckern

Für die Graphikausgabe sind Tintenstrahldrucker gut geeignet und liefern gute Resultate, die durch den Einsatz von Spezialpapier wesentlich gesteigert werden können. Die farbige Ausgabe bereitet selbst für einfache Modelle keine Probleme und ist inzwischen Standard geworden. Die Tintenstrahldrucker sind die preisgünstigste Alternative, qualitativ gute Karten auszugeben. Tintenstrahldrucker enthalten Kartuschen mit den Farben Cyan, Magenta und Gelb sowie schwarze Tinte. Einige Drucker können aus den Grundfarben direkt die Farben Rot, Grün und Blau mischen. Die anderen Farben ergeben sich durch Rasterung, indem Farbpunkte dicht nebeneinander gesetzt werden, so dass das Auge die einzelnen Punkte nicht wahrnimmt. Viele Tintendrucker können um eine Fotokartusche erweitert werden. Diese enthält zusätzlich zu den drei Grundfarben und Schwarz noch zwei weitere Pastelltöne. Für die Ausgabe von Fotos ist dies durchaus eine nützliche Erweiterung, um Karten auszugeben, jedoch weniger relevant.

Einige Tintenstrahldrucker benutzen keine eigene schwarze Farbkartusche, sondern erzeugen Schwarz durch Farbmischung. Diese meist preisgünstigen Drucker sind später im Unterhalt sehr teuer, da viele Farbkartuschen anstelle der preisgünstigen Kartuschen mit schwarzer Tinte verbraucht werden. Generell sollten vor dem Kauf eines Tintenstrahldruckers die Kosten für die Druckausgabe recherchiert werden. Hier bestehen gewaltige Unterschiede.

Laserdrucker. Die Technik des Laserdruckers geht auf das Verfahren zurück, das bei Fotokopierern verwendet wird. Ein Laserstrahl wird zeilenweise mit Hilfe von rotierenden Spiegeln über eine elektrisch geladene Trommel gelenkt. Die Trommel wird punktweise an den Stellen entladen, an denen Text oder Graphik erscheinen soll. An diesen nichtgeladenen Stellen wird der Toner aufgenommen. Dieses Zwischenbild, das sich auf der Trommel befindet, wird auf das Papier übertragen und darauf durch Druck und Hitze fixiert (vgl. Abb. 3.5).

Die am häufigsten eingesetzten Laserdrucker drucken Schwarzweiß. Es gibt eine Reihe von z. T. preisgünstigen Modellen, die auch Farbe drucken, wobei für farbige Darstellungen ein mehrmaliger Druckvorgang notwendig ist. Die Druckqualität von Laserdruckern ist vor allem im Schwarzweißbetrieb häufig besser als die der Tintenstrahldrucker. Außerdem haben Laserdrucker eine vergleichsweise höhere Druckgeschwindigkeit. Die Druckzeit kann allerdings bei komplexen Graphiken erheblich Zeit in Anspruch nehmen. Ein Laserdrucker verfügt über einen eigenen Arbeitsspeicher, so dass der Computer selbst nicht durch die Drucksteuerung blockiert wird.

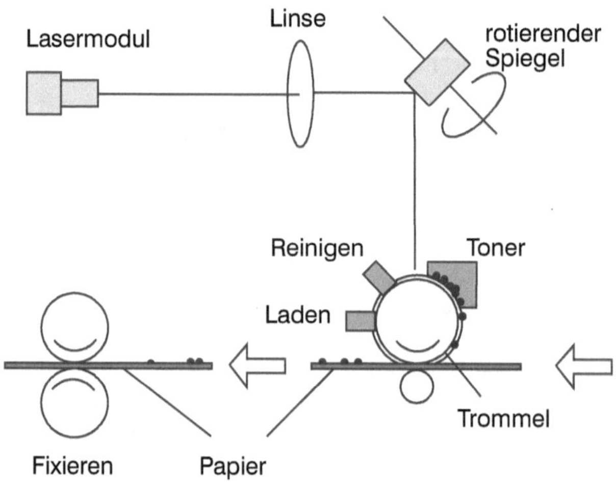

Abb. 3.5. Schematische Arbeitsweise eines Laserdruckers

Laserdrucker sind in vielerlei Hinsicht die optimalen Drucker, vor allem für die Schwarzweißausgabe. Moderne Laserdrucker verfügen über eine Auflösung von 600 dpi und mehr bei sehr gleichmäßiger Schwärzung. Entsprechend gut sind die Ergebnisse bei relativ geringen Betriebskosten. Die Betriebskosten eines Farblaserdruckers liegen zwar höher, aber mit dem Einsatz von Farbe sind sehr viel anspruchsvollere und repräsentativere Karten zu produzieren. Die Anschaffung eines Farblasers ist zwar inzwischen nicht mehr so kostenintensiv, jedoch durch die gute Qualität von Farbtintenstrahldruckern auch nicht immer notwendig.

Thermotransferdrucker. Die Thermotransferdrucker sind mit einer anschlagsfreien Wärmetechnik ausgerüstet. Der Wärmetransferprozess erzeugt durch das Schmelzen einer Wachstinte einzelne Tropfen, die auf ein Blatt Papier in einer sehr hohen Punktdichte gedruckt werden. Dadurch wird eine sehr gute Druckqualität erzeugt. Diese Drucktechnik ist in der Qualität und Anwendung mit der Tintenstrahldruckertechnik und Laserdruckertechnik zu vergleichen und stellt eine Alternative dar. Ein Nachteil sind die hohen Anschaffungskosten und die hohen Kosten pro Seite, da häufig teures Spezialpapier benötigt wird.

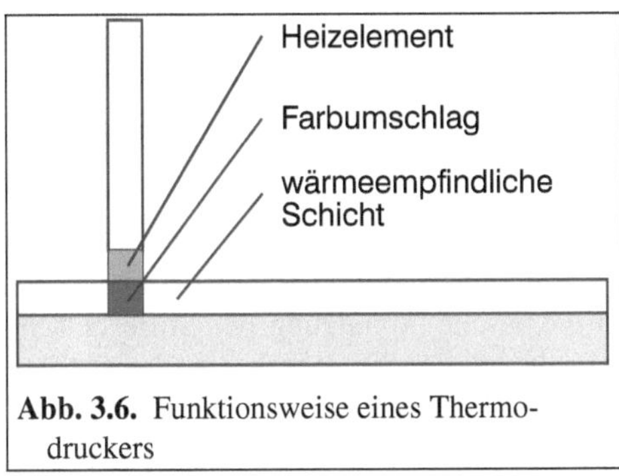

Abb. 3.6. Funktionsweise eines Thermodruckers

Thermosublimationsdrucker. Mit diesem Druckertyp können 16,7 Millionen Farbnuancen ausgegeben werden. Die sehr hohe Ausgabequalität schlägt sich jedoch sowohl im Anschaffungspreis, als auch in den Druckkosten nieder. Die Farbteilchen werden mit variabler Temperatur auf das Papier gebracht. Dadurch wird die Menge der aufgetragenen Farbpigmente exakt dosiert. Im Gegensatz zu anderen Druckertypen wird hierbei nicht gerastert. Das Resultat sind fotorealistische Darstellungen in höchster Qualität, bei jedoch sehr hohen Kosten.

Rollenplotter. Dabei handelt es sich um ein Standgerät, dass etwa 1,5 Meter breit und 1,4 Meter hoch ist. Diese Größe ist ausreichend um DIN A0 hängend zu verarbeiten. Das Papier wird auf einer Rolle in das Gerät eingespannt. Der Druckkopf, der nach dem Tintenstrahlverfahren arbeitet, bewegt sich horizontal. Das Papier bewegt sich in vertikaler Richtung. Die Geräte arbeiten sehr schnell und mit hoher Genauigkeit. Nachdem der Plot fertiggestellt ist, wird das Papier abgeschnitten und fällt in einen Behälter (vgl. Abb. 3.7).

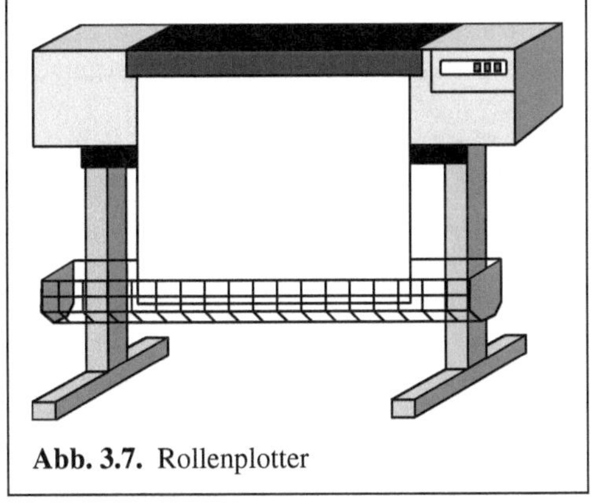

Abb. 3.7. Rollenplotter

Stiftplotter. Stiftplotter werden verwendet, um Zeichnungen aller Art in Schwarzweiß oder Farbe auszugeben. Dabei werden Stifte über ein Papier geführt. Bewegen sich die Stifte in beiden Richtungen, also in x- und y-Richtung, handelt es sich um einen *Flachbettdrucker*, bei dem das Papier unbeweglich fixiert ist. Eine Alternative ist der *Trommelplotter*, bei dem sich das Papier in y-Richtung bewegt und die Stifte in x-Richtung.

Plotter haben den Vorteil, dass es bei gebogenen Linien keine Stufeneffekte gibt, da die Linien tatsächlich in einer Bewegung gezeichnet werden. In dieser Beziehung sind sie den Druckern überlegen. Dieser Vorsprung verliert sich mit der Steigerung der Auflösung von Laserdruckern zunehmend. Des Weiteren sind die etwas umständliche Handhabung, Probleme beim Erzeugen von Vollflächen und die rasche Abnutzung der Stifte entscheidende Nachteile. Plotter sind zwar mit mehr als dreißig Jahren die ältesten Ausgabegeräte für Zeichnungen, haben aber ihren Höhepunkt in der Kartographie, von ein paar Spezialanwendungen abgesehen, längst überschritten.

Elektrostatische Plotter. Dieser Plottertyp ist seit Ende der 60er Jahre auf dem Markt und wurde zunächst als Schreiber für Messinstrumente entwickelt. Die elektrostatische Technologie ist zwar sehr teuer, aber dafür ist sie eines der ausgereiftesten automatischen Zeichensysteme auf dem Markt. Bis vor wenigen Jahren konnten diese Plotter nur Schwarzweißzeichnungen anfertigen. Inzwischen liefern sie exzellente Farbdarstellungen. Das Papierformat geht bis zu einer Breite von 110 cm und hat keine Begrenzung in der Länge. Ein Farbplot von 80 cm × 100 cm ist in ca. 20 Minuten gezeichnet.

Farbfilmrecorder. Bei Farbfilmrecordern werden Fotos bzw. Bilder auf Papier oder Dia mittels photographischer Technik erzeugt. Ursprünglich wurden diese Geräte entwickelt, um Hardcopy-Ausgaben der Bildschirmansicht zu erstellen. Diese Technologie ist geeignet, um die Ergebnisse schnell und in hoher Qualität zu produzieren. Eingesetzt wird sie hauptsächlich im professionellen Bereich, um Fotomaterial für die Herstellung von Zeitungen, Büchern usw. zu belichten.

Eignung für die digitale Kartographie. Mit Ausnahme von Nadeldruckern sind grundsätzlich alle genannten Ausgabegeräte geeignet.

Bei der Neuanschaffung spielen eine Reihe von Faktoren eine Rolle (vgl. Tabelle 3.7): In der Ausgabegröße DIN A4 sind Tintenstrahl- und Laserdrucker sicherlich gute Lösungen. Tintenstrahldrucker sind einschließlich des Farbdrucks preisgünstig in der Anschaffung und für ein kleines bis mittleres Druckaufkommen ausreichend. Laserdrucker brauchen zwar erst eine Aufwärmphase, bevor der erste Druck erfolgen kann, haben dafür aber ein sauberes Druckbild, benötigen keine Trockenphasen für die Tinte und sind in der Regel schneller. Dafür sind sie in der Anschaffung teurer, das gilt insbesondere für Farblaserdrucker. Des Weiteren spielt es eine Rolle, ob der Drucker ausschließlich für Graphik eingesetzt wird oder als einziges Ausgabegerät zu Verfügung steht und deshalb auch zur Textausgabe genutzt wird.

Sollen Farben bis zu einem Format von DIN A3 eingesetzt werden, ist bei niedriger finanzieller Belastung ein Farbtintenstrahldrucker eine annehmbare Lösung; für die Ausgabe von Schwarzweiß ist sicherlich ein PostScript-fähiger Laserdrucker die beste Lösung. Ist das gewünschte Format größer als DIN A3, so ist in jedem Fall genau zu überprüfen, ob eine Auslastung des Geräts wirklich zu erwarten ist. Hier sollte nach betriebswirtschaftlichen Überlegungen abgewogen werden, ob die größeren Ausdrucke nicht preisgünstiger durch Dienstleistungsunternehmen erbracht werden können.

Tabelle 3.7. Vor- und Nachteile der Ausgabegeräte

Ausgabegerät	Vorteile	Nachteile
Nadeldrucker	robuste Verarbeitung	geringe graphische Qualität laute Betriebsgeräusche keine Folien möglich
Tintenstrahldrucker	günstiger Preis hohe Druckgeschwindigkeit leise Betriebsgeräusche Folien möglich Farbdruck möglich	Verstopfen der Farbdüsen Ausbleichen der Farben hohe Kosten für Spezialpapier und Farbkartuschen
Laserdrucker	sehr gute Druckqualität leises Betriebsgeräusch Folien möglich gute Farbsättigung	hoher Anschaffungspreis für Farboption hohe Betriebskosten
Thermotransferdrucker	günstiger Preis leises Betriebsgeräusch gute Farbsättigung	keine Folien Spezialpapier notwendig hohe Kosten pro Blatt
Thermosublimationsdrucker	fotorealistische Farbwiedergabe	hohe Anschaffungskosten hohe Betriebskosten
Rollenplotter	geringe Kosten hohe Präzision hohe Geschwindigkeit große Formate (DIN A0)	Verstopfen der Farbdüsen Ausbleichen der Farben
Stiftplotter	geringe Kosten hohe Präzision Verlässlichkeit teilweise gute Wiederholgenauigkeit	langsame Geschwindigkeit keine flächendeckende Farbgebung Eintrocknen der Stifte lautes Betriebsgeräusch
Elektrostatischer Plotter	schnellstes automatisches Zeichengerät hohe Verlässlichkeit geringe Betriebsgeräusche	hohe Kosten Spezialpapier sehr große Farbflächen nicht einheitlich gefüllt
Farbfilmrecorder	gute Bildschärfe exzellente Farbwiedergabe sofortiges Bild oder Dia	hohe Kosten kein vollautomatischer Betrieb eingeschränktes Bildformat

3.1.5 Digitalisiertablett

Ein Digitalisiertablett ist ein Eingabegerät, das es erlaubt, zweidimensionale Informationen, wie z. B. administrative Grenzen, in ein maschinenlesbares Format zu übertragen. Die Vorlage, deren Punkte und Linien übertragen werden sollen, wird auf der aktiven Fläche des Digitalisiertabletts befestigt und mittels eines speziellen Eingabegeräts abgetastet (vgl. Abb. 3.8), nachdem die Vorlage auf dem Tablett justiert wurde. Das Resultat sind digitale Koordinaten in Form von x- und y-Werten.

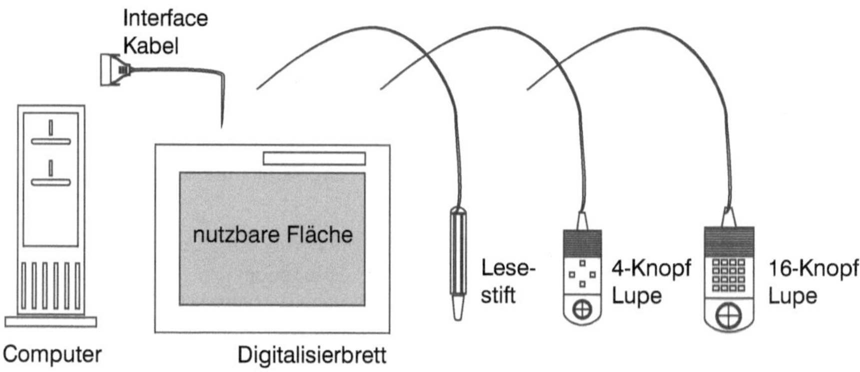

Abb. 3.8. Digitalisiertablett mit verschiedenen Eingabegeräten

Das Digitalisiertablett hat in seinem Inneren ein feines Netz von Drähten, die über das Eingabegerät auf elektromagnetischem Weg aktiviert werden. Es werden Drähte in x-Richtung und Drähte in y-Richtung aktiviert, dadurch ist der gewünschte Punkt eindeutig definiert. Die Abstände der Drähte geben die Auflösung des Tabletts vor. Je dichter die Drähte, desto höher die Auflösung. Gleichzeitig ist diese Auflösung die Grenze der Genauigkeit einer Digitalisierung, denn Punkte werden nicht mit ihrer exakten Koordinate erfasst, sondern mit der am nächsten liegenden Koordinate des Gitters (vgl. Abb. 3.9). Tabletts für die Digitalisierung von Karten sollten eine hohe Auflösung und Genauigkeit aufweisen. Eine wünschenswerte Auflösung liegt bei 0,02 mm und einer Genauigkeit von ±0,15 mm (Bernhardsen 1992, 82).

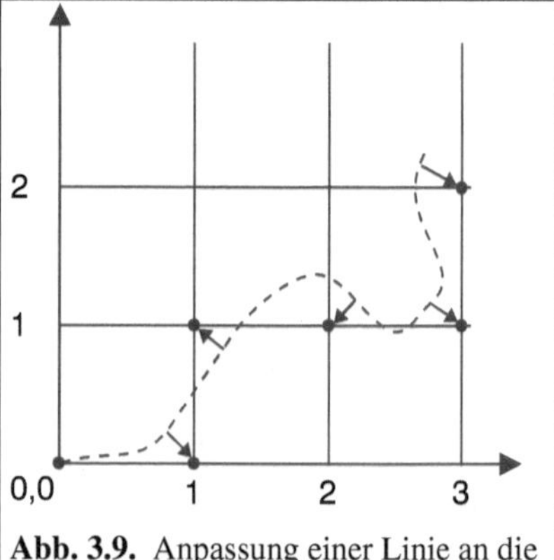

Abb. 3.9. Anpassung einer Linie an die Auflösung des Digitalisiertabletts

Bei den Eingabegeräten können prinzipiell zwei Typen unterschieden werden:

- Der *Lesestift* ist mit einem herkömmlichen Stift vergleichbar. Er ist dazu geeignet, Linien direkt abzufahren. In fest definierten Abständen werden Punkte in digitale Koordinaten übertragen. Dadurch können z. B. Linien mit einem vorgegebenen Punktabstand von einem Millimeter digitalisiert werden. Notwendig ist allerdings eine sichere und genaue Führung des Stifts. Der Stift wird in der Kartographie selten verwendet.
- Die *Eingabelupe* gibt es in Ausführungen mit vier und mit 16 Knöpfen. Mit Hilfe einer Lupe, die mit einem Kreuz versehen ist, werden Punkte fixiert und unter Verwendung eines der Knöpfe in eine digitale Koordinate übertragen. Die Eingabelupe ermöglicht einen hohen Grad an Genauigkeit.

Digitalisiertabletts sind in unterschiedlichen Größen zwischen DIN A4 und DIN A0 erhältlich. Dabei ist auf die tatsächlich nutzbare Fläche zu achten, da sie für die spätere Arbeit maßgeblich ist. Relativ erschwinglich sind Tabletts bis zu einer Größe von DIN A3, darüber liegende Größen werden sehr viel teurer.

Wichtig ist die Verbindung zur Software, denn nicht jedes Kartographieprogramm verfügt über die Möglichkeit, zu digitalisieren. Bei einigen kann ein entsprechendes Modul nachgekauft werden. Auf eine eigene Digitalisierausrüstung kann meist verzichtet werden, wenn selten neue digitale Koordinaten gebraucht werden. Häufig können Karten direkt mit der Maus am Bildschirm digitalisiert werden, indem eine Vorlage in den Hintergrund gelegt wird. Unter Umständen kann es auch günstiger sein, Koordinaten zu kaufen oder bei einem entsprechenden Dienstleistungsunternehmen in Auftrag zu geben.

3.1.6 Scanner

Ein Scanner ist ein technisches Gerät, mit dessen Hilfe eine Vorlage elektronisch abgetastet wird. In der Kartographie kann diese Technik eingesetzt werden, um Karten zu erfassen und diese als Hintergrundkarte zu benutzen oder als Vorlage, um die Geometriedaten zu digitalisieren. Des Weiteren kann der Scanner auch genutzt werden, um Vorlagen (z. B. Fotografien) zu scannen, die für Multimedia-Entwicklungen benötigt werden. Texte und Daten können ebenfalls eingescannt und mit Hilfe von OCR (Optical Character Recognition) erkannt werden. Die Rasterdaten werden in Text umgewandelt, der weiterverarbeitet werden kann. Dieses Verfahren ist hilfreich, wenn große analoge Datenmengen benötigt werden, um eine Karte anzufertigen. Die Einsatzgebiete von Scannern in der Kartographie sind sehr vielfältig – ein Grund, sich etwas näher damit zu beschäftigen.

Die Scanner unterscheiden sich hinsichtlich der Bauart und der verwendeten Technologie. Die Leistungen variieren bezüglich der Auflösung und der Farbtiefe. Die Auflösung von Scannern reicht von 300 dpi über 600 dpi und 1200 dpi bis zu mehreren 1000 dpi im professionellen Bereich. Die Farbtiefe variiert von zwei Farben (1 Bit) über 256 Graustufen bis zur fotorealistischen Darstellung mit 16,8

Millionen Farben eines 24-Bit-Scanners und kann bei hochwertigeren Modellen bis zu einer Farbtiefe von 42 Bit reichen.

Auflösung und Farbtiefe können durch die Software im Rahmen des technischen Leistungsumfangs für jede Vorlage bestimmt werden. Die geeignete Auflösung und Farbtiefe ist immer ein Kompromiss zwischen Qualität einerseits und dem benötigten Speicherbedarf andererseits. Um so höher die Auflösung, desto schärfer wird das Bild und um so höher die Farbtiefe, desto realistischer die Farben. Gleichzeitig steigt jedoch der Speicherbedarf gewaltig. Eine DIN-A3-Vorlage mit 256 Graustufen in einer Auflösung von 300 dpi benötigt bereits über 16 MByte und ein Farbluftbild in der Größe von 23 cm × 23 cm in 24 Bit Farbtiefe und mit 600 dpi Auflösung fast 100 MByte (vgl. Abb. 3.10).

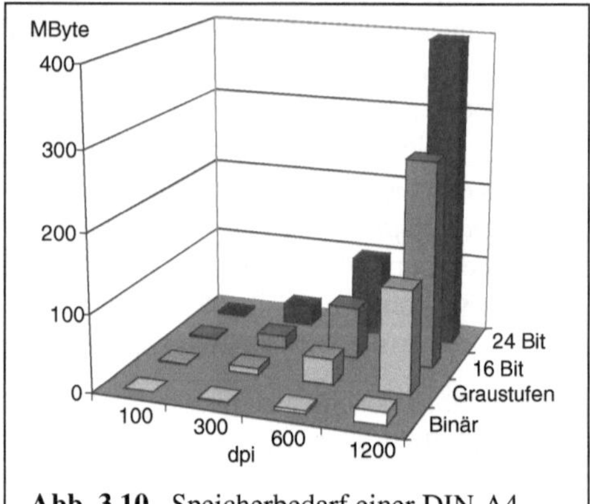

Abb. 3.10. Speicherbedarf einer DIN-A4-Vorlage in Abhängigkeit von Auflösung und Farbtiefe

Auflösung und Farbtiefe werden in erster Linie durch die Antwort auf eine zentrale Frage bestimmt: Wofür dient der Scan? Wird eine Rastervorlage benötigt, um administrative Grenzen zu digitalisieren, reicht meist eine einfache Qualität. Häufig reicht zu diesem Zweck eine Binärabtastung, d. h. pro Pixel wird nur die Information schwarz oder weiß gelesen. Für Karten, die ins Internet gestellt werden, reicht eine Auflösung von 72 dpi, da dies der Auflösung des Monitors entspricht.

Die Auflösung kann auf Grundlage der minimalen Strichstärke geschätzt werden. Die kleinste Strichstärke einer Vorlage soll 0,5 mm betragen. In der späteren digitalen Datei soll diese Linie ca. 4 Pixel breit sein. Daraus folgt, dass ein Pixel eine Seitenlänge von 0,5/4 mm, d. h. 0,125 mm hat. Um dieses Ziel zu erreichen, müssen auf einem Inch (Zoll) 25,4 mm/0,125 mm = 203,2 Pixel liegen. Eine Auflösung von ca. 200 dpi ist deshalb ausreichend.

Die Größe der Vorlage, die gescannt werden kann, ist wesentlich von der Bauart des Gerätes abhängig. Folgende Typen können unterschieden werden:

- *Hand-Scanner*. Dabei handelt es sich um kleine Geräte mit einer geringen Abtastbreite, die mit der Hand über die Vorlage geführt werden. Aufgrund der Verzerrung und der schmalen Bauart ist dieser Typ für kartographische Zwecke wenig geeignet.
- *Flachbettscanner*. Die Vorlage wird flach aufgelegt. Die Abtastung erfolgt durch einen Schlitten, der durch einen Motor unter der Vorlage durchgezogen wird und die Daten zeilenweise liest. Selbst einfache Geräte im Format DIN A4 leisten bereits für den semiprofessionellen Bereich gute Ergebnisse.
- *Trommelscanner* sind für größere Vorlagen konzipiert. Der Abtastvorgang erfolgt in zwei Bewegungsrichtungen: Durch die Drehung der Trommel und die

Bewegung der Abtasteinheit über die Vorlage werden alle Daten punktweise erfasst.

3.1.7 Kartographischer Arbeitsplatz

Die Ausstattung eines kartographischen Arbeitsplatzes kann in „Pflicht" und „Kür" unterteilt werden. Der Pflichtteil, die minimale Ausstattung, wird nur gelegentlich für kartographische Anwendungen genutzt. Es ist auffällig, dass diese Konfiguration einem gewöhnlichen PC-Arbeitsplatz entspricht, denn besondere Hardware ist nicht immer notwendig, um Karten zu entwerfen. Es sollte jedoch darauf geachtet werden, dass es sich um einen Rechner mit schnellem Prozessor und ausreichend Arbeitsspeicher handelt, denn nur dann ist komfortables Arbeiten möglich. Das gilt insbesondere, wenn abzusehen ist, dass die zu bearbeitenden Projekte größer werden. Dann sollten vor allem Arbeitsspeicher und Festplatte großzügig bemessen sein.

Sind komplexe Projekte geplant und soll z. B. der volle Umfang einer GIS-Software genutzt werden, geht die Ausstattung über die eines Büroarbeitsplatzes hinaus. Steht also die kartographische Arbeit im Mittelpunkt der Tätigkeit, ist ein solcher Arbeitsplatz zu erweitern. Jedoch gilt auch hier: Nicht alle zusätzlichen Komponenten sind ausschließlich für die Kartographie einzusetzen, auch wenn sie spezifischer sind und über die Standardausstattung eines PCs hinausgehen. Zur „Kür" können u. a. Ausgabegerät für hochwertige Ausdrucke, leistungsfähige Backup-Systeme und ein Digitalisiertablett gehören.

Eine für alle Anwendergruppen ideale Standardausstattung kann nicht empfohlen werden, da die individuellen Ziele bei der Auswahl immer im Mittelpunkt stehen. Werden viele verschiedene Komponenten zusammengeschlossen und hohe Datenmengen zwischen ihnen ausgetauscht, sind ein SCSI-Controller und darauf abgestimmte Komponenten zu empfehlen.

Wichtig ist es in jedem Fall, eine ausreichende Größe und Qualität des Monitors auszuwählen; eine Bilddiagonale von 19 Zoll sollte die untere Grenze bilden. In diesem Zusammenhang ist es wichtig, dass alle Komponenten des Rechners harmonieren, wie Rechner mit Graphikkarten und Monitor.

Die Entwicklung der Hardware vollzieht sich sehr schnell; deshalb ist zu empfehlen, sich ausführlich in einem Fachgeschäft beraten zu lassen.

3.2 Software

Die Hardware eines Computers wird erst durch die Programme, die sogenannte *Software*, in Wert gesetzt. Unter Software versteht man die Gesamtheit von Programmen und Daten, die dazu notwendig sind, den Computer zu betreiben. Es lassen sich prinzipiell zwei Typen unterscheiden. Die *Systemsoftware*, die unabdingbar notwendig ist, um den Computer zu betreiben, und die problemorientierte bzw. *Anwendersoftware*, die benutzerspezifische Wünsche erfüllt. Dazu zählen u. a. Textverarbeitung, Tabellenkalkulation und Kartographie.

Die wichtigste Systemsoftware ist das Betriebssystem; es steuert alle wichtigen und grundlegenden Prozesse im Computer. Die Anwendersoftware greift auf eine Vielzahl von Funktionen des Betriebssystems zurück und wird durch die Eigenschaften des Betriebssystems beeinflusst.

Im Folgenden wird auf die für das Desktop Mapping bedeutsamen Eigenschaften der beiden Softwaretypen eingegangen. Bei der Anwendersoftware beschränkt sich die Betrachtung auf Software zur Kartographie.

3.2.1 Betriebssysteme

Das *Betriebssystem* ist die Verwaltungszentrale des Rechners und übernimmt in erster Linie die Kommunikation mit dem Benutzer. Es verwaltet die angeschlossenen logischen Geräte und steuert, kontrolliert und überwacht die laufenden Programme. Erst das Betriebssystem ermöglicht es, mit einem Computer zu arbeiten, Disketten und Festplatten zu lesen sowie zu beschreiben, Dateien zu kopieren, zu löschen, usw.

Es gibt verschiedene Betriebssysteme, die sich hinsichtlich Funktionalität, Leistungsfähigkeit und Bedienungskomfort erheblich unterscheiden. Trotz dieser Vielfalt gibt es einige zentrale Aufgaben, die sie alle erfüllen. Dazu gehört u. a. das System hochzufahren („booten"), den Speicher zu verwalten, Fehlersituationen zu beherrschen, Dienstprogramme bereitzustellen und Anwenderprogramme auszuführen. Wird von seltenen speziellen Anwendungen abgesehen, nutzen PCs heute fast alle ein Betriebssystem mit einer graphischen Oberfläche.

Trotz der Vielfalt verfügbarer Betriebssysteme gibt es eine Reihe charakteristischer Merkmale, sowohl im Hinblick auf die Benutzerführung, als auch der technischen Aspekte. Dazu zählen folgende Eigenschaften:

- Dem Benutzer stellt sich der Bildschirm meist wie eine *Schreibtischoberfläche* (Desktop) dar. Hier sind alle notwendigen Arbeitsutensilien und Programme in übersichtlicher Form als Symbole angeordnet und können durch Mausklick aktiviert werden.
- Die *menügesteuerte Bedienung* von Funktionen wird durch das Anklicken von Symbolen ausgelöst.
- Die vorwiegend *einheitliche Gestaltung* der Benutzeroberflächen von Programmen erleichtert es wesentlich, sich in neue Anwendungen einzuarbeiten.
- Durch die *Fenstertechnik* lässt sich der Bildschirm in rechteckige Arbeitsbereiche, Fenster genannt, aufteilen. In jedem Fenster kann eine andere Anwendung gestartet werden, so dass mehrere Programme gleichzeitig laufen. Zwischen den Fenstern kann beliebig hin- und hergeschaltet werden, wobei jeweils nur ein Fenster aktiv sein kann. Größe und Anordnung sind variabel, ein Fenster kann auch den ganzen Bildschirm ausfüllen. Trotzdem können sich dabei noch andere Fenster, in denen andere Programme laufen, im Hintergrund befinden.

In Abbildung 3.11 ist das Kartographieprogramm aktiv, das Textverarbeitungsfenster inaktiv. Andere Programme laufen ebenfalls und sind im rechten unteren Bildschirmbereich zu einem Symbol verkleinert.

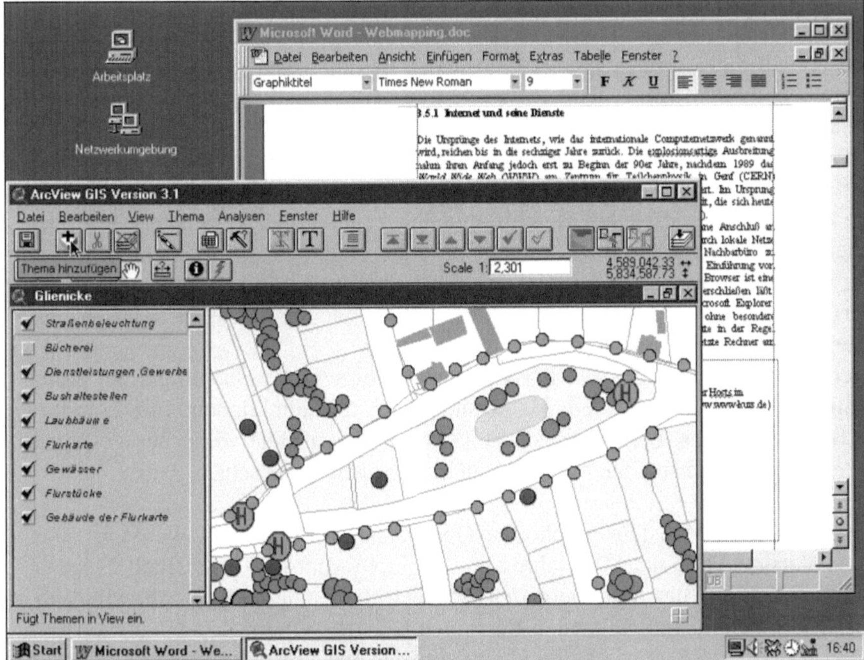

Abb. 3.11. Fenstertechnik

- Der Fähigkeit des *Multitasking* ist es zu verdanken, dass auf einem Rechner zwei oder mehr Programme parallel laufen können. Praktisch bedeutet dies, dass, während eine Anwendung eine Datei sucht, in einer anderen eine Datei bearbeitet werden kann.
- *Multithreading* ermöglicht es, dass in einem Programm mehrere Aktionen parallel ausgeführt werden. So ist es z. B. möglich, die Rechtschreibung zu überprüfen, während der dazugehörige Text in einer Textverarbeitung erstellt wird .
- Die *Zwischenablage* ist eine Möglichkeit des Datenaustauschs zwischen verschiedenen Programmen. Es handelt sich dabei um einen elektronischen Zwischenspeicher, der Text, Daten oder Graphiken aufnimmt und diesen Inhalt anderen Anwendungen zur Verfügung stellt. Im Ursprungsprogramm wird die gewünschte Information markiert und mit wenigen Schritten ins Zielprogramm eingefügt. Für computerkartographische Anwendungen ist dies z. B. nützlich, um Sachdaten aus einem Kalkulationsprogramm ins Kartographieprogramm zu

kopieren. Auch ist es über die Zwischenablage möglich, die Karte in einen Text oder in ein anderes Graphikprogramm einzufügen.

Im Folgenden werden einige wichtige Betriebssysteme für den PC vorgestellt und einige ihrer Eigenschaften erläutert.

DOS. Bis Ende 1995 arbeiteten die meisten IBM-kompatiblen PCs mit dem Betriebssystem DOS (Disk Operating System), das in seiner ersten Version 1981 zusammen mit dem ersten IBM-PC ausgeliefert wurde und dann seinen Siegeszug antrat. DOS hat jedoch zumindest für den Anwender einen nicht unerheblichen Nachteil. Alle Funktionen müssen per Tastatur eingegeben werden. Das bringt nicht nur lästige Tipparbeit mit sich, sondern erfordert vom Anwender, dass er sich die Syntax eines jeden Befehls mit den zugehörigen Parametern und Optionen einprägen muss. Hinzu kommt, dass die DOS-Kommandos englischsprachig sind und teilweise abstrakte Namen haben. Einen Ausweg bieten Benutzeroberflächen, die über Funktionstasten und Maus wichtige Befehle des Betriebssystems übernehmen.

Seit Herbst 1995 ist das Betriebssystem Windows 95 als Nachfolger der Kombination DOS/Win3.x auf dem Markt und besitzt alle Funktionen eines kompletten Betriebssystems. Das Ende von DOS war besiegelt. Die völlig neu gestaltete Oberfläche erfreute sich nach kurzer Zeit sehr großen Zuspruchs.

Windows 95/98/ME. Die graphische Oberfläche von Windows wurde in einer ersten Version Mitte der 80er Jahre von der Firma Microsoft entwickelt. Der Name leitet sich aus der dominierenden Arbeitstechnik mit Fenstern ab. Mit Windows 95 und den darauffolgenden Versionen hat sich Windows zu einem vollwertigen Betriebssystem entwickelt und ist heute das meist installierte Betriebssystem auf dem PC. Mit Windows hielten im Vergleich zu den Vorgängern viele Vorteile in den Alltag des Computerbenutzers Einzug. Der sich aus der 32-Bit-Technik ergebende Geschwindigkeitsgewinn konnte zunächst nur von jenen Programmen ausgenutzt werden, die für Windows entwickelt wurden. Im Bereich der kartographischen Software ist inzwischen die Umstellung vollzogen. Nahezu alle Programme arbeiten heute mit 32-Bit-Technik.

Windows erlaubt Multitasking, Multithreading und den Datenaustausch über die Zwischenablage. Mit dem interaktiven Datenaustausch mittels OLE (Object Linking and Embedding) oder DDE (Dynamic Data Exchange) (vgl. Kap. 3.4.4), die bereits Bestandteil von Windows 3.x waren, wurden neue Standards gesetzt. Diese Form des Datenaustauschs ist für die Kartographie von besonderer Bedeutung.

Seit Juni 1998 ist Windows 98 auf dem Markt. Im Prinzip bietet diese Version wenig Neues. Die Installationsroutine enthält aktuelle Treibersoftware, so dass neue Peripheriegeräte ohne Mühe installiert werden können; weiterhin werden USB-Geräte unterstützt. Die Kompatibilität zu Anwendungen unter DOS und Windows 3.x ist ebenfalls aufrecht erhalten, so dass nicht Tausende von Programmen überflüssig werden. Besonderes Augenmerk wird auf die Netzwerk- und Kommunikationsfähigkeit des Programms gelegt, speziell im Hinblick auf die Internetanbindung.

Windows 98 unterstützt ACPI (Advanced Configuration and Power Interface), eine Spezifikation für das Power-Management. Sie wurde 1997 als offener Standard für PCs entwickelt, um beim Betrieb Energie zu sparen und vor allem den lästigen Bootvorgang zu umgehen. Wenn alle Geräte ACPI unterstützen, können das Betriebssystem und die Hardware kommunizieren. Dadurch ist es möglich, jedes einzelne Gerät abzuschalten und somit effizient Energie zu sparen. Der Rechner kann mittels Tastatur abgeschaltet und binnen von Sekunden ohne Booten wieder angeschaltet werden. Der Benutzer wird so in die Lage versetzt, exakt an der Stelle weiterzuarbeiten, an der er den PC verlassen hat. Einen wirklichen Vorteil bringt diese Technik aber nur, wenn die Systemplatine die Schlafmodi S3 oder S4 (Suspend-to-Disk) einnehmen kann (Bögeholz 1999). Dabei wird der Inhalt des Arbeits- und Videospeichers auf Platte geschrieben.

Windows NT. Windows NT ist ebenfalls eine Microsoft-Entwicklung und in der ersten Version seit 1993 auf dem Markt. Erfolgreich wurde es jedoch erst mit der Version 4.0, die seit Herbst 1996 verfügbar ist. Windows NT unterscheidet sich äußerlich nicht von Windows 95/98, da Optik und Funktionsweisen für den Benutzer identisch sind. Von der Programmphilosophie her ist es für den professionellen Einsatz konzipiert worden. Es verfügt über umfangreiche Sicherheitsfunktionen, um detaillierte Zugriffsregeln auf Systemressourcen, Verzeichnisse und Dateien zu definieren. Die Sicherheit und Stabilität des Systems, das unabhängig von DOS entwickelt wurde, sind zentrale Anliegen des Systems.

Viele Anwenderprogramme, die für Windows 95/98 entwickelt sind, laufen auch unter Windows NT. Eine Reihe von Programmen gibt es jedoch als eigens entwickelte NT-Versionen. Auf keinen Fall sollte davon ausgegangen werden, dass jedes für Windows 95/98 entwickelte Kartographieprogramm auch unter Windows NT ohne Probleme läuft.

Windows 2000. Windows 2000 ist für den professionellen Sektor konzipiert. Entsprechend hoch sind die Anforderungen an die Hardware. Die Netzwerkunterstützung ist weiter ausgebaut und das Betriebssystem weist höhere Sicherheitsstandards aus. Vorerst wird Windows 98 das Betriebssystem für den Massenmarkt bleiben.

Windows XP. Seit Oktober 2001 ist Windows XP in der Home- und der Professional-Version auf dem Markt. Bereits an der sichtbaren Oberfläche unterscheidet es sich stark von den Vorgängern. Das neue Aussehen verfügt über ein verbessertes, klares Design und erleichtert die intuitive Benutzung. Die Anforderungen an die Ressourcen der Hardware sind hoch, sie sollte mindestens über einen Prozessor mit 300 MHz, 128 MByte RAM und 1 GByte Festplatte für die Installation verfügen. Gestärkt wurden alle Funktionen im Bereich der Kommunikation, Audio und Video. Auch in der Home-Version können mehrere Benutzer verwaltet werden. Die für DOS und Windows entwickelten Programme laufen Tests zufolge meist problemlos unter Windows XP. Zur Kompatibilität von Kartographie- und GIS-Software liegen bisher noch keine ausreichenden Erfahrungen vor.

Linux. Den Anfang machte ein kleines Übungsprojekt eines finnischen Studenten, der das 32-Bit-Betriebssystem programmierte. Es basiert auf UNIX und steht allen Interessenten frei und kostenlos zur Verfügung. Inzwischen sind weltweit Tausende von begeisterten Programmierern dabei, das Programm weiter zu entwickeln. Linux legt seinen Programmcode offen, der dadurch auch von jedem modifiziert werden kann. Linux selbst besitzt keine graphische Oberfläche. Es sind jedoch eine große Anzahl von Aufsätzen verfügbar, die dem Betriebssystem eine graphische Oberfläche verleihen. Für Linux existieren mittlerweile eine ganze Reihe kompletter Büropakete.

Abschließend muss bemerkt werden, dass für kartographische Programme am PC das Betriebssystem OS/2 keine Bedeutung hat. Auch das relativ erfolgreiche Linux spielt praktisch keine Rolle. Keine der in Kapitel 4 vorgestellten Programme ist derzeit auf Linux portiert. Erst mit der Existenz einer leistungsfähigen Anwendung könnte auch Linux in der Kartographie Fuß fassen. Um an die Tradition von Linux und dessen Anwendungen anzuknüpfen, müsste dieses Programm zumindest für Privatanwender kostenlos sein.

3.2.2 Software zur Kartographie

Ziel der Arbeitsweise des Desktop Mapping ist es, auf möglichst unkomplizierte Weise aussagekräftige, schöne und kartographisch korrekte Karten zu erstellen. Um dieses Ziel zu erreichen, stehen viele Wege zur Verfügung:

- Karten können mit *Standardsoftware*, auch aus dem Bereich der Büropakete, erstellt werden. Viele Programme, wie die Tabellenkalkulation EXCEL, bieten entsprechende Funktionalitäten an.
- *Graphikprogramme* sind sehr mächtige Instrumente und können ebenfalls genutzt werden, um Karten herzustellen. Insbesondere FreeHand genießt in der Kartographie große Verbreitung.
- *Kartographiesoftware*, häufig Kartenkonstruktionsprogramme genannt, sind Programme mit dem primären Ziel, Karten zu produzieren.
- Software aus dem Bereich der *Geoinformationssysteme* dient primär der Analyse raumbezogener Daten und liefert ebenfalls Karten.

Kartographieprogramme sollten eine Reihe von Anforderungen erfüllen. Die im Folgenden entwickelten Kriterien sind die Grundlage für die Vorstellung der Programme im Kapitel 4.

Systemanforderungen. Die Anforderungen an die Hardwareausstattung sollten möglichst gering sein. Nur dann kann Kartographie nicht nur von Spezialisten betrieben werden, sondern allgemeine Verbreitung finden. Das gleiche gilt für die Anforderungen an Vorkenntnisse und Einarbeitungsaufwand.

Anwendungen, die für moderne Betriebssysteme entwickelt worden sind, haben eine ganze Reihe von Vorteilen: Gerätetreiber, insbesondere Drucker, Schriften und vieles andere mehr werden automatisch verwaltet, ohne dass sich der Benutzer damit auseinander setzen muss. Bei den in Kapitel 4 vorgestellten Programmen handelt es sich ausschließlich um Anwendungen, die unter Windows 95/98 oder Windows NT verfügbar sind.

Oberfläche. Kartographieprogramme müssen nicht nur an ihren Fähigkeiten, sondern auch an ihrer Bedienerfreundlichkeit gemessen werden. Bei der Erstellung graphischer Abbildungen ist es unbestreitbar von großem Vorteil, wenn die Funktionen direkt graphisch gesteuert werden können, wie dies in Windows-Anwendungen generell üblich ist. Folgende Eigenschaften erleichtern die Arbeit wesentlich:

- Karten werden immer in mehreren Durchgängen erarbeitet, in denen Darstellungsformen und Gestaltungsmittel ausprobiert und gegebenenfalls wieder geändert werden. Die Karte muss deshalb unbedingt schon am Bildschirm genau so zu sehen sein, wie sie später aus dem Ausgabegerät kommt, da sonst unzählige Probeausdrucke erforderlich sind, was Zeit und Geld kostet. Wenn die Bildschirmansicht genau der Ausgabe entspricht, wird dies als *Wysiwyg* bezeichnet, eine Abkürzung von *What You See Is What You Get.*
- Farben und Füllmuster sollten nicht über Buchstaben- oder Nummerncodes definiert werden und erst auf der fertigen Karte erscheinen, sondern vielmehr schon im Moment der Auswahl sichtbar sein.
- Das Verschieben von Objekten auf der Karte sollte so funktionieren, dass Objekte mit der Maus angeklickt und dann sichtbar über das Kartenfeld bewegt werden können (*Drag and Drop*). Das Verschieben über die Veränderung von numerischen Koordinaten ist mühselig und die Auswahl aus vorgegebenen Positionen wie *Oben*, *Unten* etc. unzureichend.

Datenverwaltung. Häufig sollen Daten dargestellt werden, die bereits auf dem PC gespeichert sind, allerdings in einem anderen Programm. Darum sollte die kartographische Software den Import von Fremddaten erlauben, was besonders für digitale Koordinaten, d. h. Geometriedaten, gilt. Im Programm selbst sollten alle Daten übersichtlich geordnet und möglichst gut dokumentiert werden können.

Geometriedaten sollten möglichst mit dem Programm selbst oder einem Zusatzmodul erstellt und modifiziert werden können. Die Modifikation von Koordinaten ist wichtig, um mit Änderungen Schritt zu halten. Zum Beispiel kommt es häufig vor, dass Regionen geteilt, zusammengefasst oder Grenzen verschoben werden.

Entwurf und Gestaltung. Wie das Kapitel 2 gezeigt hat, gibt es eine relativ begrenzte Anzahl von Darstellungsformen, die ausreicht, einen großen Teil raumbezogener Informationen darzustellen. Choroplethenkarten, Diagrammkarten und Symbolkarten sollten möglich sein. Bei den Diagrammkarten sollte eine Auswahl aus mindestens vier bis fünf Typen bestehen. Bezüglich der Symbole muss die Auswahl dagegen viel größer sein. Außerdem sollte ein Programm die freie Generierung oder zumindest den Import von Symbolen ermöglichen. Insgesamt sollte die Software folgende zwei Eigenschaften haben:

- Es sollte möglich sein, schnell und mit wenig Aufwand eine korrekte Karte zu erstellen, die sich auf das erforderliche Mindestmaß an Informationen beschränkt. Um dies zu erreichen, muss das Programm an möglichst vielen Stellen automatisch *Defaultwerte* vorgeben, welche die kartographischen Grundregeln beachten. Defaultwerte sind Einstellungen, die wirksam werden, wenn der Anwender keine eigenen Einstellungen vornimmt.
- In einer zweiten Stufe sollte das Programm möglichst freie Hand bei Entwurf und Gestaltung der Karte zulassen. Die vom Programm vorgegebenen Einstellungen sollten möglichst frei verändert werden können, beispielsweise beim Bestimmen des Kartenausschnitts, der Legendenposition, der Farben oder der Schriften.

Weitere wichtige Punkte beim Entwurf sind die Möglichkeiten zur differenzierten Darstellung von Linien und den kartographischen Elementen, wie Maßstab und Legende. Bei den kartographischen Elementen, wie auch bei den Darstellungsformen, ist sehr darauf zu achten, dass die wichtigsten kartographischen Grundregeln eingehalten werden. Diese im Kapitel 2 dargestellten Regeln sind kein Selbstzweck, sondern stellen Eindeutigkeit und Aussagekraft der Karte sicher.

Ausgabe. Die besten am PC erarbeiteten Karten sind wertlos, wenn das Programm keine hochwertigen Ausgabegeräte unterstützt. Dabei sollten sowohl Farb- als auch Schwarzweißausgaben in verschiedenen Größenformaten möglich sein.

Nicht jede Karte soll ausgedruckt werden. Die Karte sollte deshalb in verschiedene Dateiformate exportiert werden können. Das ist notwendig, um Karten in andere Dokumente, z. B. in Texte, einzubinden. Da kein Kartographieprogramm perfekt ist, sollte außerdem der Export der Karten in andere Graphikprogramme zur Nachbearbeitung möglich sein.

3.3 Raster- und Vektordaten

Die elementaren Bausteine jeder Graphik sind Punkte, Linien und Flächen. Genau betrachtet könnten diese Bausteine auf ein Element reduziert werden, nämlich auf Punkte. Denn mit Punkten können eindeutig Linien definiert werden und mit Hilfe von Linien lassen sich Flächen bilden. Um diese graphische Information in eine Form zu übertragen, die vom Computer verarbeitet werden kann, sind grundsätzlich zwei Ansätze möglich: die Rastergraphik und die Vektorgraphik. Diese beiden Begriffe finden ihre Entsprechung in vielen Bereichen raumbezogener Informationsverarbeitung. So wird im Zusammenhang mit Geoinformationssystemen von Raster- und Vektormodellen gesprochen oder in Verbindung mit raumbezogenen Daten von Raster- und Vektordaten. In jedem Fall ist es notwendig, sich mit diesen Begriffen näher zu beschäftigen, wobei sich die folgenden Abschnitte auf die Eigenschaften der Raster- und Vektorgraphik konzentrieren.

Rastergraphik. Das kleinste Element der Rastergraphik ist das Pixel (picture element). Die Pixel sind zeilen- und spaltenweise in einer Matrix abgespeichert und können daher eindeutig durch Zeilen- und Spaltennummern angesprochen werden. In der Regel handelt es sich um gleich große, quadratische Flächen. Generell ist diese Eigenschaft nicht notwendig, denn es sind auch andere regelmäßige oder unregelmäßige, individuell geformte Flächen denkbar.

Alle Pixel einer Matrix enthalten einen Wert und belegen deshalb Speicherplatz, auch diejenigen, die bei der Ausgabe keine sichtbare Information tragen. Die einfachste Form der Information besteht aus *Schwarz* oder *Weiß*, d. h. 0 oder 1, und benötigt daher 1 Bit Speicherplatz (vgl. Abb. 3.12). Werden detaillierte Eigenschaften beschrieben, z. B. ein Grauwert oder eine Farbe, erhöht sich der Speicherbedarf einer solchen Datei drastisch. Um den Speicherbedarf zu reduzieren, können Komprimierungsverfahren angewendet werden.

Über die Beziehungen eines Pixels zu seinen Nachbarn ist in einer Rasterdatei keine Information abgespeichert. Demzufolge sind keine geometrisch zusammenhängenden Elemente, wie Linien, Kreise usw. definiert. Dadurch können solche Objekte nur sehr eingeschränkt angesprochen werden, da keine Informationen darüber existieren, inwieweit mehrere Pixel einem gemeinsamen Objekt, z. B. einem See oder einer Straße, zuzuordnen sind.

Graphische Objekte einer Rastergraphik werden also aus vielen einzelnen kleinen Flächen gebildet, die sich dann z. B. zu Linien und Zeichen zusammenfügen. Die Genauigkeit einer Graphik ist von deren Auflösung abhängig. Mit einer hohen Auflösung steigt aber gleichzeitig der Speicherbedarf. Bei der Ausgabe am Bildschirm oder einem Ausdruck sind bei ausreichend großer Auflösung die einzelnen Pixel nicht erkennbar. Das menschliche Auge nimmt nur noch die zusammenhängenden Objekte war.

Vektorgraphik. Vektororientierte Graphiken beruhen auf Informationen über Punkte. Ein Anfangspunkt und ein Endpunkt ergeben bereits eine Linie. Eine Linie kann durch weitere Stützpunkte differenziert werden. Linien, die ein geschlossenes Polygon bilden, definieren eine Fläche. Zwischen den Elementen bestehen wiederum Nachbarschaftsbeziehungen, z. B. besitzen Flächen gemeinsame Linien oder Punkte sind Bestandteil der gleichen Linie usw. In einer vektororientierten Datei werden alle diese Informationen quasi als eine Art „Rechenvorschrift“ abgelegt. Ein Bild wird also durch mathematische Verfahren beschrieben. So wird ein Kreis durch die x- und y-Koordinate des Mittelpunktes und seinen Radius beschrieben und gespeichert.

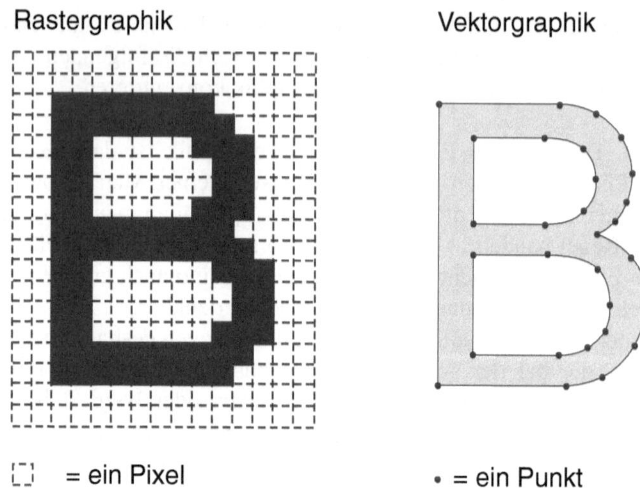

Abb. 3.12. Schematische Darstellung einer Raster- und einer Vektorgraphik

Metagraphik. Dieser Dateityp ist eine Mischung: Er enthält sowohl Anteile mit Rastergraphik als auch Anteile mit Vektorgraphik. Meist ist dieses Format kompakter als die reine Rastergraphik, nimmt jedoch mehr Speicherplatz als die Vektorgraphik ein.

Raster- und Vektorgraphik im Vergleich. Abbildung 3.12 zeigt die schematische Darstellung einer Raster- und einer Vektorgraphik. Die Rastergraphik besteht aus einer x × y-Matrix, wobei die Pixel entweder die Information *Weiß* oder *Schwarz* enthalten. Das Objekt, nämlich der Buchstabe B, entsteht erst durch die Anordnung der Pixel in der 15 × 18 Felder großen Matrix. Im Gegensatz dazu besteht die Vektorgraphik aus Punkten, die sich zu Linien und diese wiederum zu Flächen zusammenfügen. Um diese Verbindungslinien zwischen den Punkten zu definieren, existieren unterschiedliche Verfahren: Die einfachste Methode ist es, eine Gerade zu ziehen; eine andere ist die Bézier-Kurve (vgl. Abb. 3.15).

Um eine Gerade als Rastergraphik zu sichern, müssen alle Punkte einer rechteckigen Matrix abgespeichert werden. Diejenigen Pixel, die Bestandteil der Geraden sind, enthalten z. B. die Eigenschaft *Schwarz*, die restlichen Punkte *Weiß*. Bei einer Vektorgraphik reicht es aus, die Koordinaten des Anfangs- und Endpunkts zu speichern und die Information zu besitzen, dass beide Punkte durch eine Gerade zu verbinden sind. Wird die Gerade z. B. auf dem Bildschirm ausgegeben, der ja im Übrigen wieder aus Pixeln besteht, werden mittels der gespeicherten Vorschriften die Bildschirmpixel berechnet, die zwischen dem Anfangs- und dem Endpunkt liegen, und „eingeschaltet"; dadurch wird die Gerade sichtbar.

Raster- und Vektordaten weisen sehr unterschiedliche Eigenschaften auf (vgl. Tabelle 3.8), die wiederum unmittelbaren Einfluss auf die Datengewinnung, die Datenverarbeitung und die Nutzungsmöglichkeiten haben.

Tabelle 3.8. Eigenschaften von Raster- und Vektordaten (zum Teil entnommen aus: Bill u. Fritsch 1991, 23ff., ergänzt)

	Vektordaten	Rasterdaten
Grundelemente	Geometrische Elemente	Pixel
Objektbezug	Einfach	Eingeschränkt
Datengewinnung	Digitalisierung, manuell oder automatisiert	Vorwiegend automatisiert, z. B. Fernerkundung, scannen
Speicherbedarf	Niedrig	Hoch
Genauigkeit	Beliebig genau	Grenze durch Auflösung

In der Kartographie ist die Vektorgraphik von weitaus größerer Bedeutung und hat eindeutig Vorteile. Nahezu jede kartographische Software basiert auf dieser Technik. Die Gründe sind nicht nur die weitaus kürzeren Rechenzeiten und der geringere Speicherbedarf, sondern das einfache Selektieren von Objekten und das Zuordnen von Eigenschaften zu diesen Objekten. Dadurch sind Bildveränderungen sehr schnell zu realisieren. Bei der Verarbeitung von Graphik ist es besonders wichtig, dass z. B. kleine Veränderungen in der Karte, wie das Verschieben einer Beschriftung, schnell am Bildschirm realisierbar sind, was nur in der Vektorgraphik möglich ist. Ein weiterer Vorteil ist es, dass die Vektorgraphik ohne Qualitätsverluste vergrößert werden kann. Rastergraphiken haben eine konstante Auflösung; z. B. ist eine Linie bestimmter Länge mit 50 Punkten definiert, unabhängig von der Ausgabegröße. Dadurch entstehen beim Vergrößern sehr schnell unschöne Stufeneffekte, die sich z. B. darin äußern, dass diagonal verlaufende Linien gezackt abgebildet werden. Ein weiterer, wesentlicher Nachteil der Rastergraphik besteht darin, dass jedes Pixel jeweils nur eine Information speichern kann.

Das bedeutet, dass die Information über eine Linie verloren geht, wenn diese durch eine Beschriftung überlagert wird. Wird die Beschriftung später von dieser Stelle entfernt, bleibt eine Lücke. Bei der Vektorgraphik käme die darunter liegende Linie wieder zum Vorschein.

Die Rastergraphik spielt dort eine Rolle, wo Daten aus der Fernerkundung verarbeitet oder Kartenvorlagen eingescannt werden. Diese Methoden sind vor allem bei der Datengewinnung wichtig. Zum einen ist es möglich, Vektordaten aus Rasterdaten zu gewinnen; allerdings ist dieser Vorgang mit Problemen behaftet, sofern dies automatisiert erfolgen soll. Zum anderen können auch Sachdaten aus Rasterdaten gewonnen werden, z. B. indem auf der Grundlage der Pixeldaten die Art der Flächennutzung bestimmt wird.

Mit dem weitaus größten Teil der Kartographiesoftware können Rasterdaten gelesen werden. Nur in wenigen Fällen ist es jedoch möglich, Rastergraphik zu verarbeiten, d. h. Operationen durchzuführen, die über die Veränderung der Helligkeit und des Kontrasts hinausgehen. Die Rastergraphik dient meist als Hintergrund oder als Vorlage zur Digitalisierung.

3.4 Geometrie- und Sachdaten

Für die Konstruktion einer thematischen Karte werden Informationen benötigt, sogenannte Daten. Diese Daten lassen sich in zwei Kategorien einteilen. Die erste Kategorie sind die *Geometriedaten*, die zweite die *Sachdaten*. Geometriedaten oder Koordinaten beinhalten Angaben über Lage und Ausdehnung von Punkten, Linien und Flächen im dargestellten Gebiet. Die Geometriedaten beinhalten bereits Informationen, wie die Länge von Linien oder die Größe von Flächen; diese werden räumliche *Attribute* genannt. Ein Teil dieser Geometriedaten wird für die thematische Karte mit Sachdaten verknüpft, die Informationen bezüglich Punkten, Linien oder Flächen im Kartengebiet enthalten. Die den Geometriedaten zugeordneten Informationen sind die nicht-räumlichen Attribute. Ist die Verknüpfung hergestellt, wozu beide Datensätze eine Verbindungsvariable enthalten müssen, so kann das Darstellungsverfahren gewählt und die thematische Karte erstellt werden (vgl. Abb. 3.13).

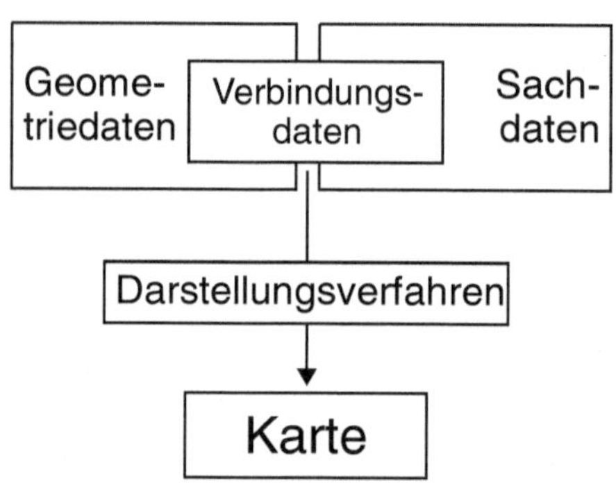

Abb. 3.13. Verbindung zwischen Geometrie- und Sachdaten

Für eine Choropletenkarte der Bevölkerungsdichte werden zwei Informationen benötigt: die Geometriedaten, bestehend aus geschlossenen Polygonzügen, definieren den räumlichen Bezug, und die Sachdaten, die sich auf die Variable Bevölkerungszahl beschränken. Aus den raumbezogenen Daten kann ein Attribut berechnet werden: die Fläche. Aus der Bevölkerungsanzahl als nicht-räumliches Attribut und der Fläche wird ein Quotient berechnet. Damit ist das Ziel fast erreicht: Die darzustellende Bevölkerungsdichte für jede regionale Einheit ist ermittelt. Nun muss nur noch die Karte entworfen werden.

Es gibt eine Vielzahl von Methoden, um Geometrie- und Sachdaten zu gewinnen und aufzubereiten. Im gesamten Ablauf von der Vorbereitung einer Karte bis zum fertigen Produkt, kann dieser Vorgang unter Umständen einen sehr großen Umfang einnehmen, und dies sowohl in Bezug zu den Kosten als auch zur Arbeitszeit, insbesondere, wenn die Geometriedaten noch zu erzeugen und die Sachdaten zu erheben und vorzubereiten sind. Der Aspekt der Datengewinnung wird in den folgenden Abschnitten etwas näher beleuchtet.

3.4.1 Koordinaten als Grundlage der Computerkarte

Voraussetzung für die computergestützte Herstellung von Karten ist das Vorhandensein von digitalen geographischen Daten über das abzubildende Gebiet. Diese Datenbestände werden zumeist gemeinsam mit der Kartographiesoftware angeschafft und implementiert. Von diesem Moment an befinden sie sich quasi „im Hintergrund", und ihre Struktur ist nicht direkt sichtbar. Wenn sie aber ergänzt oder verändert werden sollen, ist es von großem Nutzen, über die Methodik der digitalen Erfassung des Raums Bescheid zu wissen, und sei es nur, um den Aufwand einer Änderung oder Ergänzung abschätzen zu können.

Als Quelle für die Erzeugung von Koordinatensätzen dient zumeist Kartenmaterial. Zunehmend werden Lageinformationen auch aus Luft- und Satellitenbildern gewonnen oder direkt aus der Landschaft erhoben und in eine Karte eingezeichnet (Engelhardt 1993, 8). Zumeist ist also eine Kartengrundlage auf Papier vorhanden. Im Prinzip lässt sich auch eine nur imaginär, d. h. „im Kopf" vorhandene Karte direkt in maschinenlesbare Koordinaten umwandeln.

Um den Raum maschinenlesbar, d. h. digital beschreiben zu können, wird er in ein Koordinatensystem eingebettet. Dieses Koordinatensystem hat im Allgemeinen zwei Achsen, kann aber auch aus drei Achsen bestehen, wenn dreidimensionale Geländemodelle erstellt werden. Die folgende Darstellung bezieht sich auf einen zweidimensionalen Raum.

Die beiden Achsen werden als x-Achse, zur Beschreibung der horizontalen oder Ost-West-Position, und y-Achse, zur Beschreibung der vertikalen bzw. Nord-Süd-Position, bezeichnet. Die Achsen sind kontinuierlich und gleichabständig eingeteilt, zum Beispiel in Meter. Außerdem sind sie in beiden Richtungen unendlich, was bedeutet, dass der von einem Koordinatensatz beschriebene Raum grundsätzlich in alle Richtungen erweitert werden kann.

Die Abbildung 3.14 zeigt die Lage von Elementen im räumlichen Koordinatensystem. In einer digitalen Geometriedatei könnten die Punkte, Linien und Flächen so beschrieben werden, wie es in der Tabelle 3.9 wiedergegeben ist.

Das Beispiel zeigt, dass digitale Koordinaten generell nur Punkte zur Beschreibung räumlicher Elemente verwenden, d. h. auch Linien und Flächen werden letztendlich durch Punkte definiert. Die Problematik hierbei wird in der Abbildung 3.14 bei der Linie L2 deutlich, die einen kurvenförmigen Verlauf nimmt. Kurven können durch Punkte, sofern diese durch Geradenstücke verbunden werden, letztlich immer nur annähernd beschrieben werden. Wie groß die Abweichung zwischen Realität und Koordinaten ist, hängt von der Anzahl der Punkte, die zur Beschreibung verwendet werden, ab. In der Tabelle 3.9 wird die Kurve L2 nur durch vier Koordinatenpunkte und damit sehr ungenau beschrieben. Selbst wenn stattdessen 40 oder 400 Koordinatenpunkte verwendet werden, bleibt die Darstellung ungenau, was aber erst bei entsprechender Vergrößerung sichtbar wird.

Tabelle 3.9. Koordinaten der Elemente der Abbildung 3.14

Element	x/y - Koordinaten
Punkt P1	3/7
Punkt P2	-1/2
Punkt P3	-2/-1
Linie L1	2/-1 , 6/1 , 6/2 , 7/3 , 9/2
Linie L2 *	9/4 , 9/5 , 7/6 , 7/7
Fläche F1	3/2 , 5/5 , 3/6 , 2/5 , 2/3 , 3/2

*Anm.: Die angegebenen Koordinaten für L2 stellen nur eine von vielen Möglichkeiten zur Beschreibung dieser Linie dar.

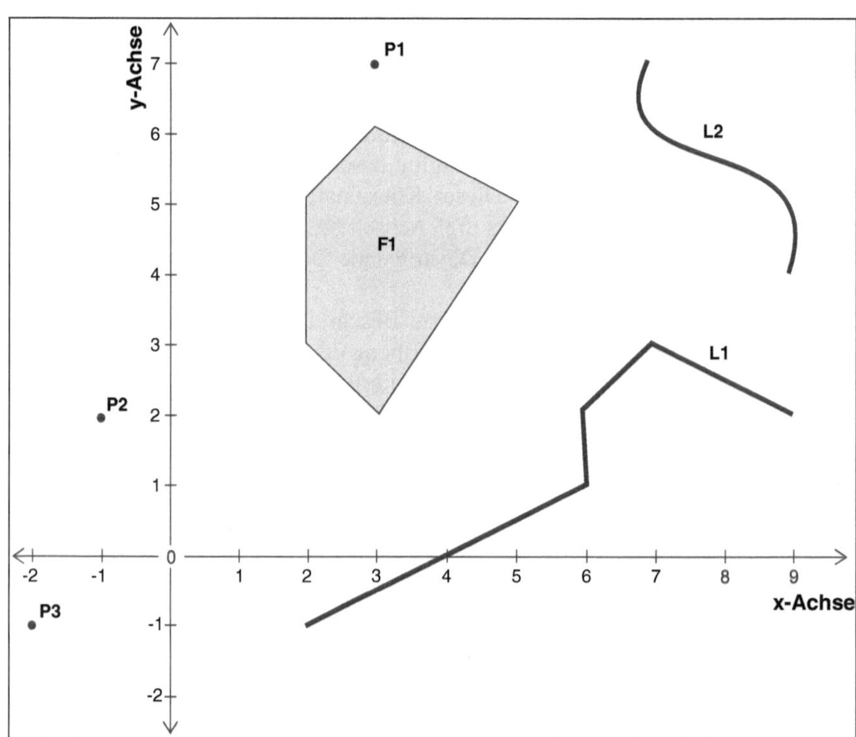

Abb. 3.14. Räumliches Koordinatensystem mit zwei Achsen

Anstelle Kurven durch Geraden anzunähern, die jeweils durch zwei Punkte definiert sind, können auch Bézier-Kurven angewendet werden. Dabei handelt es sich um ein Verfahren, das vom französischen Ingenieur und Wissenschaftler Pierre Bézier entwickelt wurde. Eine Bézier-Kurve wird durch vier Punkte definiert: zwei Kurvenpunkte und zwei Kurvenziehpunkte. Die Form der Kurve wird gesteuert, indem die beiden Kurvenziehpunkte bewegt werden. Deren Lage in Relation zu den dazugehörigen Endpunkten definiert die Krümmung der Kurve. In Abbildung 3.15 ist eine Kurve, bestehend aus zwei Bézier-Kurven, wiedergegeben. Durch diese Technik kann eine Kurve mit nur wenigen Informationen relativ genau verfolgt werden. Aufgrund dieser Eigenschaft ist die Technik der Bézier-Kurven in Graphikprogrammen anzutreffen; in Kartographieprogrammen finden sie jedoch nur selten Anwendung.

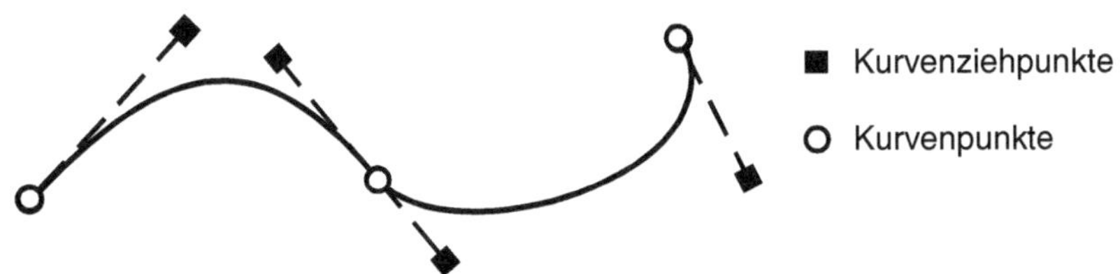

Abb. 3.15. Bézier-Kurven

Kombination von Geometriedaten. Mitunter stellt sich das Problem, Geometriedaten aus verschiedenen Quellen miteinander zu verbinden. Das kann zum Beispiel auftreten, wenn in eine vorhandene Deutschlandkarte mit Gemeindegrenzen eine separat digitalisierte Karte des Gewässernetzes eingebracht werden soll. Oder dass Geometriedaten für einzelne verschiedene Länder vorliegen, die dann gemeinsam in einer Karte dargestellt werden sollen.

Was zunächst problemlos scheint, erweist sich in der Praxis meist als schwierig oder gar unmöglich. Dass Geometriedaten aus unterschiedlichen Quellen selten problemlos verbunden werden können, liegt zumeist daran, dass schon die Kartengrundlagen, nach denen digitalisiert wird, nicht zusammenpassen. Hier sind weniger unterschiedliche Maßstäbe problematisch als vielmehr unterschiedliche Netzentwürfe und der Grad der Generalisierung. Dadurch verzerren sich die Gebietsumrisse unter Umständen so stark, dass sie nicht genau zusammenpassen. Außerdem sind verschiedene Karten meist mit unterschiedlicher Genauigkeit digitalisiert, weshalb die Grenzlinien dann nicht absolut parallel verlaufen.

Mitunter ist es über Software möglich, die Koordinatensätze anzugleichen. Generell ist die Angleichung dann möglich, wenn die Koordinaten *georeferenziert*, d. h. in ein räumliches Koordinatensystem eingebettet sind. Solche Koordinatensysteme sind zum Beispiel geographische Koordinaten, ausgedrückt in Breite und Länge, oder geodätische Koordinaten, wie das Gauß-Krüger-System (vgl. 2.2.3). Auskünfte über die zugrundeliegenden Systeme können im Allgemeinen die Produzenten der Koordinaten erteilen.

Verbindung zwischen Geometrie- und Sachdaten. Um von den Koordinaten zu einer thematischen Karte zu gelangen, müssen diese mit Sachdaten verbunden werden. Die Verbindung wird praktisch immer über eine Identifikations- oder ID-

Variable hergestellt. Das heißt, dass jede Fläche oder jeder Punkt in den Geometriedaten eine Kennziffer besitzt, die ebenfalls in der Sachdatendatei enthalten ist. Anhand dieser Kennziffer erkennt das Programm, welcher Sachdatenwert zu welcher Geometrie gehört. Die IDs folgen häufig amtlichen Systematiken.

Amtliche Systematiken haben meist einen hierarchischen Aufbau, ein Prinzip, welches auch bei der Entwicklung eigener IDs angewendet werden sollte (vgl. Tabelle 3.10). Amtliche ID-Nummern sollten immer vorrangig verwendet werden. Das hat den Vorteil, dass eine Dokumentation der Gebietsnummern häufig in amtlichen Veröffentlichungen vorhanden ist.

Tabelle 3.10. Auszug aus der amtlichen Deutschen Gebietsnummern-Systematik

ID	Gebiet
08	Baden-Württemberg
...	
09	Bayern
091	Bayern, Regierungsbezirk Oberbayern
09171	Bayern, Regierungsbezirk Oberbayern, Landkreis Altötting
09172	Bayern, Regierungsbezirk Oberbayern, Landkreis Berchtesgadener Land
...	
092	Bayern, Regierungsbezirk Niederbayern
09271	Bayern, Regierungsbezirk Niederbayern, Landkreis Deggendorf
...	
10	Saarland

Quelle: Statistisches Bundesamt: Amtliches Gemeindeverzeichnis für die Bundesrepublik Deutschland. Stuttgart.

3.4.2 Geometriedaten und ihre Quellen

Wie aus dem vorigen Abschnitt hervorgeht, ist ein computerkartographisches System ohne Koordinatendateien wertlos. Alle Programmhersteller liefern eine begrenzte Menge an Geometriedaten kostenlos mit dem Programm aus. Sollen Gebiete bearbeitet werden, die dabei nicht enthalten sind, so müssen zusätzliche Koordinatensätze beschafft werden. Viele Wege führen zu Geometriedaten. Grundsätzlich können folgende Wege unterschieden werden:

- Daten können durch manuelles *Digitalisieren* selbständig erzeugt werden.
- Rasterdaten können halbautomatisiert oder vollständig automatisiert in Vektordaten konvertiert werden. Dieser Vorgang, der vereinfacht *Vektorisierung* genannt wird, nimmt seinen Ausgangspunkt meist in einer analogen Vorlage, d. h. einer gedruckten Karte, die eingescannt wird.
- *Einkauf* der benötigten Daten bei öffentlichen oder privaten Anbietern.
- Daten aus dem *Internet*.

Im Ergebnis können die Daten in unterschiedlichsten Dateiformaten vorliegen. Ist es eines der gängigen Formate, gibt es in den meisten Kartographieprogrammen die Möglichkeit, die Daten zu importieren und danach weiter zu bearbeiten. Um die Karten zu speichern, verwenden fast alle Kartographieprogramme eigene interne Dateiformate. Die Geometriedaten zwischen verschiedenen Kartographieprogrammen auszutauschen ist zwar häufig möglich, jedoch ist erfahrungsgemäß meist viel Geschick und Intuition notwendig, um den Übergang reibungslos zu bewerkstelligen. In einigen Fällen ist dies nur mit Unterstützung der Hersteller möglich. Deshalb ist es wichtig, einen anvisierten Weg erst auszutesten, bevor ein großes Projekt realisiert werden soll!

Eine Frage wirft sich ebenfalls fast immer auf: Welche Geometriedaten sind für welche Karte geeignet? Diese Frage ist nicht einfach zu beantworten, ist sie doch von vielen Faktoren abhängig: von der Lagegenauigkeit, dem Grad und der Qualität der Generalisierung, dem Umfang der Daten sowie deren Aktualität. Letztendlich wird die Entscheidung auch immer von den einzusetzenden finanziellen Mitteln abhängen.

Mittlerweile ist eine unüberschaubare Menge von digitalen Geometriedaten vorhanden. Darunter sind zum Beispiel alle administrativen Grenzen europäischer Länder. Es wird jedoch immer Fälle geben, in denen spezielle Geometrien verlangt werden, die nicht vorhanden sind, zum Beispiel Vertriebsgebiete von Firmen, Schulbezirke, Entwicklungsländer usw. In diesem Fall muss selbst digitalisiert oder die Digitalisierung bei Spezialfirmen in Auftrag gegeben werden. Entsprechende Angebote halten die Programmhersteller bereit.

Digitalisierung. Im engeren Sinne wird hier die Vektordigitalisierung angesprochen, bei der Geometriedaten direkt als Vektorgraphiken erzeugt werden. Dazu ist spezielle Software notwendig, die in einigen Kartographieprogrammen enthalten, bei anderen als Zusatzprodukt käuflich ist.

Die Digitalisierung muss nicht im Kartographieprogramm erfolgen, in dem später die Karte entworfen wird; es gibt durchaus die Möglichkeit, Programme zu kombinieren. So hat es sich als sehr zweckmäßig erwiesen, in einem CAD-Programm (Computer Aided Design), zum Beispiel in AutoCAD, zu digitalisieren und die Daten über dessen Ausgabeformat, nämlich als DXF-Datei, in das gewünschte Kartographieprogramm zu exportieren. Dieses Vorgehen hat sich insbesondere bei der Kombination mit ArcInfo oder ArcView GIS bewährt. Grundsätzlich muss vor Projektbeginn geprüft werden, ob ein Import des gewonnenen Datenformats in das Zielprogramm möglich ist. CAD-Programme sind Werkzeuge, die in erster Linie für Konstruktionsaufgaben entwickelt sind und über meist bedienerfreundliche Module zur Digitalisierung verfügen.

Die genaue Vorgehensweise beim Digitalisieren ist in hohem Maße softwarespezifisch. Grundsätzlich lassen sich zwei Arbeitsweisen unterscheiden:

- die *Bildschirm-Digitalisierung* mit der PC-Maus direkt am Monitor,
- die *Tablett-Digitalisierung* mit Digitizer und Lupe.

Bildschirm-Digitalisierung. Am Bildschirm ist ein Fadenkreuz sichtbar, das durch die Maus bewegt wird (vgl. Abb. 3.16). Durch Tastendruck werden Punkte definiert. Die Punkte werden meist zu Linien verbunden und aus den Linien können geschlossene Polygonzüge, also Flächen, definiert werden. Diese Methode hat den Vorteil, dass keine spezielle Hardware benötigt wird. Viele Programme erlauben es, eine eingescannte Rastergraphik im Hintergrund darzustellen, so dass dieses Bild als Vorlage für die Digitalisierung verwendet werden kann. Die Bildschirm-Digitalisierung kann sehr genau sein, wobei dies in starkem Maße von der Qualität der Vorlage abhängt. Auflösung der Rastergraphik und die Randverzerrung durch das Scannen sind wichtige Merkmale, die zu berücksichtigen sind.

Am Bildschirm kann der Ausschnitt beliebig vergrößert werden. Dadurch ist es einfach, das Fadenkreuz exakt zu positionieren und Punkt für Punkt der Vorlage zu digitalisieren. Unpraktisch ist es jedoch, dass immer nur ein kleiner Ausschnitt der Vorlage am Bildschirm zu sehen ist. Der Blick für die gesamte Vorlage fehlt und die Fläche muss am Bildschirm häufig verschoben werden. Ein großer Nachteil, vergleicht man es zur Arbeit am Digitalisiertablett.

Eine weitere Gefahr der Bildschirm-Digitalisierung muss beachtet werden: Die Erfahrung hat gezeigt, dass Bearbeiter am Bildschirm dazu neigen, an problematischen Stellen einfach zu zoomen, d. h. den Ausschnitt vergrößern. Das führt fast immer zu einer unterschiedlichen Dichte der aufgenommenen Punkte und damit zu einem unterschiedlichen Grad der Digitalisierung. Deshalb sollte besser der Vergrößerungsfaktor, mit dem die Vorlage am Bildschirm gezeigt wird, konstant bleiben und durchgängig in dieser Vergrößerung gearbeitet werden.

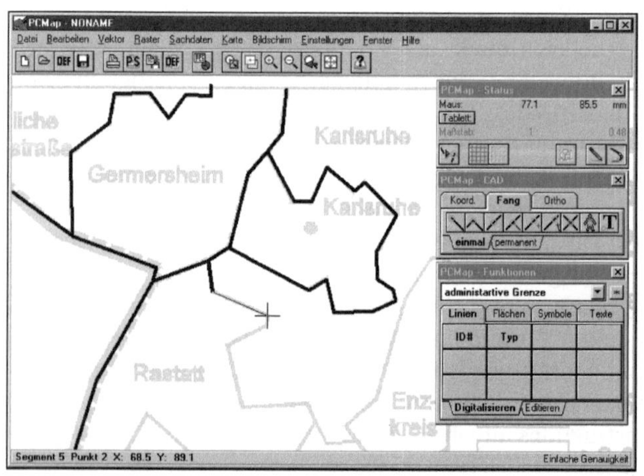

Abb. 3.16. Digitalisieren am Bildschirm mit PCMap

Tablett-Digitalisierung. Diese Methode erlaubt eine sehr genaue Aufnahme der Vorlage. Diese wird auf einem Digitalisiertablett befestigt und mit dem Fadenkreuz der Lupe abgetastet (vgl. Abb. 3.17). Durch Druck auf eine Lupentaste wird jeweils ein Punkt definiert. Es muss jeweils festgelegt werden, ob ein digitalisierter Punkt ein alleinstehender Punkt oder ein Anfangs-, Zwischen- bzw. Endpunkt einer Linie ist. Die aus den Punkten entstehenden Linien können am Bildschirm verfolgt werden.

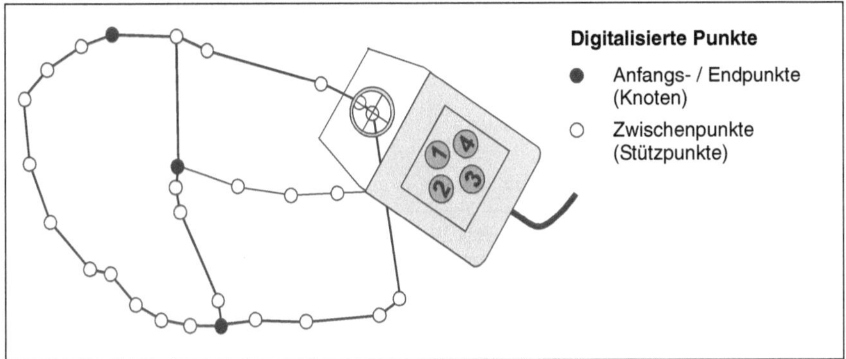

Abb. 3.17. Aufnahme von Punkten mit der Digitalisierlupe

In der Abbildung 3.17 sind eine Grenzstruktur und eine Digitalisierlupe dargestellt. Den vier Tasten der Lupe können durch die Software zum Beispiel folgende verschiedene Funktionen zugewiesen werden: Taste 1 digitalisiert den Anfangspunkt und die Zwischenpunkte einer Linie, Taste 2 den Endpunkt. Die Tasten 3 und 4 dienen dazu, Anfangs- oder Endpunkte neuer Linien direkt an bereits vorhandene Linien anzuketten.

Bis hierher erzeugte Ergebnisse verfügen meist noch nicht über eine topologische Beziehung. Unter Topologie wird Lage, Anordnung und Beziehung geometrischer Gebilde im Raum verstanden. So können mehrere Linien einen geschlossenen Polygonzug bilden, der eine Fläche definiert. Wann diese Bezüge hergestellt werden, spielt keine Rolle; sie können jederzeit definiert werden. Soll die Topologie beim Digitalisieren festgelegt werden, ist nach der Aufnahme der Linien zu definieren, welche der Linien jeweils eine Fläche umfassen. Inwieweit diese Systematisierung manuell oder automatisch abläuft, ist je nach Programm unterschiedlich. Im Folgenden sind zwei Varianten aufgeführt:

- Es werden nummerierte Liniensegmente digitalisiert. Anschließend wird eine Zuordnungsdatei erstellt, in der für jede Fläche angegeben wird, aus welchen Liniensegmenten sie besteht. Ein Liniensegment kann dabei zu mehreren Gebieten gehören. Dieses System wird in der Abbildung 3.18 veranschaulicht.
- Die Flächen werden interaktiv am Bildschirm definiert. In diesem Fall werden Linien ohne vorherige Nummerierung digitalisiert. Die Software erkennt geschlossene Polygone, d. h. Flächen, selbst, und es genügt, wenn nach dem Anklicken der Fläche eine Kennziffer oder ein Name vergeben wird.

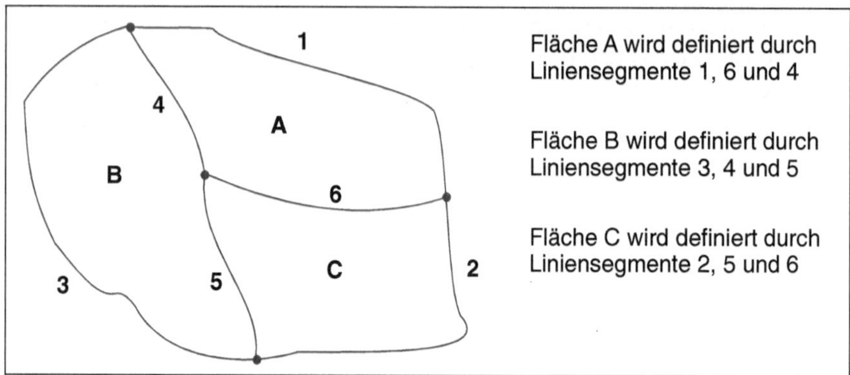

Abb. 3.18. Flächendefinition durch nummerierte Liniensegmente

Bei der Erzeugung von Flächen müssen zwei häufig auftretende Sonderfälle besonderes beachtet werden: Inseln und Exklaven. Dabei ist eine Insel eine Fläche innerhalb einer Fläche und eine Exklave ist eine Fläche außerhalb einer definierten Fläche, die aber in einer sachlichen Beziehung stehen (vgl. Abb. 3.19). Warum diese Flächen einer besonderen Behandlung bedürfen, wird spätestens dann sichtbar, wenn Sachdaten mit Flächen verbunden werden. Bei flächenhaften Darstellungen müssen Inseln ausgespart werden, und bei Exklaven müssen diese genauso gestaltet sein, wie die Fläche, der sie angehören. In den Kartographieprogrammen werden unterschiedliche Techniken angewendet, um diese Sonderfälle zu behandeln.

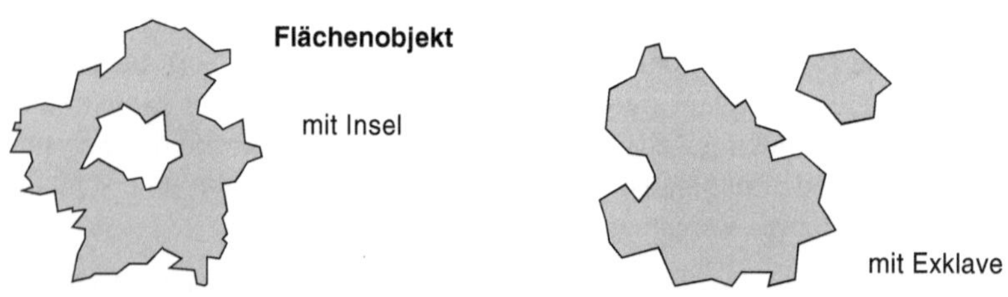

Abb. 3.19. Inseln und Exklaven

Fehlerkorrektur. Selbst bei sorgfältiger Digitalisierung schleichen sich Fehler ein, die korrigiert werden müssen. Natürlich ist es am Besten, wenn Sie gar nicht entstehen. Dazu gibt es in den Programmen unterschiedliche Hilfsmittel. Einige dieser Fehler sind dem späteren Produkt nur noch schwer anzusehen. Dazu gehört die ungenaue Digitalisierung ebenso wie die unangemessene Generalisierung, d. h. Vereinfachung von Sachverhalten. Einige Fehler werden jedoch zu gegebener Zeit Probleme bereiten, nämlich dann, wenn es darum geht, topologische Bezüge herzustellen. Eine Fläche kann nur durch einen geschlossenen Polygonzug hergestellt werden. Sind Lücken vorhanden, kann die Fläche nicht definiert werden. Welche sind die möglichen Fehlerquellen? Es lassen sich vier Quellen ausmachen (vgl. Abb. 3.20):

- Linien werden durch Lücken unterbrochen, also *Unterschüsse* (undershots).
- Linien kreuzen sich, d. h. *Überschüsse* (overshots).
- Mehrere Linien liegen nicht auf dem gleichen Punkt, nämlich *Knotenhaufen.*
- Die *Abweichung von einer Geraden* (spikes), führt dazu, dass eine Gerade unbeabsichtigte „Stufen" aufweist.

Zum Teil können solche Fehlerquellen durchaus beim Digitalisieren in Kauf genommen werden. Das Ziel ist es, Zeit zu sparen. Das kann dann der Fall sein, wenn das Programm, in dem digitalisiert wird, diese Fehler automatisch beheben kann. Solche Korrekturen sind bei einer Vielzahl von Programmen möglich. Auch hier gilt: Erst einen kleinen Versuch an einem Ausschnitt ausprobieren! Nur wenn das Ergebnis wirklich zufriedenstellend ist, sollte mit der gesamten Vorlage begonnen werden.

Um die geschilderten Probleme bei der Digitalisierung zu vermeiden, bieten einige Programme Lösungen an. Es handelt sich um die *Snap-Funktion*, ein Mechanismus, der Punkte einfängt. Dazu wird eine Umgebung um die bereits erfassten Punkte definiert. Beim Digitalisieren eines neuen Punktes wird dieser nicht lagetreu übernommen, sondern exakt mit der Koordinate des Punkts übernommen, in dessen Umgebung er fällt. Durch die Snap-Funktion können Über- und Unterschüsse und Knotenhaufen vermieden werden.

Neben den Polygonen werden für viele Kartentypen Gebietsmittelpunkte benötigt, an denen Diagramme oder Beschriftungen positioniert werden. Die Definition dieser Punkte erfolgt je nach Programm unterschiedlich. Die meisten Programme sind in der Lage, diese Punkte als *Flächenschwerpunkte* selbst zu berechnen. Eine Digitalisierung ist in diesen Fällen nur nötig, wenn die Flächenschwerpunkte nicht als Gebietsmittelpunkte benutzt werden sollen, sondern zum Beispiel die Gebietshauptstädte.

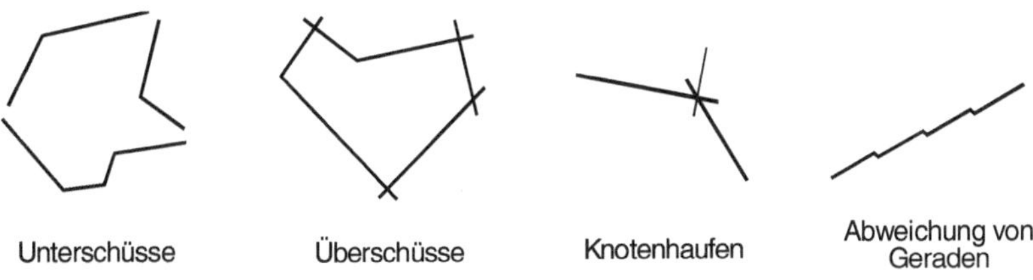

Abb. 3.20. Probleme beim Digitalisieren

Vektorisieren. Die Anschaffungskosten für Digitalisiersysteme sind gering, der Aufwand an Arbeitszeit dagegen ist um so größer. Die manuelle Digitalisierung von Karten ist zwar kein schwieriger, aber dennoch ein mühsamer Vorgang. Daher gibt es seit langem intensive Bemühungen, diese Arbeit in stärkerem Maße zu automatisieren. Einem Kartenkundigen fällt es leicht, die Inhalte einer Karte richtig zu deuten. Selbst bei einer schlechten Schwarzweißkopie werden Strukturen meist richtig interpretiert: Höhenlinien und Straßen werden als solche erkannt, Küstenlinien und Flussverläufe können selektiert werden. Für einen Computer ist dieser scheinbar einfache Prozess enorm komplex. Er muss einzelne Punkte, nämlich die Pixel, in Beziehung setzen und mit Attributen versehen. Es ist nicht leicht einen Algorithmus zu entwickeln, um beispielsweise eine Höhenlinie aus einer komplexen Vorlage zu isolieren. Dies ist nur zu erreichen, wenn der Computer menschliche Denkprozesse nachvollzieht. Wenn man bedenkt, dass selbst Menschen mit dem Verstehen von Karten Schwierigkeiten haben können, so wird verständlich, dass auch die Fähigkeiten von Computern auf diesem Gebiet begrenzt sind (Illert 1992, 7). Der hohe Bedarf an Datenkonvertierung hat bereits in der Vergangenheit dazu geführt, dass für isolierte Probleme Lösungsansätze verfügbar waren (Lichtner 1985, 1987; Illert 1990, 1992).

Trotz der Schwierigkeit dieser Aufgabe gibt es heute eine Reihe guter Spezialprogramme, die Rasterdaten in Vektordaten umwandeln können. Selbst Graphikprogramme verfügen über leistungsfähige Module, mit deren Hilfe vektorisiert werden kann; häufig sind die Ergebnisse für die Belange von thematischen Karten bereits ausreichend.

Der Vorgang der automatischen Digitalisierung teilt sich analog zur visuellen Sinneswahrnehmung beim Menschen in zwei Phasen: das Sehen und das Interpretieren. In einem Computersystem wird das Auge durch einen Scanner ersetzt. Der Scanner liefert Bilder in digitaler Form, welche in einem zweiten Arbeitsschritt mittels spezieller Computerprogramme zu interpretieren sind.

Der Scanner tastet das Bild zeilenweise ab und zerlegt es in einzelne Bildpunkte. Durch die schrittweise Bewegung des Abtastkopfes wird die Vorlage in ein regelmäßiges Raster von Pixeln zerlegt (vgl. Abb. 3.21b). Für jedes Pixel ermittelt der Scanner den Helligkeitswert bzw. die Farbkomposition. Nach dem Scannen ist die Karte vollständig durch Rasterwerte beschrieben und kann in einem Computersystem weiterverarbeitet werden.

Werden Karten eingescannt, ist der Digitalisiervorgang äußerst komplex. Mittlerweile gibt es Methoden zur automatischen Datenerfassung aus Kartenvorlagen (Illert 1992, 8ff.). So können Computersysteme zum Beispiel eine topographische Karte digital umsetzen und dabei unter anderem Symbole für die Bodenbedeckung wie Wald, Weinbau etc. erkennen. Zur Erfassung von Strukturen aus komplexen Vorlagen, wie sie gebietsdefinierende, hierarchische Grenzlinien beschreiben, existiert jedoch noch keine befriedigende Lösung. Daher muss die Raster-Vektor-Konvertierung kartographischer Grundkarten z. T. noch weitgehend interaktiv erfolgen (Engelhardt 1993, 8).

Sollen trotz komplexer Vorlagen einzelne graphische Elemente automatisch vektorisiert werden, sollte abgewogen werden, ob es effektiver ist, die Elemente manuell unter Verwendung von Transparentfolie und Tuschestift zu übertragen.

Die so gewonnene Vorlage wird eingescannt und mit Hilfe einer geeigneten Software vektorisiert. Ein Weg, der relativ häufig beschritten wird und sich bewährt hat.

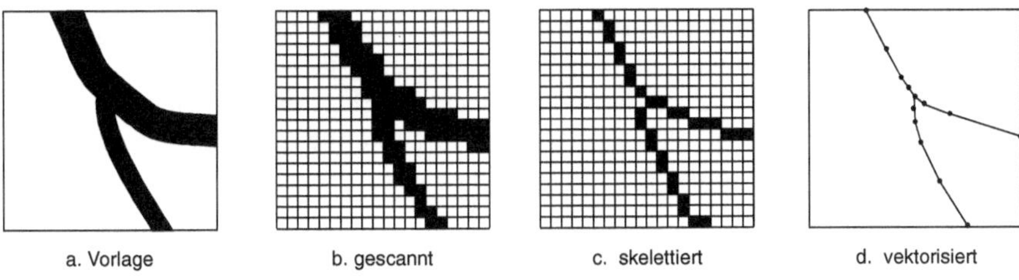

Abb. 3.21. Scannen und Vektorisieren einer linearen Struktur (nach Illert 1992, 7)

In einer Rastergraphik sind Linien oder Flächen zwar optisch sichtbar, aber nicht als Objekte vorhanden und deshalb nicht automatisiert ansprechbar. Um Linien- und Flächenobjekte zu erzeugen, muss eine Raster-Vektor-Wandlung durchgeführt werden.

Dabei ist zunächst eine wichtige Festlegung zu treffen: Was sind Flächen und was sind Linien? Dieser Vorgang kann mit Hilfe von Parametern gesteuert werden. Diese Parameter sind in starkem Maße von der Software abhängig. Generell kann festgehalten werden: je vielfältiger die einzustellenden Parameter, desto besser die Ergebnisse. Gleichzeitig müssen jedoch auch höhere Anschaffungskosten und eine längere Einarbeitung in Kauf genommen werden.

Abbildung 3.22 zeigt die Möglichkeiten, Parameter zu definieren, am Beispiel des Graphikprogramms FreeHand und Vectory LT, einer Anwendung zur Raster-Vektor-Konvertierung. In beiden Fällen können eine Vielzahl von Parametern gesetzt werden. In FreeHand kann z. B. mit dem Schieberegler „Konformität nachzeichnen" festgelegt werden, wie genau die Vektoren mit den Linien der Originalgraphik übereinstimmen sollen. Je höher der Wert, desto stärker schmiegen sich die Linien an die Pixel der Vorlage an. Mit der „Mosaiktoleranz" können überflüssige Pixel entfernt werden. Diese treten häufig bei Originalgraphiken geringer Qualität oder unzureichend gescannten Dokumenten auf. Es werden um so mehr Pixel ignoriert, je höher die Einstellung des Wertes ist. Bei Vectory sind noch weitere Parameter einstellbar. Hier kann z. B. nach Linienbreiten differenziert werden, oder das Programm sucht nach Kreisen in der Rastergraphik. Es ist auch möglich, unterbrochene Linien zu schließen oder freie Enden zu löschen.

Die Algorithmen der Software zur Vektorisierung sind zwar wohlgehütete Betriebsgeheimnisse, aber die Prinzipien, die dahinterstecken, basieren auf folgenden Überlegungen:

- Bei der Vektorisierung von *Linien* wird das Rasterbild durch Skelettierung so lange verdünnt, bis die schwarzen Objekte jeweils nur noch ein Pixel breit sind. Anschließend werden dann die Pixel des verbleibenden Skeletts verfolgt und die rechtwinkligen Koordinaten x und y fortlaufend abgespeichert, so dass sich ein Linienzug ergibt (vgl. Abb. 3.21c-d).

- Die Vektorisierung von *Flächen* sucht nach zusammenhängenden Pixeln in der Matrix.

Nach dem Vektorisieren ist eine große Menge von Flächen und Linienelementen vorhanden, jedoch ohne jede inhaltliche Strukturierung. In dieser Form ist der Datenbestand für die digitale Kartographie noch weitgehend wertlos. Es genügt nicht, dem Computer mitzuteilen, wie Punkte, Linien, Flächen und alphanumerische Zeichen auf einem Kartenblatt angeordnet sind. Um diese Elemente später mit Daten verbinden und automatisiert variieren zu können, muss der Computer wissen, wie sich die graphischen Grundelemente zu Objekten, z. B. Gebieten, gruppieren.

Der Stand nach der Vektorisierung lässt sich vergleichen mit dem Zustand, den ein Computer nach einer automatischen Texterkennung hat. Es gibt zwar leistungsfähige Software, die aus Textvorlagen erzeugte Rastergraphiken wieder in alphanumerische Zeichen zurückführen kann, den Inhalt des Textes versteht der Computer deshalb noch lange nicht.

Einige Programme erlauben das Einlesen der Vektorgraphiken und stellen den Benutzer vor die Aufgabe, die Linien und Flächen interaktiv zu systematisieren. Dabei treten jedoch häufig Probleme auf, die durch Fehler in der Geometrie bedingt sind, wie sie bereits bei der Digitalisierung dargestellt wurden (vgl. Abb. 3.20).

Inklusive der nötigen Nacharbeit ist der gesamte Vorgang der Vektorisierung mit Hilfe von Software ebenfalls sehr arbeitsaufwendig und darf nicht unterschätzt werden.

Ein häufiger Fall ist das Vektorisieren administrativer Grenzen. Im Prinzip handelt es sich um Flächen, nämlich um die regionalen Einheiten. Werden diese vektorisiert, sind die dazwischen liegenden Linien nicht Bestandteil der Flächen. Es entstehen also automatisch spaltenförmige Lücken. Um dieses Entstehen von Niemandsland zu verhindern, werden Linien vektorisiert und aus diesen Linien später die Flächen gebildet. Angrenzende Flächen haben damit, wie gewünscht, gemeinsame Grenzverläufe.

Erwerb von Geometriedaten. Der Ankauf von Daten ist naturgemäß der bequemste Weg, in den Besitz von Geometriedaten zu kommen. Die Anbieter von Kartographiesoftware verfügen meist über Kataloge digitaler Koordinaten für das betreffende Programm. Die Preise für den Kauf sind abhängig von mehreren Faktoren:

- *Zahl der Objekte.*
- *Genauigkeit der Digitalisierung*, d. h. vom Generalisierungsgrad.
- Von der *Nachfrage* nach den jeweiligen Koordinaten. Was häufig nachgefragt wird, wie z. B. die deutschen Bundesländer, ist preisgünstiger als ein Gebiet, das selten gebraucht wird, z. B. eine Stadt nach Stadtteilen.

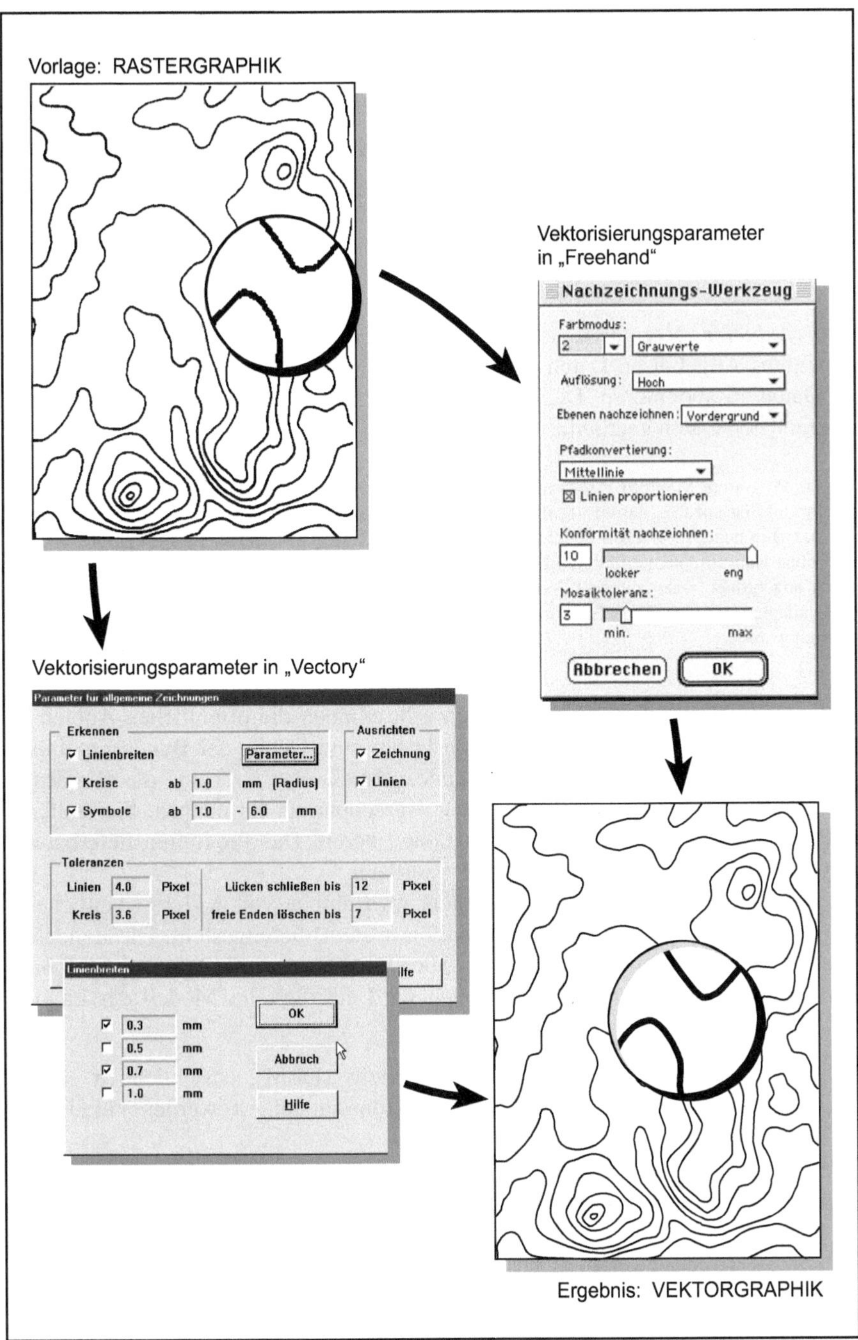

Abb. 3.22. Parameter zur Vektorisierung in FreeHand und Vektory-LT

Liegen die digitalen Koordinaten beim Programmanbieter nicht in der gewünschten Form vor, so bestehen mehrere Möglichkeiten: die Digitalisierung durch den Programmanbieter, die Digitalisierung durch ein anderes Dienstleistungsunternehmen oder der Ankauf bei anderen Anbietern. Die Vor- und Nachteile, besonders der Preis und gegebenenfalls der Aufwand zum Import der Dateien, sind genau abzuwägen. Vor allem ist sicherzustellen, dass ein Import von Fremdkoordinaten im betreffenden Programm überhaupt möglich ist.

Es kann zwischen privaten und öffentlichen Anbietern von digitalen Koordinaten unterschieden werden.

Private Anbieter. Vor allem im Bereich der Desktop-GIS-Programme ist ein reichhaltiges Angebot an Daten verfügbar. Häufig besteht auch die Möglichkeit, diese Daten zu abonnieren. Dadurch kann sichergestellt werden, dass immer mit den aktuellsten Daten gearbeitet wird.

Für das Programm MapInfo Professional wird für Deutschland das Paket StreetPro angeboten. Das Produkt ist auf die MapInfo-Software abgestimmt und enthält eine vektorisierte Abbildung des gesamten bundesdeutschen Straßennetzes im Maßstab 1:10.000. Das Paket ist sowohl mit als auch ohne Hausnummern erhältlich. Die Informationen sind auf 26 verschiedenen Informationslayern angeordnet. Dazu zählen Layer für Autobahnen bis zu den Nebenstraßen, Eisenbahnen, Gemeindegrenzen usw. StreetPro wird zweimal jährlich aktualisiert und kann im Abonnement bezogen werden.

Öffentliche Anbieter. Neben den Privaten gibt es noch die öffentlichen Anbieter von Geometriedaten. Auf der Suche nach Daten zum Gebiet der Bundesrepublik Deutschland sind an erster Stelle die Landesvermessungsämter und das Bundesamt für Kartographie und Geodäsie als Ansprechpartner zu nennen. Sie stellen eine Reihe raumbezogener Basisinformationen bereit. Das Programm lieferbarer Daten umfasst sowohl Vektor- als auch Rasterdaten.

Ein Großteil dieser Daten wird vorrangig im Rahmen von ATKIS (Amtliches Topographisch-Kartographisches Informationssystem) bereitgestellt. Die Landesvermessungsämter arbeiten seit Mitte der 80er Jahre an einer digitalen topographischen Basis. In folgenden Produktgruppen wird ein digitales Modell der Landschaft aufgebaut:

- Im Rahmen eines digitalen Landschaftsmodells (DLM), einschließlich eines Digitalen Geländemodells (DGM), das die Höhe modelliert, werden Vektordaten bereitgestellt.
- Digitale Topographische Karten (DTK) sind als Rasterdatenprodukt erhältlich.
- Digitale Orthophotos (DOP) basieren ebenfalls auf Rasterdaten.

Inhalt und Struktur der Information sind in Objektartenkatalogen festgelegt, die nach folgenden Objektbereichen gegliedert sind: Festpunkte, Siedlung, Verkehr, Vegetation, Gewässer, Relief und Gebiete. In der Ausbaustufe sollen darin 170 Objektarten berücksichtigt werden. Die Daten werden mittels automatischer und manueller Verfahren aus Karten und Luftbildern erfasst.

Es werden drei DLM unterschieden. Das *Basis-DLM* und das *DLM 1000* liegen in der ersten Ausbaustufe bundesweit vor, während die Daten des *DLM 250* vom Bundesamt für Kartographie noch erfasst werden. Das Basis-DLM bietet die höchste Lagegenauigkeit. Der mittlere absolute Lagefehler liegt je nach Datenquelle und Bundesland bei ± 3-10 Metern. Der praktischen Nutzung dieser sehr guten Daten stehen jedoch hohe Verkaufskosten entgegen, die z. T. bei über 30 DM/km^2 liegen.

3.4.3 Sachdaten: Vorbereitung und Einlesen in die Karte

Die in einer Karte darzustellenden Sachdaten liegen in den allermeisten Fällen nicht in einer Form vor, die unmittelbar von der Software verarbeitet werden kann. Das Ausmaß der vorbereitenden Arbeiten hängt von der Art der Daten sowie von den Erfordernissen und Möglichkeiten der jeweiligen Software ab. Es lassen sich einige allgemeingültige Anmerkungen hierzu machen. Von besonderer Bedeutung sind die Überlegungen zur Datendokumentation.

Import. Am günstigsten ist es, wenn die Daten bereits maschinenlesbar vorhanden sind, vor allem wenn die Anzahl der Datenwerte sehr groß ist. Völlig unabhängig von Speichermedium und Format ist es dann meist nicht mehr erforderlich, die Daten komplett neu einzutippen. Die meisten Kartographieprodukte erlauben den Import von Sachdaten in verschiedenen Dateiformaten, z. B. ASCII-, dBASE-Excel- oder Lotus-Dateien. Andererseits ermöglichen die meisten Statistik- und Datenbankprogramme die Ausgabe von Dateien in unterschiedliche Formate, so dass fast immer eine Möglichkeit besteht, die Sachdaten aus einem Programm ins Kartographieprogramm einzulesen. Für den seltenen Fall, dass kein gemeinsames Datenformat zwischen den Programmen besteht, existiert Software zur Datenkonvertierung zwischen verschiedenen Formaten, z. B. das Programm DBMS/Copy.

Eine besondere Funktionalität bietet der *Dynamische Datenaustausch* (DDE) und die Softwareschnittstelle ODBC (Open Database Connectivity) unter Windows. Hier werden die Daten nicht physisch in der Kartographiesoftware gespeichert, sondern es wird eine Verbindung zu einer Datenbank hergestellt.

Vorbereitung. Es ist sehr wichtig, die Daten sorgfältig vorzubereiten. Der einfachste Ausgangspunkt ist eine Datenmatrix (vgl. Abb. 3.23). Die erste Zeile enthält die Namen der Variablen und gibt damit Auskunft über den Inhalt jeder Spalte. In den darauf folgenden Zeilen kommen die Daten, wobei jede Zeile einem Datensatz entspricht und damit alle verfügbaren Informationen über eine Beobachtung enthält. In der Kartographie sind es die Daten, die sich auf ein raumgebundenes Objekt beziehen. Die Verbindung der Sach- mit den Geometriedaten wird meist über den Inhalt der ersten Spalte verwirklicht.

ID	Name	Einwohner	PKW-Bestand	EW/PKW	Kreistyp
06411	Darmstadt	138219	78107	1,77	Kreisfreie Stadt
06412	Frankfurt a. Main	645535	333679	1,93	Kreisfreie Stadt
06413	Offenbach a. Main	116464	60368	1,93	Kreisfreie Stadt
06414	Wiesbaden	267780	214521	1,25	Kreisfreie Stadt
06431	Bergstraße	260552	175034	1,49	Landkreis
06432	Darmstadt-Dieburg	281643	183822	1,53	Landkreis
...	...	...	...	...	...

Abb. 3.23. Beispiel einer Datenmatrix

Die Datenmatrix ist in ihrer Grundstruktur immer gleich aufgebaut. Es ist jedoch nicht selten notwendig, die Matrix an die Erfordernisse des verwendeten Kartographieprogramms anzupassen. So sind z. B. die Variablennamen nicht immer frei wählbar: Die Anzahl der Zeichen kann begrenzt und die Nutzung von Sonderzeichen beschränkt sein. Häufig ist es auch notwendig, alphanumerische Zeichen, wie sie in Abbildung 3.23 in der letzten Spalte vorkommen, durch numerische Daten zu ersetzen. Die qualitativen, nichtnumerischen Daten müssen kodiert werden, d. h. sie werden in Zahlen „übersetzt". Bei diesem Vorgang ist darauf zu achten, einen logischen Code zu wählen, der die Eigenschaften der Ausgangsdaten erhält. Damit die Karte dennoch verständlich ist, müssen diese Zahlen anschließend in der Legende rekodiert werden.

Zum Beispiel sollen Wahlergebnisse in einer Choroplethenkarte so dargestellt werden, dass für jeden Wahlbezirk die stärkste Partei durch eine entsprechende Schraffur gezeigt wird. In die Sachdatendatei können nun nicht die Parteinamen direkt eingegeben werden, sondern diese müssen zuvor in Zahlen umgesetzt werden, z. B. CDU=1, SPD=2 usw. Die Rekodierung wird später in der Legende vorgenommen.

Häufig müssen Daten vorbereitet und modifiziert werden, bevor eine Karte daraus entsteht. Nicht immer sind es die Ausgangsdaten, die dargestellt werden sollen. Manchmal werden Daten transformiert – z. B. müssen Einheiten umgerechnet werden oder es werden Indikatoren berechnet, wie Dichte- oder Anteilswerte. Diese Verhältniszahlen werden aus den Ausgangsdaten generiert, dadurch werden neue Variablen gebildet. Viele Kartographieprogramme verfügen über Möglichkeiten, die Ausgangsdaten zu modifizieren und neue Variablen zu definieren.

Diese Entscheidung hängt wesentlich von den Möglichkeiten der Kartographiesoftware ab. Können die Daten mittels DDE oder ODBC angebunden werden, kann die gesamte Datenmatrix innerhalb der persönlich bevorzugten Software vorbereitet und auch nachträgliche Änderungen automatisch aktualisiert werden. Sieht das Kartographieprogramm keine der genannten Datenanbindungen vor, sollten die Modifizierungsmöglichkeiten innerhalb des Programms genutzt werden, sofern diese ausreichen. Dies hat den Vorteil, dass die Berechnungsmethode des Indikators gegebenenfalls leicht geändert werden kann. Eine ganze Abfolge von lästiger Arbeit wird eingespart: die Daten in eine geeignete Software exportieren und verändern, neu abspeichern und wiederholt in das Kartographieprogramm einlesen. Des Weiteren erleichtert es wesentlich die Datenkontrolle für den Fall, dass die Glaubwürdigkeit der Daten in Frage steht und Tippfehler überprüft werden sollen. Dieser Fall tritt häufig dann ein, wenn die Karte ein unerwartetes Bild oder Ausreißer zeigt.

Soll zum Beispiel die Bevölkerungsdichte in einer Karte dargestellt werden, so muss dieser Indikator, sofern er nicht berechnet vorliegt, aus den Ausgangsdaten Bevölkerungszahl und Fläche berechnet werden. Wird diese Kalkulation in einem Programm vorgenommen, so dass die Datenmatrix weder mittels DDE oder ODBC angebunden werden kann, so entstehen zwangsläufig mindestens zwei Dateien mit Sachdaten: eine in der Ausgangssoftware und eine in der Kartographiesoftware. Deshalb ist jede Änderung an den Daten mit mindestens zwei Arbeitsschritten verbunden. Können jedoch die Ausgangsdaten einschließlich der Bevölkerungsdichte angebunden oder der Indikator innerhalb der Kartographiesoftware berechnet werden, ist eine weitere Modifikation der Daten einfach und schnell zu vollziehen. Die Änderung wirkt sich ohne weiteren Arbeitschritt aus, denn die Karte wird automatisch aktualisiert. Außerdem lässt sich der Indikator durch einfaches Verändern der Berechnungsformel modifizieren, z. B. um die Maßeinheit zu ändern. Die Dichte „Einwohner pro km^2“ ist schnell umgerechnet in „Einwohner pro Hektar“.

Ist innerhalb der Kartographiesoftware keine Datenkalkulation möglich, kommt der sorgfältigen Entwicklung und Berechnung der Indikatoren eine besondere Bedeutung zu; die Berechnung der Indikatoren aus den Ausgangsdaten in einer Statistik- oder Kalkulationssoftware ist notwendig. Die Ausgangsdaten werden eingegeben, die Indikatoren berechnet und die komplette Datenmatrix anschließend in das Kartographieprogramm importiert. Diese Vorgehensweise ist auch dann anzuraten, wenn die Kartographiesoftware noch nicht feststeht. Es ist darauf zu achten, dass die für die Dateneingabe verwendete Software Formate erzeugt, die von Kartographieprogrammen eingelesen werden können. Im Allgemeinen ist dies dann gegeben, wenn ein Programm die Daten im ASCII-Format, als Excel-Tabelle oder als dBASE-Datei ausgeben kann.

Sofern in ASCII-Dateien einzugebende Sachdaten Dezimalwerte enthalten, ist zu berücksichtigen, ob die Kartographiesoftware ein Komma oder einen Punkt als Dezimaltrennzeichen erwartet. Einige Programme können beides umsetzen, angloamerikanische Programme erwarten meist einen Punkt.

Dokumentation. Die Bedeutung der Datendokumentation kann nicht hoch genug eingeschätzt werden. Dies fällt umso stärker ins Gewicht, da sowohl die Kartographie- als auch die Statistikprogramme dem Benutzer hierbei nur sehr wenig Unterstützung anbieten. Mit Dokumentation ist an dieser Stelle nicht nur gemeint, dass auf der Karte der Indikator genannt und die Quelle angegeben wird, sondern eine gute Datendokumentation setzt schon früher, bei der Datenerfassung, ein.

Wenn Daten maschinenlesbar gespeichert werden, sollte die Dokumentation auch maschinenlesbar realisiert werden, da nur so Daten und Dokumentation immer gemeinsam verfügbar sind. Wenn die Software selbst – wie meistens – keine Möglichkeit zur ausreichenden Dokumentation bietet, können die entsprechenden Angaben zum Beispiel in eine Textdatei geschrieben werden, die im Datenverzeichnis abgelegt wird und sich von der zugehörigen Sachdatendatei nur durch die Dateinamenserweiterung unterscheidet.

Inhaltlich gehören zu einer guten Datendokumentation mindestens die folgenden drei Angaben:

- *Quelle.* Die Angabe sollte so genau wie möglich sein, d. h. es sollte nicht nur der Datenproduzent genannt werden (z. B. Statistisches Bundesamt), sondern auch Titel der Publikation, Tabellennummer, Seitenzahl oder Name der Datenbank, Variablenname etc. Häufig zeigen sich auf der Computerkarte unerwartete Auffälligkeiten, die auf Tippfehler bei der Dateneingabe zurückzuführen sind. Eine gute Dokumentation erleichtert hier wesentlich die Überprüfung. Außerdem sollten Karten nach längerer Zeit wieder aktualisiert werden, und dann beginnt die Quellensuche von neuem.
- *Definitionen.* Die Ausgangsdaten sollten inhaltlich, zeitlich und räumlich klar definiert werden. Außerdem sollten Sachdatendateien neben den für die Software wichtigen Gebietskennziffern immer auch die Gebietsnamen enthalten, selbst wenn diese für die Kartenerstellung nicht erforderlich sind.

  Bei der Bevölkerungszahl ist es z. B. wichtig, auf welches Jahr sie sich bezieht, ob es sich um die Bevölkerung am Jahresanfang bzw. -ende oder um die mittlere Jahresbevölkerung handelt, auf welchen Raum sie sich bezieht und welche Personenkreise eingeschlossen sind.

  Bei Flächenangaben ist anzugeben, ob die Gesamtfläche oder z. B. nur die Landfläche ohne die Wasserflächen gemeint ist und in welcher Einheit die Zahlen gegeben sind, also etwa Hektar oder Quadratkilometer.

- *Modifikationen.* Sofern die den Quellen entnommenen Ausgangsdaten verändert wurden, z. B. durch Umrechnungen, Schätzungen oder Indikatorenbildung, ist dies genau zu dokumentieren.

Die Fähigkeit, sich derartige Dinge im Kopf zu merken, wird meist überschätzt. Die Datendokumentation ist in erster Linie nicht für das Zielpublikum der späteren Karte gedacht, sondern nützt dem Kartenautor selbst sowie anderen Personen, die mit den Daten arbeiten wollen. In der Karte kann die Dokumentation auf einen vergleichsweise kleinen Umfang reduziert werden.

3.4.4 DDE und ODBC

Der *Dynamic Data Exchange,* abgekürzt DDE, und die *Open Database Connectivity*, abgekürzt ODBC, ermöglichen es, programmübergreifend Daten auszutauschen bzw. anzubinden. So können Sachdaten einer Tabellenkalkulation oder

Datenbank mit einem Kartographieprogramm dynamisch verbunden werden. DDE wird meist unterstützt. Zur Realisierung einer Verbindung mit ODBC sind heute praktisch für alle Datenbanken die entsprechenden Treiber verfügbar. Ist Microsoft Office installiert, sind auf dem PC bereits eine Vielzahl von ODBC-Treibern zu finden. In diesem Zusammenhang sind zwei Begriffe von Bedeutung:

- Programme, deren Daten in eine andere Anwendung eingebettet werden, heißen *Server-Anwendungen*; sie sind die „Lieferanten". Die Server-Datei wird auch als *Quelldatei* bezeichnet.
- Programme, die Daten aufnehmen, heißen *Client-Anwendungen*; sie sind die „Empfänger". Client-Dateien heißen auch *Zieldateien*.

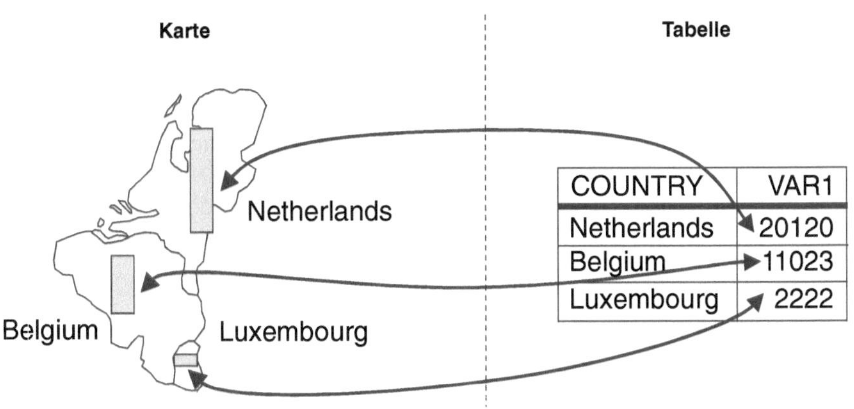

Abb. 3.24. Schematische Darstellung des dynamischen Datenaustauschs (DDE)

Die Datei, in der letztlich die Karte abgespeichert ist, enthält somit Informationen aus zwei unterschiedlichen Anwendungen. Sowohl DDE als auch ODBC stellen Strukturen bereit, welche es der Software erlauben, auf Daten einer anderen Software zuzugreifen. Der große Vorteil dieser Strukturen besteht darin, dass jede Änderung der Daten in der Server-Anwendung eine Aktualisierung der Daten in der Client-Anwendung zur Folge hat. Abbildung 3.24 zeigt dies schematisiert am Beispiel der Verknüpfung einer Tabelle mit einer Karte. Die Daten werden in einer Tabellenkalkulation erfasst und bearbeitet und in einer Kartographiesoftware dargestellt, wobei die Regionen mit den entsprechenden Datensätzen in der Tabelle verbunden sind. Bei der DDE-Komunikation wird jede Änderung eines Datenwerts in einer Zelle der Server-Anwendung als Information über die Verknüpfung zur Client-Anwendung übermittelt und zieht eine Aktualisierung der Karte nach sich.

Wenn Karte und Graphik über eine ODBC-Verbindung verknüpft sind, handelt es sich dabei um eine offene, dynamische Verbindung. Ein Objekt aus der Karte, z. B. eine Region, kann auf ein Objekt der Datenbank zugreifen und deren Inhalt

z. B. zur Visualisierung nutzen. Ist eine ODBC-Verbindung realisiert, ist dies sichtbar, denn das Kartographieprogramm korrespondiert direkt mit der Datenbank. Ein Aktivieren einer Region bewirkt, dass die korrespondierenden Daten, wie die entsprechende Zeile in einer Datenmatrix, angezeigt werden. Im umgekehrten Fall wird beim Anklicken einer Datenzeile das korrespondierende Objekt in der Karte gekennzeichnet.

Sowohl die ODBC- als auch die DDE-Verbindung gewährleisten, dass jede Datenänderung auch tatsächlich in der Client-Anwendung aktualisiert wird, und löst damit Probleme, die sich beim manuellen Nachführen von Daten ergeben. Der Einsatz dieser Technik erleichtert besonders dann die Arbeit, wenn sich Daten häufig ändern. Natürlich könnten von vornherein alle Daten ausschließlich in der Kartographieanwendung gespeichert werden. Dies ist jedoch in den allermeisten Fällen unvorteilhaft, weil die Kartographieprogramme nur einen eingeschränkten Funktionsumfang zur Datenbearbeitung und -verwaltung beinhalten. Deshalb ist es besser, die Daten in einer zentralen Datei mit einer leistungsfähigeren Software zu verwalten. Ist eine ODBC- oder DDE-Verbindung zur Anwendersoftware realisiert, werden alle Auswertungen in Form von Graphiken, Karten oder Tabellen automatisch und sofort aktualisiert, sobald Modifikationen in der Datenbank vorgenommen werden. Ein manuelles Nachführen von Daten entfällt und das Risiko, dass sich durch unterschiedliche Datenaktualität bedingte Fehler einschleichen, sinkt erheblich.

3.5 Dateien: Typen und Umgang

Alle vom Computer verwendeten Daten sind in Dateien enthalten. Kartographieprogramme sind selbst in Dateien gespeichert, lesen Sach- und Geometriedaten aus anderen Dateien ein und speichern die erstellten Karten wiederum in Dateien ab.

Dateien sind zusammengehörende Daten, die auf einer Speichereinheit gemeinsam verwaltet und durch das Betriebssystem als Gesamtheit behandelt werden. Auf sie wird über einen *Dateinamen* zugegriffen. Der Dateiname besteht unter DOS bzw. Windows 3.1 maximal aus einem acht Zeichen langen *Grundnamen* und einer bis zu drei Zeichen langen *Erweiterung*. Seit der Einführung des Betriebssystems Windows 95 sind lange Dateinamen zugelassen, wobei auch Leerzeichen erlaubt sind. Im Allgemeinen weist der Grundname auf den Dateiinhalt hin, während die Erweiterung den Dateityp charakterisiert. Die meisten heutigen Programme im Bereich der Kartographie unterstützen die langen Dateinamen. Trotzdem kann es unter Umständen von Vorteil sein, sich an die alten Konventionen unter DOS zu halten. Falls Dateien zwischen unterschiedlichen Betriebssystemen ausgetauscht werden, kann es unter Umständen vorkommen, dass Namen gekürzt werden müssen und damit nahezu unkenntlich sind. Ähnliche Probleme können auftreten, falls Umlaute in Dateinamen genutzt werden.

Einige Grundkenntnisse über Dateien und der Umgang mit ihnen ist für Kartographie am Computer unverzichtbar. Bei einigen Programmen ist es immer noch notwendig oder effektiver, Dateien direkt zu modifizieren, was jedoch meist erst nach einer intensiven Einarbeitungsphase möglich ist. Deshalb erscheint es sinnvoll oder gar notwendig, einige Grundlagen zu beleuchten.

3.5.1 Dateitypen

Dateien können nach einer Vielzahl von Kriterien charakterisiert werden. Ein Kriterium ist die *Editierbarkeit*, andere sind *Inhalte* oder ihre *Funktion*. Diese Eigenschaften werden meist über die Erweiterung des Dateinamens angezeigt.

Editierbarkeit. Ein Kriterium zur Unterscheidung von Dateiarten ist die Frage, ob Dateiinhalte vom PC-Benutzer mit einem einfachen Textverarbeitungsprogramm bearbeitet werden können. Dieser Vorgang wird *editieren* und das Anwendungsprogramm *Editor* genannt. Eng betrachtet ist jedes gängige Anwendungsprogramm ein Editor, da damit Dateien bearbeitet werden können. In diesem Zusammenhang soll sich jedoch die weitere Betrachtung auf einfache Editoren beschränken, wie sie z. B. zum Erstellen von Programmen oder Konfigurationsdateien genutzt werden, also auf Programme, die den Inhalt von Dateien am Bildschirm anzeigen und über Tastatureingaben verändern können. Ein Beispiel für einen einfachen Editor ist das Programm Notepad unter Windows.

Dateien sind editierbar, wenn es sich um *unformatierte Textdateien* handelt. Im Gegensatz zu den von Softwareprogrammen formatierten, nicht durch einfache Editoren lesbaren Dateien sind sie programmunabhängig und enthalten nur Text (vgl. Abb. 3.25). Erfolgt die Texteingabe über die Tastatur des Rechners, wird dieser Text mit Hilfe einer Kodierung übertragen, die als *American Standard Code for Information Interchange* (ASCII) bezeichnet wird. Deshalb heißen unformatierte Textdateien auch *ASCII-Dateien*. Der 7-Bit-Standard-ASCII-Zeichensatz besteht aus 128 Zeichen. Darin sind alle Groß- und Kleinbuchstaben des Alphabets, Ziffern und einige Sonderzeichen enthalten, wobei 32 Codes Sonderfunktionen, z. B. einem Zeichen für Zeilenende, vorbehalten sind. Im erweiterten ASCII-Zeichensatz sind weitere 128 Zeichen definiert, wie z. B. die Umlaute oder Blockgraphikzeichen.

Ist ein Zeichen nicht auf der Tastatur, kann es mit Hilfe der Alt-Taste über die numerische Tastatur eingegeben werden. Dies funktioniert jedoch unter Windows nur eingeschränkt. Das liegt zum einen daran, dass Windows den ANSI-Zeichensatz verwendet und zum anderen daran, dass die Darstellung der Zeichen vom verwendeten Font abhängt. Unter Windows wird der eingegebene ASCII-Code in ein entsprechendes ANSI-Zeichen umgewandelt. In der Regel funktioniert dieser Vorgang bei den Ziffern und Buchstaben. Jedoch gibt es bei Sonderzeichen häufig Probleme, da besonders hier die Darstellung der ANSI-Zeichen gänzlich unterschiedlich sein kann. Werden Sonderzeichen in Karten genutzt, muss deshalb nach jedem Wechsel eines Fonts überprüft werden, ob dessen Darstellung noch korrekt ist.

ASCII-Dateien können z. B. unter Windows mit dem Editor, der sich im Zubehör befindet, angezeigt und geändert werden. Wird hingegen versucht, eine Programmdatei mit dem Editor anzuzeigen, erscheinen am Bildschirm nicht interpretierbare Sonderzeichen.

Im Programm MapInfo können Sachdaten in eine ASCII-Datei mit Trennzeichen exportiert werden. Diese Datei kann mit einem Texteditor bearbeitet und in eine andere Software importiert werden. Das Trennzeichen kann frei bestimmt werden und die erste Zeile der ASCII-Datei wird für Spaltenüberschriften verwendet.

ASCII-Dateien haben den Vorteil, dass sie veränderbar sind bzw. sogar vom PC-Anwender erstellt werden können. Sie sind geeignet, um Daten einzugeben sowie Informationen, z. B. Geometriedaten, zwischen Programmen auszutauschen. Viele Kartographieprogramme können zumindest ASCII-Dateien lesen.

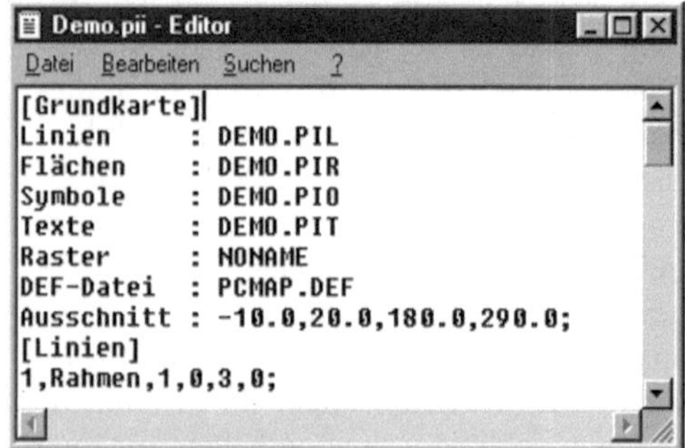

Abb. 3.25. Editor unter Windows mit editierbarer Datei aus PCMap

Ausführbare Dateien und Batch-Dateien. Diese Dateien, die immer an bestimmten Erweiterungen zu erkennen sind (vgl. Tabelle 3.11), enthalten Programme, d. h. auf ihren Aufruf hin wird ein Prozess in Gang gesetzt. Unter Windows werden sie entweder durch Anklicken oder programmintern aufgerufen.

Tabelle 3.11. Ausführbare Dateien und Batch-Dateien

Erweiterung	Dateityp
*.EXE	(EXEcutable) ausführbare Programmdatei, nicht editierbar
*.COM	(COMmand) Befehlsdatei, nicht editierbar COM-Dateien sind kürzer als vergleichbare EXE-Dateien
*.BAT	(BATch) Stapelverarbeitungsdatei, editierbar BAT-Dateien sind Ansammlungen von Kommandos, die zeilenweise abgearbeitet werden

Der Windows-Editor funktioniert z. B. nur deshalb, weil es eine Datei NOTEPAD.EXE gibt. Das Kartographieprogramm Mercator kann durch Eingabe des Programmnamens gestartet werden, weil es eine Datei MERCATOR.EXE gibt. Ist also unklar, mit welchem Kommando ein Programm gestartet wird, so kann es hilfreich sein, nach einer ausführbaren Datei im entsprechenden Verzeichnis zu suchen.

Die BAT-Dateien, bei denen es sich um ASCII-Dateien handelt, können vom Benutzer selbst erstellt werden. Im Allgemeinen geschieht dies, um sich wiederholende Eintipparbeit zu ersparen. Batch-Dateien sind auch dann sinnvoll, wenn rechenzeitintensive Anwendungen abgearbeitet werden sollen.

Tabelle 3.12. Programmspezifische Dateien (Beispiele)

Erweiterung	Inhalt
*.BGI	Programmdatei Mercator (Druckertreiber), nicht editierbar
*.CHR	Programmdatei Mercator (Schriftarten), nicht editierbar
*.PLY	Datendatei (PoLYgone) Flächengeometrien Mercator, editierbar
*.PII	Kartendefinitionsdatei PCMap, editierbar
*.PIL	Liniendatei PCMap, nicht editierbar
*.DBF	Datendatei dBASE (DataBase File), nicht editierbar
*.DOC	(DOCument) Textdatei mit formatiertem Text (z. B. Word)
*.KAW	Kartendefinitionsdatei EasyMap, nicht editierbar
*.SYM	Definitionsdatei für Symbole unter PolyPlot, nicht editierbar
*.MIF	(MapInfo Interchange Format) Austauschdatei von MapInfo mit Daten im ASCII-Format, editierbar

Programmspezifische Dateien. Komplexe Programme, wie Kartographieprogramme es sind, bestehen neben den ausführbaren Dateien aus einer Vielzahl von weiteren Dateien, die in ihrer Gesamtheit die Software bilden. Diese Dateien können auf mehrere Verzeichnisse verteilt sein. Es lassen sich drei Typen unterscheiden:

- *Programmdateien.* Zur Funktionalität des Programms gehören zum Beispiel Dateien, die das Programm mit Informationen versorgen, die nur in bestimmten Konstellationen benötigt werden, wie Schriftartdateien oder Importfilter. Auf diese Dateien greift das Programm gegebenenfalls, für den Benutzer unmerklich, zu. Oft erstellen Programme auch während der Ausführung temporäre Dateien, die bei Programmende wieder gelöscht werden.
- *Datendateien.* Speziell Kartographieprogramme benötigen neben den eigentlichen Programmfunktionen weitere Informationen, um Karten erstellen zu können. Es handelt sich dabei in erster Linie um die Geometrie- und Sachdaten. Diese sind in Dateien gespeichert, deren Erweiterungen meist von der Software vorgegeben werden. Zum Teil sind diese Dateien intern formatiert, zum Teil aber auch editierbar, und sie können bei manchen Programmen extern erstellt werden.

- *Dokumentdateien.* Wenn eine Karte mit einer Software entworfen wurde, ist es nötig, die Informationen über diese Karte im Programm abzuspeichern, um sie in einer späteren Sitzung wieder an den Bildschirm holen zu können. Die entsprechenden Informationen speichert das Programm in einer spezifischen Datei, die im Allgemeinen nur vom Programm interpretiert werden kann, mit dem sie erstellt wurde. Mitunter sind diese Dokumentdateien unformatierte Textdateien, oft enthalten sie auch programmspezifische Codes. Der Hauptname der Dokumentdatei kann vom Anwender bestimmt werden, während die Erweiterung vom Programm vorgegeben wird. Manche Programme speichern die Informationen auch in mehreren Dateien mit verschiedenen Erweiterungen ab.

Programmunabhängige Dateien. Diese Dateien enthalten Angaben über Hardware und Software, deren Nutzen sich nicht zwangsläufig auf eine Anwendungssoftware beschränkt. Dazu gehören Gerätetreiber, um z. B. Drucker unter dem verwendeten Betriebssystem anzusteuern. Das bedeutet, dass damit auch alle Anwendungen auf diese Gerätetreiber zugreifen können. Optionen wie die Druckqualität oder das Papierformat bei den Druckertreibern sind direkt aus den Anwendungen heraus steuerbar. Die Arbeitsumgebung des Betriebssystems wird ebenfalls in Dateien, meist mit der Erweiterung SYS, festgelegt. Ein weiteres Beispiel sind DLL-Dateien (Dynamic Link Library), eine Softwaretechnik unter Windows. Unterschiedliche Programme können dieselben DLL-Dateien nutzen. Dadurch wird Speicherplatz eingespart.

Ein besonderer Vorteil ist die Verwaltung von Schriften (Fonts) (vgl. Abb. 3.26). Grundsätzlich werden bei der Installation des Betriebssystems, eines Druckers, oder eines Anwendungsprogramms Schriften automatisch installiert. Diese werden in einem Verzeichnis abgelegt. Es können weitere Schriften hinzugefügt werden, wenn entsprechende Schriften-Dateien vorhanden sind. Solche Dateien mit weiteren Schriften werden z. B. bei Graphikprogrammen in großem Umfang mitgeliefert. Nach deren Installation können sie fortan von allen Anwendungen genutzt werden. Auf diese Weise besteht in Kartographieprogrammen eine große Auswahl unterschiedlicher Schriften. Zum Teil liefern die Kartographieprogramme eigene Fonts mit ihrem Programm aus. Teilweise enthalten diese Fonts anstelle der gewohnten Zeichen Symbole und Sonderzeichen, wie sie in der Kartographie häufig verwendet werden.

Bei den Schriften handelt es sich in der Regel um TrueType-Schriften, die im Gegensatz zum älteren Verfahren der Bitmap-Schriften, durch ihre Konturen, den Hülllinien, beschrieben werden. Dadurch kann ihre Größe ohne Qualitätsverlust verändert werden.

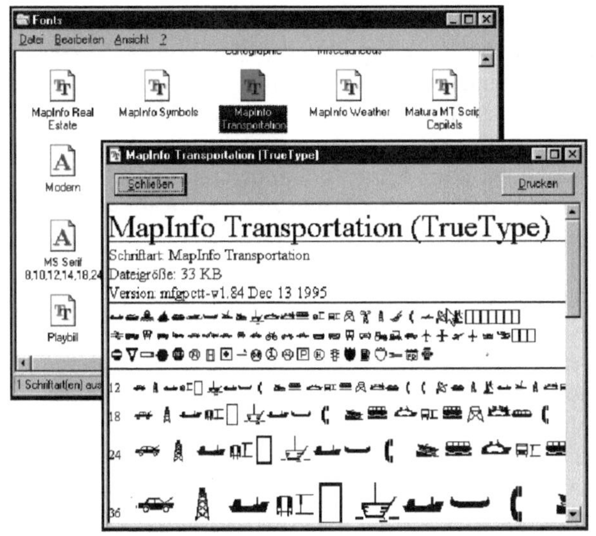

Abb. 3.26. Schriftarten unter Windows

Tabelle 3.13. Beispiele programmunabhängiger Dateien

Datei	Inhalt
CONFIG.SYS	allgemeine Konfigurierung des PCs
ANSI.SYS	Steuerung von Bildschirmanzeige (Farbe, Cursorposition etc.) und Zeichendarstellung
*.TTF	Schriften-Datei mit TrueType-Font unter Windows
*.DLL	Objektbibliotheken, die bei Bedarf dynamisch in die Software eingebunden werden

3.5.2 Graphikdateien

Bisher wurde die Wiedergabe von Dateien am Bildschirm, auf einem Drucker und sonstigen Ausgabegeräten behandelt. Neben dieser analogen Ausgabe besteht ein immer höherer Bedarf zur digitalen Verarbeitung von Graphiken. Innerhalb der Programme werden Karten in programmspezifischen Dateiformaten gespeichert, die im Allgemeinen nur vom betreffenden Programm wieder eingelesen werden können. Zum Austausch von Karten oder Symbolen etc. zwischen Anwendungen sind diese daher meist ungeeignet, auch wenn es darum geht, Karten in Dokumente zu integrieren. Nur wenige Formate haben sich durchgesetzt und können von der Mehrzahl der Anwendungen verarbeitet werden. Sie können als Basis für Datenaustausch und -integration dienen.

Graphikdateien sind im engeren Sinn programmspezifische Dateien, werden häufig herstellerübergreifend verwendet. Sie werden dazu genutzt, graphische Daten zu speichern. Neben der Speicherung dienen diese Dateien auch zum Austausch von Geometriedaten zwischen Anwendungen oder zur Integration von fertiggestellten Karten in Präsentationen. Zum Export und Import von Daten können die meisten Anwendungsprogramme Daten konvertieren. Als *Konvertierung* wird die Umwandlung von Daten in andere Formate verstanden, ohne dabei die Daten inhaltlich zu verändern. Kartographieprogramme sind auf den Austausch von Daten spätestens dann angewiesen, wenn Karten präsentiert und in Dokumente integriert werden. Auch ist es häufig notwendig, Daten zwischen Kartographie- und Graphikanwendungen auszutauschen. Hierbei treten nicht selten Schnittstellenprobleme auf, da fast jedes Programm seine eigenen Datenformate besitzt.

Graphikdateien enthalten neben den eigentlichen Bildinformationen üblicherweise einen *Header*, d. h. eine Art Vorspann, mit Informationen über verschiedene Parameter, wie Dateiversion, Graphikmodus, Bildgröße, Art der Komprimierung. Im Anschluss an den Header sind die graphischen Informationen enthalten sowie die Kodierungsvorschriften, mittels derer die Elemente und ihre Parameter innerhalb der Datei beschrieben werden.

Die meisten Graphikprogramme, z. B. CorelDraw oder FreeHand, können nahezu alle Graphikformate verarbeiten, d. h. sowohl importieren als auch exportieren (vgl. Abb. 3.27). Solche Programme können daher auch genutzt werden, um Formate von Dateien zu ändern, indem sie importiert und anschließend im gewünschten Format wieder abgelegt werden. Eine Ausnahme bildet die Konvertierung von Raster- in Vektordaten. Daneben gibt es spezielle Programme zur Umwandlung von Graphikformaten wie Hijack Pro. Außerdem können Shareware-Programme wie Graphic Workshop oder Paint Shop Pro ebenfalls viele Graphikformate konvertieren.

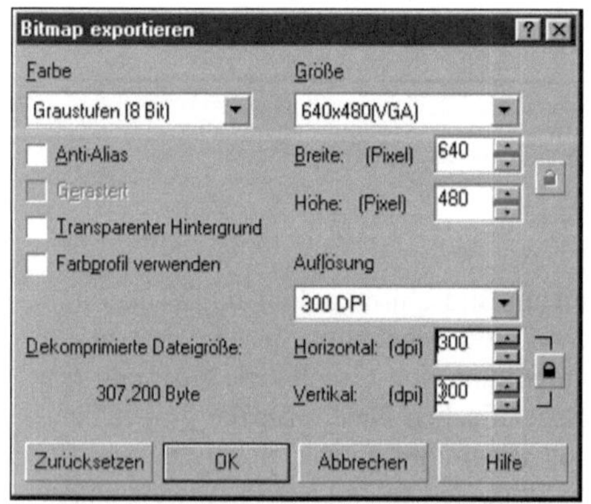

Abb. 3.27. Graphikfilter zum Export in eine TIFF-Datei unter CorelDraw

Abbildung 3.28 zeigt das Menü der Exportfunktion in CorelDraw, um eine Datei in ein TIFF-File zu exportieren. Es können eine Vielzahl von Einstellungen vorgenommen werden, die alle das Aussehen und die Qualität der Ausgabedatei beeinflussen. Die gewünschte Farbtiefe, die Ausgabegröße und die Auflösung können vorgegeben werden. Weiterhin ist es möglich, zwischen verschiedenen Optionen zu wählen, darunter eine Anti-Aliasing-Funktion (vgl. Abb. 3.34).

Die Graphikformate können nach unterschiedlichen Kriterien gegliedert werden. Gängig ist die Einteilung nach Raster-, Vektor- und Metagraphik (vgl. Tab. 3. 14). Daneben gibt es noch Dateien, die Programmanweisungen in einer Druckersprache enthalten. Diese Anweisungen werden von einem analogen Ausgabegerät wie einem Drucker, Stiftplotter oder einem Diabelichter entgegengenommen und selbständig in eine Graphik umgesetzt. Im Wesentlichen handelt es sich dabei um PostScript- und HPGL-Dateien. Diese beiden Standards haben sich bei Laserdruckern und Stiftplottern durchgesetzt.

Generell kann kein bestimmtes Graphikformat empfohlen werden. Jedes Format erfüllt spezifische Anforderungen. Wesentlich dabei ist, welche Formate von der Anwendung unterstützt werden. Als Beispiele seien genannt:

- Zum *Austausch von Geometriedaten* zwischen Kartographie- und GIS-Anwendungen sind DXF-Dateien, SHP-Dateien und MIF-Dateien geeignet (vgl. Tab. 3.14). Einige Programme erlauben den Import und teilweise den Export in einem programmspezifischen ASCII-Format (vgl. Abb. 3.28).
- Für die *Graphik im Internet* können im Rahmen des HTML-Codes Rastergraphiken im GIF- und JPG-Format verwendet werden. Mit Hilfe des SVG-Standards wird auch ein Vektorformat unterstützt. Einige Kartographieprogramme unterstützen die Ausgabe von „clickable maps".
- Zur *Integration von Graphiken* in Dokumente sind unter Windows die Formate BMP und WMF geeignet. Insbesondere mit WMF werden recht gute Ergebnisse erzielt, falls Graphiken in ihrer Größe verändert werden und keine Anteile an Rastergraphik enthalten.

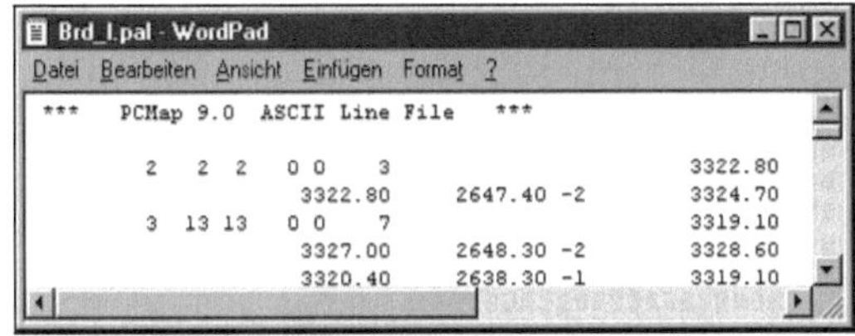

Abb. 3.28. Datei im ASCII-Format mit Linienelementen unter PCMap

Tabelle 3.14. Auswahl gängiger Graphikformate

Graphikformat	Erweiterung Dateinamen	Bemerkungen
Computer Graphics Metafile Format	.CGM	Metagraphik
Desktop Color Separation	.DCS	Rastergraphik
Drawing Exchange Format	.DXF	Vektorgraphik, ASCII-Datei
Encapsulated PostScript Format	.EPS	Vektorgraphik, zur Ausgabe auf einem Drucker, ASCII-Datei
GEM Image File Format	.IMG	Rastergraphik
GEM Metafile Format	.GEM	Vektorgraphik
Graphics Interchange Format	.GIF	Rastergraphik
Hewlett Packard GL (HPGL)	.PLT	Druckersprache, zur Ausgabe auf einem Stiftplotter, ASCII-Datei
Interchange File Format	.IFF	Rastergraphik
Joint Photographic Experts Group	.JPG	Rastergraphik
MapInfo Interchange Format	.MIF	Vektorgraphik, Austauschdatei von MapInfo, ASCII-Datei
Shape-file	.SHP	Vektorgraphik, Geometriedaten in ArcView
Tagged Image File Format	.TIF	Rastergraphik
Windows Bitmap Format	.BMP	Rastergraphik
Windows Metafile Format	.WMF	Metagraphik
ZSoft Paintbrush File Format	.PCX	Rastergraphik

JPEG-Verfahren. Ziel des JPEG-Verfahrens (Joint Photographic Expert Group) ist es, Rasterdaten so zu komprimieren, dass bei der Abspeicherung eine Reduktion des Platzbedarfs um den Faktor 10 eintritt, ohne dass die Daten einen nennenswerten Qualitätsverlust erleiden. Beim JPEG-Verfahren wird zunächst die Farbinformation vom RGB-Modell in das YUV-Modell (Helligkeit und Farbwerte) umgerechnet. Da das menschliche Sehsystem auf Helligkeit empfindlicher reagiert als auf Farbe, kann die Farbinformation reduziert und so die Datenmenge verringert werden. Ein digitales Bild sollte nur einmal einer JPEG-Komprimierung unterzogen werden, da mehrmaliges Wandeln einen wiederholten Farbverlust zur Folge hat. Der Grad der Komprimierung kann in den meisten Bildverarbeitungsprogrammen eingestellt werden. Eine wichtige Erweiterung ist das *progressive JPEG-Format.* Es bewirkt, dass sich das Bild in mehreren Schritten aufbaut und ist deshalb für Internet-Anwendungen geeignet.

TIFF-Format. Dieses Format hat sich in den letzten Jahren zu einem der wichtigsten Formate für Rasterdaten entwickelt. Es ist eine Entwicklung der Firma Aldus Corporation. Im TIFF-Format ist es möglich, die Farbtiefe zu variieren, d. h. es können Schwarzweißzeichnungen, Graustufenbilder und Farbbilder gespeichert werden. Auch die Auflösung sowie die Größe der Graphik sind variabel und darüber hinaus können mehrere Bilder in einer Datei gespeichert werden. Da die Dateien sehr groß werden können, stehen mehrere Kompressionsverfahren zur

Verfügung. Durch diese Eigenschaften ist die Struktur von TIFF-Files zwar kompliziert, sie sind jedoch universell einsetzbar.

Eine erweiterte Form des TIFF-Formats ist GEOTIFF. Mit Hilfe dieses Formats können u. a. Informationen über die Georeferenzierung von Orthophotos und entzerrten Satellitenbildszenen sowie Daten zur Projektion mit gespeichert werden. Das Format ist für Geoinformationssysteme und die Bildverarbeitung interessant (Wilfert 2000).

Bedingt durch den Variantenreichtum haben einige Anwendungen Probleme mit dem Einlesen von TIFF-Dateien. Meist hängt es mit der Komprimierung der Datei zusammen. Der einfachste Ausweg besteht darin, TIFF-Files unkomprimiert in Anwendungen einzulesen.

GIF-Format. Dieses Format geht auf eine Entwicklung der Firma CompuServe zurück. Vorrangiges Ziel war eine Graphikdatei mit minimaler Dateigröße. Dies ist ohne Verlust von Information im Allgemeinen nicht zu realisieren. Unterstützt werden Graphiken mit 16 und 256 Farben. Die Daten werden komprimiert, wodurch bei kleiner Größe eine hohe Qualität erreicht werden kann. Dadurch sind sie in besonderer Weise für den Einsatz im Internet geeignet.

Es kann zwischen drei Varianten von GIF-Graphiken unterschieden werden:

- *Animierte GIFs* bestehen aus mehreren Bildern, die in einer Datei abgespeichert sind. Sie laufen ab wie ein kleiner Film.
- In *transparenten GIFs* kann eine von 256 Farben transparent geschaltet werden, meist wird der Hintergrund gewählt. Diese Eigenschaft kann bei der Integration von Logos in Karten genutzt werden. Ein rechteckiger, meist weißer Hintergrund, wirkt störend.
- *Interlaced GIFs* werden beginnend von einer schlechten Basisdarstellung stufenweise zur maximalen Qualität aufgebaut. Diese Eigenschaft ist besonders nützlich bei Internet-Anwendungen.

DXF-Format. Autodesk, der Entwickler von AutoCAD, entwickelt dieses Format für vektororientierte Programme. Es handelt sich um eine ASCII-Datei und kann deshalb mit jedem einfachen Editor bearbeitet werden. Jedoch sind hierzu erhebliche Kenntnisse über die Dateistruktur notwendig (vgl. Abb. 3.29). Mit Hilfe von DXF-Dateien können auch dreidimensionale Daten gespeichert werden. Für den Austausch von Geometriedaten zwischen Kartographieprogrammen spielt dieses Format deshalb eine zentrale Rolle.

```
  0
SECTION
  2
HEADER
  9
$ACADVER
  1
AC1006
  9
$EXTMIN
 10
-3.343902
 20
3.897969
  9
$EXTMAX
 10
-2.263906
 20
4.977965
  9
$LTSCALE
 40
0.000394
  9
```

Abb. 3.29. Ausschnitt einer DXF-Datei

SVG-Format. Mit Hilfe dieses Formats soll es möglich sein, im Internet Vektorgraphiken zu verwenden. Die zukünftigen Browser werden in der Lage sein, dieses Format darzustellen. Daraus ergeben sich vielfältige Anwendungsmöglichkeiten zur Darstellung von Karten (Siegert 2000).

WMF-Format. Dieses Format ist eng mit Windows von Microsoft verknüpft. WMF dient u. a. zum Austausch von Graphiken über die Zwischenablage. Es handelt sich um ein Metaformat und kann deshalb neben den Konstruktionsanweisungen, die die Graphik beschreiben, auch Rastergraphik enthalten. Fast alle Kartographie-, GIS- und Graphikprogramme können WMF-Dateien erzeugen.

SHP-Format. Dieses Format ist eines von fünf verschiedenen Shape-Files, die in Arc/View dazu dienen, Daten zu speichern. Shape-Files beinhalten je nach Typ Geometriedaten- oder Sachdaten geographischer Objekte. Files mit der Namenserweiterung .SHP enthalten die Geometriedaten. Shape-Files können aus anderen georeferenzierten Daten generiert werden, z. B. aus Arc/Info oder MapInfo.

PostScript. Bei PostScript handelt es sich um kein Graphikformat im herkömmlichen Sinn, sondern um eine Seitenbeschreibungssprache, die vom Softwarehersteller Adobe Systems entwickelt wurde. PostScript-Dateien sind zur Steuerung von Endgeräten wie Drucker und Plotter konzipiert. Sie sind im ASCII-Format mit der Endung .EPS (Encapsulated PostScript) abgespeichert und können mit jedem Editor oder Textverarbeitungsprogramm gelesen und verändert werden.

PostScript beinhaltet alle Merkmale einer höheren Programmiersprache, bis hin zur Möglichkeit, Variablen zu definieren. Es ist als Werkzeug zu verstehen, mit dem es möglich ist, geräteunabhängige Dateien zu erzeugen, die dann von jedem PostScript-fähigen Drucker durch einen einfachen PRINT-Befehl ausgegeben werden können. Diese Technologie hat sich inzwischen zu einem Standard entwickelt, der von allen leistungsfähigen Laserdruckern beherrscht wird. Die PostScript-Programme werden von einem Interpreter im Ausgabegerät bearbeitet, vereinfacht gesagt, in eine Graphik übersetzt.

Folgendes kleines Programm zeichnet ein Quadrat mit einer Kantenlänge von einem Zoll und einer Strichstärke von 4/72 Zoll (Quelle: Adobe Systems Inc. 1988, 23):

```
newpath
270 360 moveto
  0  72 rlineto
 72   0 rlineto
  0 -72 rlineto
-72   0 rlineto
4 setlinewith
stroke showpage
```

In der Regel werden PostScript-Dateien von den Anwendungsprogrammen erzeugt. Die wenigsten Anwender werden eigene PostScript-Programme schreiben. Selbst die Abänderung von bestehenden PostScript-Dateien wird nur eine kleine Anzahl der Anwender vornehmen. Das hängt in erster Linie mit der Komplexität dieser Programme zusammen und zum anderen mit der fehlenden Notwendigkeit, die Graphik außerhalb des Anwendungsprogramms, also innerhalb der ASCII-Dateien, zu modifizieren.

Das EPS-Format ist das zuverlässigste Format, um Graphiken auf Papier oder Film zu bringen und spielt deshalb bei der Zusammenarbeit mit Druckereien eine große Rolle. Denn PostScript-Dateien sind nicht nur geräteunabhängig, sondern auch auflösungsunabhängig, d. h. sie werden in der maximalen Auflösung des Ausgabegerätes gedruckt.

DCS-Format. Das DCS-Format ist eine spezielle Form des EPS-Formats und dient zur Ausgabe von Bildern. Dateiintern wird die Farbinformation des Bildes in vier separaten Datenebenen abgespeichert, je eine für die Druckfarben Cyan, Magenta, Yellow und Black. In einer fünften Dateiebene befindet sich eine Vorschau des Bildes mit niedriger Auflösung entweder als TIFF-Datei (PC-Format) oder PICT-Datei (Mac-Format). Der Vorteil dieses Formats liegt darin, dass die hochauflösenden, separierten Dateien im Hintergrund verbleiben. Bei der Druckausgabe werden die Farbdateien automatisch angesprochen.

HPGL. Diese Beschreibungssprache wurde von der Firma Hewlett Packard für Plotter entwickelt. Die Sprache besteht aus Zeichen des ASCII-Datensatzes, die graphische Operationen beschreiben. Die Ausgabe kann direkt auf einem Stiftplotter erfolgen, ohne dass die Anwendersoftware, in der die Graphik erstellt wurde, dazu gebraucht wird.

3.5.3 Organisation von Dateien

Werden Karten erstellt, entsteht zwangsläufig eine große Anzahl von Dateien: Dateien, die Linienelemente enthalten, die Sachdaten in der Originaldatei aus dem Internet, die Sachdaten in einer Datenbank, Dokumentationsdateien, Geometriedaten in unveränderter Form und solche, die generalisiert wurden usw. Wichtig ist es, den Überblick nicht zu verlieren und die Arbeit zu strukturieren. Dabei sollen die folgenden Techniken helfen.

Organisation der Dateien. Die kartographische Software ist am PC in der Regel auf der Festplatte in einem eigenen Verzeichnis gespeichert, das sich manchmal in Unterverzeichnisse, z. B. für Koordinaten, verzweigt. Wird an Karten gearbeitet, werden zusätzlich ständig weitere Dateien erstellt, vor allem Daten-, Dokument- und Graphikdateien. Insgesamt entsteht so bald eine schwer zu überschauende Vielfalt von Dateien, in der sich der Überblick leicht verlieren lässt.

Zunächst ist festzuhalten, dass alle Dateien generell auf der Festplatte des PCs gespeichert und nur zum Transport oder zur Datensicherung auf Diskette kopiert werden sollten. Disketten sind im Vergleich zur Festplatte wesentlich fehleranfälliger, deutlich langsamer und haben darüber hinaus nur eine geringe Kapazität, die z. B. durch Graphikdateien leicht überschritten wird.

Die vom Anwender erstellten Dateien sollten auf jeden Fall in eigenen Verzeichnissen gespeichert und nicht mit den Programmdateien vermischt werden. Zur sinnvollen Strukturierung sollten thematisch zusammengehörende Dateien jeweils in einem eigenen Verzeichnis außerhalb der Programmverzeichnisse angeordnet werden. Die verschiedenen Dateiarten wie Texte, Karten usw. können vermischt werden, weil sie sich über ihre Namenserweiterungen leicht unterscheiden lassen.

Ein wichtiger Punkt, um die Dateien übersichtlich ordnen zu können, sind Dateinamen. Namen wie KARTE1, KARTE2 etc. führen dazu, dass der Überblick mit zunehmender Dateienzahl bald verloren geht. Deshalb sollten aussagekräftige Bezeichnungen vergeben werden. Die Namenserweiterungen kennzeichnen den Dateityp und werden fast immer durch das Programm vorgegeben, während sich der Grundname frei wählen lässt.

Datenkompression. Mit Hilfe von speziellen Verfahren kann der Speicherbedarf von Daten erheblich reduziert werden. Dieser Vorgang wird Datenkompression genannt. Durch die Verkleinerung von Dateien wird Speicherplatz und Übertragungszeiten beim Datentransport eingespart. Das Grundprinzip der Kompression ist es, überflüssige Informationen zu eliminieren. So können mehrfach hintereinander vorkommende, gleiche Zeichen durch ein Produkt ersetzt werden, z. B. die Folge „00000001“ durch „7×0,1“.

Es wird zwischen verlustbehafteter und verlustfreier Kompression unterschieden. Die verlustbehaftete Kompression wird nur bei Bildern und Sound angewendet. In keinem Fall ist sie für die Geometrie- und Sachdaten aus der Kartographie geeignet.

Um Daten zu komprimieren stehen eine Reihe von Programmen zur Verfügung, wobei PKZIP wahrscheinlich das bekannteste Komprimierungsprogramm ist (Voss 1999). Mit diesem Programm können Daten in komprimierte Archive verpackt werden, sogenannte Zip-Dateien, die die Erweiterung .ZIP tragen. Aus diesen Dateien können die Originaldaten wieder verlustfrei hergestellt werden.

Datensicherung und -archivierung. Moderne PC-Festplatten sind zwar einigermaßen zuverlässig, aber erstens kann es trotzdem jederzeit zu einem hardwarebedingten Ausfall kommen, wodurch der gesamte Inhalt der Festplatte verloren gehen kann, und zweitens kann ein ähnlicher Effekt auch durch den Anwender ausgelöst werden, wenn dieser versehentlich Dateien löscht, überschreibt oder gar die Platte neu formatiert. Auch „alte Hasen“ am PC sind gegen solche Fehlleistungen leider nicht gefeit. Drittens schließlich kann es praktisch in allen Programmen zu Systemabstürzen kommen, wodurch zumindest die Arbeit seit der letzten Speicherung verloren ist. Deshalb sollten Daten regelmäßig gesichert werden.

Werden Datenbestände auf einen gesonderten Datenträger gesichert, wird dies auch als Backup bezeichnet. Dieser Vorgang wird durch eine Reihe von Backup-Programmen unterstützt. Während beim Kopieren die Daten in Originalgröße auf einen Datenträger übertragen werden, können Backup-Programme Daten komprimieren, über mehrere Datenträger verteilen und sparen dadurch Speicherplatz ein. Die Betriebssysteme, wie Windows, unterstützen die Datensicherung durch das *Archiv-Attribut.* Sobald eine Datei neu erstellt oder verändert wird, erhält sie dieses Attribut, welches in der Anzeige von Dateimanagern erkennbar ist. Wird die Datei mit Hilfe eines Backup-Programmes gesichert, wird das Attribut entfernt. Dadurch ist immer erkenntlich, ob eine Datei schon einmal gesichert wurde oder nicht. Viele Komprimierungsprogramme können das Archiv-Attribut ebenfalls löschen.

Für die Datensicherung sind Streamer oder Zip-Disketten optimal geeignet. Wenn der PC an ein Netzwerk angeschlossen ist, ist die Sicherung auch auf einem anderen Rechner möglich. Eine Alternative kann auch das Brennen einer CD-ROM sein.

Wichtig ist, dass der Sicherung eine Strategie zugrunde liegt, wobei die individuellen Umstände berücksichtigt werden müssen. Der Wert und die Häufigkeit, in der die Daten verändert werden, sind für die Art und den Zyklus der Datensicherung entscheidend. Zweckmäßig ist die Automatisierung der Sicherungsstrategie. Zum Zyklus folgende Hinweise:

- Das *Zwischensichern* in kurzen Abständen während der Bearbeitung sollte zur Gewohnheit werden, d. h. während der Arbeit am PC sollten die bearbeiteten Dateien mindestens alle 30 Minuten gespeichert werden. Dann kann eigentlich auch nicht mehr verloren gehen als die Arbeit, die in dieser Zeit geleistet wurde.
- *Vor größeren Änderungen* an Entwurf oder Gestaltung einer Karte sollte der Ausgangszustand stets gesichert werden, um jederzeit zu diesem zurückkehren zu können. Beim Arbeiten an der Karte kann es leicht passieren, dass das Kartenbild versehentlich in einer Weise verändert wird, die nicht erwünscht ist und die sich nicht ohne weiteres rückgängig machen lässt. Wurde vor der Änderung gesichert, kann die Kartendatei ohne neue Sicherung geschlossen und in der alten Version neu geladen werden.
- *In regelmäßigen Abständen* sollten die Daten auf der Festplatte, z. B. einmal pro Tag, Woche oder Monat, gesichert werden, indem sie auf einen anderen Datenträger kopiert werden.

Für eine Datensicherung in regelmäßigen Abständen stehen grundsätzlich zwei Verfahren zur Verfügung:

- Die *Gesamtsicherung*, ein vollständiger Backup, ist am einfachsten zu organisieren, da der gesamte Datenbestand zu sichern ist. Jedoch wird dies mit einem hohen Zeitaufwand erkauft und es muss viel Speicherkapazität investiert werden.
- Bei der *Teilsicherung*, ein differentielles Backup, werden nur die Daten gesichert, die sich seit der letzten Sicherung verändert haben. Die dazu benötigte Speicherkapazität und der Zeitaufwand sind im Vergleich zur Gesamtsicherung wesentlich geringer.

In der Praxis wird sich meist eine gemischte Strategie aus Gesamt- und Teilsicherung anbieten. Die Gesamtsicherungen werden in größeren Abständen durchgeführt als die Teilsicherungen (vgl. Abb. 3.30).

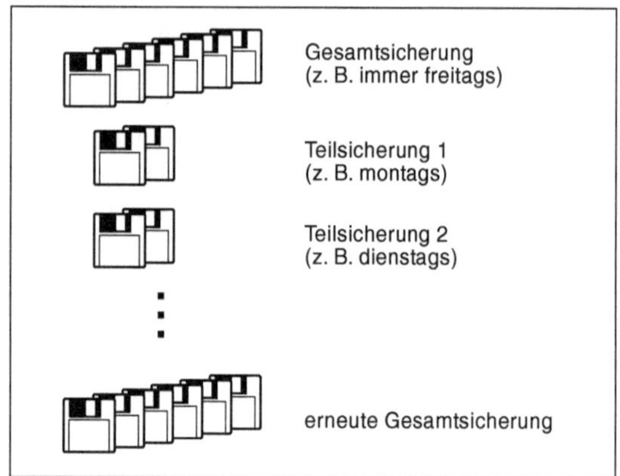

Abb. 3.30. Gesamt- und Teilsicherung

Es hat sich als nützlich erwiesen, ein Mehrgenerationenprinzip zu realisieren. Das klassische, aus drei Generationen bestehende Prinzip wird auch als Großvater-Vater-Sohn-Prinzip bezeichnet. Dieses Verfahren ist einfach anzuwenden. Gebraucht werden drei Sammlungen von Datenträgern, die jeweils die komplette Datenmenge aufnehmen können. Dabei kann eine Sammlung aus mehreren einzelnen Datenträgern bestehen. Auf jeder Sammlung wird eine komplette Generation gespeichert. Nachdem die dritte Generation gesichert wurde, wird bei der nächsten Sicherung die erste Generation überschrieben. Auf diese Weise stehen immer bis zu drei alte Fassungen zur Verfügung. Im Allgemeinen würde bei einem Datenverlust die letzte Sicherung zurück auf die Festplatte kopiert werden (vgl. Abb. 3.31).

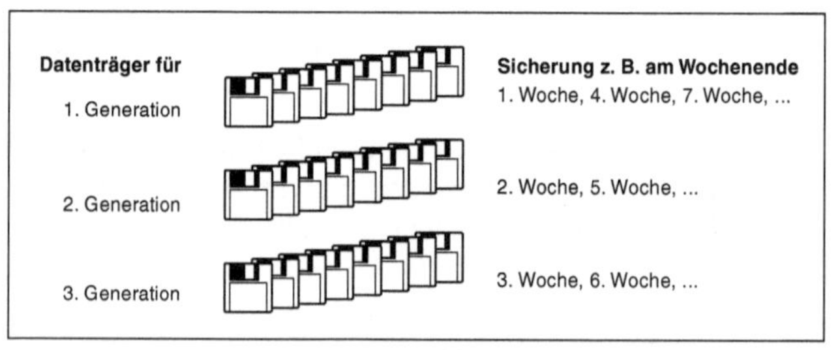

Abb. 3.31. Mehrgenerationenprinzip

Irgendwann sind Projekte abgeschlossen und trotzdem belegen sie häufig noch Speicherplatz. Hier sollte frühzeitig die Entscheidung getroffen werden, diese Projekte zu archivieren, d. h. sie werden auf einem Datenträger, meist in komprimierter Form, gespeichert. Dabei handelt es sich um Gesamtsicherungen kompletter Projekte, wobei auch Geometriedaten gesichert werden sollten. Denn nicht selten werden Geometriedaten verändert, indem sie z. B. fortgeschrieben werden und irgendwann sind die alten, einem früheren Projekt zugrunde liegenden Daten nicht mehr verfügbar, und die alten Karten nicht mehr zu reproduzieren. Projekte sollten aus Sicherheitsgründen doppelt archiviert werden, und die Datenträger sollten besser getrennt aufbewahrt werden.

3.6 Kartenexport

Mit allen Kartographieprogrammen können Karten ausgedruckt werden. Dies ist aber nicht immer gewünscht. Häufig sollen Karten in Dokumente eingebunden werden und manchmal sollen sie in Graphikprogrammen weiterverarbeitet werden. Dazu ist es notwendig, die Karten aus dem Programm zu exportieren. Für den Datenaustausch verfügen die meisten Programme über mehr oder weniger umfangreiche Möglichkeiten, Dateien anderer Programme einzulesen bzw. auszugeben. Die Module einer Software, die es ermöglichen, ausgewählte Dateiformate einzulesen, werden *Importfilter* genannt und diejenigen, die Dateiformate schreiben, werden als *Exportfilter* bezeichnet. In der Regel handelt es sich um die gängigen Formate wie EPS, TIFF, DXF oder CGM. Im Folgenden werden einige wichtige Techniken vorgestellt, die helfen, diese Aufgabe zu meistern.

Zwischenablage unter Windows. Einer der größten Vorteile von Windows ist es, dass Daten, dies umfasst auch Graphik, zwischen Anwenderprogrammen beliebig mit Hilfe der Zwischenablage ausgetauscht werden können. Es besteht auch die Möglichkeit, Dateien der Zwischenablage abzuspeichern (.CLP).

Die Vorgehensweise ist recht einfach: Die Karte, die ausgetauscht werden soll, wird im Anwendungsprogramm markiert, in die Zwischenablage kopiert (zumeist der Befehl BEARBEITEN | KOPIEREN) und im Zielprogramm, z. B. der Textverarbeitung, eingefügt (zumeist mit dem Befehl BEARBEITEN | EINFÜGEN).

Beim Datenaustausch zwischen Anwenderprogrammen kann es manchmal zu Problemen kommen. Meist handelt es sich dabei um den Verlust einzelner Eigenschaften einer Graphik, wie z. B. Formatierungen. In diesen Fällen muss der Datentransfer über den Umweg einer Datei stattfinden. In jedem Fall ist dabei einem Vektorformat der Vorzug zu geben.

Erzeugen von Druckdateien unter Windows. Bei Anwendungsprogrammen, die unter der Oberfläche von Windows laufen, ist es grundsätzlich möglich, druckerspezifische Dateien, d. h. beispielsweise PostScript-Dateien und HPGL-Dateien zu erzeugen, auch wenn die Software nicht über entsprechende Exportfilter verfügt. Dies ist immer dann nützlich, wenn das Ausgabegerät an einen PC angeschlossen ist, der nicht über die Software verfügt, mit der die Karte erstellt wurde.

In Windows besteht die Möglichkeit, einen Text oder eine Graphik anstatt auf einen Drucker in eine Datei umzuleiten. Dazu muss das System entsprechend eingerichtet werden. Dabei kann wie folgt vorgegangen werden:

- Falls kein PostScript-fähiger Drucker oder HP-Plotter installiert ist: Öffnen der Dialogbox zur Konfiguration von Druckern in der Systemsteuerung. Es ist entweder ein PostScript-fähiger Drucker zu installieren, z. B. Apple LaserWriter II NTX, um PostScript-Dateien zu erzeugen oder ein Plotter, um eine HPGL-Datei zu erstellen.
- Diesen Drucker entweder als Standarddrucker aktivieren oder im Anwendungsprogramm in der Dialogbox zum Drucken auswählen.
- Option „Drucken in Datei" auswählen.
- Nachdem Verzeichnis und Dateiname gewählt sind, wird ein PostScript-File oder eine HPGL-Datei, meist mit der Endung PRN, erzeugt.

Ist der Drucker in dieser Weise konfiguriert und wird die Karte mit Hilfe des Anwendungsprogramms gedruckt, erfolgt die Ausgabe nicht mehr auf ein analoges Ausgabegerät, sondern wird als PostScript- oder HPGL-Datei in eine Datei umgeleitet.

Exportieren von Text. Um Zeichen zu erzeugen, bestehen grundsätzlich zwei Methoden: Die *Strich-* und die *Punktraster-* bzw. *Bitmap-Methode.* Die Strich-Methode erzeugt die Buchstaben und Ziffern aus Polygonzügen und deren Füllungen. Sie ist besonders geeignet, um skaliert zu werden. Die Zeichengröße kann einfach durch die Änderung der Streckenlängen nahezu beliebig geändert werden, wie dies bei den unter Windows mit dem Namen *TrueType* bekannten Schriften möglich ist (Schieb 1992). Bei der Punktraster-Methode wird jedem Zeichen eine Punktmatrix zugeordnet, deren Wiedergabegröße vom jeweiligen Ausgabegerät abhängt. Da die Punktgröße fest definiert ist, eignet sich diese Methode im Prinzip nicht, um Zeichen in ihrer Größe zu variieren.

Wird Text als Teil einer Graphik in eine Datei gespeichert, können im Prinzip zwei unterschiedliche Ergebnisse eintreten. Handelt es sich bei der Zieldatei um eine Rastergraphik, werden alle Zeichen in eine Punktmatrix überführt. Wird diese Datei in eine Anwendersoftware geladen, ist es nicht mehr möglich, die Punktmatrizen als zusammengehörige Objekte anzusprechen und z. B. in Größe, Art oder Stil zu manipulieren. Die gesamten Texte wurden in einzelne Punkte zerlegt, die in keiner Beziehung zueinander stehen. Im Falle einer Vektorgraphik bleiben die Zeichen zumindest als zusammenhängende Linie erhalten und deren Eigenschaften, wie Größe, Farbe und Strichstärke, können nachträglich manipuliert werden. Zeichen bleiben dann als Zeichen erhalten und sind noch als eigenständige Objekte ansprechbar, wenn sie unter Windows über die Zwischenablage kopiert werden.

Abb. 3.32. Ergebnisse der Exporte in verschiedenen Graphikformaten

Abbildung 3.32 zeigt das Ergebnis von drei verschiedenen Dateiimporten mit Schrift. Um die Unterschiede deutlicher zu machen, sind die Ergebnisse vergrößert. Im ersten Fall ist deutlich die Stufenstruktur in der Schrift zu erkennen, diese Schrift ist nicht ohne Qualitätsverluste zu vergrößern. Der zweite Schriftzug zeigt die Schrift nach dem Import aus einer HPGL-Datei (.PLT). Diese Dateien sind für die Ausgabe auf einen Stiftplotter geschrieben. Dadurch ist die Schrift so aufgelöst, dass sie durch einen Stift ausgegeben werden kann. Jeder Buchstabe besteht hier aus zwei in sich geschlossenen Strichen. Das dritte Beispiel zeigt das Ergebnis eines Imports aus einer CGM-Datei. Die Buchstaben werden zum Teil in einzelne Segmente zerlegt, wie es beim Buchstaben o sichtbar wird. In der Abbildung wurden nur die Konturen der einzelnen Elemente wiedergegeben, um die Zerlegung auch innerhalb der einzelnen Buchstaben zu zeigen.

Darüber hinaus ist es möglich, speziell die Qualität von Rastergraphik zu verbessern, indem die Anti-Aliasing-Technik angewandt wird. Darunter wird die Methode zum Glätten von diagonalen Linien und Kurven in Rastergraphiken verstanden. Entlang dieser Linien werden Pixel in Zwischentönen hinzugefügt, um den Übergang zwischen der Linie und dessen Umgebung zu glätten. Dadurch wird der „Treppeneffekt“ zumindest gemindert (vgl. Abb. 3.33).

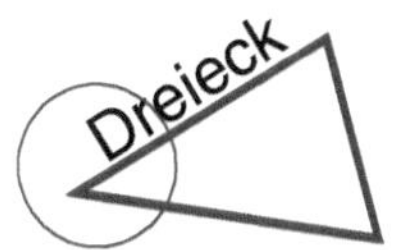

Abb. 3.33. Anti-Aliasing-Technik bei Schrift

Graphikanbindung. Wie beim dynamischen Datenaustausch (DDE) wird beim Einbinden von Graphiken zwischen der *Server-Anwendung*, dem „Lieferanten“ der Daten, und der *Client-Anwendung*, dem „Empfänger“ der Daten, unterschieden. Die Information, die in eine Anwendung eingebunden werden soll, in der sie nicht erstellt wurde, wird im folgenden *Objekt* genannt. Im Falle der digitalen Kartographie handelt es sich bei diesen Objekten im Allgemeinen um eine komplette Karte oder um den Teil einer Karte.

Das Einbinden kann zwei unterschiedlichen Zielen dienen: Zum einen kann der Wunsch bestehen, die Karte in einem anderen Softwareprodukt weiterzuverarbeiten und damit zu verändern. Ein Beispiel ist die nachträgliche Beschriftung von Karten in einem Graphikprogramm, weil das Kartographieprogramm hierzu nur eingeschränkte Möglichkeiten bietet. Zum anderen kann der Vorgang nur dazu dienen, eine fertig ausgearbeitete Karte in eine andere Anwendung einzubinden, ohne dass diese nochmals verändert wird. Der häufigste Fall ist das Einbinden einer Karte in eine Textverarbeitung.
Prinzipiell lassen sich drei Methoden unterscheiden, um Graphiken in eine Anwendung einzubinden:

- *Kopieren,*
- *Einbetten,*
- *Einbetten und Verknüpfen* eines Objektes.

Die dargestellten Möglichkeiten sind wesentlich vom Betriebssystem bzw. der Oberfläche abhängig. Unter Windows kann unter den drei Methoden frei gewählt werden. Die zweite und dritte Möglichkeit wird unter dem Begriff OLE (Object Linking and Embedding) zusammengefasst.

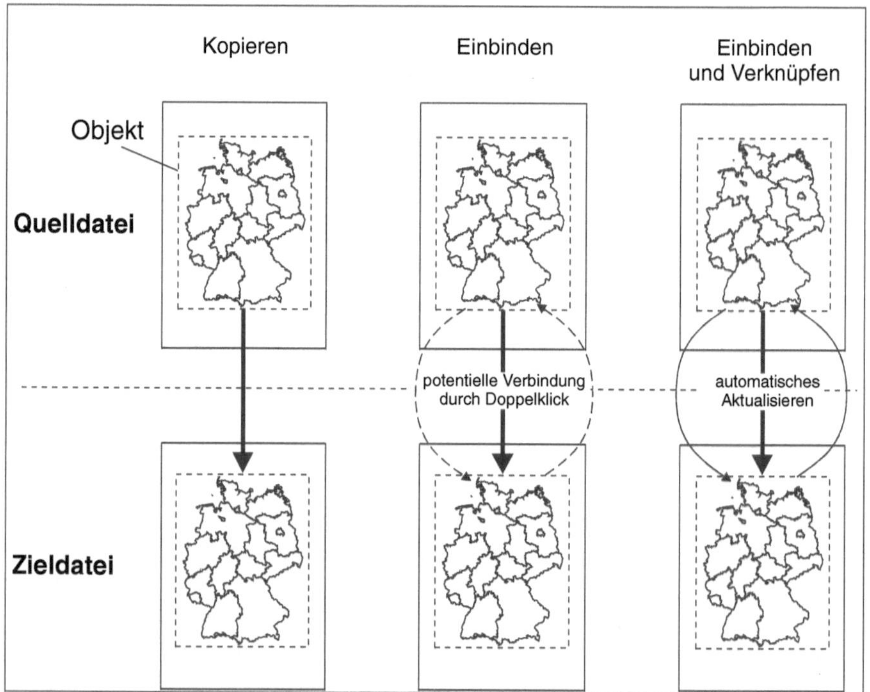

Abb. 3.34. Kopieren, Einbetten sowie Einbetten und Verknüpfen einer Datei

Die Unterschiede der drei Methoden bestehen in der Art der Verbindung zwischen der Quelldatei, aus dem das Objekt stammt, und der Zieldatei (vgl. Abb. 3.34). Beim Kopieren handelt es sich um einen einmaligen Vorgang, aus dem keinerlei bleibende Verbindung zwischen Server und Client resultiert. Beim Einbetten eines Objekts besteht eine nichtdynamische Verbindung. Diese Verbindung kann jederzeit durch einen Doppelklick auf dem Objekt aktiviert werden. Es besteht dann die potentielle Möglichkeit, das Objekt in der Server-Anwendung nachträglich zu bearbeiten und in die Client-Anwendung mit dem aktuellen Objekt zurückzukehren. Beim Einbetten und Verknüpfen besteht eine dynamische Verbindung, d. h. das Objekt verbleibt in der Server-Anwendung und ist gleichzeitig in der Client-Anwendung sichtbar. Alle Änderungen des Objekts in der Server-Anwendung führen zu einer Änderung in der Client-Anwendung.

Kopieren. Kopieren ist die einfachste Form, ein Objekt in eine Anwendung einzubinden. Ein graphisches Objekt wird zunächst in eine Graphikdatei gespeichert, und anschließend wird diese Datei in eine andere Anwendung kopiert bzw. durch einen Verweis im Programm verbunden. Unter Windows kann zum Kopieren auch die Zwischenablage benutzt werden, wodurch der Umweg über eine Graphikdatei entfällt.

Soll unter Windows eine Graphik über die Zwischenablage eingefügt werden, ist nach folgendem Schema vorzugehen:

- Objekt in Zwischenablage kopieren,
- in die Zielanwendung wechseln,
- Befehl BEARBEITEN | INHALT EINFÜGEN ausführen,
- GRAPHIK auswählen und EINFÜGEN anklicken.

Dadurch wird das Objekt kopiert. Eine Nachbearbeitung kann danach nur noch in Microsoft Draw erfolgen. Die Verknüpfung zur Server-Anwendung existiert nicht mehr. Soll eine Graphikdatei eingebunden werden, kann der Befehl EINFÜGEN | GRAPHIK benutzt werden.

Manchmal sollen Karten in einer zweiten Anwendung weiterverarbeitet werden, sei es, um besondere Gestaltungsmethoden zu verwenden oder um Schwächen in der Kartographiesoftware auszugleichen. Häufig besteht z. B. der Wunsch, nachträglich Beschriftungen in die Karte einzufügen. Graphikprogramme verfügen zumeist über wesentlich umfangreichere graphische Möglichkeiten als Kartographieprogramme, so dass die Karte vielseitiger gestaltet werden kann. Dieser Weg sollte nur beschritten werden, wenn die Karte mit ihrem endgültigen Layout versehen wird und keine nachträglichen Modifikationen der dargestellten Sachdaten vorgenommen werden müssen.

Hierfür wird die Methode des Kopierens angewandt. Zunächst muss die Karte vom Kartographieprogramm in ein Graphikprogramm exportiert werden, d. h. die Karte wird über die Zwischenablage unter Windows oder über eine Graphikdatei in eine Anwendung kopiert. Die verwendeten Graphikformate sind dabei auf die Software abzustimmen, die zu diesen Nacharbeiten eingesetzt werden soll. Handelt es sich um ein Malprogramm, das auf der Basis von Rastergraphik arbeitet, wie z. B. Paintbrush, sollte einem Rastergraphikformat der Vorzug gegeben werden. Kommt ein vektororientiertes Graphikprogramm zum Einsatz, wie z. B. CorelDraw, sollte ein Vektorgraphikformat verwendet werden.

Abbildung 3.35 zeigt das Ergebnis eines solchen Vorgangs. Das Kartenfeld wurde mit der Prozedur GMAP, dem kartographischen Modul der Statistiksoftware SAS, erstellt und als CGM-Graphikdatei abgespeichert. Diese Datei wurde in CorelDraw importiert und dann in diesem Graphikprogramm mit den Beschriftungen und der Legende versehen.

Welches Graphikformat beim Kopieren zweckmäßig ist, hängt davon ab, was für ein Ziel verfolgt wird. Soll die Datei in einem Graphikprogramm weiterverarbeitet werden, muss ein Vektorgraphikformat gewählt werden. Wird eine fertige Karte dagegen in einen Text eingebunden, der dann anschließend auf einen PostScript-fähigen Laserdrucker ausgegeben werden soll, so ist eine EPS-Datei zu bevorzugen, da dies die höchste Ausgabequalität erbringt.

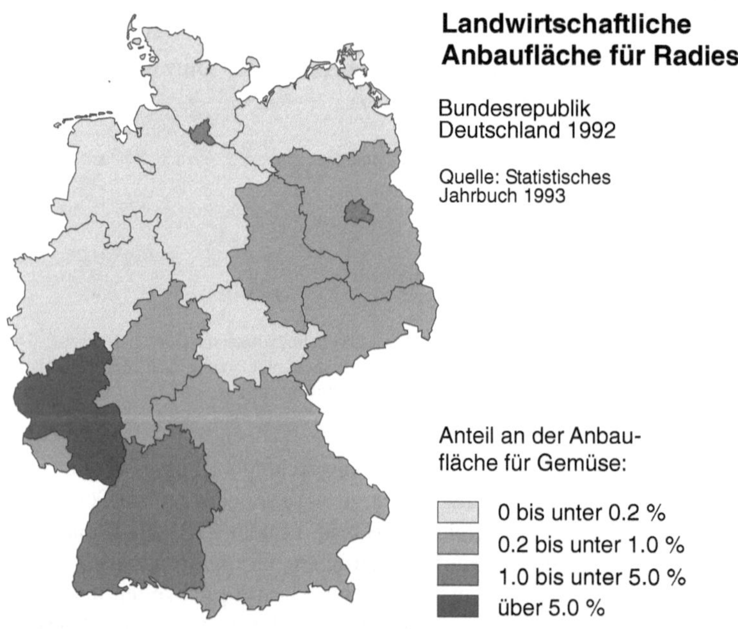

Abb. 3.35. Weiterverarbeitung einer halbfertigen Karte in einem Graphikprogramm

OLE. Um Dateien zweier Anwendungen zu verknüpfen, z. B. die Karte eines Kartographieprogramms mit den Daten einer Tabellenkalkulation, bestehen im Prinzip zwei interessante Möglichkeiten: zum einen der dynamische Datenaustausch, zum anderen das Verknüpfen und Einbetten von Objekten, z. B. von Karten, in die Textverarbeitung. Diese Techniken sind unter Windows möglich, falls die Anwenderprogramme OLE bzw. DDE unterstützen. Zur Zeit ist dies bei fast allen Produkten von Microsoft, jedoch nur bei wenigen Kartographieprogrammen der Fall. Es ist zu erwarten, dass in Zukunft diese Techniken zur Standardausstattung zählen werden.

Beim OLE besteht die neue Datei aus den Informationen unterschiedlicher Anwendungen. Beim Einbetten und Verknüpfen wird eine Datei oder ein Teil einer Datei, das Objekt, komplett in eine Anwendung eingefügt. Ob die beiden Anwendungen in Verbindung bleiben, ist davon abhängig, wie diese Verknüpfung definiert ist. In jedem Fall wird das Objekt immer als eine Einheit behandelt.

Ein Objekt wird in eine Zieldatei eingebettet, indem es aus der Quelldatei kopiert wird. Dabei wird unterschieden zwischen dem einfachen Einbetten und dem zusätzlichen Verknüpfen des Objekts.

Wird es nur eingebettet, endet die Kommunikation mit der Server-Anwendung nach dem Einfügen. Wird das Objekt danach in der Quelldatei geändert, hat das zunächst keine Auswirkung auf das Objekt in der Zieldatei. Dieser Vorgang entspricht dem Kopieren über die Zwischenablage, hat jedoch einen entscheidenden Vorteil. Wird ein Objekt mittels der Zwischenablage in eine Datei kopiert, ist damit die Kommunikation zwischen den beiden Anwendungen ebenfalls beendet. Die Bearbeitung des Objekts in der Zieldatei ist nicht möglich. Soll das Objekt in der Zieldatei geändert werden, ist dies jedoch nur möglich, indem die Quelldatei wieder in der Anwendung bearbeitet wird, in der sie erstellt wurde. Danach muss es erneut über die Zwischenablage in die Zieldatei kopiert werden. Beim Einbetten kann ein Objekt verändert werden, indem es markiert und zur Bearbeitung aufgerufen wird. Die Server-Anwendung öffnet sich automatisch, und das Objekt kann bearbeitet werden. Danach kann in die Zieldatei zurückgekehrt werden, und das Objekt ist aktualisiert.

Im Gegensatz dazu gibt es das Einbetten und Verknüpfen (vgl. Abb. 3.36). Es besteht eine Verbindung zwischen den beiden Anwendungen. Jede Änderung des Objekts in der Quelldatei wird in der Zieldatei aktualisiert. Es existiert eine Art Standleitung zwischen den beiden Anwendungen, die nach jeder Änderung aktiv wird. Die Häufigkeit der Aktualisierungen muss in der Client-Anwendung definiert werden. Prinzipiell kann zwischen einer automatischen und einer manuellen Aktualisierung gewählt werden. Ein und dasselbe Objekt kann in mehreren Anwendungen eingebettet und verknüpft werden. Wird das Original verändert, ändern sich alle Verknüpfungen. Damit ist es möglich, eine Vielzahl von Dateien mit nur einmaligen Änderungen immer aktuell zu halten.

Die Technik, unter Windows ein Objekt einzubetten und zu verknüpfen, vollzieht sich im Allgemeinen immer nach folgendem Schema:

- Server-Programm starten,
- gewünschte Datei öffnen,
- evtl. Objekt bearbeiten und abspeichern,
- Objekt markieren,
- in die Zwischenablage kopieren (z. B.: BEARBEITEN | KOPIEREN),
- in die Client-Anwendung wechseln,
- Cursor am gewünschten Ziel des Objekts platzieren,

- Objekt einfügen (z. B.: BEARBEITEN | INHALT EINFÜGEN), wobei meist in einem Dialogfenster die Option „Verknüpfen“ gewählt werden muss.

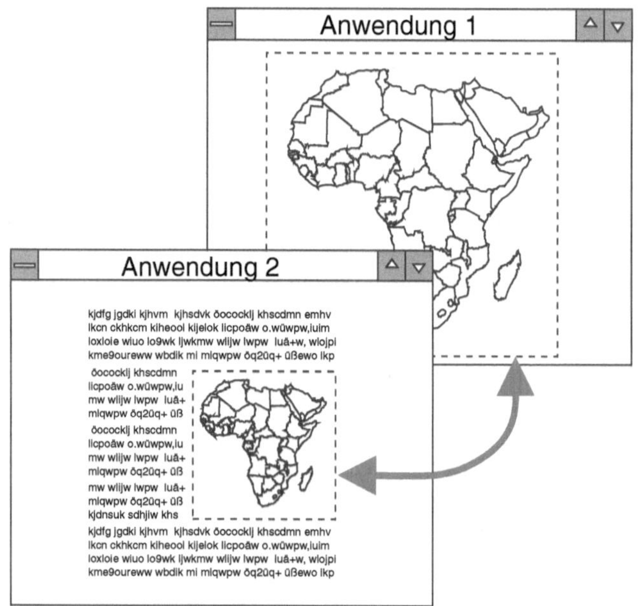

Abb. 3.36. Einbetten und Verknüpfen

3.7 Kartographie im Netz

Das Internet ist in aller Munde. Mit enormer Geschwindigkeit hat sich das Netz der Netze über die Welt ausgebreitet und wird heute überall als universelles Kommunikationsmittel genutzt. Von dieser Entwicklung sind auch raumbezogene Informationen jeder Art betroffen, sei es als einfache Karte (vgl. Abb. 3.37), als Medium, um zu weiteren Informationen zu verzweigen, oder als komplexes Online-GIS. Dabei wird der Nutzer mit einer Reihe von Schlagworten konfrontiert: Webmapping, WWW-Mapping oder WebGIS seien hier als Auswahl genannt. Dahinter verbergen sich nur z. T. unterschiedliche Produkte und Dienste. Die große Präsenz von Karten ist Grund genug, sich hier mit den Grundlagen zu beschäftigen. Es ist nur eine Frage der Zeit, bis die Mehrzahl der Karten für das Internet produziert werden, wenn es nicht heute schon der Fall ist.

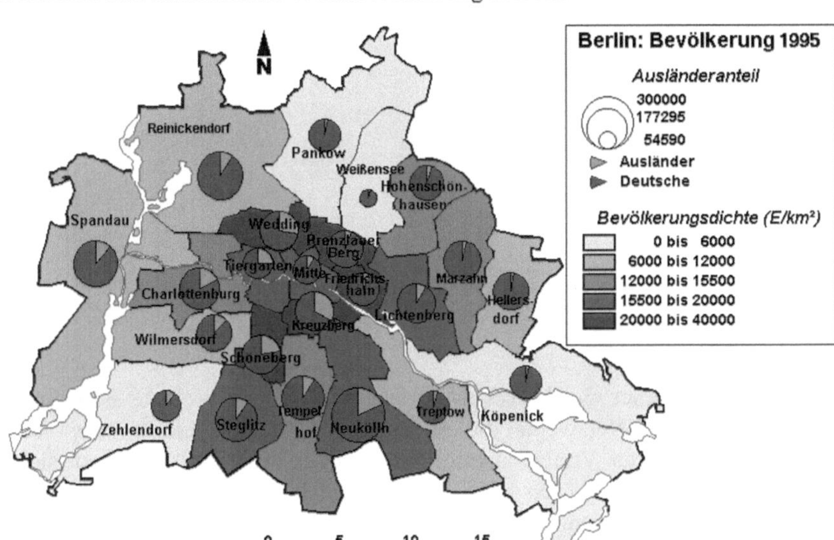

Abb. 3.37. Statische Karte (Quelle: bis Ende 2001 http://www.geog.fu-berlin.de/Karto)

3.7.1 Internet und seine Dienste

Die Ursprünge des Internets, wie das internationale Computernetzwerk genannt wird, reichen bis in die 60er Jahre zurück. Die explosionsartige Ausbreitung nahm ihren Anfang jedoch erst zu Beginn der 90er Jahre, nachdem 1989 das *World Wide Web* (WWW) am Zentrum für Teilchenphysik in Genf (CERN) entwickelt wurde. Seither hat es die Arbeit am Computer verändert. Im Ursprung handelte es sich um eine relativ einfache, technische Angelegenheit, die sich heute zu einem komplexen Globalphänomen entwickelt hat (Saaro 1999).

Anfang der 90er Jahre waren fast alle Rechner wie Inseln, ohne Anschluss an andere Rechner. Die isolierten Arbeitsplätze wurden zunächst durch lokale Netze verbunden, um sich u. a. den Transport von Disketten ins Nachbarbüro zu ersparen. Mit dem World Wide Web und der damit verbundenen Einführung von *Browsern* wurde eine rasante Entwicklung in Gang gesetzt. Ein Browser ist eine Software, mit der sich der Datenbestand im World Wide Web erschließen lässt. Die bekanntesten sind der Netscape Communicator und der Microsoft Explorer. Diese Technik erfreut sich einer hohen Akzeptanz, da sie ohne besondere Vorkenntnisse anwendbar ist. Die Folge: Die Rechner sind heute in der Regel vernetzt, eine Entwicklung, die nicht zu enden scheint, bis der letzte Rechner am Netz ist (vgl. Abb. 3.38).

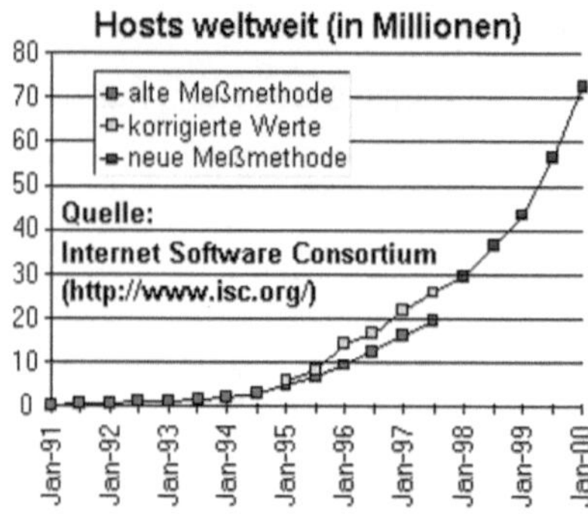

Abb. 3.38. Entwicklung der Hosts im Internet (Quelle: http://www.www-kurs.de)

Häufig wird das Internet gleichgesetzt mit dem World Wide Web. Es ist jedoch etwas mehr: Computer-Netzwerke, die miteinander verbunden sind, tauschen auf der Basis standardisierter Verfahren Informationen aus (Saaro 1999). Damit sich die Computer untereinander verstehen, ist eine einheitliche Sprache notwendig, um die Daten zu übertragen. Dazu dient TCP/IP (Transmission Control Protocol/Internet Protocol). Das Internet umfasst folgende Verfahren, die Dienste genannt werden:

- *E-Mail.* Damit ist es möglich, elektronische Post jeder Form schnell und einfach zu verschicken und zu empfangen. Es ist eine persönliche E-Mail-Adresse notwendig. Die Mails können im Anhang auch Dateien, z. B. Karten, enthalten.
- *FTP (File Transfer Protocol).* Dieser Dienst wird häufig benutzt, um große Datenmengen und Software, insbesondere Free- und Shareware, zu übertragen.
- *Newsgroup.* Hier wird aktiv über ausgewählte Themen diskutiert.
- *World Wide Web.* Mit Hilfe von WWW-Dokumenten kann jede beliebige, auch multimediale Information zur Verfügung gestellt werden. Das WWW ist die konsequente Weiterentwicklung älterer Ideen, wie des *Hypertextes.* Dadurch können beliebige Objekte wie Text oder Graphik mit weiteren Informationen verbunden werden. Die einfache Handhabung und die Einbindung der wichtigen Internet-Dienste sind die wichtigsten Kennzeichen. Die WWW-Dokumente werden mit einer speziellen Software, einem Browser, visualisiert.
- *Telnet.* Damit können auf Rechnern im Netz Programme aufgerufen und ausgeführt werden.

Drei Charakteristika des Internets und seiner Dienste sind für den Erfolg und die große Akzeptanz verantwortlich: Das Internet ist ortlos, interaktiv und multimedial. Informationen können genutzt und bereitgestellt werden, ohne dabei an Raum und Zeit gebunden zu sein. Es kann beliebig manipuliert und verknüpft werden, wobei alle Medien, also Text, Graphik, Audio und Video, übertragbar und verarbeitbar sind. Bedingt durch diese Eigenschaften kann bestehendes Wissen verknüpft und daraus neues Wissen generiert werden (Stähler 2001).

Ein alltägliches Beispiel belegt die Möglichkeit, wie raumbezogene Informationen verbunden werden können und damit eine neue Qualität erreicht wird: Für die Planung einer spontanen Reise ist es möglich, Informationen über das aktuelle Wetter, Erreichbarkeit mit öffentlichen Verkehrsmitteln, touristische Attraktionen und die Verfügbarkeit von Hotels durch den Benutzer zusammenzuführen und zu bewerten.

3.7.2 Möglichkeiten und Probleme

Die Eigenschaften des Internets bieten der raumbezogenen Informationsvermittlung vielversprechende Perspektiven. Das Neuartige der globalen Netzwerke ist, dass kartographische Darstellungen, einschließlich der zugrunde liegenden Daten, dezentral und gleichzeitig vernetzt, erzeugt, genutzt und verbreitet werden können (Asche 2001). Immer mehr *Homepages*, die raumbezogene Daten beinhalten, präsentieren sich im Netz. Dieser verstärkten Nachfrage folgen auch die Softwareproduzenten und bieten entsprechende Funktionalitäten an. Damit wird es wesentlich erleichtert, raumbezogene Informationen, insbesondere Karten, im Internet einzubinden und zu verbreiten.

Das neue Medium bringt dem Nutzer neue Angebote. Die konventionelle Karte weist meist eine hohe Dichte an Informationen auf, wodurch ein breites Publikum angesprochen werden soll. An deren Stelle können individuelle Karten treten, die den Nutzer in einer individuellen Fragestellung unterstützen, d. h. Karten als Medium „just in time" und „just for myself". Um Fragen maßgeschneidert zu beantworten, werden mehr Dienste benötigt, die Lösungen bereitstellen, als vorgefertigte Produkte anbieten (Strobl 2001).

Die verteilte Speicherung von Daten, und zwar von Sach- und Geometriedaten, ist einer der zentralen Vorteile, die das Internet bietet. Der Kartennutzer im Internet braucht keine eigenen Daten und keine eigene kartographische Software. Auch ist es für den Nutzer unerheblich, wo sich letztendlich die Daten befinden, aus denen er seine individuell zusammengestellten Informationen gewinnt. Sowohl Sach- als auch Geometriedaten können im gesamten Netz verteilt sein. Für die Produzenten von Daten hat das erhebliche Vorteile. Die zentrale Administration senkt den Pflegeaufwand, allerdings mit einer Mehrbelastung von Rechnern und Netz.

Kartenprodukte für das Internet zu entwickeln, hat einige Vorteile, die sich aus dem Medium selbst ergeben und nicht spezifisch für die Kartographie sind. Ein wesentlicher Vorteil ist es, dass die Entwicklung weitgehend *plattformunabhängig* ist. Die Produkte, die für das Internet entwickelt werden, sind unabhängig vom Rechnertyp und Betriebssystem. Ob PC, Workstation oder Macintosh, ob Windows oder Linux: Jeder Rechner ist potentiell in der Lage, die Informationen zu verarbeiten. Nur eine Voraussetzung ist zu erfüllen: Ein für das System passender Browser muss installiert sein.

Dennoch ist der Weg zu einer Karte oder gar zu einem raumbezogenen Informationssystem beschwerlich. Eine Reihe von Problemen sind zu lösen, wenn das Internet sinnvoll genutzt werden soll. Die Probleme beginnen bereits im Vorfeld bei der Recherche nach den Grundlagen. Es ist eine ungeheure Menge an Daten im Netz verfügbar, so dass die Hauptarbeit in der Selektion liegt. Die Recherche nach Informationen ist einfacher geworden: Literatur, Sach- und Geometriedaten sowie Software können direkt im Netz gesucht und zum Teil auf den eigenen Rechner heruntergeladen werden. Nahezu alle öffentlichen und viele private Datenanbieter stellen eine große Auswahl von Daten zur Verfügung.

Im Freeware- und Shareware-Bereich gibt es eine Reihe hilfreicher Programme, die die Entwicklung von Homepages unterstützen. Jedoch gestaltet sich die Recherche im Netz häufig als mühsam, und Erfolg auf der Suche nach brauchbaren Daten ist eher selten. Auch die Vielzahl der Suchmaschinen, die dem Nutzer helfen sollen, durchforsten nur einen Teil der Informationen, die im Netz verfügbar sind, und letztendlich gibt es die wirklich wichtigen und brauchbaren Informationen selten kostenlos (Stockmar 2001). Sind Daten zusammengestellt und die Präsentation der raumbezogenen Informationen konzipiert, ist es immer noch ein weiter Weg zur Karte. Folgende spezifischen Probleme können isoliert werden:

- *Verfügbarkeit von Geometriedaten.* Geometriedaten sind im Netz reichlich vorhanden. Jedoch können diese selten genutzt werden, da es sich meist um Rasterdaten in geringer Auflösung handelt. Vektordaten sind äußerst selten. Darüber hinaus ist meist unklar, wie verlässlich diese Daten sind. Angaben über Genauigkeit, Maßstab, Projektion und eine zeitliche Zuordnung der Daten sind selten zu finden (Dickmann und Zehner 1999).
- *Verfügbarkeit von Sachdaten.* Sie sind ebenfalls in großer Vielfalt zu finden. Jedoch werden diese für kartographische Zwecke meist in einer tiefen räumlichen Gliederung benötigt. Diese liegt jedoch recht selten vor. Am Ende sind deshalb die Sachdaten häufig nur zu erhalten, indem der Kontakt zu den Produzenten gesucht wird. Ein Weg, der meist mit Kosten verbunden ist.
- *Übertragungsrate.* Die Übertragung der Daten ist ein zentrales Problem, wenn das Internet genutzt wird. Große Dateien führen zu langen Wartezeiten. Deshalb sind alle, die Daten bereitstellen, bestrebt, die Graphiken und Bilder möglichst komprimiert ins Netz zu stellen. Nur dann ist eine rasche Datenübertragung wahrscheinlich. Dieses Problem ist nur durch *Datenreduzierung* zu lösen. Das gelingt, indem Auflösung und Farbtiefe verringert werden; die sichtbare und nutzbare Auflösung wird ohnehin durch den Monitor begrenzt. Die Pixelgröße der Graphik sollte sich auf die Wiedergabefähigkeit der gängig verwendeten Bildschirme beschränken und für die Auflösung am Bildschirm können ca. 72 dpi angenommen werden. Dadurch sind allerdings die graphischen Möglichkeiten begrenzt; vor allem feine Linien und kleinere Schriften sind bei der Rastergraphik nicht zu realisieren (vgl. Abb. 3.39). Ein weiterer Lösungsansatz besteht darin, wie es sich in der jüngeren Entwicklung der HTML-Sprache andeutet, die Rechnerkapazitäten des Nutzers stärker einzusetzen (Gartner 1999).

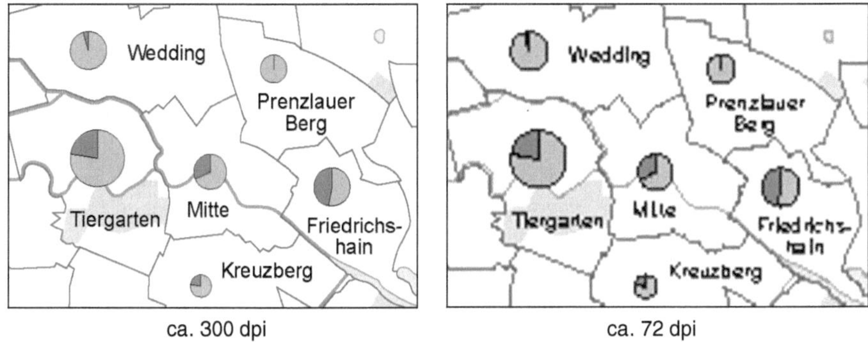

Abb. 3.39. Auswirkung der Reduzierung der Auflösung

- *Farbwiedergabe.* Auf der Grundlage eines High- oder True-Color-Systems werden in der Regel die gewünschten Farben am Bildschirm des Nutzers angezeigt; jedoch nicht beim weitverbreiteten 256-Farben-Standard. Hier kann es schnell zu unerwünschten Effekten kommen. Farben, die nicht im System verfügbar sind, werden durch ähnliche Farben ersetzt oder durch *Dithering* erzeugt, d. h. durch ein Raster, das aus mehreren Farben der vorhandenen Palette besteht, dargestellt. Beides hat insbesondere bei Farbreihen unerwünschte Effekte (Schlimm 1998).

3.7.3 Präsentationsformen

Geographisch relevante Dokumente im Internet werden in einer Vielzahl von Sammlungen präsentiert. Durch *Links*, das sind per Mausklick aktivierbare Verknüpfungen, können diese Informationen leicht erschlossen werden. Die Mehrzahl von Link-Sammlungen befindet sich im Netz selbst oder wird zum Teil in der Literatur vorgestellt und bewertet (vgl. u. a. Ott 1999, Dickmann u. Zehner 1999). Ein kurzer Besuch einiger dieser Seiten zeigt schnell die Vielfalt angebotener Karten und raumbezogener Informationssysteme. Um diese Vielfalt der Präsentationsformen zu typisieren, werden unterschiedliche Ansätze vorgeschlagen (vgl. u. a. Asche 2001, Kraak 2001, Schröder 1998). Generell können drei Eigenschaften von Karten im Netz unterschieden werden, wobei es zum Teil gleitende Übergänge gibt:

- *Karte im Internet, statisch.* Die Karten können nicht manipuliert werden und stehen als fertige Produkte im Netz (vgl. Abb. 3.37). Diese Karten werden meist als Rastergraphik angeboten.
- *Karte im Internet, dynamisch.* Die Karten dienen dazu, Prozesse oder Beziehungen zu erläutern, indem sie ähnlich einem „Film“ visualisiert werden. Häufig handelt es sich um zeitliche Abfolgen wie bei der Darstellung des Wettergeschehens oder dem Zurückschmelzen des Eises von Gletschern. Im Gegensatz

dazu stehen Animationen, die unabhängig von einer Zeitachse verlaufen. Als Beispiel könnte hier das schichtweise Abdecken der Erdoberfläche genannt werden, um so den Aufbau der Erde zu verdeutlichen.

- *Karte im Internet, interaktiv*. Diese Eigenschaft ist sicherlich die interessanteste und zugleich vielseitigste. Der Nutzer hat die Möglichkeit, aktiv und individuell Graphik und/oder Inhalt der Karte zu steuern (vgl. Abb. 3.40). Dabei ist eine große Menge an Interaktivitäten realisierbar. Die Möglichkeiten reichen von der einfachen *sensitiven Karte*, deren Bereiche über eine Verknüpfung zu neuen Dokumenten leitet (clickable maps), bis zu aufwendig gestalteten Systemen, in denen der Nutzer individuelle Karten generieren kann, indem er unter vielen Details auswählt. Dazu gehören: inhaltliche Auswahl von Variablen, Maßstab, graphische Gestaltung, Kartenausschnitt und andere Größen. Es entstehen individuell zusammengestellte Karten (maps on demand).

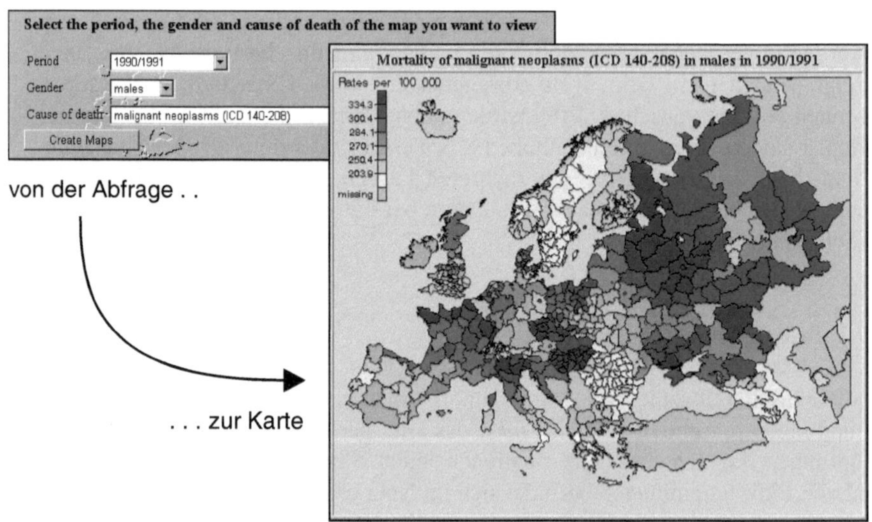

Abb. 3.40. Fensterabfrage und Ergebnis einer interaktiven Kartengenerierung (Quelle: http://www.euromort.rivm.nl)

3.7.4 Techniken im Web

Grundsätzlich behalten alle kartographischen Regeln, wie sie in Kapitel 2 dargestellt sind, auch für die Kartographie im Internet ihre Bedeutung. Nur ihre Einhaltung gewährleistet, dass die Kartenaussage möglichst störungsfrei, eindeutig und effektiv den Nutzer erreicht. Es gilt also, die bekannten Regeln auf das neue Medium zu übertragen.

Vor allem die Bildschirmauflösung schränkt die Gestaltung von Karten ein. Graphische Elemente und Schrift müssen sich der physischen Vorgabe, der Anzahl der Pixel, anpassen. Jedoch kann die gleiche, begrenzende Technik genutzt werden, um diese Nachteile auszugleichen. Die Vorteile der weborientierten Kartographie werden in zunehmendem Maße erkannt und neue Wege werden beschritten, um Karten zu präsentieren (Dickmann 2000a).

Es ist jedoch zu beobachten, dass sich die realisierten Karten im Internet häufig auf einfache Kartentypen reduzieren, wie Choroplethen- und Signaturenkarten. Dazu besteht jedoch kein Grund (Schlimm 1998). In immer stärkerem Maße werden auch komplexe kartographische Projekte realisiert, wobei bei deren Konzeption, besonders wenn mehrere Karten eines Themas dargestellt werden, folgende Punkte berücksichtigt werden sollten:

- inhaltliche und graphische Konsistenz,
- relativ einheitliches Kartenlayout,
- eindeutige und logisch aufgebaute Benutzerführung.

Raumbezogene Informationen können mit unterschiedlichen Techniken ins Netz gebracht werden. Alle Systeme arbeiten nach dem *Client-Server-Prinzip* (vgl. Abb. 3.41). Der Server ist der Rechner des Datenanbieters: Er ist der aktive Teil, er stellt das Speichermedium, bearbeitet gegebenenfalls die individuellen Anfragen und die Daten auf. Der Client ist der Computer des Informationsnutzers.

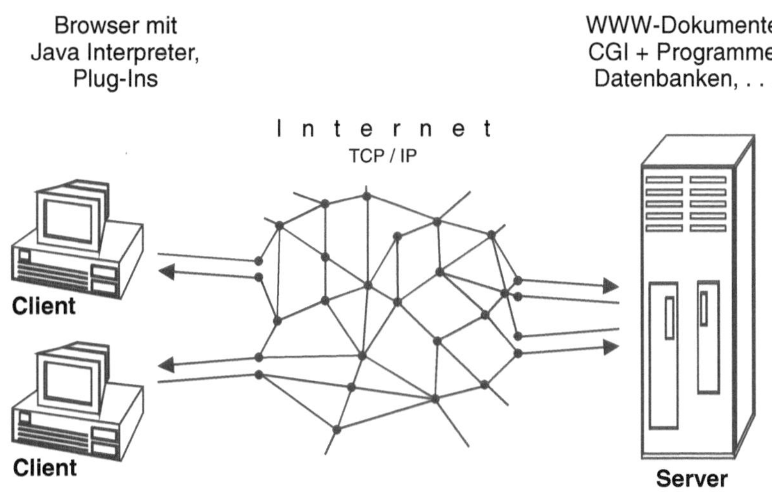

Abb. 3.41. Client-Server-Prinzip

Mit welcher Technik Karten auf dem Server oder beim Client zu bearbeiten sind, hängt in erster Linie von der Komplexität des Themas ab. Die Skala reicht von der

Präsentation von Rastergraphiken bis zur Entwicklung visueller Landschaften, die mit Hilfe der *Virtual Reality Modeling Language* (VRML) entwickelt werden können. Für die Verwirklichung von kartographischen Projekten, stehen unter anderem folgende Werkzeuge zur Verfügung:

- Hypertext Markup Language (HTML),
- Common Gateway Interface (CGI),
- Java und JavaScript,
- Plug-Ins.

HTML. Diese Sprache bildet die Grundlage, um WWW-Dokumente zu erstellen. Dabei handelt es sich weder um eine echte Programmiersprache, noch um eine komplexe Druckersprache wie PostScript. Sie ist lediglich eine relativ einfache Sammlung von Kommandos, den HTML-Tags, die dazu dienen, Texte sowie graphische und multimediale Objekte zu formatieren und zueinander in Beziehung zu setzen. Die HTML-Tags werden von einem Browser interpretiert und auf dem Bildschirm dargestellt (vgl. Abb. 3.42).

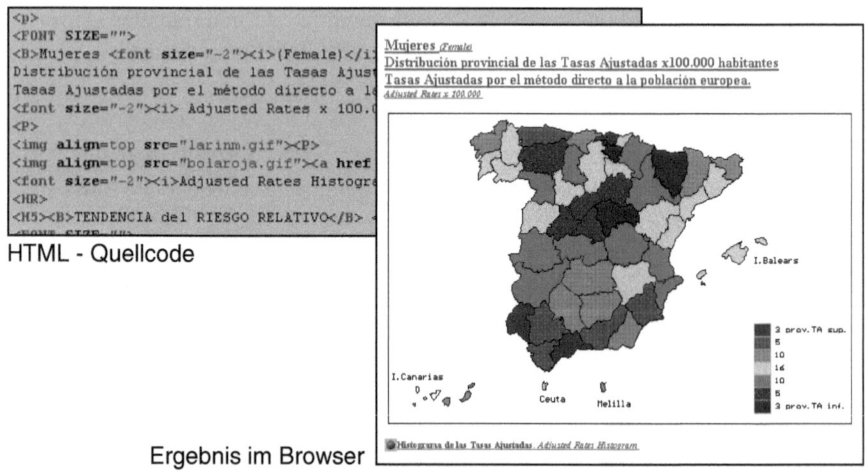

Abb. 3.42. WWW-Dokument mit Quellcode (Quelle: bis Ende 2001 http://www2.uca.es/hospital/atlas)

Bereits mit diesem einfachen Instrument können umfangreiche Projekte realisiert werden. Jedoch beschränkt es sich in der Regel auf die Präsentation statischer oder einfacher dynamischer Karten, indem z. B. animierte Graphiken (animated gifs) integriert werden. Eine echte Interaktion zwischen Client und Server ist nur schwer zu realisieren. Diese Technik kann z. B. genutzt werden, um Kartensammlungen ins Netz zu stellen.

CGI. CGI ist keine Programmiersprache, sondern eine Schnittstelle, die benötigt wird, damit ein HTML-Dokument und ein Programm kommunizieren können. Viele Programmiersprachen, wie C, C++ oder Perl, erfüllen die Voraussetzungen, um ein CGI-Script zu erzeugen. Welche der Sprachen benutzt wird, ist dabei ohne Belang.

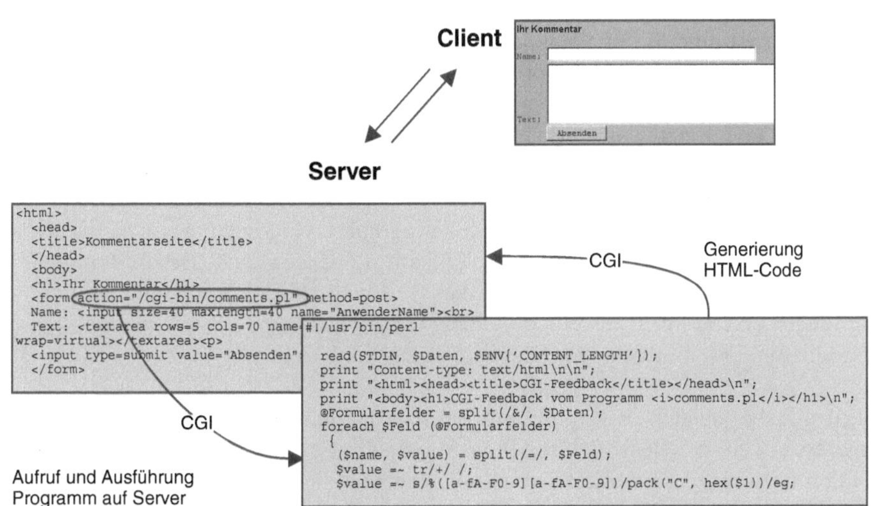

Abb. 3.43. Einfaches CGI-Script mit Ergebnis

Das typische CGI-Script vollzieht drei Schritte: Es liest Daten, die z. B. von einem Internetnutzer in ein Formular eingegeben werden, das CGI-Script verarbeitet die Daten und schreibt als Antwort ein HTML-Dokument, das an den Internetnutzer zurückgeht. Die Rechenarbeit wird auf dem Server durchgeführt, der Client ist davon unberührt (vgl. Abb. 3.43). Eine einfache Form eines CGI-Scripts ist der bekannte Zähler auf Internetseiten, der sich bei jedem Zugriff um eins erhöht.

Diese Technik kann angewendet werden, um thematische Karten durch den Nutzer interaktiv zu generieren. Zunächst werden mittels eines Formulars Daten abgefragt. Inhalt und Gestaltung von Karten können auf diese Weise individuell zusammengestellt werden. Diese Technik kann dabei sehr komplex sein. Mit Hilfe eines CGI-Scripts kann z. B. eine Choroplethenkarte generiert werden, bei der Variable, Anzahl der Klassen, Klassenbildungsverfahren und Farbverlauf aus einer Liste ausgewählt werden.

Java und **JavaScript.** Java ist eine vollständige, objektorientierte Programmiersprache, die vorwiegend dazu entworfen wurde, Applikationen für das WWW zu entwickeln. Das Programm wird vom Entwickler zu einem Java-Applet kompiliert und in die Internetseite integriert. Beim Aufruf der Seite wird es an den Client übertragen und kommt dort zur Ausführung. Java ist dabei kein definierter Standard, kann aber wie ein solcher genutzt werden. Alle Browser verfügen nämlich über einen Java-Interpreter, so dass die Applikation beim Internetnutzer ausgeführt werden kann.

Mit Hilfe von Java können komplexe Anwendungen in der Kartographie realisiert werden, wie Animationen oder die Umwandlung von numerischen Daten in graphische Objekte. Eine Java nachempfundene Sprache wurde auch von Microsoft entwickelt: *ActiveX.*

JavaScript ist eine Script-Sprache, mit der HTML-Dokumente um Programme erweitert werden können, um ihnen eine gewisse Eigendynamik zu verleihen. Die Programme werden im Quellcode an den Client übergeben und dort vom Browser ausgeführt. JavaScript wurde mit dem Ziel entwickelt, kleine Anwendungen in HTML-Seiten zu integrieren. Unter den vielen verwirklichten Beispielen sind in HTML-Anwendungen eingebettete Laufschriften die wohl bekanntesten.

JavaScript kann vielseitig in der Webkartographie eingesetzt werden. Hierzu gehören: bewegliche Graphiken, zuschaltbare Legenden und Beschriftungen, Einblenden von Datentabellen oder Anlegen von graphisch unterstützten Verknüpfungen (Hyperlinks) bis hin zu komplexen Anwendungen in der interaktiven Auswahl von Farbabfolgen oder Klassenbildungsverfahren.

Plug-In. Dabei handelt es sich um ein Zusatzprogramm, das die Fähigkeiten des Browsers erweitert. Mit Hilfe eines Plug-Ins ist es z. B. möglich, Vektorgraphiken im Internet zu nutzen. Für die Kartographie bedeutet dies einen großen Vorteil. Ist die Vektorgraphik an den Client übertragen, kann sie dort beliebig in einem Fenster vergrößert, verkleinert und verschoben werden, ohne dass eine weitere Datenübertragung notwendig ist. Dabei stößt der Nutzer nicht an die Grenze der Auflösung der Graphik, wie dies bei einer Rastergraphik der Fall ist. Hemmend wirkt sich jedoch aus, dass Plug-Ins zunächst im Internet heruntergeladen und installiert werden müssen, um in den Genuss der Vorzüge zu kommen. Plug-Ins sind für viele Programme im Internet verfügbar. Das Plug-In Shockwave gibt es u. a. für das Graphikprogramm FreeHand, das in der Kartographie weite Verbreitung hat (vgl. Abb. 3.44).

Die Praxis zeigt, dass die Entwicklung interaktiver Karten für das Internet mit erheblichen Problemen behaftet ist. Es wird Software benötigt, die die Grundregeln kartographischen Gestaltens einbezieht, damit aus einer Graphik wirklich eine Karte wird (Schlimm, 1998, 7). Die Vorteile der Anwendung von Java, JavaScript und CGI steht eindeutig in Unabhängigkeit von spezifischer Software. Der Nutzer braucht weder eine Kartographie-Software noch ein Plug-In.

Die Analyse der aktuellen Software zeigt in den Programmen, deren Schwerpunkt mehr in der Kartenkonstruktion liegt, Ansätze, um WWW-Funktionen zu unterstützen. So ist es mit einem Programm möglich, eine Choroplethenkarte direkt als sensitive Karte (im GIF-Format) abzuspeichern. Die entsprechenden Verknüpfungsmöglichkeiten sind vorbereitet. Die führenden Softwareanbieter bieten ausnahmslos umfangreiche Produkte an, um Karten im Web und Online-

GIS zu realisieren. Dabei bestehen erhebliche Unterschiede in den Leistungsmerkmalen, sowohl in der Integration in die Web-Browser als auch in der Server-Architektur (Strobl 2001).

Die angebotenen *Mapserver* bedienen sich dabei unterschiedlicher Techniken, so dass es nicht immer garantiert ist, dass auf solche Applikationen mit einem Standard-Browser zugegriffen werden kann. Häufig müssen die Browser durch Plug-Ins erweitert werden. Diese Zusätze erweitern die Fähigkeiten eines Browsers enorm. Für die Kartographie sind Plug-Ins wichtig, die Vektordaten verarbeiten; erst dadurch können Karten gezoomt und bewegt werden (vgl. Abb. 3.44).

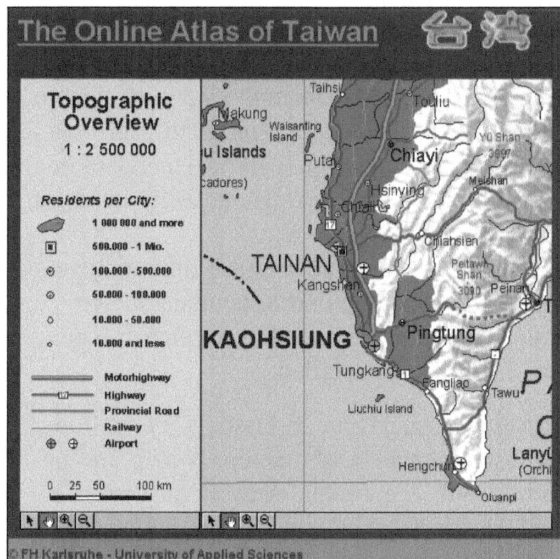

Abb. 3.44. Darstellung von Vektordaten im WWW unter Einsatz eines Plug-Ins (Quelle: http://sites.inka.de/sites/ kajetan)

3.8 Geoinformationssysteme

Der Begriff *Geoinformationssystem* (engl. Geographical Information System) wurde bereits 1963 von R. F. Tomlinson eingeführt und entstand parallel zum Einsatz der elektronischen Datenverarbeitung für die Analyse raumbezogener Daten (Bill 1999a, 1). Als verwandte Begriffe für die EDV-gestützte Verarbeitung solcher Daten existieren u. a. „Landinformationssystem“ oder „Rauminformationssystem“. Als Abkürzung hat sich GIS eingebürgert.

Nach Bill (1999a, 4) kann ein Geoinformationssystem als ein System definiert werden, „das aus Hardware, Software, Daten und den Anwendungen besteht. Mit ihm können raumbezogene Daten digital erfasst und redigiert, gespeichert und reorganisiert, modelliert und analysiert sowie alphanumerisch und graphisch präsentiert werden“.

Der Dateninput in ein GIS kann je nach Datenart auf verschiedene Arten erfolgen:

- *Vektordaten* können direkt aus Luft- und Satellitenbildern sowie Karten digitalisiert werden.
- *Rasterdaten* können entweder direkt in Form von digitalen Satellitendaten oder indirekt über gescannte Vorlagen eingebunden werden.
- *Sachdaten* liegen entweder bereits digital vor oder werden über die Tastatur eingegeben.

Der Hauptunterschied zur kartographischen Software, deren Aufgabe in der Erstellung einer Karte besteht, ist die Integration einer Vielzahl von Geometrie- und Sachdaten in ein raumbezogenes System. Die Sachdaten müssen in einem GIS nicht erst bei der Kartenerstellung mit Geometriedaten verknüpft werden, sondern werden von Anfang an mit Raumbezug abgespeichert. Dadurch sind auch andere räumliche Analysen als die der kartographischen Darstellung möglich. Beispielsweise lassen sich Daten, die sich auf den Gebietsstand von 1990 beziehen, auf den Gebietsstand von 1960 umrechnen, wenn die Koordinaten beider Zeitpunkte im GIS gespeichert sind und das Schätzverfahren vorgegeben wird.

Da mittlerweile die meisten Kartographieprogramme über GIS-Funktionalitäten verfügen, ist die Grenze zwischen GIS- und Kartographieprogrammen schwer zu ziehen. Nach Bill (1999c) sowie Buhmann und Wiesel (2000) können folgende Hauptkategorien bei GIS-Programmen unterschieden werden:

- *High end GIS* bieten das volle Funktionalitätsspektrum (Erfassung, Verwaltung, Analyse und Präsentation) für große Datenmengen und mehrere Nutzer und benötigen einen hohen Einarbeitungsaufwand. Sie finden Anwendung bei Versorgungs- und Entsorgungsunternehmen, im Kataster- und Vermessungswesen und bei der Kommunalverwaltung. Beispiele hierfür sind u. a. ArcInfo, SICAD/open oder Smallworld GIS.
- *Desktop GIS* werden beispielsweise von Sachbearbeitern in Kommunalverwaltungen oder in Ingenieurbüros eingesetzt. Der Funktionalitätsumfang ist eingeschränkt, oftmals im Bereich der Datenerfassung, aber auch in der Datenverwaltung und -analyse, weshalb mit Desktop GIS eher kleinere Datenmengen projektbezogen bearbeitet werden. Dafür sind diese Produkte sehr leicht bedienbar und voll in die Windowsumgebung integriert. Als Beispiele zu nennen sind u. a. ArcView GIS, GeoMedia oder SICAD Spatial Desktop.

Im Folgenden werden wichtige GIS-Funktionalitäten beschrieben, ohne dass ein Anspruch auf Vollständigkeit erhoben wird. Ausführliche Übersichten zu diesem Thema sowie zum gesamten Themenkomplex „GIS“ bieten u. a. Bartelme (2000), Behr (2000), Bill (1999a/b), Linder (1999) oder Saurer und Behr (1997).

Abfragen. Die einfachste Analysefunktion in GIS ist die Abfrage (Selektion). Sie wird verwendet, um aus den vorhandenen Daten gezielt diejenigen Objekte zu selektieren, die entweder direkt von Interesse sind und/oder anschließend programmintern für weitere Analysen benötigt werden. Die Abfrage von Objekten kann sowohl nach geometrischen als auch nach inhaltlichen Kriterien, also attributbezogene Abfragen, erfolgen. Es sind auch vielfältige Kombinationen der beiden Methoden möglich.

Raumbezogene Abfragen beziehen sich ausschließlich auf die geometrischen Eigenschaften von Objekten; sie lassen sich als Nachbarschaftsoperationen aus der räumlichen Nähe mindestens zweier Objekte ableiten. Folgende räumliche Selektionen können durchgeführt werden:

- *Innerhalb* eines geometrischen Objektes: So können beispielsweise alle Konkurrenzstandorte selektiert werden, die sich innerhalb des eigenen Einzugsgebiets befinden.
- *Außerhalb* eines geometrischen Objektes: Diese Abfrage selektiert z. B. alle Kundenstandorte, die außerhalb der Reichweite des aktuellen Servicebereiches liegen.
- *Nähe* zu einem geometrischen Objekt: Die Auswahl richtet sich nicht nach der Kondition „Enthalten“ oder „Nicht enthalten“, sondern vielmehr in Abhängigkeit von einer festgelegten Strecke zwischen mindestens zwei Objekten. So können z. B. alle Kundenstandorte gefunden werden, die im Abstand von weniger als 5 km von einem Autobahnanschluss entfernt liegen.
- *Berührung* mit einem geometrischen Objekt: Hier wird nachgefragt, ob zwei oder mehrere Objekte die gleichen Koordinaten haben. Diese Abfrage ist vor allem bei linienförmigen Objekten von Interesse. Eine Autobahn kann z. B. von einer Landstraße über- oder unterquert werden, ohne eine Auffahrt zu haben. Weisen Autobahn und Landstraße jedoch ein gemeinsames Koordinatenpaar auf, so ist damit intern festgelegt, dass an dieser Stelle ein Autobahnanschluss besteht.

Attributbezogene Abfragen bieten die Möglichkeit, durch Eingabe von Kriterien anhand der Attributwerte gezielt Daten zu selektieren. Stimmen die Werte der Kriterien mit einem Datensatz überein, erhält dieser das Merkmal „wahr“ („true“) und wird selektiert. Alle nicht den Kriterien entsprechenden Datensätze bekommen das Merkmal „falsch“ („false“) zugewiesen und bleiben deselektiert.

Sollen alle Flächen in einer Karte auf der Basis der Stadt- und Landkreise selektiert werden, deren Bevölkerungsdichte über 250 Einwohner pro km^2 liegt, so lautet das Auswahlkriterium [Bevölkerung/Fläche] >= 250. Nach der Abfrage werden diejenigen Datensätze selektiert, die aufgrund des Auswahlkriteriums das Merkmal „wahr“ haben.

Flächenverschneidung. Die Flächenverschneidung ist eine Methode, die aus mehreren Ausgangsdaten neue Daten durch geometrische Überlagerung bilden kann; sie ist eine der wichtigsten Grundoperationen in GIS. Wird beispielsweise ein Rechteck mit einem Kreis verschnitten, so entstehen neue geometrische Flächen; die Attribute dieser neuen Flächen werden aus den Attributen der Ausgangsdaten gebildet (vgl. Abb. 3.45).

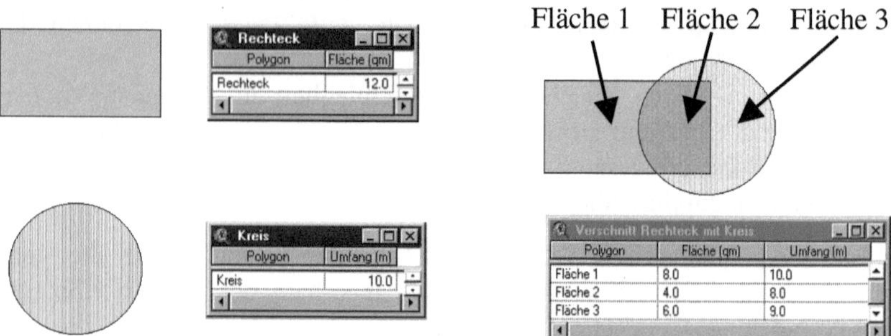

Abb. 3.45. Flächenverschneidung (nach: Liebig 2001)

Im Gegensatz zur Flächenüberlagerung nach dem in Kapitel 2 beschriebenen Schichtenmodell entstehen bei der Verschneidung von geometrischen Objekten durch das Schneiden der Objektlinien neue geometrische Objekte mit neuen Attributen. Bei Rasterdaten ist die Verschneidung rechnerisch deutlich einfacher als bei Vektordaten zu realisieren; es werden nur diejenigen Pixel miteinander verknüpft, die an der gleichen Stelle liegen. Voraussetzung dazu ist, dass die Rasterdaten eine gemeinsame Datenbasis haben, d. h. bei den Ausgangsdaten ein gemeinsamer Raumbezug und eine gemeinsame Auflösung vorhanden sind.

Bei Vektordaten können nach Bill (1999b, 88ff.) u. a. folgende Verfahren unterschieden werden:

- Verschneidung *Punkt mit Fläche*. Gegeben ist z. B. eine Datenbasis A aller Schadstoffemissionen einer Stadt (punktförmige Objekte). Mittels einer Abfragefunktion werden aus den Stadtteilen diejenigen mit einer hohen Sterblichkeit (flächenförmige Objekte) als Datenbasis B ausgewählt. Die Verschneidung beider Datenmengen liefert als Ergebnis die neue Datenbasis C mit allen Messstationen, die in Stadtteilen mit hoher Sterblichkeit liegen. In diesen Stadtteilen kann nun der Zusammenhang zwischen Sterblichkeit und Schadstoffgehalt näher untersucht werden.
- Verschneidung *Linie mit Fläche*. In einer Datenbasis seien alle Gasleitungen in einer Stadt dokumentiert (linienförmige Objekte). Datenbasis B beinhaltet alle Grundstücke im öffentlichen Besitz. Nach der Verschneidung beider Datenmengen wird eine neue Datenbasis C gebildet, die Gasleitungsanteile enthält, die auf öffentlichem Grund und Boden liegen. Ein solches Ergebnis ist u. a. für den Katastrophenschutz von großem Interesse.
- Verschneidung *Fläche mit Fläche*. Die Datenbasis A enthält Flächen mit Hangneigungsklassen, die Datenbasis B beinhaltet Flächen klassifiziert nach Waldschäden. Als Resultat der Flächenverschneidung kann die Aussage getroffen werden, welche Waldschäden bevorzugt auf bestimmten Hangneigungen anzutreffen sind.

Aggregation. Unter Aggregation versteht man die Zusammenfassung von Punkten, Linien oder Flächen nach bestimmten Merkmalen. Die ursprünglichen Eigenschaften der Objekte bleiben dabei erhalten. In den meisten Fällen werden Flächen (Gebiete) zusammengefasst. Die durch Aggregation gebildeten Gebiete können erneut zu größeren Gebietseinheiten zusammengefasst werden; diese Gebietseinheiten lassen sich wiederum zusammenfassen und so weiter. Damit entsteht eine komplexe Hierarchie von Gebieten, die aufeinander aufbauen und über die einzelnen Hierarchieebenen miteinander verknüpft sind. Werden auf einer Hierarchieebene Änderungen durchgeführt, berechnet das GIS automatisch alle abhängigen Ebenen neu.

Ein anschauliches Beispiel für eine Aggregation bilden die unterschiedlichen Hierarchieebenen von der Gemeinde bis zum Bundesland, die durch den sog. Gemeindeschlüssel dokumentiert werden (vgl. Abb. 3.46). Der Gemeindeschlüssel der Bundesrepublik Deutschland ist achtstellig aufgebaut; die ersten beiden Stellen stehen für das Bundesland (08 für Baden-Württemberg), gefolgt von einer Stelle für den Regierungsbezirk (1 für Stuttgart), einer Stelle für die Region (1 für Mittlerer Neckar), einer Stelle für den Landkreis (1 für Ludwigsburg) und drei Stellen für die Gemeinde (001 für Affalterbach).

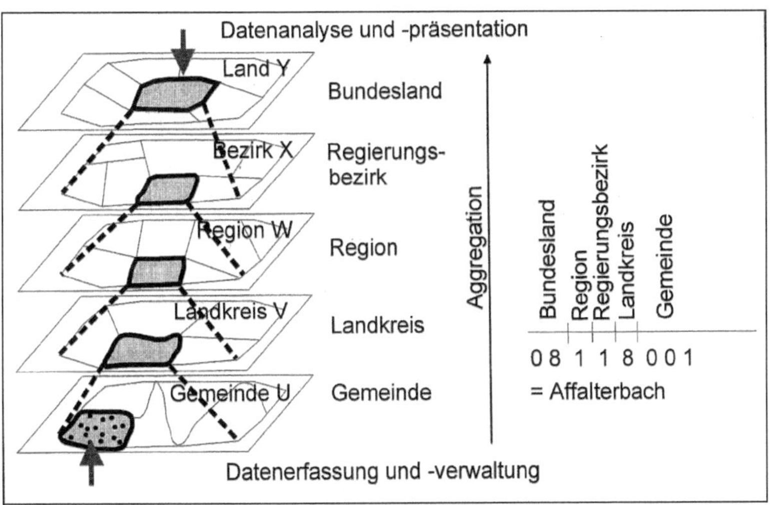

Abb. 3.46. Aggregation von der Gemeinde bis zum Bundesland (Quelle: Bill 1999b, 85)

Pufferbildung. Die Pufferbildung (Zonengenerierung) wird in der Praxis häufig eingesetzt und ist eine der wichtigsten Grundfunktionen in GIS. Anwendungsbeispiele sind Lärmzonen an einer Straße, Sicherheitszonen um Flugplätze oder Siedlungsabgrenzungen (vgl. Abb. 3.47). Eine Pufferzone (engl. buffer zone) ist eine Region, bei der jeder Punkt der Grenzlinie einen exakt definierten Abstand zu einem geometrischen Ort – dem Ursprungsobjekt – aufweist. Es wird folglich um ein oder mehrere geometrische Objekte eine Fläche von einheitlicher Distanz gebildet. Die Pufferbildung ist bei Vektordaten durch die Bestimmung von Parallelen zurückzuführen, während sie bei Rasterdaten durch Abstandstransformationen realisiert wird (vgl. Bill 1999b, 32).

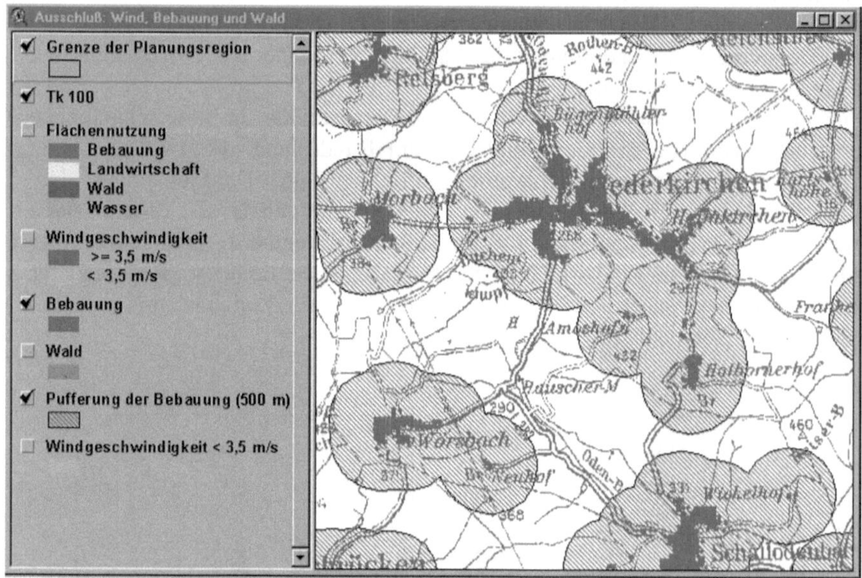

Abb. 3.47. Pufferzonen (Quelle: Liebig und Schaller 2000, 343)

Abb. 3.47 zeigt eine typische Aufgabenstellung für Pufferbildung. In einem Planungsraum sollen Eignungsbereiche zur Windenergienutzung ausgewiesen werden. Neben einer ausreichenden Windgeschwindigkeit sollen die Standorte folgende Kriterien aufweisen: Die Flächen müssen außerhalb von Siedlungen liegen, es muss ein Abstand von 500 m zur Bebauung eingehalten werden und die Flächen müssen außerhalb des Waldes liegen. In dieser Abbildung ist das Ergebnis „Pufferung der Bebauung 500 m" dokumentiert.

4 Software zur Kartenerstellung

Im Zeitalter der Computertechnologie ist der Sachverstand des Kartenautors nach wie vor unverzichtbar. Wie gut eine Karte letztlich wird, hängt auch wesentlich von der eingesetzten Software ab. Das Erscheinungsbild kann sich schließlich nur innerhalb des durch die Software zur Verfügung gestellten Spielraums bewegen, und der sachverständigste Anwender kann Programmfehler nur teilweise ausgleichen. Andererseits entscheidet die Software darüber, wie stark sich mangelnde Sachkenntnis auswirkt, indem sie in unterschiedlichem Maße Hilfestellung anbietet.

Der Begriff der *kartographischen Software* ist nicht mit absoluter Genauigkeit abzugrenzen. Im engeren Sinn umfasst er nur Programme, die hauptsächlich auf die Kartenerstellung abzielen und dafür eine umfassende Funktionalität anbieten. Dazu gehören auch Geoinformationssysteme. Ihr primäres Ziel ist zwar mehr darin zu sehen, Daten zu speichern und zu analysieren, jedoch ist auch die Visualisierung dieser Daten ein zentrales Anliegen. Die Möglichkeiten hierzu waren in der Anfangsphase der Entwicklung der Geoinformationssysteme spärlich, sind jedoch in den letzten Jahren stark weiterentwickelt worden. Diese Programme im engen Sinn bilden den Hauptteil des Kapitels.

Im weiteren Sinn gehören zur kartographischen Software auch die Programme, die nicht primär zur Erstellung von Karten entwickelt wurden, aber dies potentiell ermöglichen. Dazu gehört Graphiksoftware. Diese kann genutzt werden, um Karten eigenständig zu entwerfen und zu gestalten oder um bereits erstellte Karten nachzuarbeiten.

Das Kapitel beginnt mit Programmen, die im Wesentlichen nur zur Anzeige von vordefinierten Karten gedacht waren. Darauf folgt ein Kapitel, mit Applikationen in Statistik- und Tabellenkalkulationsprogrammen, bei denen die integrierte Kartographie bzw. GIS-Anwendung nicht das zentrale Anliegen des Programms ist. Der zentrale Teil des Kapitels gibt einen Überblick über wichtigste derzeit auf dem deutschsprachigen Markt angebotene PC-Programme zur anwendergesteuerten Erstellung komplexer thematischer Karten. Zehn Programme werden in alphabetischer Reihenfolge vorgestellt. Weitere Abschnitte behandeln kurz Kartographieprogramme auf anderen Plattformen. Anschließend wird exemplarisch ein Graphikprogramm vorgestellt, das geeignet ist, Karten nachzuarbeiten bzw. zu erstellen.

4.1 Datenorientierte Anwendungen

Der einfachste Typ kartographischer Software sind Programme, deren Schwerpunkte in der Visualisierung und Analyse von Daten mit ausgewähltem Raumbezug liegen. Die Geometriedaten sind häufig integriert und nicht zu erweitern. Die Sachdaten sind ebenfalls integriert und können durch den Benutzer meist ergänzt bzw. erweitert werden. Die Menge an Sachinformationen, die diese Programme enthalten, sind in Quantität und Qualität sehr unterschiedlich. Der einfachste denkbare Fall sind Programme, die ausschließlich Karten zur Anzeige bereithalten, wobei die interaktiven Möglichkeiten begrenzt sind. Häufig handelt es sich dabei um Atlanten oder andere Nachschlagewerke, die früher ausschließlich in Buchform vorhanden waren. Insgesamt sind drei Kategorien zu unterscheiden:

- Unter die erste Kategorie fallen *Atlanten auf CD-ROM* bzw. *Kartensammlungen auf CD-ROM*, bei denen die graphische Darstellung der Erde oder ihrer Teilgebiete im Vordergrund steht. Je nach Thema enthalten diese Atlanten große Mengen an Informationen und Daten. Zum Teil ist statistisches Material enthalten, welches durch den Nutzer erweitert werden kann. In Einzelfällen besteht die Möglichkeit, aktiv in die Kartengestaltung einzugreifen, indem Klassenanzahl und -grenzen, Farben, Signaturenmaßstab u. v. m. benutzerdefiniert verändert werden.
- Die zweite Kategorie umfasst *Datenbanken*, die eine Fülle von Informationen enthalten und bei denen die kartographische Darstellung nur eine von mehreren Möglichkeiten ist, um die Daten zu präsentieren. Meist ist die Datenausgabe auf unterschiedliche Weise möglich, z. B. in Tabellen, Dateien oder Schaubildern.
- In die dritte Kategorie fallen *zielgruppenorientierte Anwendungen*, bei denen die kartographische Bearbeitung zwar im Vordergrund steht, die sich jedoch vor allem durch ihre Fülle an Daten auszeichnen.

Atlanten und Kartensammlungen. Atlanten, die am Rechner genutzt werden können, gibt es seit den 80er Jahren. Während es sich dabei um einfach strukturierte Diskettenatlanten handelte, ermöglichte die Entwicklung und allgemeine Verbreitung schnellerer Graphikkarten und der CD-ROM die kommerzielle Vermarktung detaillierter kartographischer Werke. Das Angebot in diesem Bereich ist rapide angestiegen und wächst weiter, so dass hier nur exemplarisch ein Einblick gewährt werden kann.

Top10 NRW. Die CD-ROM des Landesvermessungsamts Nordrhein-Westfalen enthält neben bundesweiten Übersichtskarten drei Kartenwerke: die topographische Karte 1:10.000, die topographische Übersichtskarte 1:200.000 und eine Übersichtskarte 1:1.000.000. Die Karten können mit Hilfe einer mitgelieferten Software betrachtet, ausgedruckt und mit einem graphischen Werkzeug verändert werden. Inhaltlich entsprechen die Karten den gedruckten Vorlagen, die zu diesem Zweck eingescannt wurden. Kernstück sind die Karten im Maßstab 1:10.000, wobei diese den Südosten des Bundeslands, etwa 1/3 des Gesamtgebiets, abdecken (vgl. Abb. 4.1).

Diese CD-ROM ist ein Beispiel für die Aktivitäten der Landesvermessungsämter. Viele der Produkte werden inzwischen auf Datenträger vermarktet. Die Vorteile sind: blattschnittfreie Darstellung von topographischen Karten, leichte Aktualisierung usw.

Abb. 4.1. Oberfläche Top10 NRW

Microsoft Encarta Weltatlas 2001. Welch großer Markt für CD-ROM-Atlanten besteht, lässt sich auch daran ablesen, dass der Software-Riese Microsoft seit langem mit einem eigenen Produkt vertreten ist. Ende 1995 lag die erste Betaversion vor, und die Markteinführung in Deutschland ist inzwischen vollzogen. Jährlich erscheint ein aktualisierter Atlas mit Karten, Sachinformationen, Luftbildern, Stadtplänen usw. Es ist ein digitales, umfassendes geographisches Nachschlagewerk mit komplexen, geographischen Informationen unter Verwendung von Multimedia- und 3D-Technologie. Jede Region der Welt wird detailliert in zwei verschiedenen Projektionsarten dargestellt und es kann zwischen unterschiedlichen Themen gewählt werden. Dabei ist der Kartenausschnitt frei wählbar. Zusätzlich werden zu allen Ländern noch statistische Sachdaten angeboten, zur Bevölkerung, Analphabetisierung usw. Und wer einen Ort auf der Welt sucht, braucht einfach nur den Namen in die Suchmaschine eingeben. Dabei kann gewählt werden, ob die Ortsnamen in Deutsch oder in der Landessprache dargestellt werden.

Nationalatlas Bundesrepublik Deutschland. Dieses Produkt besteht aus zwei Teilen, um einen gedruckten Atlas und eine digitale Version. Beide können unabhängig voneinander bezogen werden. In zwölf themenbezogenen Bänden erscheint räumlich differenzierte Information über Deutschland. Mit Hilfe von Karten, Diagrammen, Bildern und Texten werden räumlich differenzierte Strukturen und

Prozesse erläutert und anschaulich regionale Unterschiede aufgezeigt. Zu jedem Band erscheint eine CD-ROM, die u. a. ein interaktives Kartenmodul besitzt, das auf der Grundlage von PCMap für diesen Atlas entwickelt wurde. Indikatoren des betreffenden Bands können ausgewählt und benutzerdefiniert in Karten dargestellt werden. Dabei gibt es die Wahl zwischen Choroplethen- und Diagrammkarten. Jede Karte kann individuell mit Namen, administrativen Grenzen usw. versehen werden (vgl. Abb. 4.2).

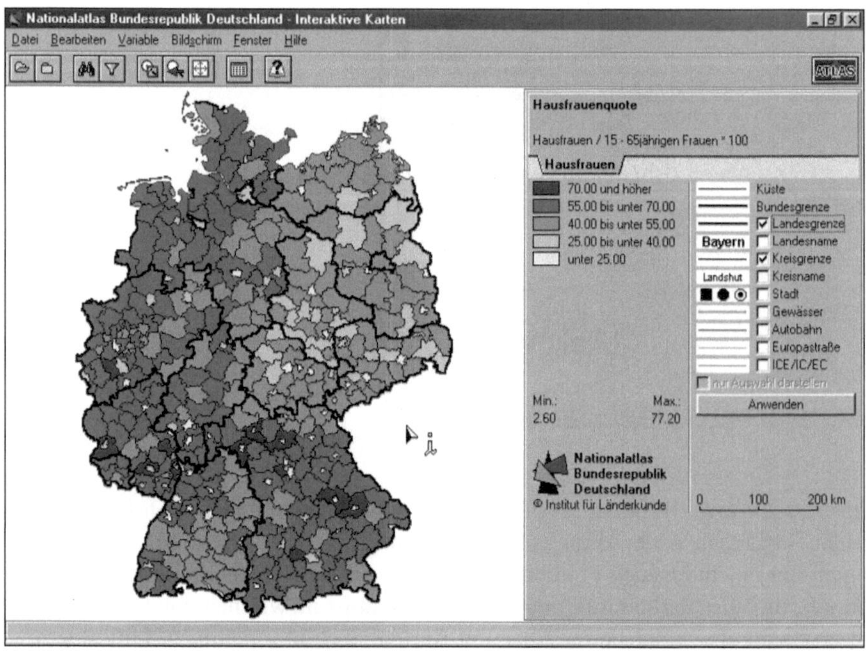

Abb. 4.2. Kartenmodul des Nationalatlas Bundesrepublik Deutschland

Datenbanken auf CD-ROM. Im Gegensatz zu den besprochenen Produkten, bei denen die Graphik im Vordergrund steht, liegt der Schwerpunkt bei den folgenden Programmen im Sachdatenangebot. Zum Beispiel gehen immer mehr nationale Statistische Ämter dazu über, Daten aus Volkszählungen oder wichtige zentrale regionale amtliche Daten auf CD-ROM zu veröffentlichen. Da diese Daten z. T. regional sehr kleinräumig gegliedert sind, ist eine Präsentation in Tabellenform häufig unzureichend, weshalb sie räumliche Strukturen nicht sichtbar machen kann. Deshalb enthalten diese Programme häufig Geometriedaten und bieten eine Kartenfunktion an. Wichtig sind diese Datenbanken weniger wegen der kartographischen Möglichkeiten, sondern sie sind für die Datenerhebung von Bedeutung. Als Ausgabeformat hat sich weitgehend MS Excel durchgesetzt, welches in Kartographieprogramme fast immer importiert werden kann. Die Abfragesysteme (Retrievalsysteme) sind zumeist isoliert nutzbar, sofern die Voraussetzungen bezüglich der Dateiformate erfüllt sind.

INKAR. Diese CD-ROM basiert auf dem aktuellen Berichtband „Aktuelle Daten zur Entwicklung der Städte, Kreise und Gemeinden. Ausgabe 1999“ des Bundesamts für Bauwesen und Raumordnung (BBR 1999). Sie enthält 228 Indikatoren aus 16 Themenbereichen aus allen Sparten der Statistik. Als raumbezogene Basis dienen wahlweise Stadt- und Landkreise, Raumordnungsregionen, die Siedlungsstrukturtypen der BBR oder die Bundesländer. Zur soziodemographischen und finanziellen Situation der Gemeinden mit mehr als 20.000 Einwohnern sind über 20 Indikatoren in zwei Tabellen Bestandteil der CD-ROM.

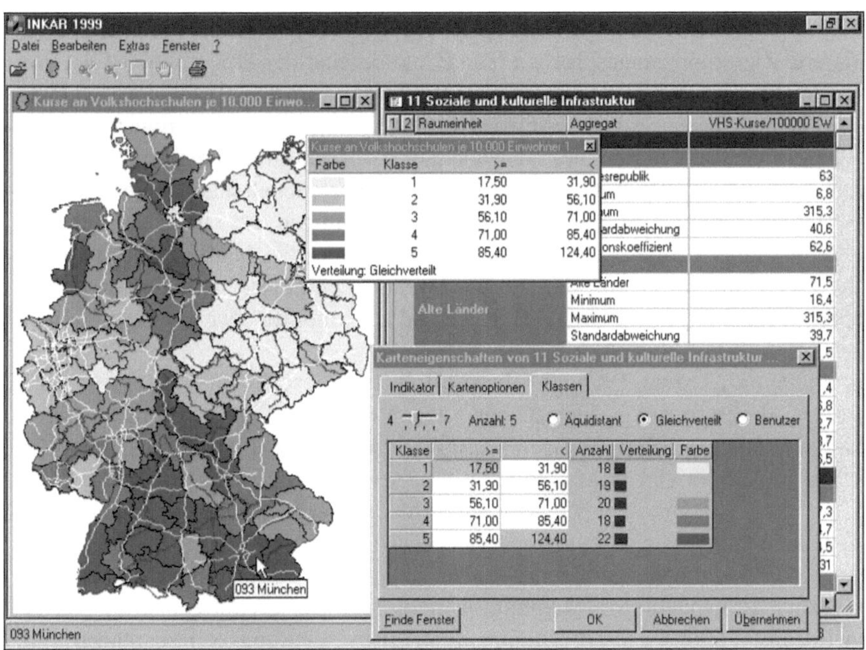

Abb. 4.3. Karten- und Tabellenfunktion aus INKAR (BBR 1999)

Es besteht die Möglichkeit Tabellen selbständig zusammenzustellen und weiterzuverarbeiten. Dazu gehört auch der Exports in gängige Dateiformate. Das Programm bietet umfangreiche Optionen für Zeitvergleiche und vergleichende Analysen zwischen Raumeinheiten. Mit Hilfe eines Moduls kann der Benutzer die Daten auf einfache Art und Weise in Karten erstellen: Indikatoren werden ausgewählt, der Raumbezug festgelegt und es besteht die Möglichkeit, die Anzahl der Klassen und die Klassengrenzen zu definieren. Auf der Grundlage dieser Angaben wird eine Karte generiert (vgl. Abb.4.3). Es ist möglich, diese Karte im WMF-Format zu exportieren. Dadurch kann es in Dokumente eingebunden werden; es ist aber auch möglich, die Karte in einem Graphikprogramm weiter zu bearbeiten.

EASYSTAT. Dabei handelt es sich um eine Datenbank, die von den statistischen Landesämtern Deutschlands herausgegeben wird. Die CD-ROM verfügt über keine Möglichkeit, die Daten zu visualisieren. Die Datenbank enthält aus allen wichtigen Bereichen der amtlichen Statistik, also Bevölkerung, Gesundheit, Wirtschaft usw. Daten bis auf die Aggregationsstufe der kreisfreien Städte und Kreise. Sie stellt somit die wichtigste Quelle auf diesem regionalen Niveau dar. Die Abfragesoftware ist einfach zu bedienen. Die Sachdaten, die gewünschten regionalen Einheiten und das Jahr werden ausgewählt. Die Daten werden am Monitor angezeigt und können als Excel-Datei oder als ASCII-Datei abgespeichert werden.

Zielgruppenorientierte Anwendungen. Bei diesen Anwendungen wird eine definierte Zielgruppe angesprochen. Die Funktionalität der Programme ist auf die Bedürfnisse eines definierten Klientels abgestimmt. „Business-Mapping“ ist eine solche zielgruppenspezifische Anwendung. Sie fasst alle Applikationen zusammen, die sich mit der raumbezogenen Geschäftsorganisation befasst. Diese Anwendungen sind häufig mit einer umfangreichen Datenbank ausgestattet. Andere Anwendungen richten sich an kommunale Verwaltungen usw. Einerseits handelt es sich um eigens entwickelte Applikationen, wie dies bei MapPoint der Fall ist, andererseits sind es benutzerdefinierte Anwendungen auf der Basis eines Kartographie- oder GIS-Programms, z. B. basierend auf MapInfo oder ArcView.

MapPoint 2001. Mitte 1995 ist Microsoft in das Geschäft mit geographischer Informationsverarbeitung eingestiegen. Mit Produkt MapPoint wird die Geschäftswelt angesprochen, um den lukrativen Bereich des Business-Mapping zu erschließen. Das Ziel von MapPoint ist es, Geschäftsdaten schnell und aussagekräftig im geographischen Kontext darzustellen und es zu ermöglichen, diese gegebenenfalls mit sozio-demographischen Daten zu verknüpfen und zu interpretieren. Marktpotentiale und Trends sollen dadurch zu erkennen sein, um schnell und gezielt zu handeln. Mit MapPoint werden Vertriebsstrukturen analysiert, und es wird ein Werkzeug zur Verfügung gestellt, um wirkungsvoll zu planen und somit die organisatorische Effizienz einer Firma zu erhöhen. Eines der mächtigsten Werkzeuge ist die integrierte Routenplanung. Die Datenbasis macht es leicht, z. B. eine Adressdatenbank von Lieferorten zu geocodieren, da die umfangreiche Datenbank Gemeinden, Straßen, Postleitzahlbereiche u. a. enthält. Die georeferenzierten Punkte können in der Karte visualisiert und optimierte Routen für die Fahrer ermittelt werden. Die Adresssuche ist für Großbritannien und für die Suche in Ballungsräumen Frankreichs und Deutschlands laut Unternehmensangaben vollständig, während sie in Italien, Spanien und angrenzenden europäischen Regionen nur eingeschränkt zum Erfolg führt (http://www.golem.de/0006/8190.html, Dezember 2001).

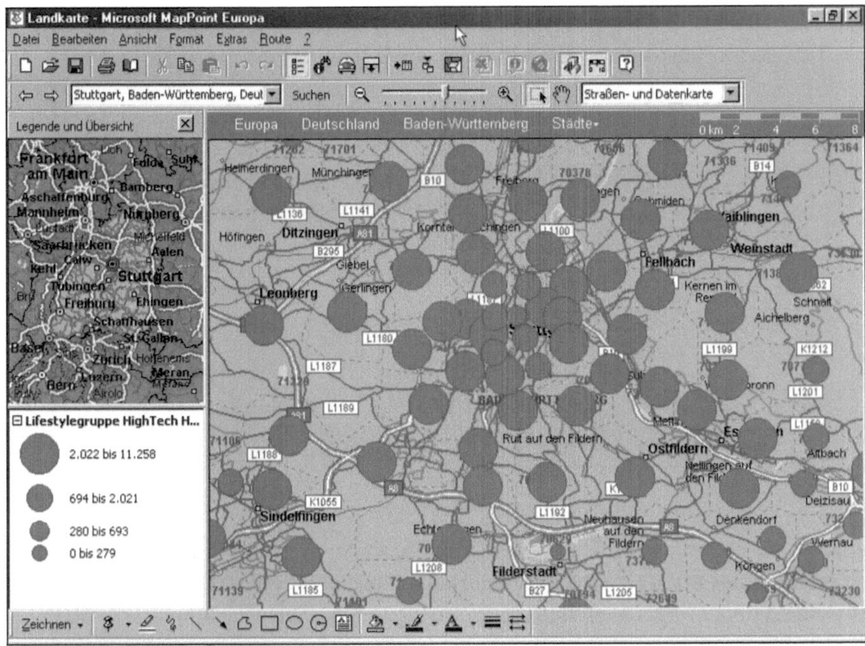

Abb. 4.4. Oberfläche von MapPoint 2001

MapPoint ist eine eigenständige Applikation, die sich nahtlos in das Office-Paket eingliedert. Das Programm arbeitet mit den vertrauten Office-Werkzeugen, Menüs und Assistenten. Der Import und Export in andere Office-Anwendungen fällt dadurch leicht, so dass die Karten einfach in Excel, in Präsentationen oder auch Webseiten eingefügt werden können. Beeindruckend sind die mitgelieferten umfassenden geographischen Daten und aktuellen sozio-demographischen Informationen. Das Kartenmaterial in MapPoint 2001 stammt vor allem von Navigation Technologies Ltd. B. V., wobei die Basisdaten meist die staatlichen Vermessungsämter der europäischen Staaten lieferten. Eine Vielzahl von Objekten sind enthalten: administrative Grenzen, Postleitzahlgrenzen, ein nahezu komplettes Straßennetz, Sehenswürdigkeiten u. v. m. Die umfangreiche sozio-demographische Datenbank wurde von Claritas, einem Unternehmen, das Daten und Software für Marketingslösungen liefert, zusammengestellt.

Es werden vier Kartentypen angeboten, um Daten graphisch darzustellen. Hinter der *Gebietsschattierungskarte* verbirgt sich die Choroplethenkarte, in der *Kreisgrößenkarte* werden die Variablen in kreisförmige Diagramme umgesetzt, in der *Kreisschattierungskarte* wird die Helligkeit gleichgroßer Kreise variiert und in der *Pinkarte* werden Lokalsignaturen positioniert. Die erzeugten Karten können frei skaliert werden, wobei der Maßstab wahlweise ein- oder ausgeblendet werden kann. Mit Hilfe eines integrierten Zeichenwerkzeugs ist es möglich, die Karte zusätzlich graphisch zu gestalten (vgl. Abb. 4.4).

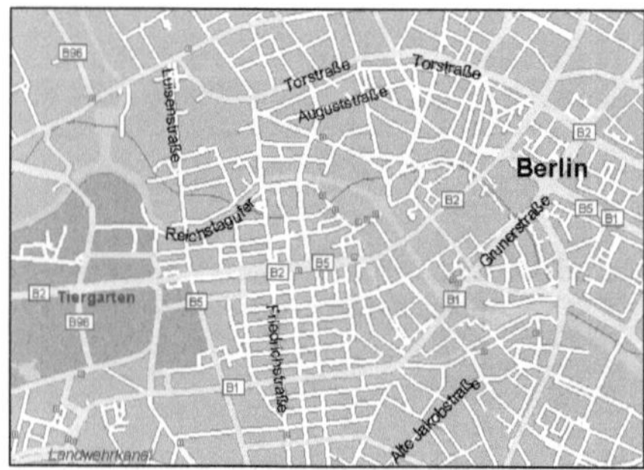

Abb. 4.5. Ausschnitt aus der Geometriedatenbank in MapPoint, Beispiel Berlin

MapPoint eignet sich gut für die kartographische Auswertung von Datenmaterial auf der Basis der mitgelieferten Geometriedatenbasis. Es gelingt, einfache Karten und Auswertungen von Geschäftsdaten zu erstellen. Sehr leistungsstark ist die Routenplanungsfunktion. Im Bereich der thematischen Kartographie und der Datenanalyse, wie sie in einem GIS stattfindet, sind die Möglichkeiten eingeschränkt. Sie werden in der Regel den anspruchsvolleren Benutzer nicht zufriedenstellen, da die Möglichkeiten nicht an die Mächtigkeit populärer Kartographie- und GIS-Pakete heranreicht. Beeindruckend bleibt die Vielfalt der mitgelieferten Daten – das betrifft sowohl die amerikanische Version (Ott 1999) als auch die europäische.

4.2 Kartographie in Tabellenkalkulation und Statistik

Der Lieferumfang vieler statistischer Programme umfasst Module zur Kartographie oder Geoinformationssysteme. Da die Intention dieser Programme in der statistischen Analyse liegt und der räumliche Aspekt nur einer von vielen ist, sind diese Module verständlicherweise meist einfach. Trotzdem sind sie eine große Hilfe, wenn räumliche Strukturen von Daten untersucht werden. Die erzeugten Karten haben abhängig vom Programm sehr unterschiedliche Qualität, können aber ausreichend sein, falls z. B. der Raum in der Untersuchung nur eine untergeordnete Rolle spielt und eine einfache Darstellung ausreicht.

Die Arbeitsmittel, um Karten zu erstellen, sind je nach Programm sehr unterschiedlich. Mit einigen Programmen können nur einfache Arbeitskarten entworfen werden. Dabei können Darstellungsformen ausgewählt werden, aber die graphischen Gestaltungsmöglichkeiten sind meist begrenzt. Vom Kartenformat bis zur

Legende ist alles mehr oder weniger vorgegeben. In manchen Programmen hingegen können Karten weitgehend frei gestaltet werden, und es kann im Prinzip jede Vorstellung verwirklicht werden. Häufig ist dafür der Weg von der Idee bis zum Ausdruck recht kompliziert und erfordert sehr gute Kenntnisse im Programm.

Im Folgenden werden drei Kartographiemodule von sehr unterschiedlichen Softwarepaketen beispielhaft vorgestellt:

- NSDstat Pro ist eine Analysesoftware, die keine Modifikationen der Karten erlaubt.
- SAS (Statistical Analysis System) enthält eine kartographische Prozedur, mit der fast jede gewünschte Karte erzeugt werden kann.
- Microsoft Excel2000 ist ein Tabellenkalkulationsprogramm, mit einer Funktion, um einfache Präsentationskarten zu erzeugen.

NSDstat Pro. NSDstat Pro ist eine Software des norwegischen Datenarchivs und erscheint in norwegischer, englischer und deutscher Sprache. Das Programm kann unter Win95/98 oder NT eingesetzt werden. Mit Hilfe dieses Programms können Daten aus unterschiedlichen Quellen bearbeitet werden, von Befragungsstudien bis zur Auswertung von Aggregatsdaten. Die statistischen Analysemöglichkeiten decken alle wichtigen Verfahren ab und beinhalten mehrere Diagrammformen sowie ein einfaches Kartographiemodul. Das Programm wird mit einer umfangreichen Datensammlung ausgeliefert und ermöglicht es, eigene Daten einzugeben. Besondere Stärken des Programms sind erstens der didaktisch sehr gelungene Aufbau „trockener" Arbeitsmethoden, nämlich der Statistik, zweitens die sehr hohe Rechengeschwindigkeit des Programms auf einfachsten Rechnern und drittens die vorbildlichen Möglichkeiten zur Datendokumentation.

Falls Daten auf regionaler Basis vorliegen, besteht die Möglichkeit, diese Daten als Karte darzustellen, sofern die Geometriedaten vorhanden sind. Vom Benutzer können selbst keine eigenen Koordinaten eingelesen werden. Im Lieferumfang sind umfangreiche Geometriedaten mit europäischem Schwerpunkt enthalten. Es kann zwischen Choroplethen- und Diagrammkarten gewählt werden. Die Abbildung 4.6 zeigt eine Choroplethenkarte der deutschen Bundesländer. Karten können in TIFF-Dateien und in PostScript-Dateien exportiert werden. Das Programm NSDstat Pro ermöglicht es, schnell und ohne Vorkenntnisse eine einfache Karte zu erstellen. Es gibt keinerlei Möglichkeiten, die Karte zu modifizieren. Das Ergebnis reicht jedoch aus, um die Daten räumlich zu analysieren, und liefert kartographisch korrekte Ergebnisse.

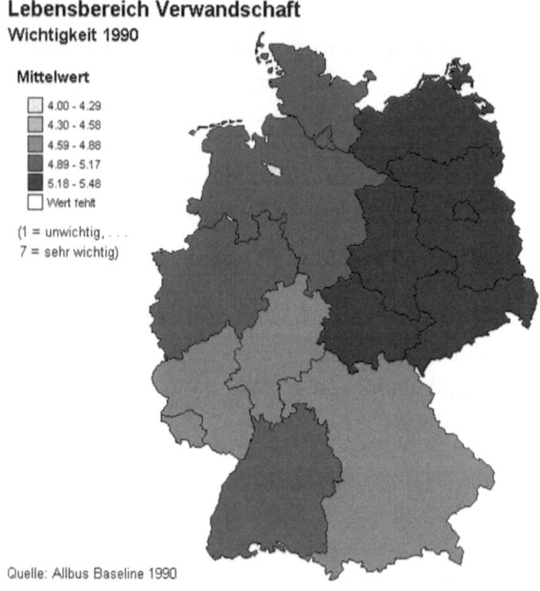

Abb. 4.6. Kartenbeispiel aus NSDstat Pro

SAS. Das SAS Institute wurde 1976 mit Hauptsitz in Cary/North Carolina (USA) gegründet und zählt heute mit zwei Milliarden Mark Umsatz sowie rund 7.000 Mitarbeitern weltweit zu den erfolgreichsten unabhängigen Softwareherstellern der Welt und ist damit führender Anbieter von Informationssystemen. Klassische statistische Verfahren der Datenanalyse und des Data Mining bilden die Basis für Management- und Firmen-Informationssysteme. SAS-Systeme sind dabei auf vielen Plattformen zu Hause, angefangen vom PC als Einzelplatzsystem bis hin zum Großrechner. Client-/Server-Anwendungen mit verteilter Datenhaltung gehören ebenso dazu wie webbasierende Lösungen. Die Richtung der Softwareentwicklung folgt dabei der Leitlinie „vom Informationsmanagement zum Wissensmanagement".

Das SAS-System ist ein integriertes Softwaresystem für Datenverarbeitung, -management, -analyse sowie -präsentation und wird in einer Vielzahl von Produkten angeboten. Um raumbezogene Daten zu behandeln sind zwei Bereiche zentral: SAS/Graph und SAS/GIS.

Mit der SAS-Software wird eine umfangreiche Bibliothek von Geometriedaten ausgeliefert, beispielsweise Deutschland mit den Kreisgrenzen. Diese Daten können mit Hilfe der SAS-Programmiersprache jederzeit verändert werden, um etwa eine Auswertung für ein bestimmtes Bundesland durchzuführen. Die Erzeugung von weiteren eigenen Geometriedaten ist möglich. Die Möglichkeiten dieser Anwendungsroutine werden durch weitere Features der SAS-Software erweitert.

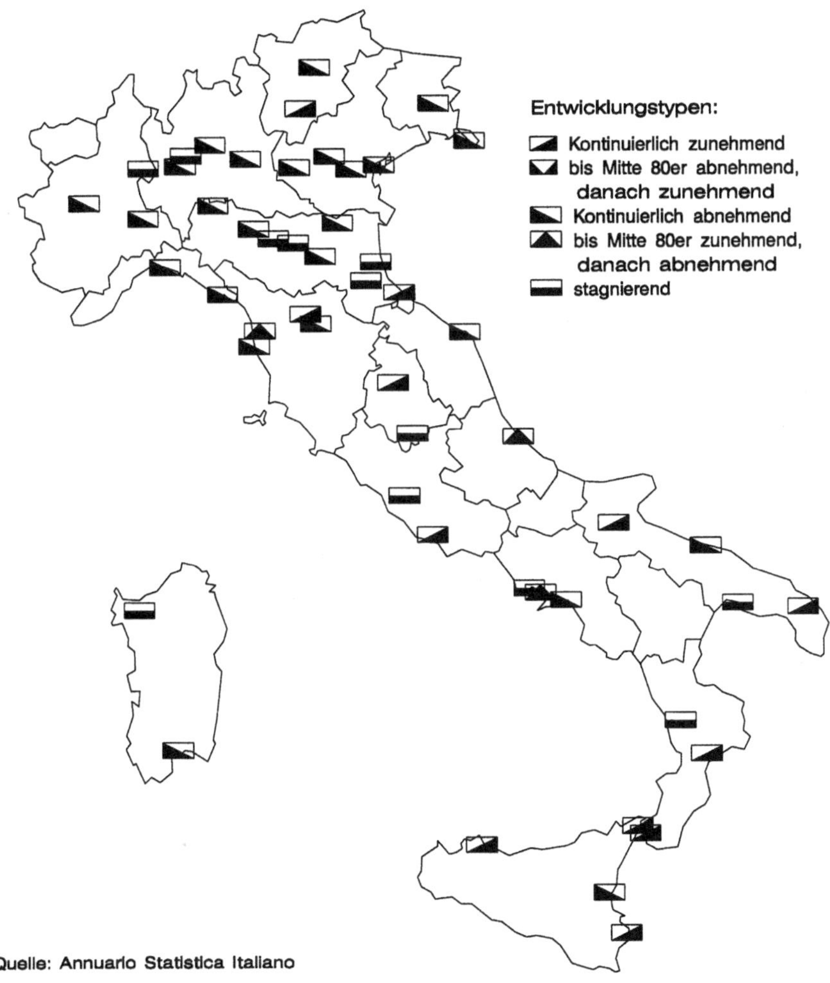

Abb. 4.7. Mit SAS erstellte Karte

SAS/Graph. Dieses Modul umfasst neben den klassischen Graphikfunktionen auch eine Anwendungsroutine zur Kartenerstellung, die es erlaubt, vier verschiedene Kartentypen zu erzeugen, darunter Choroplethenkarten. Die Karten werden mit Hilfe einer befehlsorientierten Programmiersprache erstellt. Die Möglichkeiten des Moduls können durch den Einsatz anderer Arbeitsmittel, wie der Annotate-Funktion, wesentlich erweitert werden. Dadurch ist es möglich, frei definierte geometrische Elemente in die Karte einzubringen (vgl. Abb. 4.7). Mit Hilfe von

Exportfiltern können verschiedene Graphikformate gewählt werden, um Karten in Dateien abzulegen, darunter auch in CGM-Dateien.

Karten in SAS werden mit Hilfe einer befehlsorientierten Programmsprache erstellt. Interaktive Möglichkeiten bestehen in begrenztem Umfang im Rahmen eines graphischen Editors. Die Geometriedaten können im ASCII-Format eingelesen und mit Hilfe einer Vielzahl von Befehlen und Prozeduren modifiziert werden.

Die Möglichkeiten von SAS sind in jeder Beziehung sehr umfangreich. Es ist möglich, nahezu alle kartographischen Probleme zu lösen, falls die Bereitschaft besteht, sich intensiv in die Software einzuarbeiten. Dazu gehört besonders das Datenmanagement, wie Daten einlesen, Daten klassifizieren und vieles mehr. Alle Arbeiten, die bei menügeführten Kartographieprogrammen meist einfach sind, erfordern in SAS umfangreiche Programmkenntnisse.

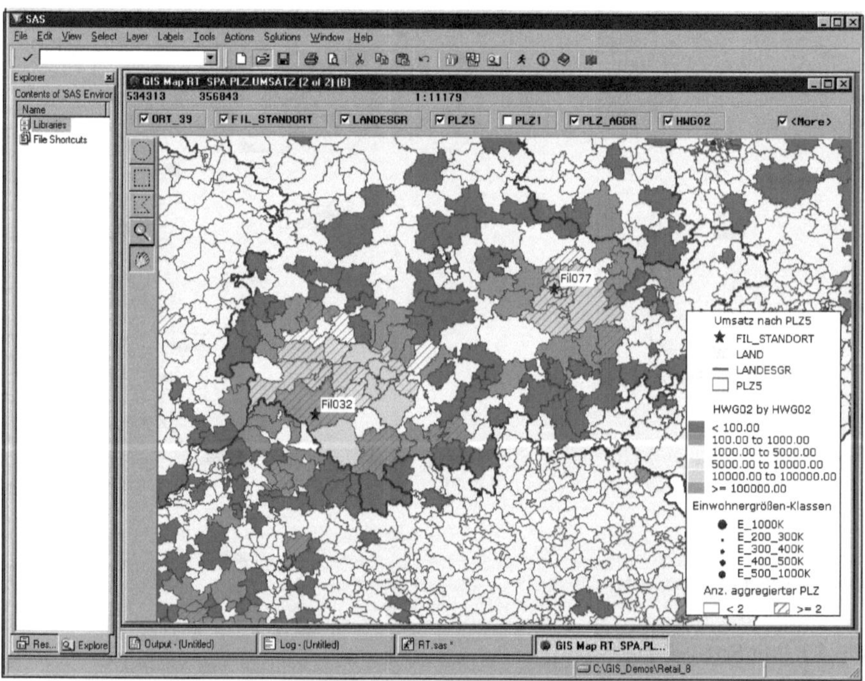

Abb. 4.8. Umsatzzahlen auf Ebene der fünfstelligen Postleitzahlgebiete

Enterprise Guide. Diese Software bietet unter anderem eine interaktive Schnittstelle zur SAS/GRAPH-Software, wodurch es ermöglicht wird, die Anwendungsroutine zur Kartenerstellung per Mausklick zu bedienen. Dabei entsteht eine Kartenausgabe (z. B. zum Drucken) aber auch als SAS-Code. Zur Veränderung der entstandenen Karte gibt es zwei Möglichkeiten. Zum einen steht ein graphischer Editor zur Verfügung, zum anderen bietet die Annotate-Funktion die Möglichkeit, frei definierte geometrische Elemente in die Karte einzubringen. Für die Ausgabe stehen alle gängigen Exportfilter wie TIFF oder JPEG zur Verfügung. Für die Weiterverbreitung im WWW kann in PDF- oder HTML-Format geschrieben werden.

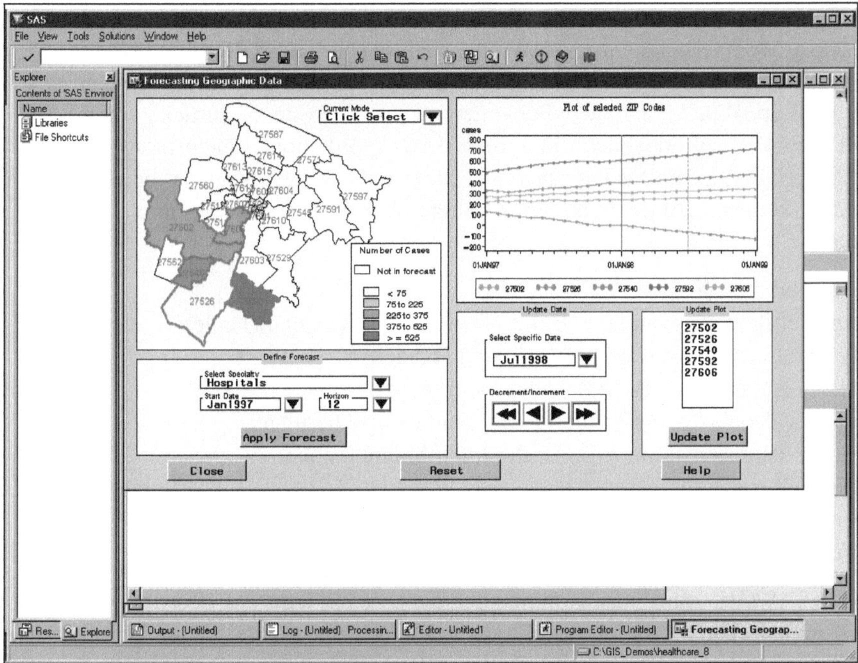

Abb. 4.9. Angepasste graphische Benutzeroberfläche für die pharmazeutische Branche

SAS/EIS. Diese Software dient dazu, menügesteuerte Management-Informations-Systeme zu erstellen. Neben einer Reihe von EIS-Klassen für statistische Datenanalyse dient die MAP-Klasse zur geographischen Darstellung von Daten. An diese Klasse ist eine ganze Reihe von Funktionalitäten gebunden, wie Drill-Down, Definition von Hotspots etc., die beispielsweise dazu dienen können, zu einer bestimmten in der Karte dargestellten Information Detailinformationen abzurufen. Die Benutzung der EIS-Klassen geschieht vollständig syntaxfrei, so dass einfach und schnell geschäftsfähige Kartendarstellungen erstellt werden können.

SAS/GIS. Dieser Teil ist ein geographisches Visualisierungs- und Analysetool, das völlig in die SAS-Software integriert ist. Auf Grund dieser Integrationsfähigkeit ist SAS/GIS in der Lage, geographisch relevante Daten zu verwalten, zu analysieren und zu präsentieren.

Als interaktives Werkzeug mit Tool-Paletten, Pull-Down-Menüs sowie verschiedenen Batch-Funktionen ist SAS/GIS sehr flexibel einsetzbar, sowohl um von Daten zu analysieren als auch um Berichte zu erstellen (vgl. Abb. 4.8). Als Datengrundlage dienen geographische und attributive Daten. Geographische Daten können aus verschiedenen Formaten, z. B. dem MapInfo- oder DXF-Format importiert werden. Auch der Import über ASCII-Files für Punkte, Linien und Flächen ist möglich. Die Sachdaten werden über Links mit den geographischen Bezugsgrößen verbunden, um dann für Analysen im SAS/GIS zur Verfügung zu stehen. Beim Zugriff auf die attributiven Daten greift die Software auf die gesamten Funktionalitäten und Möglichkeiten des SAS-Systems zurück. Umgekehrt sind die GIS-Funktionalitäten in andere SAS-Applikationen integrierbar, so dass spezielle Oberflächen für Fachanwender, Spezialisten oder Manager bereitgestellt werden können. Beispielhaft seien einige Anwendungsgebiete und Branchen genannt:

- Geomarketing,
- Vertriebsgebietsplanung, z. B. für Verlage, Industrie und Handel,
- Penetrationsanalysen für Industrie und Handel,
- Standortplanung, z. B. für Handel und Banken,
- Potenzialanalysen für Handel, Banken und Versicherungen,
- Angebotspräsentation, z. B. für die Immobilienbranche,
- Gesundheitswesen,
- Umweltforschung und -planung,
- Verkehrsuntersuchungen und -planung.

Das SAS/GIS kann über Kommandoeingabe oder Icon aus den unterschiedlichen statistischen SAS-Software-Produkten aufgerufen werden. Nach dem Starten des GIS-Windows besteht einerseits die Möglichkeit, bereits existierende Karten aufzurufen, andererseits können Daten zur Kartenerstellung importiert werden. Über eine Tool-Palette kann man die in Windows gängigen Funktionen wie beispielsweise Zoom, Pan und Select ausführen. Weitere GIS-spezifische Funktionen lassen sich über die Menüleiste auswählen, die der individuellen Fragestellung des GIS-Projekts angepasst werden. Koordination und Selektion der unterschiedlichen Bearbeitungsebenen (Layer) lassen sich benutzerfreundlich durchführen. Informationen zu Maßstab, gemessenen Distanzen, Koordinaten und den inhaltlichen Aspekten sind jederzeit ablesbar.

Die für SAS spezifische geometrische Datengrundlage setzt sich aus drei Dateien im SAS-Format zusammen: Chain, Detail und Node. Sie wird menügesteuert durch den Import externer geometrischer Daten erstellt. Dabei können folgende Formate weiterverarbeitet werden: TIGER, GDT, DXF, ARC/INFO sowie das MIF-Format. Zum Lieferumfang der SAS-Software gehören die nachfolgenden geographischen Raumeinheiten: alle Länder der Erde, Länder Europas, Kantone der Schweiz, Bundesländer Österreichs und deutsche Kreise. Die von SAS gelieferte Datengrundlage kann problemlos durch unterschiedlichste Aggregationsebenen über Datenprovider erweitert werden.

Sachdaten im SAS-Datenformat werden den geographischen Daten über einen Geocode, z. B. die Postleitzahl, zugeordnet. Nahezu alle Formate können mit SAS-Tools in das SAS-System überführt werden. Ein wesentlicher Vorteil der SAS-Software besteht darin, dass die Datenquellen auch von unterschiedlichen Plattformen stammen können.

Die geographische Darstellung der unterschiedlichen Attribute erfolgt über Choroplethenkarten in beliebigen Farb- oder Grauabstufungen. Abgestufte Diagramme unterschiedlicher Größe, Farbe und Art visualisieren weitere Informationen. Die Umrisse von Gebietseinheiten werden beim Importieren der Basiskarte erstellt und stehen für den weiteren Kartenentwurf zur Verfügung. Thematisch abhängige Darstellungen von Attributen werden menügesteuert eingerichtet. Das Klassifizieren der Daten erfolgt nach gleichverteilten, benutzerdefinierten oder diskreten Klassen und kann manuell angepasst werden (vgl. Abb. 4.10).

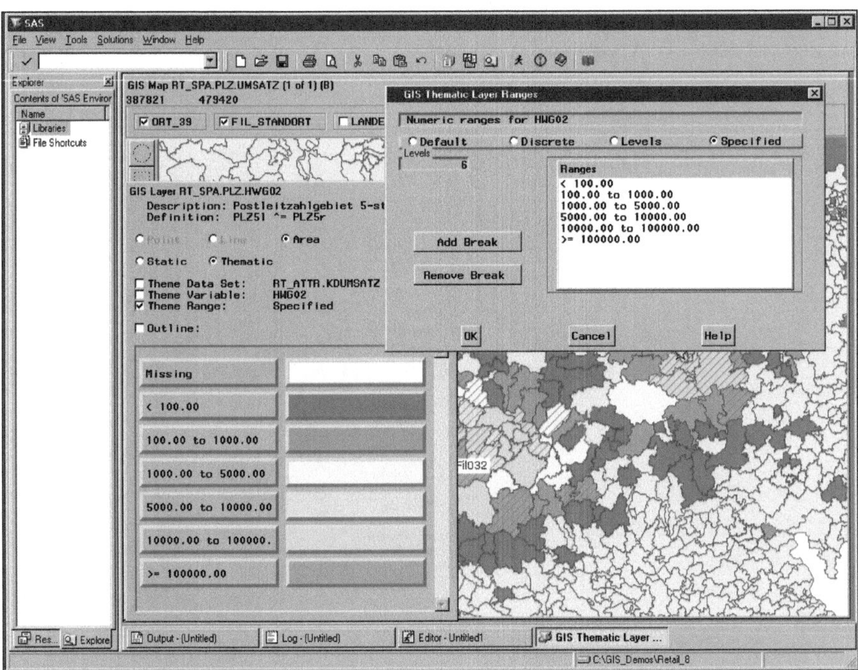

Abb. 4.10. Klassifizierung der Sachdaten

Zur Darstellung der geographischen Inhalte stehen Lokalsignaturen, Linien und Texte zur Verfügung. Als Füllmuster können Flächenfarben und Schraffuren verwendet werden. Eine Legende kann mit den Layern verbunden und dynamisch je nach Darstellung ergänzt oder reduziert werden.

SAS/GIS ist benutzerfreundlich gestaltet und schnell erlernbar. Das Einbinden des Tools in die übrige Softwareumgebung von SAS erfordert hingegen tiefergehende Kenntnisse der SAS-Programmierung. Das Programm wird mit Dokumentation und umfangreicher komfortabler Help-Library ausgeliefert. Für den einfachen Einstieg steht ein Tutorial zur Verfügung. Auf der SAS-Website werden neue Funktionen, Samples, FAQs und Informationen zum Download veröffentlicht.

Tabellenkalkulationsprogramme. Ähnlich wie bei den Statistikprogrammen enthalten auch die gängigsten Tabellenkalkulationen, wie Microsoft Excel, in ihren neuesten Versionen jeweils die Option zur Erstellung thematischer Karten. Diese Programme sind in erster Linie darauf ausgerichtet, einfache thematische Karten zu präsentieren. Der Funktionsumfang ist entsprechend eingeschränkt.

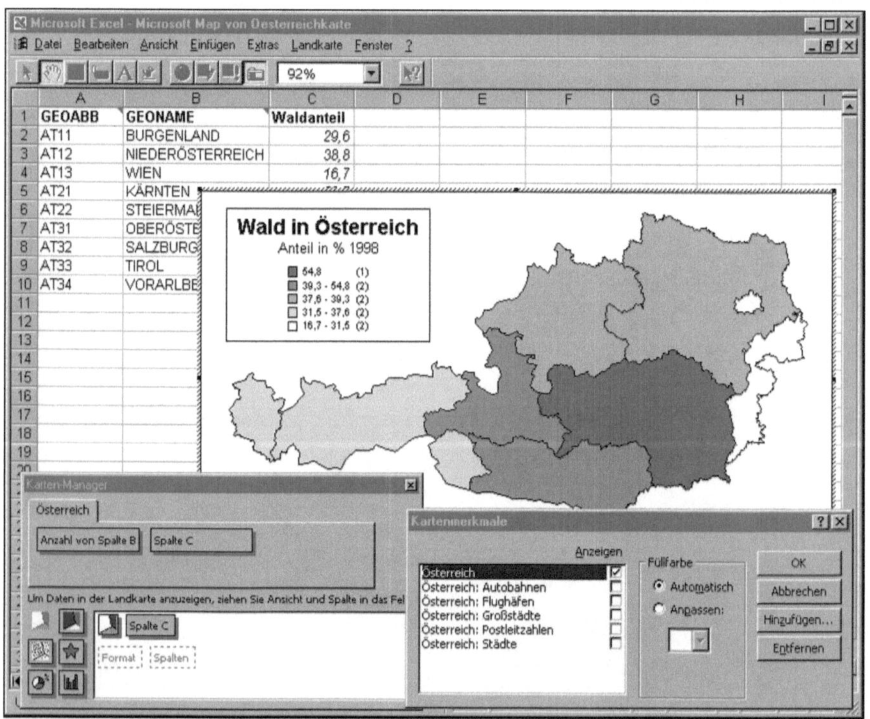

Abb. 4.11. Oberfläche von Microsoft Excel mit Karten-Manager und Kartenrahmen

Microsoft Excel. Das sehr weit verbreitete Programm Excel enthält seit der für Windows 95 entwickelten Version 7.0 bis zur aktuellen Version ein Kartographiemodul im Lieferumfang.

Ausgangspunkt für den Entwurf einer Karte ist eine Excel-Tabelle. Diese sollte in der ersten Spalte Namen oder Nummern darzustellender Geometrien enthalten, also beispielsweise Ländernamen. Natürlich sind nur Geometrien möglich, für die Excel entsprechende Koordinaten enthält. Standardmäßig werden in der deutschen Ausgabe Koordinaten für die deutschen und österreichischen Bundesländer, die Schweizer Kantone sowie die Länder Europas und der Welt mitgeliefert. Weitere benötigte Karten müssen nachgekauft werden, da keine externen Geometriedaten importiert werden können.

Neben den Namen der Geometrieobjekte müssen die Variablen und deren Werte in weitere Spalten eingefügt werden. Die oberste Zeile enthält jeweils den Variablennamen. Nachdem der gesamte für die Karte relevante Tabellenbereich markiert wurde, wird der Menüpunkt EINFÜGEN | LANDKARTE ausgewählt oder die Kartenfunktion über ein Icon gestartet. Ein Fadenkreuz erscheint und fordert dazu auf, einen Kartenrahmen innerhalb der Excel-Tabelle aufzuziehen. Ist dies geschehen, verändert sich der Bildschirm rasch. Im Kartenrahmen erscheint eine komplette Karte mit Überschrift und Legende und ein Fenster *Karten-Manager* öffnet sich. Die Karte ist natürlich noch keinesfalls druckreif und muss in der Folge an die eigenen Wünsche angepasst werden. Abbildung 4.11 zeigt den Bildschirm, wie er sich in dieser Phase darstellt. Der Karten-Manager ist das Fenster im linken unteren Bereich.

An dieser Stelle leuchtet die weitere Vorgehensweise nicht auf Anhieb ein. Der Karten-Manager lässt nicht ohne weiteres erkennen, wie sich Darstellungsform und Anordnung der Variablen verändern lassen. Unter *Feld* versteht das Programm den weißen Kasten im Karten-Manager, in dem durch Zuordnung der Variablen (*Spalten*) zu den Darstellungsformen (*Ansichten*) Art und Inhalt der Kartendarstellung festgelegt werden. Folgende Darstellungsformen stehen zur Auswahl:

- *Bereich*, d. h. Choroplethenkarten;
- *Wert*, darunter verbergen sich Choroplethenkarten, bei denen jede Flächenfüllung nur genau einen Wert repräsentiert;
- *Verteilung*, d. h. Punktdichtekarten;
- *Symbol*, d. h. Diagrammkarten;
- *Kreisdiagramm*, d. h. Kreisdiagrammkarten;
- *Balkendiagramm*, d. h. Balkendiagrammkarten.

Nach der Auswahl der Darstellungsform erfolgen der weitere Entwurf sowie die Gestaltung der Karte dann direkt im Kartenrahmen über Kontextmenüs, die beim Anklicken von Objekten mit der rechten Maustaste erscheinen. Hier wird deutlich, dass das Programm den Spielraum des Anwenders sehr stark einschränkt. Beispielsweise lassen sich die Klassengrenzen bei Choroplethenkarten nicht benutzerdefiniert eingeben, sondern lediglich auf zwei verschiedene Arten vom Programm automatisiert berechnen. Ähnliches gilt für die Farbreihen, bei denen nur die dunkelste Farbe wählbar ist. Der Rest der Farbreihe wird vom Programm erstellt, wobei jede Farbreihe immer mit Weiß endet, was aus kartographischer

Sicht wenig zweckmäßig ist. Ähnliche Einschränkungen gibt es bei den anderen Darstellungsformen sowie bei der Gestaltung; z. B. lassen sich etwa die Rahmen um die Legenden sowie um den Titel nicht entfernen. Der Titelrahmen kann vermieden werden, indem der Titel unterdrückt und statt dessen freier Text eingegeben wird. Eine weitere Beschriftungsmöglichkeit ist das Einblenden der Datenwerte oder der Gebietsnamen in die Karte.

Noch zwei interessante Funktionen des Programms sollen Erwähnung finden: Zum einen enthalten die mitgelieferten Koordinatendateien nicht nur die Grenzlinien, sondern weitere Geometrien wie Autobahnen, Flughäfen und Städte. Zum anderen sind die auf die fertige Karte aufsetzbaren *Pinnfolien* bemerkenswert. Auf Pinnfolien können beliebige Zeichen frei auf der Karte platziert werden. Es lassen sich beliebig viele Pinnfolien definieren, übereinanderlegen und wahlweise aktivieren bzw. deaktivieren.

Fazit. Statistik- und Tabellenkalkulationsprogramme sind in erster Linie zur Analyse und Verwaltung von Daten gedacht. Jedoch bieten inzwischen einige Programme sehr leistungsfähige Kartographie- bzw. GIS-Module an, die speziell im Falle des Statistikprogramms SAS mehr bieten als nur eine erste, explorative raumbezogene Datenanalyse. Dennoch bleiben besonders im Bereich der graphischen Gestaltung meist Wünsche offen, und in manch einer Anwendung ist die Erstellung einer kartographisch korrekten und äußerlich ansprechenden Karte nur beschränkt möglich, weshalb die Anschaffung einzig wegen der Kartographieoption nicht anzuraten ist. Sind die Programme aber ohnehin im Einsatz, kann das Kartographiemodul auf seine Eignung für den jeweiligen Bedarf geprüft werden und somit von Fall zu Fall zum Einsatz kommen.

4.3 Kartographieprogramme

Bei der Auswahl eines kartographischen Programms stellt sich das Problem, dass der Markt sehr unübersichtlich und die Sachkenntnis des Handels in kartographischen Belangen überdies nicht allzu groß ist, um nicht zu sagen inexistent. Kartographieprogramme werden in ihrer Mehrzahl nicht, wie Bürosoftware, von großen Softwarehäusern angeboten. Vielmehr werden sie meist von kleinen, auf diese eine Anwendung spezialisierten Büros vertrieben. Selbst wenn die Anbieter bekannt sind, ist die Auswahl der jeweils geeigneten Software nicht leicht. Das folgende Kapitel will hier Hilfestellung anbieten, indem der Funktionsumfang und die Grundzüge der Arbeitsweise der Programme dargestellt werden (s. Anhang 3). Der Überblick kann selbstverständlich auf Grund des sich rasch wandelnden Marktes keinen Anspruch auf Vollständigkeit erheben. Außerdem erscheinen immer wieder neue Programmversionen, wobei allerdings die grundlegenden Programmeigenschaften im Wesentlichen meist unverändert bleiben.

4.3.1 ArcView GIS

ArcView GIS ist das Desktop-GIS aus der Produktfamilie der Firma ESRI (Environmental System Research Institut). ESRI USA und der deutsche Partner ESRI Geoinformatik GmbH sind seit mehr als zwanzig Jahren im Bereich von computergestützten Lösungen raumbezogener Aufgabenstellungen tätig. ArcView GIS wird zur Zeit von mehr als 700.000 Anwendern weltweit eingesetzt.

Neben einer umfangreichen Basisfunktionalität gibt es eine Vielzahl von Zusatzprogrammen, die leicht zu integrieren sind und neue, vielfältige Erweiterungen in allen GIS-Anwendungsbereichen zur Verfügung stellen.

Auf einfache Weise können Karten erstellt und diese mit eigenen Daten ergänzt werden. Mit den Client-/Server-Tools von ArcView GIS kann auf beliebige Datenbestände aus vernetzten Datenbanken zugegriffen und diese auf Karten dargestellt werden. Abfrage- und Analysefunktionen, Bearbeitung von Geometrie- und Sachdaten, Präsentation als Karte oder Integration in andere Windowsapplikationen sind nur einige Möglichkeiten von ArcView GIS.

Über die objektorientierte Programmierumgebung „Avenue“ kann das System angepasst und spezifische Applikationen entwickelt werden. Der Akzeptanz dieser leicht zu erlernenden Programmiersprache verdankt ArcView GIS u. a. seine marktführende Position im Desktop-GIS-Bereich.

Der Einsatzbereich von ArcView GIS ist so breit gefächert, wie es raumbezogene Fragestellungen gibt. ArcView GIS wird zur Umweltanalyse, als Katasterinformationssystem, zur Kriminalstatistik, zur Visualisierung von ALK/ATKIS-Daten oder zur Geomarketing-Recherche verwendet, um nur einige Beispiele zu nennen.

Oberfläche. Alle Nutzereinstellungen und die Verweise auf Vektor- und Rasterdaten werden zentral in einem *ArcView-Projekt* verwaltet und können in einer Projektdatei abgespeichert werden. Beim Aufruf dieser Projektdateien werden alle festgelegten Einstellungen wiederhergestellt und relational verbundene externe Daten aktualisiert und visualisiert.

Innerhalb eines Projektes können beliebige ArcView-Komponenten wie Ansichten der Daten, Tabellen, Diagramme, Layouts und neue Funktionen in Form von Skripten verwaltet werden. Jede ArcView-Komponente hat eine eigene Oberfläche, die vielfältige, spezifische Informationen zur Bearbeitung, Darstellung und Auswertung bereitstellt. Diese Oberflächen gliedern sich in eine Menüleiste, eine Schaltflächenleiste und eine Werkzeugleiste und können vom Nutzer jederzeit verändert und erweitert werden.

ArcView-Assistenten zur Analyse und Darstellung (Geodatenverarbeitung, Pufferung, Legendenerstellung u. a.) erlauben es, komplexe Prozesse dialoggesteuert aus der Standardoberfläche heraus zu starten.

Die Oberflächen, die in verschiedenen Sprachversionen zur Verfügung stehen, lassen sich über die Maus und/oder entsprechende Tastaturcodes bedienen. Alle Fenster sind frei positionierbar.

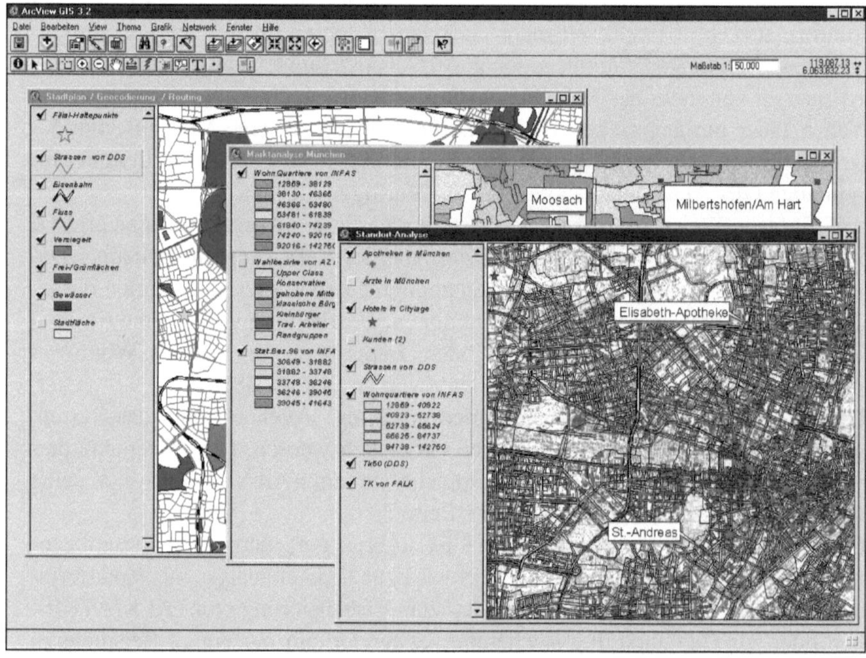

Abb. 4.12. Oberfläche von ArcView (Verwendet werden die Geodaten von folgenden ESRI-Partnern: AZ Bertelsmann Direct GmbH, DDS Digital Service GmbH, Infas GEO-daten GmbH)

Geometriedaten. Das in ArcView GIS verwendete Vektor-Datenformat ist das Shape-Format. Es besteht aus drei einzelnen Dateien, die sowohl die Geometrie- als auch die Sachdaten enthalten. Die Dateien haben folgende Extentions:

- Geometriedaten: SHP,
- Attributdaten: DBF,
- Beziehungen zwischen Geometrie- und Attributdaten: SHX.

Der Aufbau des Shape-Formates ist von ESRI offengelegt, so dass Programmierer leicht in der Lage sind, Zugriff auf dieses Format zu haben; die technische Beschreibung ist über die ESRI-Homepage aufrufbar. Viele Anwendungen greifen aus diesem Grund auf das Shape-Format über Import- und Exportmöglichkeiten zu.

Folgende Formate können u. a. eingelesen werden: ArcInfo-Format, AutoCad-Daten im DWG- und DXF-Format sowie Microstation im DGN-Format. Über Schnittstellen oder Konvertierungsprogramme sind beliebige weitere Formate wie ALK/ATKIS-Daten im EDBS-Format, ARGIS-, GIAP-, INTERLIS-, SICAD-Daten u. v. m. in das Shape-Format konvertierbar. Alle Vektordaten sind in ihrer jeweiligen Kartenprojektion und in verschiedenen Maßstäben darstellbar, sie können aber auch in eine definierte andere Projektionen transformiert werden. Adressdaten können geokodiert (z. B. Kundendatenbank) und Datenlisten mit Koordinatenangaben (z. B. GPS-Daten mit X- und Y-Koordinaten) können eingelesen werden.

Um Rasterdaten einzulesen, steht eine große Auswahl von Formaten zur Verfügung. ArcView GIS erlaubt direkt den Zugriff auf TIFF (auch LZW-komprimiert), GEOTIFF, BSQ, BIL, BIP, Erdas-Imagine-Formate, LAN, GIS, MRSID, BMP, JPEG u. v. m. Die Rasterdaten können entweder in einer Kartenprojektion vorliegen oder mit Hilfe einer Weltdatei in einen geographischen Kontext übertragen werden.

Neben der Unterstützung der zahlreichen Formate können auch eigene Daten erhoben werden, entweder über ein angeschlossenes Digitalisierbrett oder durch Digitalisierung am Bildschirm, z. B. mit gescannter Vorlage als Hintergrund.

ArcView GIS wird mit zahlreichen Geometriedaten ausgeliefert. Die insgesamt fünf Daten-CDs enthalten bereits Vektor- und Rasterdaten zur Welt, zu Europa und zu Deutschland.

Sachdaten. Die Sachdaten, die Attribute, sind in der Regel mit der Geometrie verknüpft. Diese können jederzeit erweitert werden, indem Daten eingelesen, in Tabellenform und mit den bestehenden Attributdaten relational verbunden werden. Dadurch ist es dem Nutzer auch möglich, über die graphischen Objekte in ArcView GIS auf interne und externe Datenbanken zuzugreifen. ArcView GIS unterstützt folgende Formate zum Datenimport und -export:

- dBase-Formate bis zur Version dBase IV,
- INFO-Tabellen aus ArcInfo-Datenbeständen,
- Textdateien mit Feldern, die durch Kommata oder Tabulatoren getrennt sind.

Weiterhin können assistentengesteuert Abfragen auf alle verfügbaren ODBC-Datenbanken mit SQL-Abfragen erfolgen, zum Beispiel auf FoxPro, Lotus 1-2-3, Microsoft Excel oder Microsoft Access und auf ORACLE, INGRES, SYBASE und INFORMIX.

Standardmäßig steht das zusätzliche Programm „Seagate Crystal Report“ zur Verfügung, um die Daten in Form von Berichten und Abfragen, in Kombination mit Diagrammen und Graphiken, auszugeben. Über diese Berichtsfunktionen stehen eine Vielzahl von weiteren Exportmöglichkeiten (Access, Excel, Word, HTML u. v. m.) bereit.

Darstellungsformen. Geometrie-, Attribut- und Rasterdaten können nach verschiedenen Vorgaben abgebildet werden. ArcView GIS bietet für die Darstellung der Geometriedaten in Abhängigkeit der Attributdaten verschiedene Klassifizierungsmethoden an, um Zusammenhänge innerhalb der Daten zu visualisieren. Die Klasseneinteilung kann auch auf manueller Basis erfolgen. Farben und Füllmuster können auf vorgefertigten Farbverläufen aufbauen, sind aber auch frei wählbar.

Attribut- und Sachdaten können mit Hilfe von sechs Diagrammtypen leicht verständlich aufbereitet werden. Es gibt Flächen-, Säulen-, Linien-, Kreis- und Punktdiagramme, die wiederum verschiedene Variationsmöglichkeiten bieten. Werden Berichte erstellt, verfügt der Anwender zusätzlich über 125 weitere Diagramme, um Daten zu visualisieren. Darüber hinaus können eigene Diagrammformen definiert werden.

Bei Rasterdaten kann die Reihenfolge der darzustellenden Bildebenen frei festgelegt werden, so dass eine Falschfarbendarstellung möglich ist. Die Abfolge der Farben kann wahlweise verändert werden. Farbbereiche werden transparent dargestellt, um darunter liegende weitere Daten sichtbar zu machen (z. B. gescannte Schwarzweiß-Karte).

Alle Objekte in einer Kartenansicht können mit einem oder mehreren sogenannter Hot-Links verbunden werden. Hot-Links sind Verweise auf zusätzliche, auch multimediale Dokumente. Es können Texte, Bilder, Sound, Videos, Internet-Seiten u. v. m. mit einem Objekt auf diese Weise verknüpft werden.

Kartenentwurf. Alle benötigten Daten werden auf den Desktop geholt und entsprechend ihres Typs klassifiziert, abgefragt, selektiert oder bearbeitet. Diese eingelesenen Daten gehören zu einem ArcView-Projekt. Die Darstellungsform, eine Projektionsart sowie der Maßstab werden ausgewählt und die Legende über den Legendeneditor angeordnet.

Der endgültige Kartenentwurf wird dann in der ArcView-Komponente Layout erstellt. Die komplette Ansicht der Daten wird an das Layout übergeben. Die Anordnung von Titel, Legende, Logos, Maßstableiste usw. erfolgt über vorhandene Schablonen. Diese Schablonen können auch selbst definiert werden, so dass verschiedene Karten auf ein einheitliches Kartenlayout zurückgreifen können.

Das Layout und die Kartenansicht sind dynamisch verknüpft und Änderungen werden sofort aktualisiert dargestellt. Assistenten zur Legendenerstellung, zum Kartenrahmen und zum Gitternetz bzw. Messraster erleichtern dabei das Gestalten der Karte.

Gestaltung. In ArcView werden alle geometrischen Objekte über bestimmte Eigenschaften bezüglich Farben, Muster, Linien, Punkte und Beschriftung durch ArcView-Paletten beschrieben.

Alle graphischen Objekte können mit der Maus in ihrer Position verschoben werden; weitere Eigenschaften wie Größe, Anordnung und Reihenfolge werden über das Menü gesteuert. Im Layout kann zusätzlich noch ein Hilfsraster zur Positionierung verwendet werden.

Wahlweise stehen Eigenschaften für bestimmte Objekttypen zur Verfügung:

- Flächen: Füllmuster und -farbe, Füllfarbe, Umrissfarbe und -stärke,
- Linien: Farbe, Stärke, Verbindung, Endung, Liniensignaturen,
- Punkte: Vorder- und Hintergrundfarbe, Signaturen, Größe, Drehwinkel,
- Beschriftung: Schriftart, Farbe.

Neben einer Standardpalette stehen insgesamt 32 weitere Paletten, zum Teil thematisch gegliedert (Geologie, Klima usw.), zur Wahl. Ein Palettenmanager regelt dabei die Integration dieser zusätzlichen Signaturen. Mit einfachen Hilfsmitteln können bestehende Paletten geändert und abgespeichert werden, um beispielsweise die Rasterweite der Füllmuster zu vergrößern oder zu verkleinern. Optional ist die Planzeichenverordnung für Deutschland erhältlich.

Punkt- und Liniensignaturen sowie die Beschriftung können skaliert in Abhängigkeit eines Maßstabes dargestellt werden. Jede TrueType-Schriftart kann mittels Knopfdruck in Lokalsignaturen umgewandelt werden, so dass eine Vielzahl an Zeichen zur Verfügung steht. Weiterhin können selbstdefinierte Signaturen erstellt und unter ArcView genutzt werden.

Legende, Maßstab, Nordpfeil. Für jede Darstellungsform wird eine eigene Legende erzeugt, die zusammen mit der Karte in einem Projektfenster erscheint. Die Bearbeitung der Legende erfolgt im Legendeneditor. Hier können alle Parameter verändert werden. Im endgültigen Layout kann die Legende beliebig positioniert bzw. mit dem Werkzeug zur Legendenerstellung weiterverarbeitet werden.

Ein Balkenmaßstab kann im Layout über die Werkzeugleiste in die Karte eingebracht werden. Es stehen verschieden Typen und Maßeinheiten zur Verfügung. Der Maßstab kann in Abhängigkeit der Kartenansicht gesetzt oder frei gewählt werden.

Es stehen mehrere Symbole mit Nordpfeilen zur Verfügung, die bei Bedarf gedreht werden können. Selbsterstellte Nordpfeile lassen sich ebenfalls einbringen.

Ein Gradnetz bzw. Messraster kann über die Kartenansicht gelegt werden. Neben Linien und Strichpunkten wird ein Rahmen definiert sowie Stil und Position der Koordinatenbeschriftung angegeben. Ein Rahmenassistent erlaubt, zu jedem Objekt im Layout einen eigenen Rahmen zu erstellen, der in seinen Eigenschaften variabel eingestellt werden kann.

Ausdruck und Export. Alle im Betriebssystem verfügbaren Ausgabegeräte können angesteuert werden. Optional kann die Erweiterung ArcPress für ArcView eingesetzt werden, die zusätzliche Funktionen zum hybriden Ausdruck sowie angepasste Druckprofile unterstützt.

Als Exportformate für die Kartenansicht und das Layout stehen Rasterformate (BMP, JPEG), Vektorformate (WMF, CGM) und Postscript-Formate (PS, EPS) bereit.

Das ganze Layout oder selektierte Objekte können in die Windows-Zwischenablage kopiert und somit den meisten Windows-Anwendungen zur Verfügung gestellt werden.

Benutzerfreundlichkeit. Zur Hilfestellung ist in ArcView eine umfangreiche Online-Hilfe vorhanden, die über alle Themen ausführlich informiert. Ein mitgeliefertes Tutorial erleichtert den Einstieg in die komplexen Funktionen des Programms. Weiterhin sind zahlreiche Assistenten mit ausführlichen Beschreibungen und Bildern vorhanden.

ArcView ist modular aufgebaut. Viele Funktionen lassen sich über Skripte und Erweiterung bei Bedarf integrieren und danach per Mausklick wieder ausschalten. Über das Internet können eine Vielzahl von kostenfreien Skripten und Erweiterungen von der ESRI-Homepage geladen und sofort eingesetzt werden.

Die Benutzeroberfläche kann den Bedürfnissen des Nutzers komplett angepasst werden. Überflüssige Menüpunkte oder Buttons lassen sich entfernen, es können aber auch neue Funktionen integriert werden. Auf diese Weise ist es möglich, eine individuelle ArcView-Oberfläche zu generieren.

Beurteilung. ArcView ist ein vollständiges Desktop-GIS-System, das in erster Linie zur Analyse und Visualisierung raumbezogener Daten eingesetzt wird. Gemeinsam können Vektor-, Raster- und Tabellendaten abgefragt, analysiert, modifiziert und präsentiert werden. Das Proramm enthält eine Fülle von Funktionen, die im Rahmen dieser Besprechung nicht aufgeführt werden konnten. Zu den Standardfunktionen sind weitere optional erwerbbar: Spatial Analyst (Analyse von Rasterdaten), 3D Analyst (Visualisierung von dreidimensionalen Daten), Network Analyst (Streckenberechnungen und optimale Routen), Image Analyst (Auswertung von Luft- und Satellitenbildern) u. v. m.

Die eigentliche Kartenerstellung bildet bei ArcView nur einen Teilaspekt; die Stärken des Programms liegen in der Datenintegration und in der Analyse. Um das Programm voll ausschöpfen zu können, ist eine intensive Einarbeitung nötig. Seminare und Schulungen sowie deutschsprachige Literatur erleichtern hier den Zugang.

Auf Grund der vielfältigen Analyse- und Gestaltungsmöglichkeiten kann ArcView für ein breites Anwendungsspektrum eingesetzt werden. Durch die Einbindung von Vektor- und Rasterdaten ist es ein universelles Programm zur Lösung raumbezogener Fragestellungen.

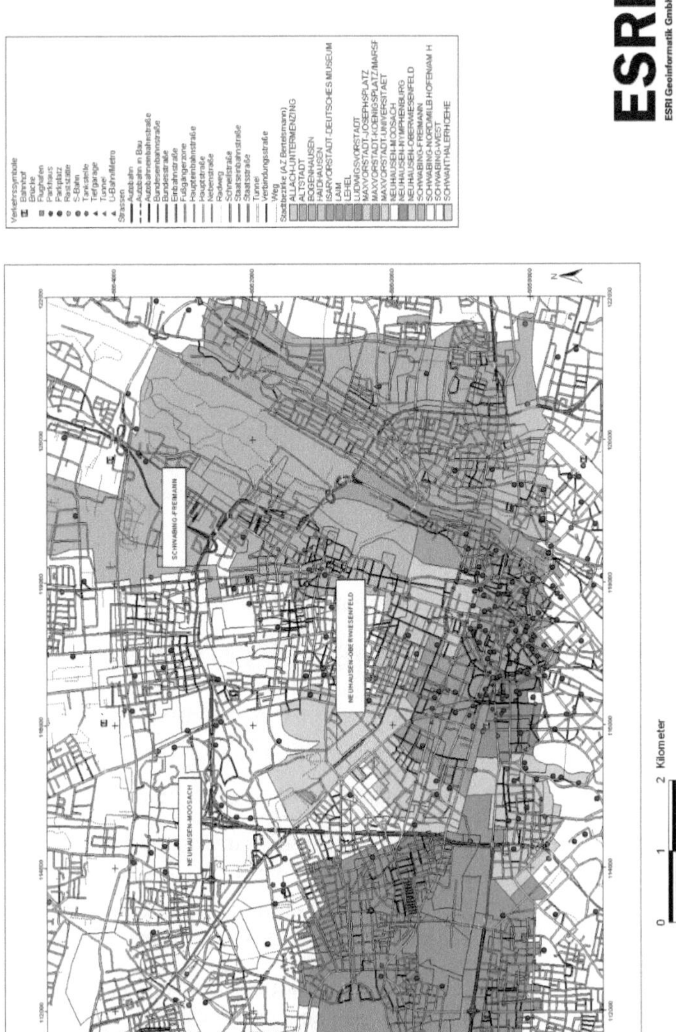

Abb. 4.13. Karte mit ArcView GIS

ArcView GIS 3.2

Vertrieb:	ESRI Geoinformatik GmbH Ringstraße 7, 85402 Kranzberg
E-Mail:	info@ESRI-Germany.de
Homepage:	http://ESRI-Germany.de
Voraussetzungen:	Prozessor 133 MHz, 32 MB RAM, 50 MB Festplatte, Windows 95, 98, NT, 2000
Geometriedaten (Vektor)	
Import:	Shape-Format, MapInfo, DXF
Export:	Shape-Format, MapInfo, DXF
Digitalisierung:	möglich
Geometriedaten (Raster)	
Import:	gängige Formate
Sachdatenanbindung:	
Import:	gängige Formate
Export:	gängige Formate
Anbindung:	DDE, ODBC
Export komplette Karte:	Rasterformat, Vektorformat WMF, PostScript
Darstellungsformen:	Choroplethen, Lokalsignaturen, datenabhängige Diagramme, Balkendiagramme (2), Kreisdiagramme (2), Punktdichtekarte, Graph
Klassenbildung:	äquidistant, natürliche Brüche, Quantile, statistische Parameter, benutzerdefiniert
Gestaltung:	Entwurf von Punkten und Linien, Linienschraffuren, Punktfelder und Symbolfüllung von Flächen, freies Zeichnen, automatische Legende, graphischer und numerischer Maßstab
Lieferumfang:	Geometrien, Handbuch deutsch und englisch, Tutorial deutsch und englisch
Geometriedaten:	ca. 2500 MB, darunter Deutschland (Bundesländer, Stadt- und Landkreise), Länder Europas, Weltkarte und Satellitenbilder, Länderstatistiken, USA-Straßen
Preis Vollversion (Student):	1750 € (500 €) zzgl. Mwst., Schulungsversionen, Netzwerklizenzen

4.3.2 EasyMap

EasyMap ist Ende 1993 erstmals unter Windows erschienen und greift auf die lange Erfahrung der DOS-Version zurück, die bis in die Mitte der 80er Jahre reicht. Entsprechend ausgereift sind die kartographischen Möglichkeiten der hier vorgestellten Version EasyMap 2000. Die Karten werden auf der Grundlage von Daten erstellt, die sich auf Flächen beziehen. Diagramme werden an deren Mittelpunkten ausgerichtet. Das Programm wird zur Zeit schwerpunktmäßig von vielen namhaften Firmen im Business-Bereich eingesetzt, ist aber auch in öffentlichen Verwaltungen verbreitet. Es verfolgt die Strategie, einem großen Anwenderbereich die schnelle und technisch einwandfreie räumliche Darstellung von Daten zu ermöglichen und den Benutzer durch das Programmkonzept vor Fehlern weitgehend zu schützen.

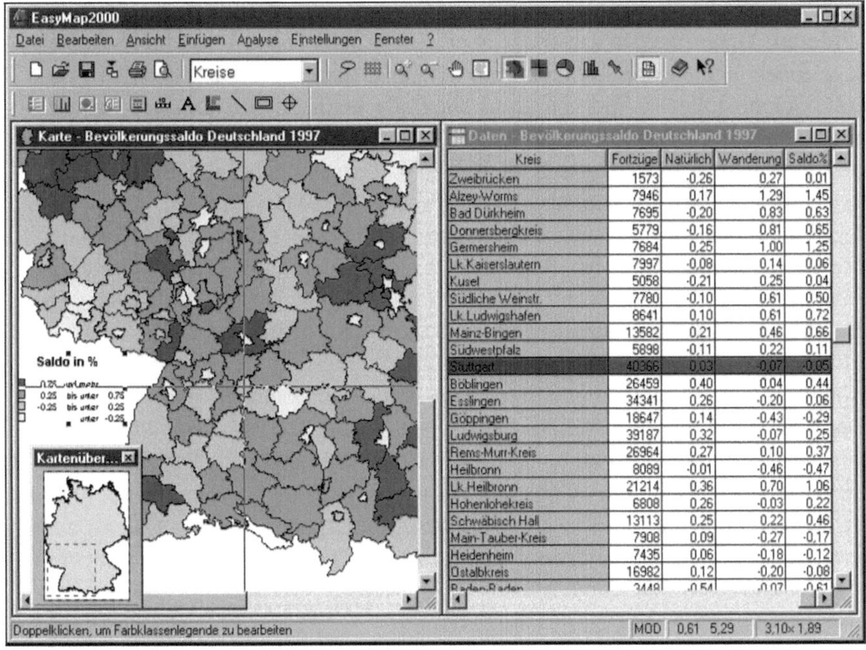

Abb. 4.14. Oberfläche von EasyMap

Oberfläche. Das Programm hält sich sehr eng an die Bedienungselemente, die aus vielen Windows-Applikationen bekannt sind. Entsprechend leicht fällt der Einstieg. Der Aufbau des Hauptbildschirms ist übersichtlich. Alle Befehle sind in einer Menüleiste verfügbar, und die wichtigsten Funktionen können zusätzlich über eine Werkzeugleiste aufgerufen werden. Ferner lässt sich ein weiterer Werkzeugblock einblenden, der es leicht macht, Legende, Nordpfeil, Schrift u. a. in die Karte einzubringen (vgl. Abb. 4.14).

Geometriedaten. Die Geometriedaten werden in einem internen Format abgespeichert und im Menü geladen. Bei diesem Schritt wird gleichzeitig entschieden, welche regionale Einteilung aktiviert wird. Zum Beispiel kann bei der mitgelieferten Deutschlandkarte entweder die regionale Ebene der Bundesländer, der Regierungsbezirke oder der Kreise aktiviert werden. Auf dieser gewählten Ebene können die Daten dargestellt werden. Zusätzlich lassen sich weitere topographische Elemente, wie Autobahnen und Flüsse als Orientierungshilfen einblenden. Die Auswahl erfolgt mit Hilfe eines Menüs und wird als Vorschau gezeigt.

Ein Menü ermöglicht es, aus einer vorhandenen Karte beliebige Bereiche zu selektieren und weiterzuverarbeiten. So ist es z. B. möglich, aus der Deutschlandkarte die bayerischen Kreise zu selektieren, wobei die zusätzlichen topographischen Elemente automatisch an diesen Ausschnitt angepasst werden.

Sachdaten. Daten werden entweder über eine ASCII-Datei, über die Zwischenablage oder über einen dynamischen Datenaustausch (DDE) geladen. Eine ODBC-Schnittstelle ist im Programm ebenfalls realisiert. Im Rahmen des Programms bestehen mit Ausnahme von Prozentrechnungen keine Möglichkeiten, Daten einzugeben oder zu manipulieren, d. h. Dateneingabe und Berechnungen müssen in anderen Programmen außerhalb von EasyMap erfolgen. Dazu kann jeder Texteditor, jedes Textverarbeitungsprogramm oder eine beliebige Tabellenkalkulation verwendet werden, was unter Windows problemlos zu bewältigen ist. Besonders reizvoll ist dabei die Anwendung des dynamischen Datenaustauschs, z. B. mit einem Tabellenkalkulationsprogramm. Mit Hilfe des DDE kann eine Verbindung zu vielen Windows-Applikationen hergestellt werden, wodurch jede Aktualisierung der Daten automatisch in die Karte übernommen wird.

Das Programm unterscheidet vier Arten von Daten: Die *Bausteinnummer* stellt als ID-Variable die Verbindung zu den räumlichen Einheiten her, die *Namenspalte* enthält die Namen der Gebiete, und in höchstens 32 *Datenspalten* befinden sich die Werte, die dargestellt werden können. Die Überschriften der Datenspalten dienen zur späteren Identifizierung der Variablen. Die Zuweisung der Spalten zu den Datenarten erfolgt über ein Menü.

Darstellungsformen. Über das Menü *Analyse* oder eine Tastenkombination kann in EasyMap zwischen fünf Darstellungsformen gewählt werden:

- Flächenfärbung (Choroplethen) erlaubt es, Flächen datenabhängig in einer beliebigen Farbe bzw. einem Grauton einzufärben.
- Tortendiagramme (Kreissektoren) können dazu verwendet werden, gegliederte Daten darzustellen. Die Kreise lassen sich in maximal 12 Sektoren unterteilen, wobei ein Sektor separiert werden kann.

- Horizontale/Vertikale Balkendiagramme können Daten in bis zu 12 Balken umsetzen, wodurch z. B. Zeitreihen dargestellt werden können.
- Proportionalsymbole (Symboldiagramme) ermöglichen es, Zahlenwerte flächenproportional darzustellen. Dabei kann aus einer Sammlung von etwa 60 Signaturen eine Auswahl getroffen werden oder jedes beliebige Symbol im Windows-Metafile-Format (WMF) importiert werden.
- Boston Grid (zweidimensionale Choroplethenkarte) ist eine Darstellung, die zwei Variablen durch eine Flächenfärbung visualisiert. Jede Variable wird individuell klassifiziert. Daraus entsteht eine Matrix, deren Zellen Farben zugeordnet werden (vgl. Abb. 4.15).

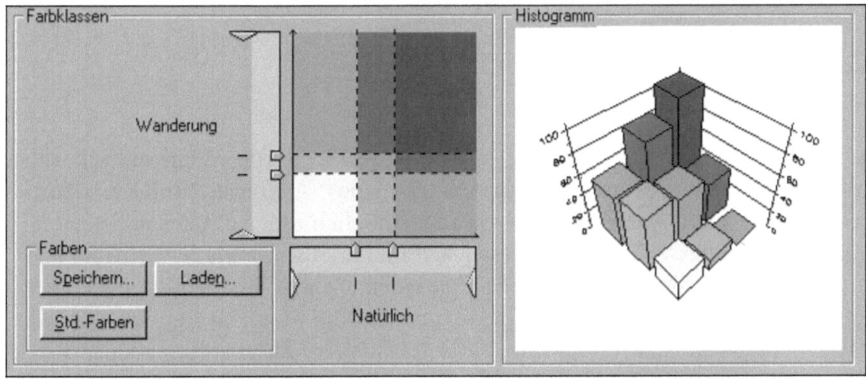

Abb. 4.15. Klassifizieren und Darstellen von zwei Variablen mit Boston Grid

Kartenentwurf. Der Entwurf einer Karte in EasyMap orientiert sich am in Kapitel 2.1 vorgestellten Schichtenmodell. Zunächst wird die räumliche Aggregationsebene ausgewählt, danach können zusätzliche topographische Elemente hinzugefügt werden, so dass insgesamt die Grundkarte entsteht. Diese Grundkarte wird danach mit den Daten verknüpft.

Für die Darstellung von Daten stehen beliebig viele Ebenen zur Verfügung. Datenebenen können durch Flächenfärbung und -schraffuren abgebildet und mit Torten-, Balken- oder Symboldiagrammen kombiniert werden. Dadurch ist es möglich, komplexe Sachverhalte darzustellen.

Daten lassen sich mit Hilfe von drei Methoden klassifizieren, nämlich äquidistant, gleichverteilt oder benutzerdefiniert. Die Klassifizierung wird in einem Fenstermenü durchgeführt, wobei statistische Parameter und ein Balkendiagramm die Klassenbildung erheblich erleichtern (vgl. Abb. 4.16).

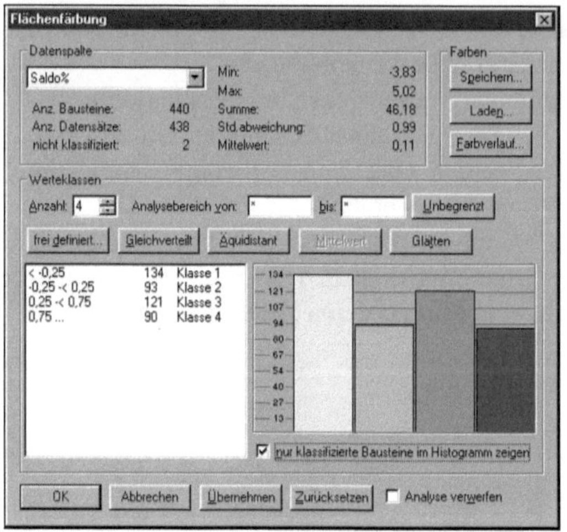

Abb. 4.16. Klassifizieren in EasyMap

Gestaltung. Das Programm verfügt über eine Vielzahl von Möglichkeiten, die Karte zu gestalten. Grenzlinien können für jedes Aggregationsniveau unterschiedlich definiert werden, wobei es auch möglich ist, auf Grenzlinien vollständig zu verzichten. Die Linien lassen sich in Stärke sowie Farbe variieren, und es kann zwischen sieben Typen gewählt werden. Schrift lässt sich in beliebiger Menge in die Karte einbringen. Zusätzlich besteht die Möglichkeit, innerhalb der Beschriftung Makros zu verwenden, die automatisierte Zusatzinformationen wiedergeben. Ein Beispiel ist das Makro für einen Reduktionsmaßstab. Die Namensbezeichnungen der Gebiete können global eingeblendet werden. Es ist auch möglich, nur eine Auswahl darzustellen. Die Lesbarkeit der Namen kann verbessert werden, indem die Schrift freigestellt wird.

Farbreihen können sehr komfortabel festgelegt werden. Mit einer Dialogbox kann ein Farbverlauf automatisch bestimmt werden. Die Farbreihe wird definiert, indem eine Farbe für den Anfang und eine für das Ende vorgegeben werden. Zusätzlich kann eine Farbe in der Mitte der Reihe definiert werden. Die restlichen, fehlenden Farben der Reihe werden durch das Programm festgelegt. Dadurch ist es z. B. einfach, eine Abfolge von Gelb nach Rot mit insgesamt neun Farben zu generieren.

Alle Objekte der Karte können mit Hilfe der Maus interaktiv verschoben und in der Größe verändert werden. Objekte werden an einem frei definierbaren Gitter, das wahlweise ein- und ausgeblendet werden kann, positioniert.

Legende, Maßstab, Nordpfeil. Für alle dargestellten Geometriedaten und Sachdaten kann eine Legende eingefügt werden, die frei positioniert werden kann. Es stehen folgende Legenden zur Verfügung: Farbklassenlegende, Diagrammlegende, Diagrammgrößenlegende und Grenzlegende. Die Legenden bestehen aus einer frei definierbaren Überschrift und der Erklärung der verwendeten Kodierung. Die Beschriftung passt sich in ihrer Größe dem Rahmen der Legende an. Als zusätzliches Element wird ein Histogramm der klassifizierten Daten eingeblendet. Ein Maßstab kann als Balkenmaßstab, der in der Länge variierbar ist, oder als Reduktionsmaßstab über ein Makro in jeden Teil einer Beschriftung eingebracht werden. Ein Nordpfeil lässt sich in die Karte einblenden und positionieren, allerdings nicht drehen.

Ausdruck und Export. Der Export der Graphik ist in allen unter Windows üblichen Formaten möglich. Besonders ist die Möglichkeit hervorzuheben, Karten als HTML-Projekt abzuspeichern. Damit können die Karten sehr leicht als clickable maps abgespeichert werden, wobei zwischen GIF- und JPG-File gewählt werden kann. Je regionaler Einheit wird automatisch eine leere HTML-Seite erzeugt (vgl. Abb. 4.17).

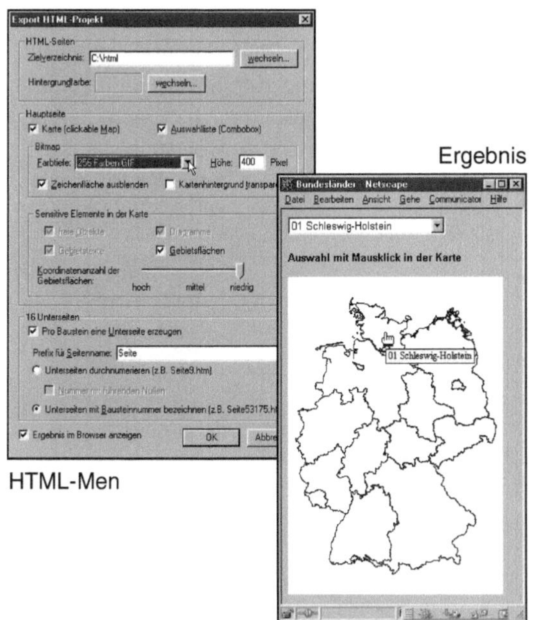

Abb. 4.17. Clickable Maps und Auswahlliste mit EasyMap

Benutzerfreundlichkeit. Das gesamte Programm ist sehr einfach in der Bedienung. Für die wichtigsten Funktionen stehen entsprechende Symbole in der Werkzeugleiste zur Verfügung und können durch einfaches Anklicken aktiviert werden. Mit Hilfe einer Lupe können Teile der Karte beliebig vergrößert werden, und es kann jederzeit in den Vollbildmodus zurückgesprungen werden.

EasyMap verfügt über ein integriertes Hilfesystem, das eine syntaxbezogene Hilfe ermöglicht und eine Suche nach Oberbegriffen erlaubt, wodurch das Handbuch nur selten konsultiert werden muss.

Beurteilung. Durch die konsequente Anlehnung an bekannte Bedienungselemente und den logischen Aufbau kann das Programm schnell erlernt werden. Es ist bereits nach kurzer Zeit möglich, ansprechende und aussagekräftige Karten zu produzieren. Die sehr gut konzipierten Voreinstellungen des Programms machen Nacharbeiten, wie z. B. das Positionieren von Gebietstexten oder Diagrammen, nahezu überflüssig. Das Programm ist kartographisch sehr ausgereift und macht es dem Benutzer schwer, grundlegende Fehler zu produzieren.

Der Anwendungsschwerpunkt des Programms lag bisher im nichtwissenschaftlichen Bereich, jedoch entdecken immer mehr Universitäten EasyMap als Programm zum Einsatz in kartographischen Lehrveranstaltungen, wofür besonders die einfache Handhabung spricht. In jedem Fall decken die Entwurfs- und Gestaltungsmöglichkeiten, auch wenn sie sich auf Flächen beschränken, den weitaus größten Teil auftretender Bedürfnisse ab. Für den wissenschaftlichen Bereich oder den kartographisch versierten Anwender wäre eine größere Vielfalt im Bereich der freien Zeichenmöglichkeiten und der Diagrammauswahl sowie die Option, Sachdaten an Punkte und Linien anzubinden, wünschenswert.

EasyMap ermöglicht es dem kartographischen Laien, mit durchschnittlichen Kenntnissen in der Windows-Umgebung ohne Probleme Karten zu produzieren. Eine Reihe von Werkzeugen erleichtert es, die Karte gestalterisch zu optimieren. Für den allerdings vergleichsweise hohen Preis erhält der Anwender ein ausgereiftes Produkt, das die langjährige Erfahrung der Entwickler in der Kartographie widerspiegelt.

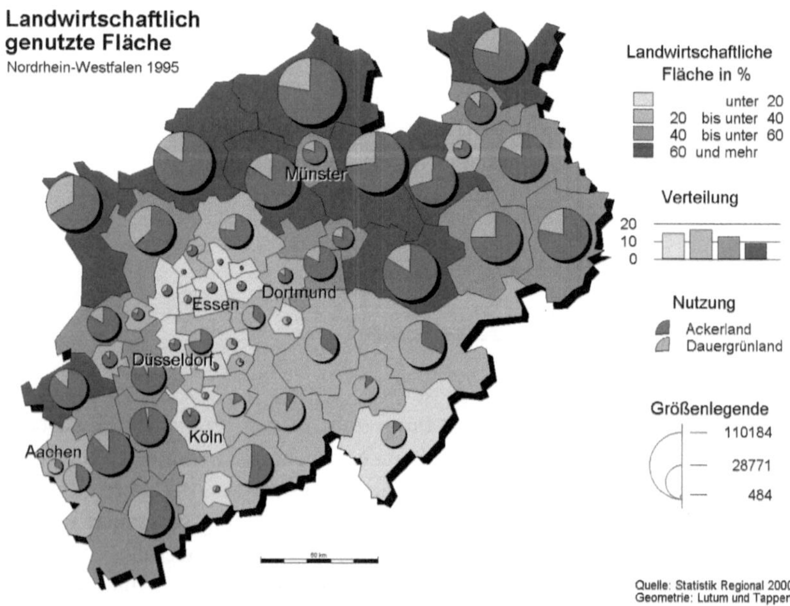

Abb. 4.18. Choroplethen und Kreissektoren in EasyMap

EasyMap 2000 Version 6.5

Vertrieb:	LUTUM + TAPPERT DV-Beratung GmbH Andreas-Hermes-Str. 7-9, 53175 Bonn
E-Mail:	info@Geomarketing.de
Homepage:	www.Geomarketing.de
Voraussetzungen:	Prozessor 133 MHz, 32 MB RAM, 5 MB Festplatte, Windows 95, 98, NT, 2000
Geometriedaten (Vektor)	
Digitalisierung:	nicht möglich
Geometriedaten (Raster)	
Import:	nicht möglich
Export:	HTML
Sachdatenanbindung:	
Import:	gängige Formate
Export:	gängige Formate
Anbindung:	DDE, ODBC
Export komplette Karte:	Rasterformat, Vektorformat WMF, PostScript
Darstellungsformen:	Choroplethen, Lokalsignaturen, datenabhängige Diagramme, Balkendiagramme (2), Kreisdiagramme (2), Boston Grid
Klassenbildung:	äquidistant, Quantile, benutzerdefiniert
Gestaltung:	Import eigener Signaturen, freies Zeichnen, automatische Legende, graphischer und numerischer Maßstab
Lieferumfang:	Geometrien, Handbuch deutsch, Tutorial deutsch
Geometriedaten:	Deutschland (Bundesländer, Stadt- und Landkreise), Länder Europas, Weltkarte und für Deutschland außerdem: Postleitgrenzen (fünfstellig), statistische Bezirke, Gemeindegrenzen, Nielsengebiete, RPM (Pharma-Außendienst)
Preis Vollversion :	990 € zzgl. Mwst., Schulungsversionen, Netzwerklizenzen, Hochschulrabatt

4.3.3 MapInfo Professional

Die MapInfo-Corporation wurde 1986 in den USA gegründet und zählt heute zu den führenden Programmen im Bereich Desktop-GIS. In einem Vergleich mit drei Konkurrenzprodukten belegte es 1997 den ersten Platz (www.fcw-civic.com/pubs /march/4gis.htm). Die Software wird für raumbezogene Untersuchungen in Marketing und Verkauf, in der Vertriebsnetzorganisation, in der Landschaftsplanung usw. herangezogen und ist auch in öffentlichen Verwaltungen verbreitet. MapInfo ist als Instrument zur Entscheidungsfindung konzipiert worden und gleichermaßen für alle Maßstäbe, von der Weltkarte bis zu Katasterplänen, geeignet.

Insbesondere die neue Version 6.5 bietet eine Menge neuer Möglichkeiten: darunter die 3-D-Visualisierung, zusätzliche thematische Karten, verbesserte Legenden, Kartenassistenten, Objektbearbeitung u. v. m.

Oberfläche. Auf Grund der relativ langen Existenz des Programms ist die Benutzeroberfläche unter Windows sehr ausgereift. Sie hält sich sehr eng an das Erscheinungsbild von Windows-Anwendungen. Die integrierten Zeichenfunktionen sind in einer speziellen Werkzeugleiste anklickbar (vgl. Abb. 4.19).

Geometriedaten. Die Geometriedaten werden in einem programmeigenen Format abgespeichert, das von vielen GIS-Programmen unterstützt wird oder direkt in einer Datenbank wie Oracle, Informix, MS SQL Server oder IBM DB2. Das gelieferte Standardpaket umfasst auf einer Sample-CD eine Vielzahl von Koordinaten aus der ganzen Welt.

Bemerkenswert ist bei diesem Programm die einfache Umwandlung von Karten in verschiedene Projektionen. Die angebotenen Transformationsmöglichkeiten sind sehr umfangreich und lassen kaum Wünsche offen. In der Auswahl sind u. a. die Projektionen von Albers, Mercator, Mollweide und Robinson enthalten. Darüberhinaus können eigene Koordinatensysteme definiert werden.

Die Geometriedaten werden mit Hilfe eines Menüs geladen. Die Karte wird in einem Kartenfenster geöffnet und ist mit einer Tabelle verbunden, die Sachdaten enthalten kann. Die Verbindung von Sach- und Geometriedaten wird in MapInfo *Relation* genannt. Auf Grund der Fenstertechnik ist es möglich, diese Ebenen nebeneinander darzustellen. Falls weitere erläuternde Geometrieinformationen zur Verfügung stehen, wie Flüsse oder Seen, so können diese über Layer mit der Basiskarte verbunden werden.

Für die Herstellung eigener Grundkarten gibt es eine integrierte Digitalisieroption. Diese Option ist sehr umfangreich und kann auch Projektionsparameter einbeziehen. Eine weitere Möglichkeit ist u. a. der Import von Daten aus AutoCad (DXF/DWG), ESRI (Shape, E00), Intergraph (DGN), SDTS und VPF.

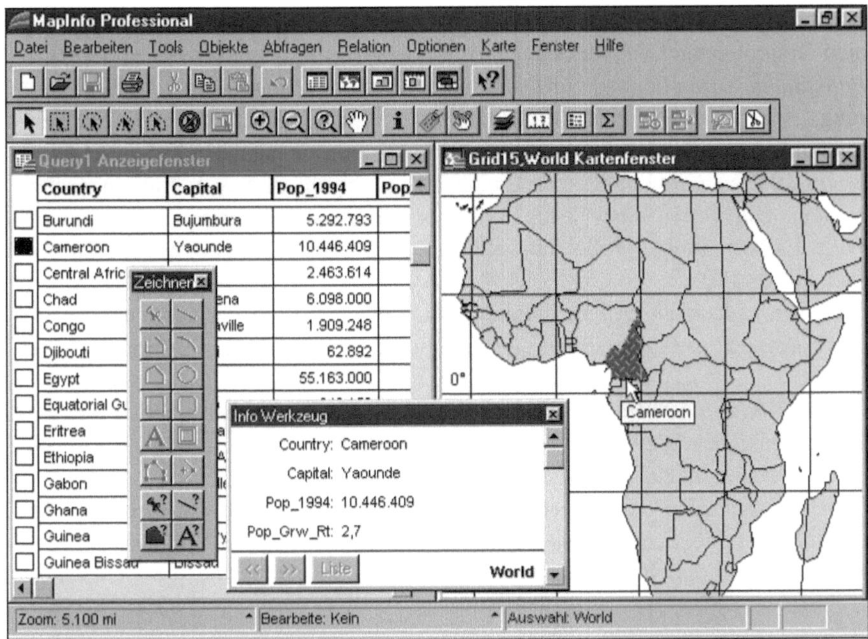

Abb. 4.19. Oberfläche von MapInfo

Sachdaten. Beim Laden der Sachdaten werden diese in Tabellenform dargestellt. Die Tabelle erscheint in der traditionellen Zeilen- und Spaltenform, wie sie von Tabellenkalkulationen und Datenbanken verwendet wird (vgl. Abb. 4.19). Jede Spalte enthält Informationen über ein spezielles Feld, wie z. B. die Postleitzahl als ID, gefolgt von Variablen zur Bevölkerung. Die Verbindung zu den Geometriedaten wird durch die ID hergestellt.

Zur Manipulation der Daten können diese direkt in der Tabelle mittels eines Info-Tools editiert und verändert werden. Des Weiteren können Daten anderer Windows-Anwendungen in die Tabelle geladen werden. Als mögliche Formate kommen u. a. ASCII, dBASE-, Lotus-1-2-3- oder Excel-Dateien in Frage. Umfassende Datenbankabfragen können durch SQL-Auswahl durchgeführt werden. In MapInfo Professional ist ein DBMS-Manager integriert, über den eine ODBC- bzw. OCI-Verbindung zu Datenbanken hergestellt werden kann. Entsprechende Treiber sind im Lieferumfang enthalten.

Darstellungsformen. MapInfo verfügt über folgende Darstellungsformen (vgl. Abb. 4.20):

- Mit der Funktion *Bereiche* (Choroplethen) können Daten klassifiziert und dargestellt werden. Diese Form kann auf Flächen, Linien und Punkte angewendet werden. Flächen mit gleichem Wert können in einer beliebigen Farbe bzw. einem Grauton eingefärbt werden.

- *Punktdichtekarten* können zur Darstellung absoluter Zahlenwerte wie Bevölkerung, Anzahl von Händlern usw. verwendet werden. Hierbei werden Flächen mit zufallsverteilten Punkten gefüllt, deren Anzahl sich nach den Daten richtet.
- *Abgestufte Symbole* können zur Darstellung unterschiedlicher Werte eingesetzt werden. Die Größe eines jeden Symbols variiert dabei entsprechend seinem Wert. Es besteht eine große Auswahl an Symbolen, die beliebig erweiterbar ist (vgl. Abb. 4.20).
- *Balken- und Kreisdiagramme* können in unterschiedlichen Variationen verwendet werden. Diese Diagrammtypen erlauben die Darstellung mehrerer Variablen.
- In *Rasterkarten* werden Punktdaten herangezogen und interpoliert. Auf der Grundlage dieser Werte wird eine durchgehende Farbschattierung als Rasterdatei erzeugt und im Kartenfenster dargestellt.
- Die Funktion *3D-Prismen* ermöglicht es, Flächen entsprechend ihrer Werte durch unterschiedliche Höhen darzustellen. Um diesen Effekt optisch zu verstärken ist es möglich, die Karte zu drehen und zu neigen.

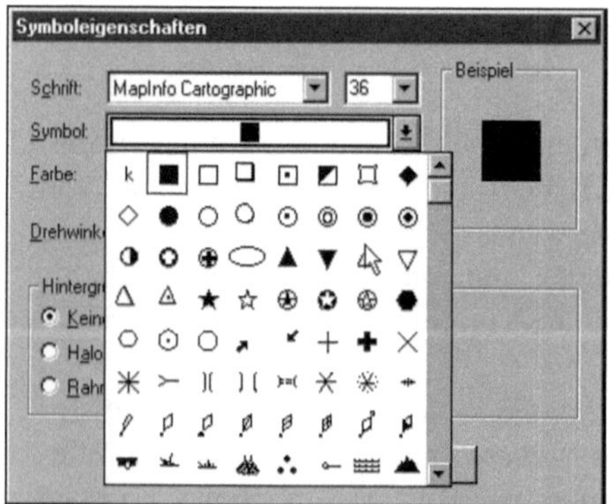

Abb. 4.20. Auswahl von Symbolen und Zuordnung von Eigenschaften

Kartenentwurf. Der Kartenentwurf bei MapInfo funktioniert denkbar einfach. Die Basiskarte mit den Umrissen der Gebietseinheiten wird beim Laden der Sachdaten automatisch erstellt. Mit Hilfe eines Assisstenten kann eine Karte in drei Schritten erzeugt werden. Diese einfache Art des Kartenentwurfs lässt sich durch die Anwendung von Layern erheblich erweitern und funktioneller gestalten. So kann eine Karte z. B. aus drei Schichten zusammengesetzt werden. Die Basisschicht wird z. B. aus den Staatsgrenzen gebildet, die von zwei Layern mit den Namen und Symbolen der Hauptstädte überlagert wird. Im Kartenfeld sind sowohl die komplette Karte als auch die einzelnen Layer abgebildet, die einzeln bearbeitet werden können.

Gestaltung. Die Gestaltungsmöglichkeiten im Rahmen vom MapInfo sind nahezu unbegrenzt. Das Programm bietet ein komplettes Angebot an Zeichenwerkzeugen und Bearbeitungsbefehlen. Es gibt neun Zeichenwerkzeuge, u. a. um Linien, Texte, Symbole und Rechtecke in die Karte einzubringen.

Mit *Linie* lassen sich lineare Strukturen zeichnen, wie Straßen oder Pipelines. *Text* ermöglicht das Erstellen eines Textes an jeder gewünschten Stelle. Dabei lassen sich Schriftart, -größe und Drehwinkel bestimmen. Des Weiteren kann die Schrift farbig sein und vor dem Hintergrund freigestellt werden. Die Funktion *Symbol* gestattet die freie Platzierung von zusätzlichen Symbolen in der Karte.

Im Füllmuster-Fenster können Flächen gestaltet werden. Als Variationsmöglichkeiten stehen dabei verschiedene Muster zur Auswahl, die farbig gestaltet werden können. Die Auswahl eines Füllmusters für bereits existierende Objekte geschieht dabei interaktiv, so dass die Auswirkungen direkt am Bildschirm sichtbar sind. Das Menü bietet an, Farbtöne selbst zu definieren.

Für die Gestaltung von Linien, vor allem von Grenzlinien, gibt es ebenfalls ein spezielles Menü. Hier kann aus über 100 verschiedene Linienarten gewählt werden. Diese Linienarten variieren nicht nur durch Strichelung oder Punktierung, sondern es gibt u. a. vordefinierte Liniensymbole für Eisenbahnlinien, Straßen, Maßstabsbalken oder Pfeile, die auch hinsichtlich ihrer Stärke verändert werden können. Außerdem können Linien ausgeblendet werden, wodurch z. B. die Außengrenzen eines Gebiets wegfallen können.

Es besteht die Möglichkeit, die Daten in Diagrammen darzustellen. Als Typen sind Flächen-, Balken-, Linien-, Kreis- und Punktdiagramme zu nennen. In der Darstellung können diese Diagramme geschichtet, überlappend, gedreht oder in 3D angezeigt werden. Bei den Kreisdiagrammen lässt sich der Startwinkel für das erste Kreissegment beliebig bestimmen. In Flächen- und Liniendiagrammen können einfache und geschichtete Verlaufskurven erzeugt werden.

Legende. Die Legende wird automatisch bei der Umsetzung der Variablen erstellt und steht in einem Legenden-Fenster zur weiteren Verarbeitung zur Verfügung. Das endgültige Layout wird jedoch erst im Layout-Fenster durchgeführt. Das Layout-Fenster erlaubt eine sehr präzise Ausrichtung aller Objekte. Um dieses zu gewährleisten, ist dieses Fenster in horizontaler und vertikaler Richtung mit einem Lineal ausgestattet. Diese Hilfeleistung ist für die Anordnung verschiedener Kartenteile oder Ausschnittskarten untereinander unerlässlich. Das Fenster ist zunächst gezoomt, kann aber mit der Maus auf Bildschirmgröße gebracht werden.

Ausdruck und Export. Durch die Einbindung in Windows können vom Programm alle verfügbaren Ausgabegeräte angesteuert und die Zwischenablage genutzt werden. Für den Graphikexport gibt es Exportmöglichkeiten. Eine direkte Exportfunktion ist für das DXF- und MIF-Format vorhanden. Zusätzlich bietet der integrierte Universal Translator den Im- und Export in andere Formate wie ESRI (Shape, E00), AutoCAD (DWG/DXF), Intergraph/MicroStation (DGN), SDTS und VPF. Eine andere Möglichkeit besteht darin, ein Kartenfenster in Form von

Bitmap-Dateien (BMP), Photoshop-Dateien (PSD), TIFF-CMYK-Dateien (TIF), Windows-Enhanced-Metafile-Dateien (EMF), u. a. zu speichern.

Benutzerfreundlichkeit. Die umfangreichen Funktionen von MapInfo können alle mausgesteuert bedient werden. Mit einer Lupe können Teile der Karte beliebig vergrößert werden. Weiterhin ist der Sprung zwischen den verschiedenen Fenstern problemlos durchzuführen.

MapInfo bietet ein integriertes Hilfesystem an, bei dem nicht nur Funktionen erklärt werden, sondern auch die einzelnen Elemente der Werkzeugleiste. Der Funktionalität des Programms entsprechend sind die zwei mitgelieferten Handbücher mit über 700 Seiten gestaltet. Es werden alle Funktionen sehr gut beschrieben und durch zahlreiche Abbildungen illustriert. In mehreren Anhängen sind weitere Informationen über Dateiformate, Projektionen usw. enthalten. Ein Tutor im HTML-Format ermöglicht es, schnell mit den Grundlagen des Programms vertraut zu werden.

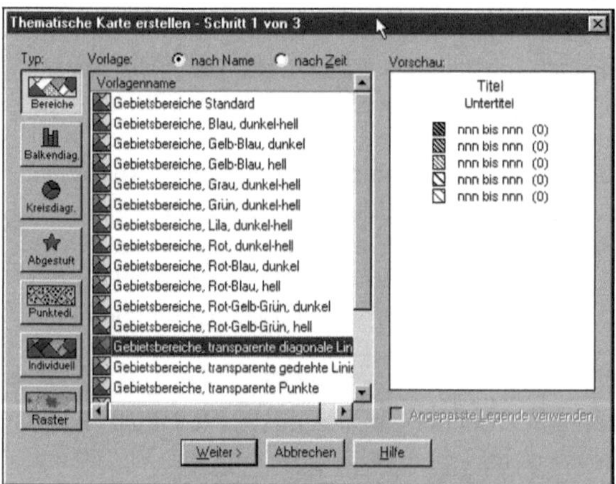

Abb. 4.21. Assistent zur Herstellung thematischer Karten

Erweiterungen, Zusätze, Besonderheiten. Mit Hilfe der programmeigenen Sprache MapBasic können problemorientierte Applikationen entwickelt werden. Alle Arten von Funktionalitäten können mit diesem Entwicklungsinstrument an benutzerorientierte Bedürfnisse angepasst werden. Für die Anbindung an das Intranet/Internet ist ebenfalls gesorgt. Mit MapXtreme Java Edition hat MapInfo einen Mapping-Anwendungsserver geschaffen, der zu 100% in Java geschrieben ist. Er läuft auf allen Plattformen, die Java unterstützen.

Beurteilung. Durch die umfangreichen Möglichkeiten von MapInfo nimmt die Einarbeitung in das Programm sehr viel Zeit in Anspruch. Einfache Karten können auf Grund der Menüführung und Anzeigemodi schnell erarbeitet werden.

Sinnvolle Standardeinstellungen unterstützen diesen Prozess. Bei komplexeren Karten muss dagegen viel Zeit investiert werden.

Die Funktionalität geht weit über die Kartographie hinaus und reicht weit in den GIS-Bereich hinein. Dazu verhelfen vor allem die hier noch nicht angesprochenen Möglichkeiten im Datenbankmanagement mit individueller Geokodierung oder komplexen SQL-Abfragen. Das Programm hat sich in den USA durchgesetzt und stellt auch in Europa für viele Anwender eine echte Alternative zu anderen Programmen dar. Dafür sorgt ein großes Entwicklungsteam, das die Software ständig verbessert und neuere Entwicklungen mit einbezieht. Dies beweist die Version 6.5, die u. a. die Möglichkeiten zur Objektbearbeitung, Grid-Interpolation, dreidimensionalen Kartenerstellung, 3D-Prismen-Darstellung und die Unterstützung von Internetpräsentationen im Vergleich zu den Vorgängerversionen erweitert hat.

MapInfo ist für die gelegentliche Erstellung von Karten sicherlich eine Nummer zu groß. Werden nach einer Einarbeitung die Programmfunktionen beherrscht, so bietet sich das Programm als Instrument an, komplexe Aufgaben zu bewältigen.

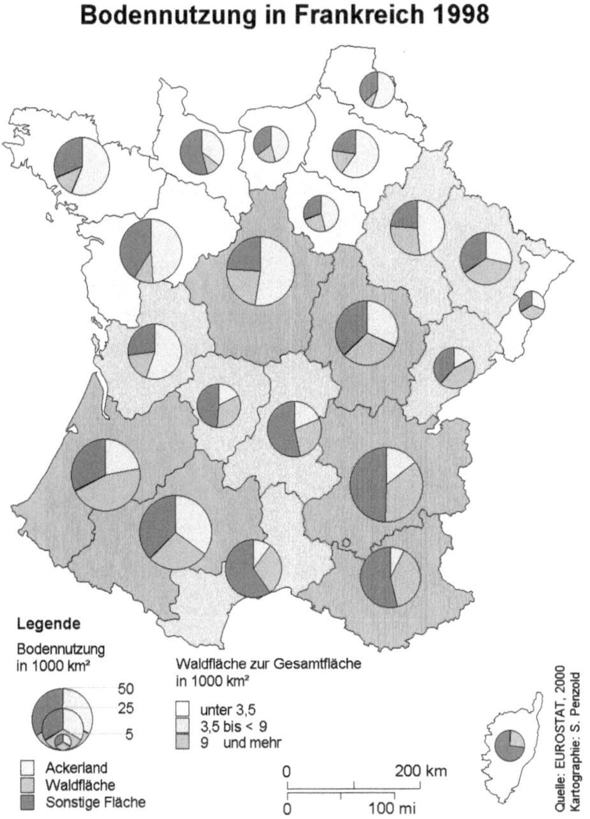

Abb. 4.22. Thematische Karte mit MapInfo

MapInfo Professional 6.5

Vertrieb:	MapInfo GmbH Kelsterbacher Straße 23, 65479 Raunheim
E-Mail:	germany@mapinfo.com
Homepage:	www.mapinfo.de; www.mapinfo.com
Voraussetzungen:	Pentium-Prozessor, 32 MB RAM, 96 MB Festplatte, Windows 95, 98, NT, 2000
Geometriedaten (Vektor)	
Import:	Shape-Format, MapInfo, DXF
Export:	Shape-Format, MapInfo, DXF
Digitalisierung:	möglich
Geometriedaten (Raster)	
Import:	gängige Formate
Sachdatenanbindung:	
Import:	gängige Formate
Export:	gängige Formate
Anbindung:	ODBC, OCI
Geometriedaten (Vektor)	
Import:	Shape-Format, MapInfo, DXF
Export:	Shape-Format, MapInfo, DXF
Digitalisierung:	möglich
Export komplette Karte:	Rasterformat, Vektorformat WMF, HTML
Darstellungsformen:	Choroplethen, Lokalsignaturen, datenabhängige Diagramme, Balkendiagramme (2), Kreisdiagramme (1), Flächen-, Blasen-, Säulen-, Linien-, Streu-, Oberflächendiagramme, Histogramme, 3D-Prismen-Darstellung, 3D-Grid u. a.
Klassenbildung:	äquidistant, natürliche Brüche, Quantile, statistische Parameter, benutzerdefiniert
Gestaltung:	Entwurf von Punkten, freies Zeichnen, automatische Legende, graphischer Maßstab
Lieferumfang:	Geometrien, Handbuch deutsch
Geometriedaten:	ca. 450 MB, darunter Deutschland (Bundesländer), Länder Europas, Weltkarte, administrative Grenzen, Autobahnen und Städte etc. für Europa, Australien, China, USA, Mexiko, Kanada und Japan
Preis Vollversion (Student):	auf Anfrage

4.3.4 MapViewer

MapViewer ist eine US-amerikanische Software zur Erstellung thematischer Karten unter Windows und kommt aus dem Hause von Golden Software. Bei dem hier vorgestellten Programm handelt es sich um die Version 4, die im Vergleich zur vorangegangenen Version sichtbar erweitert und verbessert wurde. Wegen der einfachen Bedienung findet das Programm eine große Verbreitung auf dem amerikanischen Markt.

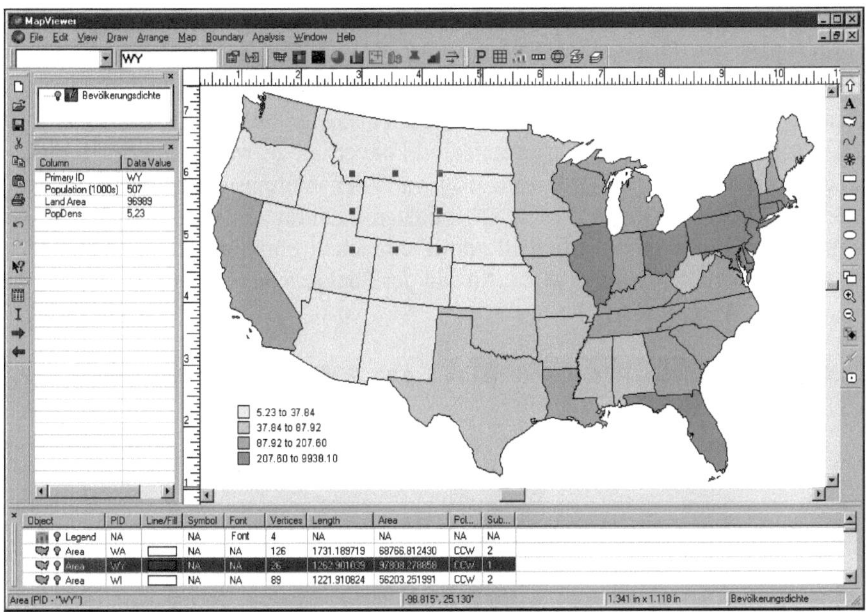

Abb. 4.23. Oberfläche von MapViewer

Oberfläche. Das Programm hält sich sehr eng an die Bedienungsweise anderer Windows-Applikationen (vgl. Abb. 4.23), und entsprechend schnell kann damit gearbeitet werden. Der Hauptschirm kann in übersichtliche Fenster aufgeteilt werden, z. B. das Daten- und das Kartenfenster. In kontextbezogenen Menüleisten, die vom Benutzer frei angeordnet werden, stehen alle wichtigen Befehle zur Verfügung (vgl. Abb. 4.23). Die Buttons wie die Menüleiste sind jeweils auf das aktive Fenster abgestimmt. Manager erleichtern das Arbeiten mit Objekten, Ebenen usw. erheblich.

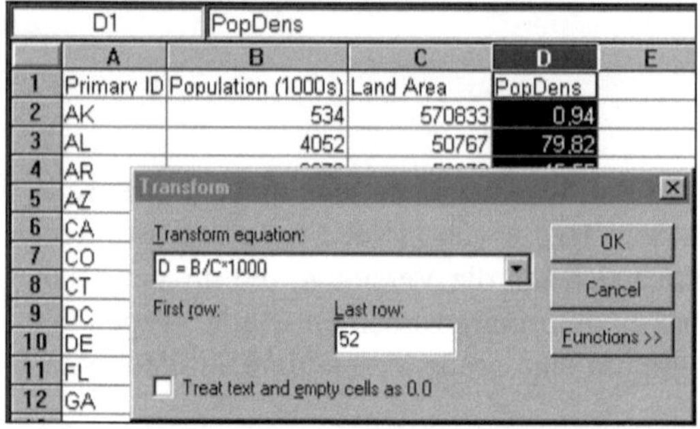

Abb. 4.24. Zellen berechnen in MapViewer

Geometriedaten. Die Geometriedaten sind in einem programmeigenen Format abgespeichert. Es besteht die Möglichkeit, in weiteren Vektor- und Rasterformaten Daten zu importieren oder zu exportieren. Dazu gehören u. a. die Formate DXF und WMF, TIF- und BMP-Dateien sowie SHP- und MIF-Dateien.

Die Projektionen der Geometriedaten sind konvertierbar, wobei prinzipiell eine Vielzahl von Projektionen mit zum Teil variablen Voreinstellungen verfügbar sind. Des Weiteren können die Geometriedaten nachträglich innerhalb des Programms bearbeitet werden. Mit Hilfe einer einfachen Funktion können Grenzlinien generalisiert werden, indem die Anzahl der Punkte reduziert wird.

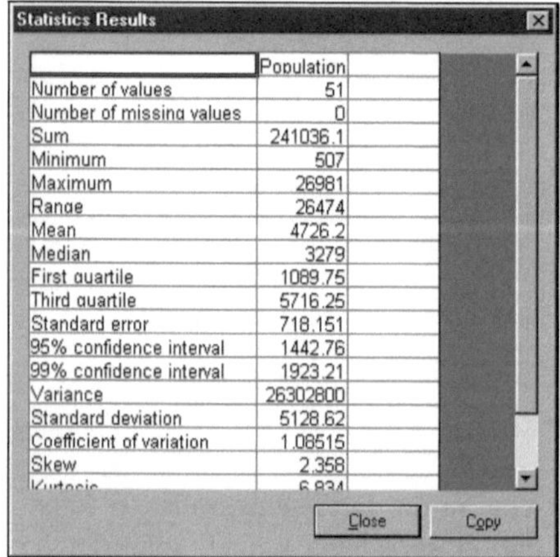

Abb. 4.25. Statistische Parameter

Sachdaten. Die Sachdaten werden in einer Tabelle verwaltet (vgl. Abb. 4.24). In dieser Tabelle, die auf dem allgemeinen Prinzip der Tabellenkalkulation basiert, besteht die Möglichkeit, Daten zu editieren, zu formatieren und in kleinem Umfang Berechnungen durchzuführen. Dazu stehen die Grundrechenarten und mathematischen Funktionen zur Verfügung, so dass mit Hilfe von Formeln neue Indikatoren berechnet werden können. Dadurch lassen sich z. B. Dichtewerte innerhalb des Programms schnell berechnen. Eine Statistikfunktion mit über 20 Lage- und Streuungsparametern gibt einen Überblick über die Verteilung der Daten (vgl. Abb. 4.25).

Des Weiteren können Daten aus ASCII-, Lotus-1-2-3- oder Excel-Dateien importiert werden, und es besteht die Möglichkeit, Daten über die Zwischenablage zu kopieren.

Darstellungsformen. Über das Menü *Map* wird zwischen folgenden Darstellungsformen gewählt:

- *Base Map*: Eine Grundkarte ohne Daten wird erzeugt.
- *Hatch Map*: Funktion, um Choroplethenkarten zu erstellen.
- *Prism Map*: Eine Variable wird durch eine proportionale dreidimensionale Erhöhung der Flächen dargestellt (vgl. Abb. 4.26). Zusätzlich zur Höhe kann Farbe eingesetzt werden. Dazu stehen mehrere Methoden zur Verfügung.
- *Density Map*: Die Flächen werden entsprechend den Daten mit zufallsverteilten Punkten gefüllt, die in Größe und Dichte frei definierbar sind (vgl. Abb. 4.26).
- *Pie Map*: Karte mit Kreissektorendiagrammen.
- *Symbol Map* (Karte mit Symboldiagrammen): Die Daten werden flächenproportional dargestellt. Es stehen insgesamt sechs Symbolformen zur Verfügung. Es können weitere benutzerdefinierte Symbole importiert werden.
- *Pin Map* (Karte mit datenunabhängigen Diagrammen): Sie dient dazu, Positionen auf der Karte darzustellen und ist ausschließlich für Punkte konzipiert.
- *Bar Map*: Die Daten werden durch Säulendiagramme dargestellt.
- *Post Data*: Zuordnung alphanumerischer und numerischer Informationen zu raumbezogenen Objekten.
- *Line Graph Maps*: Spezielles Diagramm, das einen Vergleich zwischen Objekt und allen betrachteten Objekten erlaubt.
- *Flow Maps*: Datenabhängige Richtungspfeile.

Kartenentwurf. Neben den verschiedenen Darstellungsformen verfügt MapViewer, ähnlich vielen Graphikprogrammen, über eine Anzahl unterschiedlicher Werkzeuge, mit denen frei gezeichnet und beschriftet werden kann. Rechtecke, Kreise, Ellipsen, Signaturen und Schrift können entworfen und angeordnet werden. Andere Funktionen, wie das Einfügen einer Legende, sind über die Menüleiste ansprechbar. Damit können beliebige graphische Objekte, die keinen direkten Bezug zu den Daten haben, in die Karte eingebracht werden.

In MapViewer lassen sich Layer definieren und übereinanderlegen. Damit ist nicht nur die Möglichkeit eröffnet, komplexe Karten zu produzieren, sondern diese Funktion kann auch zur Gestaltung genutzt werden. Die Schichten können beliebig ein- und ausgeblendet und ihre Reihenfolge kann jederzeit geändert werden.

Gestaltung. Es besteht eine Vielzahl von gestalterischen Möglichkeiten. Bei jedem graphischen Objekt können Umrandung und Füllung frei definiert werden. Dabei stehen standardmäßig 14 Linientypen, 51 Schraffuren und eine Palette mit 100 Farben zur Wahl. Die Linien und Schraffuren können vom Benutzer verändert und erweitert werden, wodurch sich eine Vielzahl an neuen Möglichkeiten ergibt. Die vorhandene Farbpalette lässt sich unter Verwendung des RGB-Modells verändern.

Schrift lässt sich in beliebiger Menge in die Karte einbringen, wobei zwischen den unter Windows verfügbaren Schriften ausgewählt werden kann. Die Werte beliebiger Variablen sind in die dargestellten Gebiete einblendbar, so dass es z. B. möglich ist, die Gebietsnamen oder Zahlenwerte mit einem Befehl einzubringen. Schriften können freigestellt werden, indem ein Rechteck in einer beliebigen Farbe hinterlegt wird.

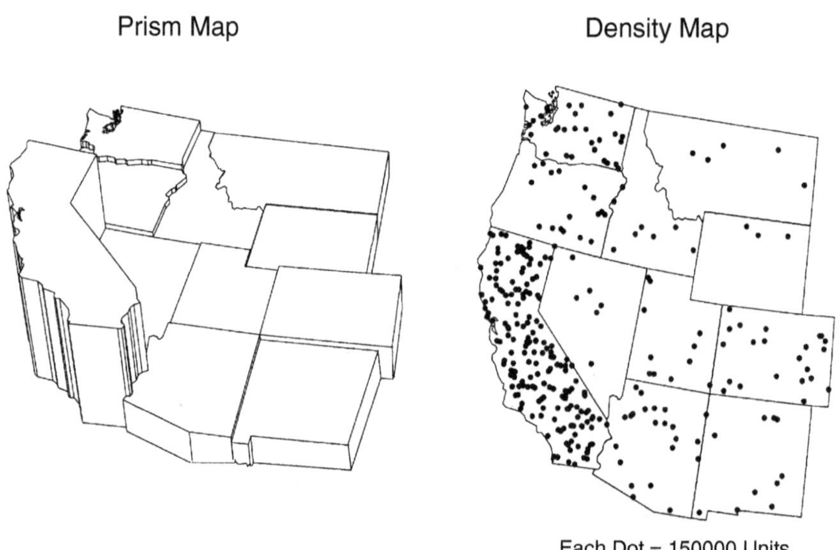

Abb. 4.26. Darstellungsformen Prism Map und Density Map in MapViewer

Alle Objekte der Karte können in der Karte mit Hilfe der Maus interaktiv verschoben sowie in Größe und Form verändert werden. Zwei Lineale am oberen und linken Rand des Kartenfensters dienen als Arbeitshilfe. Es können beispielsweise administrative Einheiten, wie Staaten usw., voneinander getrennt und abgesetzt werden (vgl. Abb. 4.26). Diese Selektion kann zur gezielten Heraushebung von Gebietseinheiten verwendet werden. Es können auch mehrere Objekte selektiert und gleichzeitig bearbeitet werden.

Legende, Maßstab. Für die Sachdaten kann eine Legende eingefügt werden, die frei positionierbar ist. Sie wird mit Hilfe einer Dialogbox erstellt, und es können u. a. mehrere Überschriften definiert werden. Die eingeblendete Legende passt sich an die Darstellungsform an, die für die Sachdaten gewählt wurde. Es besteht die Möglichkeit, automatisiert eine detaillierte Maßstabsangabe in die Karte einzubringen.

Ausdruck und Export. Alle in Windows zur Verfügung stehenden Ausgabegeräte sind vom Programm ansprechbar. Die Karten können über die Zwischenablage in andere Anwendungen kopiert werden.

Benutzerfreundlichkeit. Das gesamte Programm wird bequem mit der Maus bedient. Mit Hilfe einer Lupe lassen sich Teile der Karte nach einem festen Faktor vergrößern oder verkleinern. Es besteht jederzeit die Möglichkeit, in den Vollbildmodus zurückzuspringen. Eine ausführliche englischsprachige Hilfefunktion ist Bestandteil des Programms. Darin ist ein Tutorial enthalten, das die Einarbeitung leicht macht.

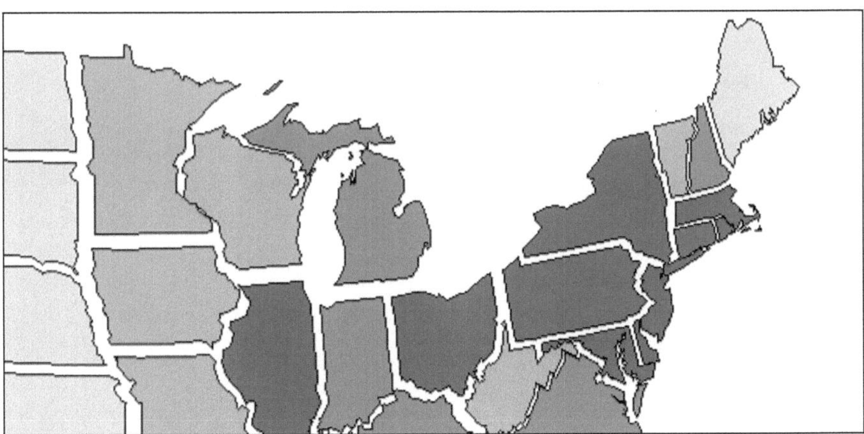

Abb. 4.27. Modifizieren der Flächen in MapViewer

Beurteilung. Durch den konsequenten und einfachen Aufbau des Programms fällt die Einarbeitung in MapViewer relativ leicht. Die Voreinstellungen des Programms tragen dazu bei, dass die Kartenerstellung wenig Zeit beansprucht. Darüber hinaus sind viele Zeichen- und Graphikfunktionen den gängigen Graphikprogrammen ähnlich.

Flexibilität im Entwurf und sehr vielfältige Möglichkeiten in der freien Gestaltung können dazu genutzt werden, Karten kreativ und individuell zu entwerfen. Die graphischen Werkzeuge erlauben es, nahezu jeden kartographischen Wunsch zu erfüllen. Allerdings sind dazu entsprechende Kenntnisse in der Kartographie notwendig, da kein Schutz vor unsinnigen bzw. unglücklichen Entwürfen besteht. Zum Beispiel ist die Density Map problematisch, da sie eine Verteilung vortäuscht, die der tatsächlichen nicht entspricht. Das Programm lässt vielerlei Möglichkeiten offen, Fehler zu begehen, wofür aber letztlich nicht die Software verantwortlich ist. Bei dieser Software handelt es sich um ein reines Kartographieprogramm, wobei einige GIS-Funktionalitäten enthalten sind.

Das Programm ist für alle geeignet, die dazu bereit sind, eine gewisse Einarbeitungszeit in Kauf zu nehmen, die sich durch die englische Sprache nicht abschrecken lassen und die über Grundkenntnisse in Kartographie verfügen. Als Entlohnung kann aus einer Vielzahl von thematischen Darstellungen gewählt werden, und trotzdem kann der Phantasie viel freien Lauf gegeben werden.

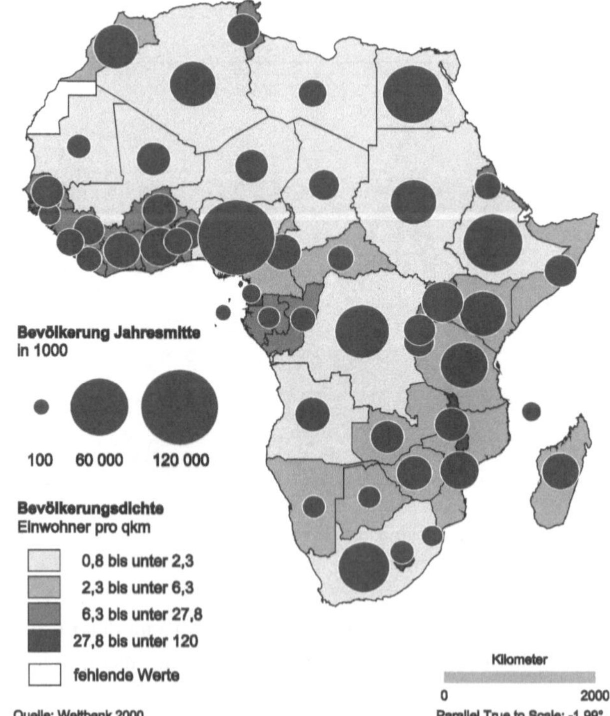

Abb. 4.28. Choroplethenkarte mit Symboldiagrammen in MapViewer

MapViewer 4

Vertrieb:	HarbourDom GmbH Riehler Platz 1, 50668 Köln
E-Mail:	info@HarbourDom.de
Homepage:	www.HarbourDom.de, www.goldensoftware.com
Voraussetzungen:	16 MB RAM, 30 MB Festplatte, Windows 95, 98, NT, 2000
Geometriedaten (Vektor)	
Import:	Shape-Format, MapInfo, DXF
Export:	Shape-Format, MapInfo, DXF
Digitalisierung:	möglich (mit Maus)
Geometriedaten (Raster)	
Import:	gängige Formate
Sachdatenanbindung:	
Import:	gängige Formate
Export:	gängige Formate
Export komplette Karte:	Rasterformat, Vektorformat WMF, PostScript
Darstellungsformen:	Choroplethen, Lokalsignaturen, datenabhängige Diagramme, Balkendiagramme (1), Kreisdiagramme (1), Punktdichtekarte, 3D-Karte
Klassenbildung:	äquidistant, Quantile, benutzerdefiniert
Gestaltung:	Entwurf von Linien, Linienschraffuren, Punktfelder, freies Zeichnen, automatische Legende, graphischer Maßstab
Lieferumfang:	Geometrien, Handbuch englisch, Tutorial englisch
Geometriedaten:	Länder Europas, Weltkarte und USA (Staaten und Counties), Asien, Afrika, Amerika
Preis Vollversion:	249 US$ zzgl. Mwst. zzgl. Versandkosten

4.3.5 MERCATOR

Das Kartographieprogramm MERCATOR ist seit 1990 auf dem Markt. Im Jahr 1994 erfolgte der Umstieg auf die Windows-Oberfläche, und z. Z. ist Mercator in der Version 5.0 erhältlich. Ende 1999 war das Programm etwa 500mal lizenziert, bei staatlichen und kommunalen Ämtern, Firmen und in der Forschung und Lehre. Eine Spezialapplikation ist im Einsatz bei Landwirten zur Darstellung von Bodenproben.

Oberfläche. Am oberen Rand des Programmfensters befindet sich eine Menüleiste (vgl. Abb. 4.29). Einige wichtige Programmfunktionen können über die darunter liegende Werkzeugleiste bedient werden. Außerdem enthält das Fenster die üblichen Rollbalken zum Verschieben des sichtbaren Kartenbereichs. Beim Anklicken eines Objekts mit der rechten Maustaste erscheint ein Kontextmenü, welches die für das betreffende Objekt jeweils wichtigsten Funktionen enthält.

Abb. 4.29. Oberfläche von MERCATOR

Geometriedaten. Die Koordinaten sind in verschiedenen Dateien abgespeichert, wobei zwischen Punktreferenzdateien, Flächendateien und Liniendateien unterschieden wird. *Punktreferenzdateien* definieren die Punkte, an denen Diagramme oder Beschriftungen ausgerichtet werden und sind als unformatierte ASCII-Dateien angelegt. In ihnen sind auch die Gebietsnamen enthalten. *Flächendateien* definieren die Polygone für Choroplethenkarten. Sie lassen sich wahlweise im ASCII-Format verwalten oder aber in einem binären Format, was den Kartenaufbau unter Windows beschleunigt. Das Binär-Format kommt bei großen Kartengrundlagen zu tragen, z. B. Gemeinden von Baden-Württemberg mit ca. 1300 Flächeneinheiten. Auch die *Liniendateien* sind wahlweise im ASCII- oder im binären Format angelegt. Sie lassen sich im Gegensatz zu Punkt- und Flächendateien nicht mit Sachdaten verbinden, sondern sind nur zur unmittelbaren graphischen Anzeige in der Karte gedacht. Hierbei kann es sich um ein Fluss- oder Straßennetz handeln oder um Grenzlinien.

Bei Flächen- wie auch bei Liniendateien lassen sich verschiedene Linientypen definieren, so dass die Liniennetze jeweils in verschiedenen Farben bzw. Formen ausgeführt werden können. Von Bedeutung ist das z. B. für Grenzlinien unterschiedlicher Hierarchiestufen.

Neu ist in der Version 5.0 die Option, Rasterdaten wie gescannte Karten als Hintergrund einer transparenten Flächenkarte zu verwenden.

Im Lieferumfang enthalten sind verschiedene Karten: Deutschland auf Kreis-, Regierungsbezirks- und Bundeslandebene, Österreich mit Bundesländern und politischen Bezirken, Länder der EU, Afrika, GUS, Australien und USA. Da diese Koordinaten nicht allen Anwendern ausreichen dürften, kommt den Möglichkeiten zur Erweiterung des Koordinatenkatalogs große Bedeutung zu. Geometriedaten lassen sich problemlos von jedem erzeugen, der über ein Digitalisiertablett samt entsprechender Software verfügt. Wer den Aufwand des eigenen Digitalisierens vermeiden will, dem wird sowohl ein Digitalisierservice als auch fertige Koordinatenpakete zum Zukaufen angeboten. Durch alle diese Möglichkeiten erhöhen sich die Anschaffungskosten für ein einsatzfähiges System allerdings beträchtlich. Wer schon über Geometriedaten in Fremdformaten verfügt, wird diese in aller Regel in MERCATOR importieren können, da mehrere Importfilter integriert sind.

Wer Geometriedaten in größerem Umfang verändern will, d. h. Grenzen verschieben, Gebiete zusammenfassen, teilen etc., wird allerdings nicht ohne die vom Programmhersteller angebotene Unterstützung auskommen, da MERCATOR selbst außer einem Punkteditor keine Möglichkeiten zur Veränderung der Geometriedaten bietet.

Sachdaten. MERCATOR verfügt ab der Version 5.0 über einen integrierten Daten- und Formeleditor zur Verwaltung der Sachdaten und zum Berechnen neuer Variablen (vgl. Abb. 4.30). In diesen können die Daten aus einer Reihe von Datenbank- und Tabellenprogrammen importiert oder direkt eingegeben werden.

Erweiterung oder Korrektur der Datenbasis sind auch zu einem späteren Zeitpunkt jederzeit möglich.

Gespeichert werden die Sachdaten vom Programm in zwei Dateitypen, wobei es sich jeweils um unformatierte ASCII-Dateien handelt. Dateien mit der Erweiterung DAT enthalten spaltengebunden die numerischen Datenwerte, Dateien mit der Erweiterung INX beschreiben die Spalteneinteilung der DAT-Dateien und Kurzbeschreibungen der Variablen. Jede Variablen kann über ein Kurzinfo mit bis zu 250 Zeichen näher beschrieben werden, was sich zum Speichern von Bezugszeitpunkt, Definition und Datenquelle nutzen lässt.

Das Programm besitzt eine statistische Analysefunktion, mit der sich Mittelwerte und Streuungsparameter für einzelne Variablen anzeigen lassen, was bei der Klassifizierung von Nutzen ist.

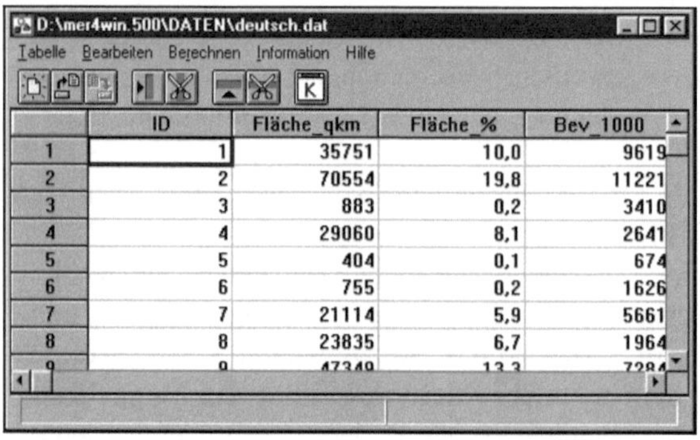

D:\mer4win.500\DATEN\deutsch.dat

Tabelle Bearbeiten Berechnen Information Hilfe

	ID	Fläche_qkm	Fläche_%	Bev_1000
1	1	35751	10,0	9619
2	2	70554	19,8	11221
3	3	883	0,2	3410
4	4	29060	8,1	2641
5	5	404	0,1	674
6	6	755	0,2	1626
7	7	21114	5,9	5661
8	8	23835	6,7	1964

Abb. 4.30. Dateneditor in MERCATOR

Darstellungsformen. MERCATOR unterscheidet Flächendarstellungen, das sind Choroplethenkarten und Diagramme, worunter sich alle punktgebundenen Darstellungsformen verbergen, also auch die Beschriftung der Karte mit Gebietsnummern oder -namen. Die Diagrammformen sind recht vielgestaltig und umfassen neben den üblichen Kreisen und Balken auch Mengendiagramme sowie Kurvendiagramme (vgl. Abb. 4.31). In Kurven und Balkendiagrammen können negative Zahlen bzw. Daten dargestellt werden. Die Diagrammform Mengendiagramm lässt sich auch zur Erstellung von Symbolkarten einsetzen. Als Lokalsignaturen lassen sich nur Zeichen aus Windows-Fonts verwenden. Will man wie in Abbildung 4.33 abstrakte Lokalsignaturen darstellen, muss ein entsprechender Windows-Symbolfont gewählt werden. Hier wäre es wesentlich angenehmer, wenn das Programm eine kleine vordefinierte Auswahl anbieten würde. Die Diagramme sind in der Größe frei dimensionierbar.

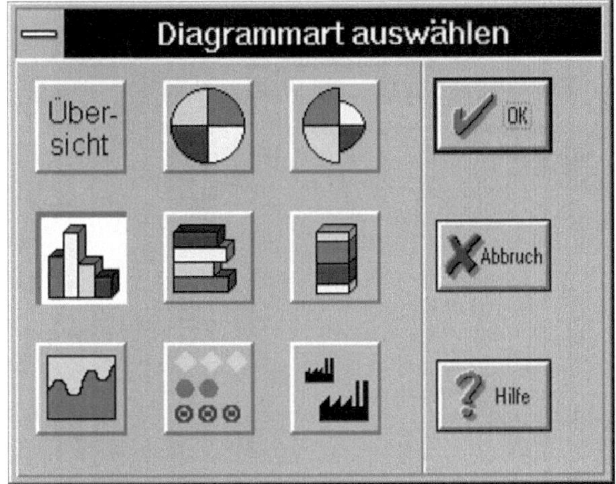

Abb. 4.31. Diagrammauswahl in MERCATOR

Beim Entwurf von Choroplethenkarten bietet das Programm Unterstützung, indem es eine Vielzahl automatische Klassifizierungsmethoden anbietet. Außerdem wird die Häufigkeitsverteilung, die sich aus der Klassifizierung ergibt, in einem Diagramm angezeigt.

Linienbezogene Daten lassen sich nicht abbilden, auch wenn Liniengeometrien darstellbar sind, z. B. Flussnetze. Die Daten selbst müssen sich auf Punkte, zum Beispiel Messstellen, beziehen.

Kartenentwurf. Es ist empfehlenswert, zunächst mit der Einstellung des Seitenlayouts zu beginnen. Die Blattgröße sowie die Ränder lassen sich flexibel einstellen, es werden aber auch Standards wie *DIN-A4 quer* oder *DIN-A5 hoch* angeboten. Die Papiergröße abzüglich der Seitenränder ergibt die Fläche, auf der die Karte entworfen wird.

Eine MERCATOR-Karte kann aus mehreren Schichten bestehen. Die unterste Schicht wird entweder von einer Flächendatei (Choroplethenkarte) gebildet oder von Geometriedaten im Rasterformat. Darüber lassen sich bis zu zehn weitere Schichten von Geometriedaten legen, beispielsweise ein Flussnetz oder Regionengrenzen. Als oberste Schicht kann eine Diagramm- oder Symboldarstellung gewählt werden, z. B. datenabhängige Kreisdiagramme oder aber die Gebietsnamen. Abbildung 4.32 zeigt das Menü, in dem definiert wird, welche Variablen für die Flächen- und die Diagrammdarstellung verwendet werden sollen.

Über die Windows-Zwischenablage lassen sich komplette Karten markieren und in andere Karten als Objekt wieder einfügen, wodurch Nebenkarten möglich sind. Das gleiche Verfahren kann angewendet werden, um beliebige Graphikobjekte, die mit einer fremden Windows-Software erstellt wurden, in eine MERCATOR-Karte zu integrieren. Die eingefügten Karten oder Objekte lassen sich in MERCATOR markieren, skalieren und beliebig auf der Karte verschieben.

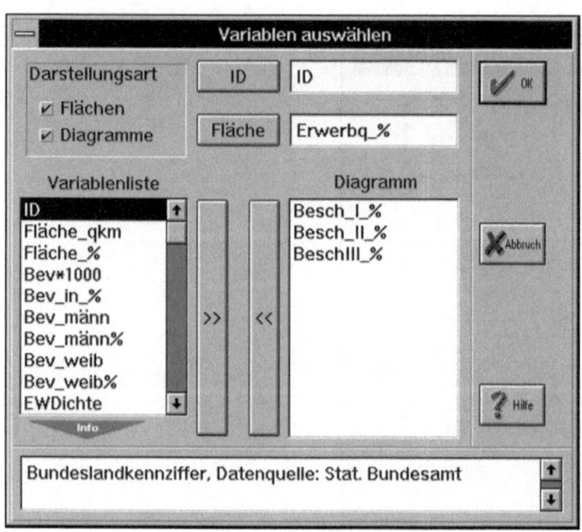

Abb. 4.32. Variablenauswahl in MERCATOR

Die Variationsmöglichkeiten beim Kartenentwurf sind gut. Die Grenzlinien können, sofern die Koordinatendatei dies vorsieht, in mehreren verschiedenen Typen ausgeführt werden, d. h. etwa große Flüsse dicker als kleine Flüsse oder Ländergrenzen in einer anderen Farbe als Gemeindegrenzen. Bei Bedarf können die Grenzen ganz wegfallen. Der Kartenausschnitt lässt sich komfortabel frei bestimmen. Beim Herausvergrößern bzw. -verkleinern fällt positiv auf, dass sich auf Wunsch die Diagramme entsprechend mitskalieren lassen. Beschriftungen sind an jeder Stelle einzufügen und in Form, Größe oder Farbe frei zu variieren. Das Programm bietet außerdem eine Logo-Funktion zum Einfügen eines selbstdefinierten Graphikobjektes in die Karte, zum Beispiel eines Firmenlogos oder eines Nordpfeils. Die Karte selbst kann jede beliebige rechteckige Form annehmen und die einzelnen Elemente können auf der Karte ganz nach Wunsch angeordnet werden. Karte und Kartenfeld lassen sich jeweils beliebig mit einer Farbe oder einem Muster unterlegen oder mit Rahmen versehen. Vermisst wird hingegen die Möglichkeit, Linien oder Rechtecke nach Bedarf einzufügen.

Neu ist in der Version 5.0 die Möglichkeit, Texte, Bilder, Dateien oder WWW-Adressen mit Punkten oder Flächen einer Karte zu verknüpfen.

Gestaltung. Flächenfüllungen lassen sich nicht nur über nach dem RGB-Schema definierte Farben gestalten, sondern auch über insgesamt 48 Schraffuren und Raster, was insbesondere bei Schwarzweißdarstellungen sehr von Vorteil ist. Linien lassen sich frei in Strichstärke und Farbe und bei der 1-Punkt-Strichstärke auch in fünf verschiedenen Formen darstellen.

Legende und Maßstab. Die Legende besteht in MERCATOR immer aus mehreren Teilen. Ein Teil ist die Erklärung der Flächenfarben, ein anderer ist von der Darstellungsform abhängig. Bei Choroplethenkarten wird ein Häufigkeitsdiagramm mit den Klassenhäufigkeiten beigefügt, bei Diagrammkarten werden die

Größenrelationen erklärt. Linientypen werden in einer Linienlegende erläutert. Die Legendenteile können auf der Karte frei platziert werden, ihre innere Struktur ist aber nur beschränkt modifizierbar, immerhin lassen sich Schriftart und -größe definieren, der Legendentext verändern sowie die Spaltenzahl einstellen. Ein Maßstabsbalken wird vom Programm automatisch generiert. Er lässt sich frei platzieren, und die dargestellte Strecke kann verändert werden. Bei der Ausgabe können alle Legenden wie auch der Maßstabsbalken nur dadurch unterdrückt werden, dass unerwünschte Komponenten aus dem sichtbaren Kartenbereich herausgeschoben werden.

Ausdruck und Export. Beim Ausdruck stehen selbstverständlich alle von Windows unterstützten Geräte zur Verfügung. Wichtig ist, dass die beim Seitenlayout eingestellten Parameter bezüglich Seitengröße und -orientierung auch im Druckermenü so eingestellt werden, da das Programm dies nicht automatisch vornimmt. Es empfiehlt sich, das Ergebnis eines Ausdrucks über die *Druckvorschau*, die ein sehr realistisches Bild vermittelt, zu überprüfen. Zu beachten ist, dass das Ergebnis des Ausdrucks von Flächenrastern und -schraffuren nur bedingt dem entspricht, was am Bildschirm angezeigt wird.

Für den Kartenexport bietet sich natürlich in erster Linie die Windows-Zwischenablage an. Es stehen jedoch auch mehrere Exportfilter zur Erzeugung von Graphikdateien zur Verfügung, z. B. TIFF, GIF und JPEG.

Benutzerfreundlichkeit. Die Installation verläuft problemlos. Das Handbuch ist übersichtlich und durch Abbildungen illustriert. Für Programmanfänger enthält es einen einführenden Abschnitt, der einen schnellen Einstieg ermöglicht.

Die Programmbedienung über die Menüs ist unkompliziert. Dort, wo Einstellungen vorgenommen werden müssen, zum Beispiel bei der Diagrammgröße, bietet das Programm Werte an, die eher zufällig sind und selten passen. Die optimalen Werte lassen sich nur durch Ausprobieren finden, was allerdings recht schnell geht.

Bei der Erarbeitung von Kartenserien ist es möglich, jeweils eine Karte als Vorlage für die nächste zu verwenden und nur die Beschriftung, die Daten und/oder die Darstellungsform zu ändern. Auch durch die Verwendung abgespeicherter Schraffur- oder Farbreihen lässt sich die Arbeit beschleunigen.

Das Verschieben und Skalieren von Elementen lässt sich ohne Zwischenschritte direkt am Bildschirm mit der Maus erledigen. Um eine exakte Positionierung zu ermöglichen, lassen sich exakte Koordinaten für die Position eines Objekts angeben.

Beurteilung. MERCATOR ist ein Kartographieprogramm, das einerseits ein breites Spektrum an Möglichkeiten bietet und in vielen Bereichen sehr flexibel ist, andererseits durch seine leicht erlernbare Funktionalität besticht. Der Kartenentwurf geht schnell und lässt wenige Wünsche offen. Die Diagrammformen sind gut und vielgestaltig und auch das Layout wird praktisch nur durch die Ideen des

Bearbeiters limitiert, nicht durch das Programm. Ähnliches ließe sich für gestalterische Fragen formulieren. An einigen Stellen wirkt das Programm noch etwas unausgereift, was die Arbeit aber nur geringfügig behindert.

Bei der Beurteilung des Preis-Leistungs-Verhältnisses sind die Geometriedaten der entscheidende Faktor. Das Programm selbst ist nicht zu teuer und wird für Lehrer und Studierende deutlich ermäßigt angeboten. Ob die mitgelieferten Koordinaten ausreichen und was zusätzlich benötigte Geometriedaten kosten, ist im Einzelfall festzustellen. Auch ist zu berücksichtigen, dass Änderungen an den Koordinaten wie Grenzkorrekturen etc. im Programm selbst nicht vorgenommen werden können.

MERCATOR eignet sich aus den genannten Gründen für solche PC-Anwender, die nur wenig Zeit in die Kartenerstellung investieren können oder wollen und deren Darstellungsraum nicht häufigen Änderungen unterworfen ist. In Bezug auf Kartenentwurf und Kartengestaltung anspruchsvoller Anwender bietet das Programm gute Möglichkeiten. Insgesamt erlaubt es MERCATOR, mit wenig Aufwand kartographisch korrekte, äußerlich ansprechende und inhaltlich aussagekräftige Karten zu erstellen.

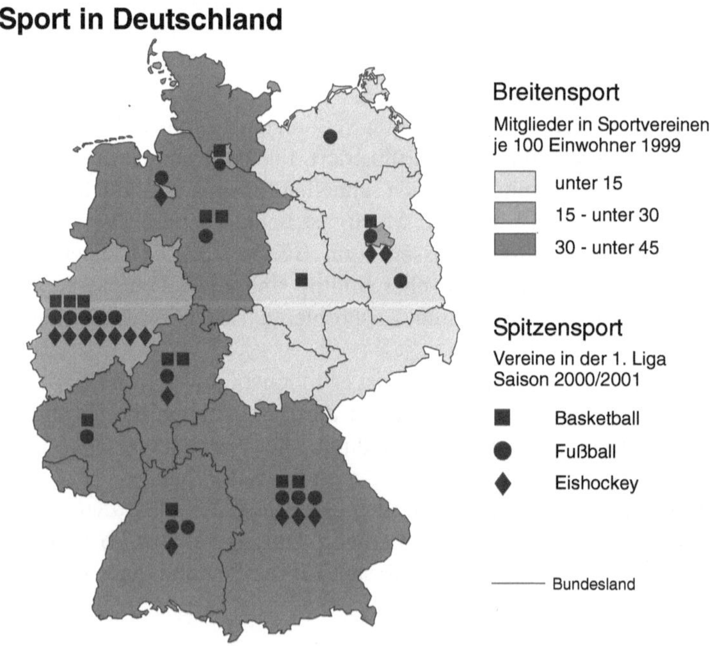

Abb. 4.33. Überlagerung von Choroplethen- und Mengensymbolkarte in MERCATOR

MERCATOR 5.0

Vertrieb:	SDE Sigrid Schüller Schillerstraße 19, 68723 Plankstadt
E-Mail:	info@mercator-sde.de
Homepage:	www.mercator-sde.de
Voraussetzungen:	386-Prozessor, 4 MB RAM, 3 MB Festplatte, Windows 3.x, 95, 98, NT, 2000
Geometriedaten (Vektor)	
Import:	Shape-Format, DXF
Export:	Shape-Format
Digitalisierung:	nicht möglich
Geometriedaten (Raster)	
Import:	gängige Formate
Sachdatenanbindung:	
Import:	gängige Formate
Export::	gängige Formate
Export komplette Karte:	Rasterformat, Vektorformat WMF, PostScript
Darstellungsformen:	Choroplethen, Lokalsignaturen, datenabhängige Diagramme, Balkendiagramme (2), Kreisdiagramme (4), Kurvendiagramm, Mengendiagramm, quantitative Diagramme
Klassenbildung:	äquidistant, mathematische Progression, natürliche Brüche, Quantile, statistische Parameter, benutzerdefiniert u. a.
Gestaltung:	Import eigener Lokalsignaturen, automatische Legende, graphischer und numerischer Maßstab
Lieferumfang:	Geometrien, Handbuch deutsch, Tutorial deutsch
Geometriedaten:	ca. 1,4 MB, darunter Deutschland (Bundesländer, Stadt- und Landkreise), Länder Europas, Weltkarte, Afrika, Australien, China, GUS, Österreich (Bundesländer und Bezirke), Spanien, USA
Preis Vollversion (Student):	409 € (76 €) zzgl. Mwst., Schulungsversionen, Netzwerklizenzen

4.3.6 PCMap

Mit dem Ansatz, anspruchsvolle Kartographie zu moderaten Preisen anzubieten, ist PCMap bereits über 20 Jahre am Markt und ist z. Z. mit der Version 10.5 im Handel. Damals galt es, ausgehend von der vergleichsweise geringen Performance handelsüblicher PC-Systeme, durch intelligente Optimierungen Kartographie einschließlich Sachdatenanbindung überhaupt praktikabel zu machen. Die damaligen Konzepte der Programmautoren führten bis heute mit allen funktionalen Weiterentwicklungen dazu, dass PCMap eine ausgereifte Softwarestruktur aufweist. Dabei verbindet das Programm leichte Erlernbarkeit mit weitgehender Funktionalität, bietet somit dem Anfänger wie dem professionellen Nutzer schnellen Zugang zur gewünschten Leistung.

Unterstützt werden von PCMap sowohl vektorielle Objekte wie auch Rasterkarten, auch geokodiert. Fachlichen Anforderungen aus den Bereichen Forschung, Planung und Verwaltung entsprechend ist eine große Fülle an Funktionalität implementiert: Import- und Exportmöglichkeiten für alle gängigen Rasterformate; im Vektorbereich neben einem eigenen, voll dokumentierten, ASCII-Format Schnittstellen für ArcView-Shape und DXF.

PCMap ist nicht ausschließlich auf die Erstellung thematischer Karten beschränkt, sondern dient auch zur Weiterverarbeitung digitaler Karten aus dem CAD- und GIS-Bereich, wie beispielsweise Liegenschaftskarten, und kann darüber hinaus als universelles Multimedia-Informationssystem eingesetzt werden.

Oberfläche. PCMap bietet seine Programmfunktionen in einer leicht erfassbaren Gliederung über die Menüleiste sowie für die am häufigsten benötigten Funktionen über die Buttonleiste an. Die Graphikeditoren erscheinen als Fenster mit den entsprechenden Arbeitsmodi zum Anwählen über Tastendruck. Die Formatierung der Kartenobjekte geschieht in diesem Zusammenhang indirekt mit dem *Typeditor*: Alle Objektarten werden über selbst definierbare Namen verwaltet (z. B. Eisenbahn, Bundesstraße) und in einer übersichtlichen Dialogbox definiert. Aus den dabei entstehenden Typenbibliotheken wählt man zum Digitalisieren/Editieren im Funktionenfenster einfach aus dem Pull-Down-Menü den jeweils gewünschten Objekttyp über den Namen aus. Die Objekte eines Typs können manuell oder mittels Zuweisung eines Maßstabsbereich in die Karte ein- oder ausgeblendet werden.

Ein zweites Fenster, das *Statusfenster*, informiert den Benutzer über die aktuellen Koordinaten, den Status hinsichtlich Entwurfszeichnung oder Reinzeichnung der Geometriedaten sowie der Darstellung von Grundkarte bzw. Themendarstellung. Für Spezialanwendungen, z. B. im Bereich Katasterkarten, steht ein drittes Fenster mit dem optionalen CAD-Modul mit zahlreichen speziellen Fangmodi, Lot- und Schnittpunktkonstruktionen, orthogonalem Zeichnen usw. zur Verfügung.

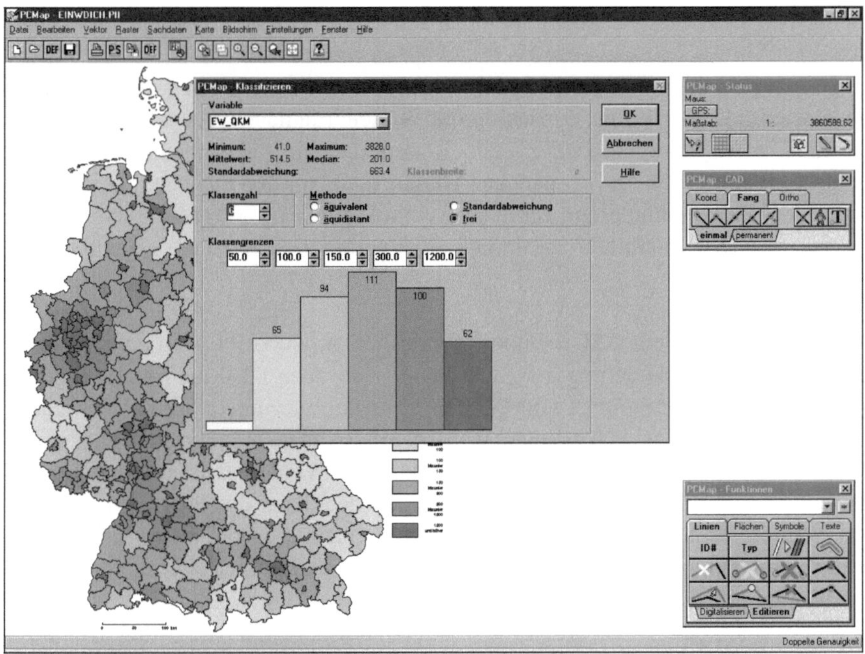

Abb. 4.34. Oberfläche von PCMap

Das Hilfesystem erfasst den kompletten Umfang des Handbuchs mit allen Abbildungen und ist exakt nach den Menüs bzw. Subfenstern gegliedert. Weiterhin steht ein HTML-basiertes Tutorial zur Verfügung, das gerade Neueinsteigern zur Einführung in die kartographische Grundfunktionalitäten Hilfe bietet.

Geometriedaten. Diese liegen bei PCMap in einem speziellen Format vor. Die abgespeicherten Informationen sind extrem komprimiert, was sich nicht zuletzt beim Transfer von Karten sehr angenehm bemerkbar macht. Im Lieferumfang befinden sich als Beispieldaten eine Weltkarte, eine Europakarte nach Ländern sowie eine Deutschlandkarte nach Landkreisen.

Sehr leistungsfähige Schnittstellen, die eine problemlose Übernahme von Attributen und Sachdaten gewährleisten, sorgen für eine schnelle Integration solcher Grundlagen in die eigenen Projekte. Durch die enge Zusammenarbeit des Herstellers mit Institutionen und Programmherstellern sind die Schnittstellen stets auf dem aktuellen Stand.

Zur Erzeugung von Geometriedaten werden zahlreiche marktgängige Digitalisiertabletts unterstützt. Spezielle oder neu auf den Markt gekommene Geräte können vom Benutzer selbst konfiguriert und integriert werden. Kostenmäßig günstiger ist heute meist die ebenfalls unterstützte Digitalisierung mit der Maus auf dem

Hintergrund einer eingescannten analogen Karte oder eines Luft- oder Satellitenbilds.

Die optionale Affintransformation ermöglicht das Geokodieren und Entzerren von Rasterbildern; auf dieser Basis sind Kartengrundlagen schnell zu aktualisieren. Die Rasterbilder können beim Kartendruck in unterschiedlicher Weise mitausgegeben werden: im Vorder- und Hintergrund, vor den Flächen, ggf. durchscheinend. Über die Funktion „Karte als Symbol speichern“ ist es möglich, beliebig viele solcher Rasterbilder zusammen mit Vektorkarten zu einem Kartenlayout zusammenzufügen.

Sachdaten. Neben dem ASCII-Import von Tabellen, wobei PCMap automatisch die Daten in ihrer Gliederung erkennen kann, wird auch DBF als Format unterstützt. Diese Tabellen können von PCMap nicht nur zum interaktiven Informationsabruf mittels Mausklick genutzt werden, es ist auch möglich, die Daten in PCMap zu ändern bzw. neue Datensätze anzulegen. Werden dabei in Textfeldern Namen von Dokumentdateien oder URLs angegeben, kann das Programm veranlasst werden, solche Dokumente/Objekte mit einem zugeordneten Programm jeweils beim Anklicken automatisch zu öffnen bzw. die Internetseite zu laden.

DDE und ODBC bilden schnelle und flexible Möglichkeiten, Tabellen in PCMap einzubinden. Hinsichtlich DDE ist erwähnenswert, dass PCMap auch als Execute-Server dienen kann: Umfangreiche Fernsteuerungsfunktionen sind implementiert, so dass z. B. von einer Access-Datenbank aus über Visual Basic for Applications Buttons programmierbar sind, die PCMap etwa veranlassen, bestimmte Objekte in der Karte zu markieren, herzuzoomen u. a. m.

Das Programm verfügt über eine Reihe von GIS-Funktionen, wie interaktive Datenabfrage und -bearbeitung, aber auch Verschneidung und Pufferbildung. Nichtnumerische Objekte (wie Bilder, Videos, URL, ...) können eingebunden werden und ermöglichen Multimedia-Anwendungen.

Darstellungsformen. Zur Themendarstellung mit PCMap stehen folgende Möglichkeiten zu Verfügung, die auch kombinierbar sind:

- Zur Darstellung relativer Werte sind *Flächenstufenkarten* (Choroplethenkarten) definierbar mit getrennter Variation von Farben und Mustern.
- Für *Symboldarstellungen* kann auf Lokalsignaturen der Bibliothek, die bei Bedarf leicht erweiterbar ist, zurückgegriffen werden. Diese sind datenabhängig in Farbe, Art, Füllung und Größe variierbar.
- Zur *Diagrammdarstellungen* bietet PCMap eine Reihe von Grundformen wie das Sektordiagramm, Sektorflügeldiagramm, Säulendiagramm und Kurvendarstellung, die auf vielfältige Weise variierbar sind.
- *Linien* können hinsichtlich Breite und Farbe datenabhängig gestaltet werden.

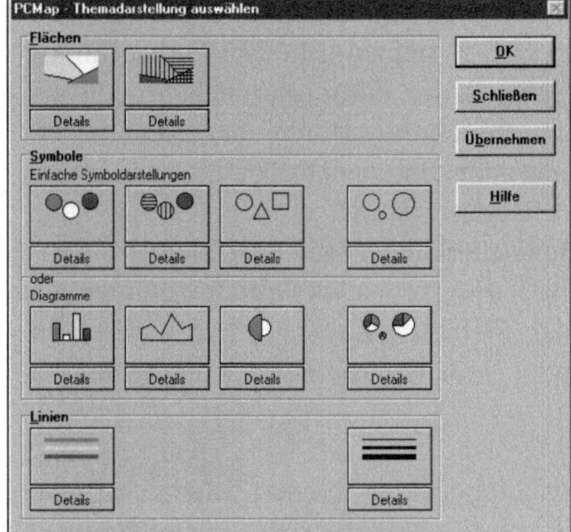

Abb. 4.35. Darstellungsformen in PCMap

Kartenentwurf. Alle Parameter, die eine Karte definieren, von den Namen der Dateien für Geometrie, Sachdatenanbindung, Rasterdaten, Druckdefinitionen, über Ausschnittswahl, Definitionen der Objekttypen und ihrem Aktivierungsstatus bis hin zu Schraffurdefinitionen, Skalierungsinformationen usw. sind in einer Kartendefinitionsdatei abgelegt. Durch Anklicken einer solchen Datei wird die Karte eingelesen und die gesamte Arbeitsumgebung eingestellt. Durch das außerordentlich flexible Konzept, Typdefinitionen, Lokalsignaturen, Farbdefinitionen etc. in frei erweiterbaren Bibliotheken zu strukturieren, ergibt sich eine enorme Flexibilität hinsichtlich möglicher Anwendungen. Die ein- bzw. ausschaltbaren Typdefinitionen übernehmen Funktionen, die Layern entsprechen; zusätzlich gibt es das klassische Prinzip, mehrere Lagen von Kartenlayouts zu überlagern.

Zur Klassifizierung von Variablen können frei definierbare, äquidistante, gleichverteilte oder von statistischen Kenngrößen abhängige Klassen gebildet werden. Dieser Vorgang wird durch die Angabe wichtiger statistischer Parameter erleichtert, die für jede Variable in einem Fenster abrufbar sind (vgl. Abb. 4.34). Für den Fall fehlender Werte ermöglicht PCMap eine freie Kodierung und lässt solche Objekte dann in der Zeichnung weg.

Gestaltung. Die Kartengestaltung erfolgt in PCMap interaktiv und/oder durch Parameterfestlegung in Dialogboxen. Texte werden z. B. nach Anklicken einer gewünschten Position zunächst in einem Fenster editiert, ggf. noch Schriftfont, Größe, Dehnung oder Stauchung, Drehung und Farbe festgelegt. Mit der Maus können so auch mehrzeilige Textkomponenten an jede gewünschte Stelle geschoben werden und bei Bedarf der Text parallel zu einer Linie gedreht werden. Textpositionierungen können aber auch automatisiert erfolgen, z. B. Gemeindenamen oder gemeindebezogene Sachdaten an Positionierungspunkten. Auch Nebenkarten oder Wertetabellen sind generierbar und leicht aktualisierbar.

In analoger Weise sind auch für die Platzierung von Signaturen neben manuellen Editiermöglichkeiten eine Reihe von Funktionen für automatisches Platzieren verfügbar. Die Flächenerzeugung berücksichtigt externe und interne Flächen und ist dabei kompatibel zu anderen gängigen GIS-Systemen. Mit 256 Farbdefinitionen und ebenso vielen Definitionsmöglichkeiten für Füllmuster stehen mehr als reichlich Variationen zur Auswahl. Die vielseitigen Editorfunktionen ermöglichen es, Kartenobjekte bis hin zu Maßstab, Legendenkomponenten u. v. m. zu erzeugen.

Neben den oben aufgeführten Gestaltungsmerkmalen zeichnet sich das Programm durch die konsequente Anwendung kartographischer Grundregeln aus. So werden beispielsweise die Kreisradien den Gebieten automatisch angepasst, so dass nur noch kleine Änderungen notwendig sind. Weiterhin werden automatisch kleine Kreise vor größere Kreise gestellt.

Legende, Maßstab, Nordpfeil. Legendenkomponenten können beliebig an jede Stelle im Kartenlayout platziert werden. Es sind zahlreiche vordefinierte Bausteine für die thematischen Legendenkomponenten sowie Maßstab und Nordpfeil vorhanden, so dass eine Karte bei Bedarf schnell zu komplettieren ist.

Der Maßstab kann vordefiniert in mehreren Varianten von PCMap selbst errechnet und auf glatte Zahlen hin optimiert graphisch dargestellt werden; ebenso sind mit dem Linieneditor der Skalenanzeige im Statusfenster beliebige individuelle Lösungen möglich.

Ausdruck und Export. PCMap unterstützt alle unter Windows installierten Ausgabegeräte. Weiterhin ist es möglich, eine PCMap-interne PostScript-Ausgabe zu nutzen, die oft schneller ist als die normale Druckausgabe bzw. bei Export in eine Datei die Datenmenge klein hält. Als Zusatzfunktion bietet das Programm die Möglichkeit, Karten maßstabsgenau auszugeben, große Karten automatisch auf kleinere Druckformate aufzuteilen sowie eine Vierfarbseparation durchzuführen. Zur Einbindung in andere Dokumente kann neben Encapsulated PostScript (EPS) auch die Zwischenablage genutzt werden.

Spezielle Export- wie Importfilter sind optional erhältlich (z. B. SICAD). Sie gewährleisten das Abspeichern der Geometriedaten in bestimmte Formate.

Benutzerfreundlichkeit. PCMap ist einfach zu bedienen; insbesondere seit Version 10 ist hier durch neu und übersichtlicher angeordnete Menüs eine sehr klare Gliederung der vielfältigen Funktionen erreicht worden. Integrierte Hilfe steht über das Windows-Hilfesystem zur Verfügung, wobei sich allerdings die meisten Befehle und Optionen selbst erklären. Zum Nachschlagen wird ein Handbuch als PDF-Datei mitgeliefert.

Beurteilung. PCMap ist auf Grund seiner spezifischen Programmphilosophie und seinem Umfang an kartographischen Möglichkeiten sicherlich weit mehr als nur ein einfaches Desktop-Mapping-Programm. Es ist bereits für den Einsteiger leicht nutzbar, bietet darüber hinaus mit seiner sehr breiten Fülle an Möglichkeiten für die professionelle Kartenerstellung ebenso wie für Informationssystem-

Anwendungen sehr gute Voraussetzungen. Die aufwendige Schnittstellenimplementierung (ArcInfo, ArcView GIS, DXF, optional SICAD) leistet hier gute Dienste ebenso wie die Zusatzmodule und Bibliotheken (Planzeichenverordnung, Echtkoordinatenmodul, CAD-Modul, Option für doppelte Genauigkeit).

Überzeugend in den technischen Eigenschaften stellt PCMap nur geringe Ansprüche an die Ressourcen des PCs. Im Gestaltungsbereich ist vieles frei konfigurierbar und erweiterbar, wodurch auch der anspruchsvolle Benutzer zufriedengestellt wird.

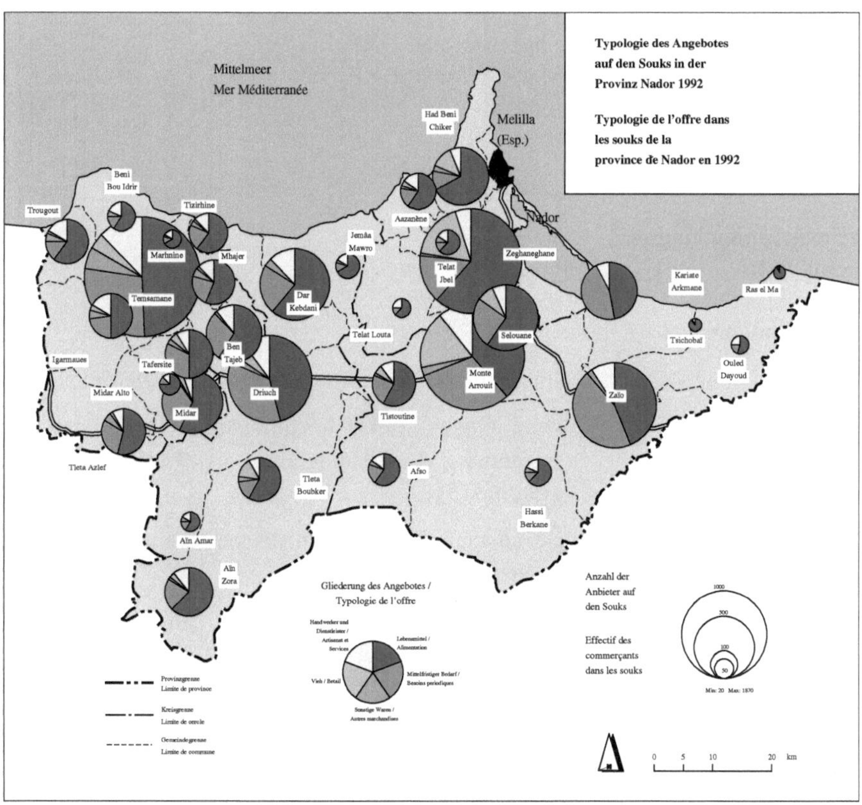

Abb. 4.36. Kreissektordiagramme mit PCMap

PCMap 10.5

Vertrieb:	GISCAD Institut, Prof. Dr. Gerd Peyke, Dipl. Inform. Stefan Zaunseder Fesenmayrstraße 6, 86495 Freienried
E-Mail:	PCMap@t-online.de
Homepage:	www.pcmap.de / www.giscad.de
Voraussetzungen:	386-Prozessor, 16 MB RAM, 20 MB Festplatte, Windows 95, 98, NT, 2000
Geometriedaten (Vektor)	
Import:	Shape-Format, DXF
Export:	Shape-Format, DXF
Digitalisierung:	möglich
Geometriedaten (Raster)	
Import:	gängige Formate
Sachdatenanbindung:	
Import:	gängige Formate
Export:	gängige Formate
Anbindung:	DDE, ODBC
Export komplette Karte:	Rasterformat, Vektorformat WMF, PostScript
Darstellungsformen:	Choroplethen, Lokalsignaturen, datenabhängige Diagramme, Balkendiagramme (4), Kreisdiagramme (3)
Klassenbildung:	äquidistant, Quantile, statistische Parameter, benutzerdefiniert
Gestaltung:	Entwurf von Punkten und Linien, Linienschraffuren, Symbolfüllung von Flächen, freies Zeichnen, automatische Legende, graphischer und numerischer Maßstab
Lieferumfang:	Geometrien, Handbuch deutsch, Tutorial deutsch
Geometriedaten:	ca. 2 MB, darunter Deutschland (Bundesländer, Stadt- und Landkreise), Länder Europas, Weltkarte
Preis Vollversion (Student):	1300 € zzgl. Mwst. (bei Campuslizenz gratis), Schulungsversionen, Netzwerklizenzen

4.3.7 PolyPlot

PolyPlot5 ist eine Weiterentwicklung von PolyPlot 4.1 für DOS und wird am Institut für Geographie der Universität Hamburg entwickelt, wo es bereits seit 1990 in der Lehre eingesetzt wird. Das Programm stellt alle Werkzeuge zur Verfügung, um thematische Karten von Grund auf zu erstellen. Die graphischen Objekte, d. h. Linien, Flächen, Texte und Lokalsignaturen können in vielfältiger Weise gestaltet und mit Sachdaten verbunden werden.

PolyPlot kann als raumbezogenes Informationssystem genutzt werden. Die graphischen Objekte können mit Datenbanken und somit mit jeder beliebigen Sachinformation verknüpft werden. Bisher ist das Programm auf den deutschsprachigen Raum ausgerichtet, ab 2002 wird es in englischer Sprache verfügbar sein.

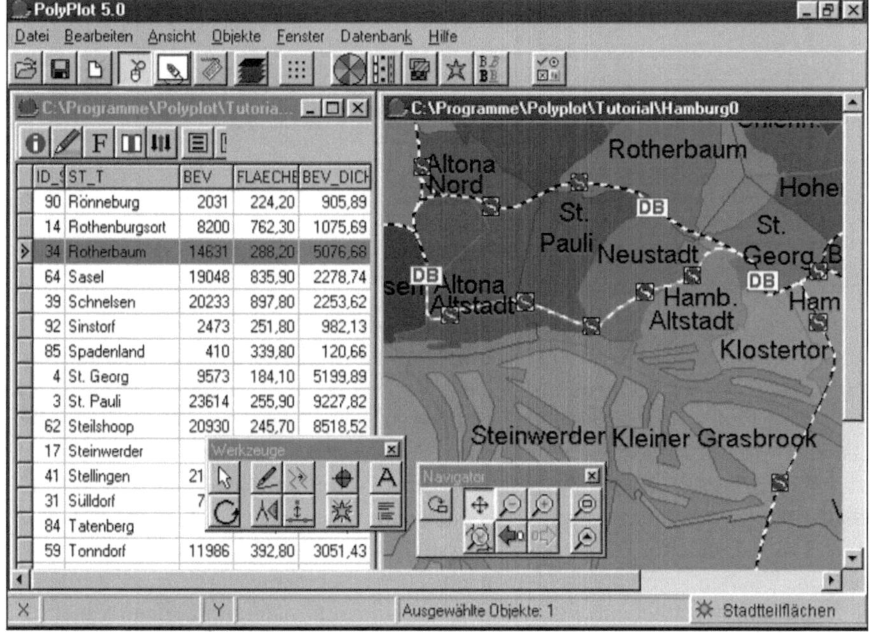

Abb. 4.37. Oberfläche von PolyPlot

Oberfläche. PolyPlot besitzt eine graphische Oberfläche, die dem allgemein üblichen Fensteraufbau von Kartographieprogrammen folgt. Die wichtigsten Funktionen sind in zwei separaten Fenstern angeordnet. Das Navigationsfenster umfasst alle Funktionen, die zum Vergrößern, Verkleinern und Verschieben der Karte notwendig sind. Das Werkzeugfenster enthält die Buttons, um graphische Objekte in der Karte zu erstellen oder zu bearbeiten. Nach dem Programmstart erscheinen diese beiden Fenster gemeinsam mit der gewohnten Menü- und Buttonleiste. Der übrige Bildschirm bleibt zunächst leer (vgl. Abb. 4.37).

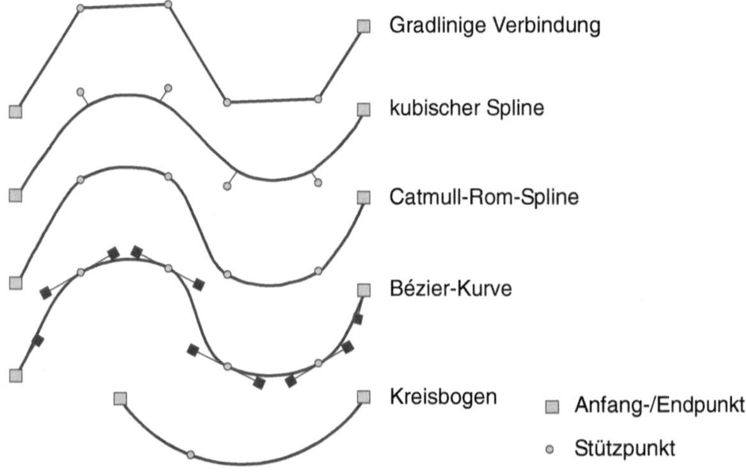

Abb. 4.38. Segmentformen in PolyPlot

Geometriedaten. PolyPlot verfügt über die Möglichkeit, Geometriedaten aus anderen, vektorbasierenden Graphikformaten zu importieren. Als alternativer Weg bietet das Programm umfangreiche Werkzeuge, um zu digitalisieren. Das Digitalisieren ist eine der mächtigsten Funktionen des Programms. Es kann wahlweise mit Hilfe eines Tabletts oder mit der Maus am Monitor gearbeitet werden. Dabei bietet das Programm eine Vielzahl von Hilfen an. Das Werkzeugfenster enthält Buttons, um die in PolyPlot als *Segmente* bezeichneten Linien zu digitalisieren, Lokalsignaturen zu verorten, Kreislinien, parallele Linien und Schrift zu erzeugen. Flächen werden gebildet, indem zuerst Segmente digitalisiert werden, aus denen sich anschließend Flächen definieren lassen. Alle graphischen Objekte werden durch Digitalisierung erzeugt und zählen damit zu den Geometriedaten, also z. B. auch ein Kartenrahmen oder Legenden.

Im Gegensatz zu den meisten anderen Kartographieprogrammen können Linien in PolyPlot als Kurven definiert werden. Grundsätzlich bietet das Programm vier Segmentformen an, um die Stützpunkte während der Digitalisierung zu verbinden oder danach umzuwandeln (vgl. Abb. 4.38):

- Zwischen den Stützpunkten sind *gradlinige Verbindungen.*
- Durch einen *kubischen Spline* wird zwischen Anfangs- und Endpunkt eine freie Kurve konstruiert, wobei die Stützpunkte des Segments wie Anziehungspunkte

wirken, jedoch nicht zwingend Teil der Kurve sind. Die erzeugte Kurve verläuft dadurch sehr gleichmäßig und ist abgerundet.

- Der *Catmull-Rom-Spline* dagegen verläuft durch alle digitalisierten Punkte. Er reagiert empfindlich auf wechselhafte Abstände der Stützpunkte. Deshalb ist dieser Spline nur sinnvoll, wenn die digitalisierten Punkte möglichst gleichmäßig entlang des Linienverlaufs verteilt sind.
- *Bézier-Kurven* verbinden die Stützpunkte.
- Ein *Kreisbogen* wird mit Hilfe von drei Punkten definiert.

PolyPlot verfügt über mehrere einfache und komplexe Möglichkeiten, um Vorlagen in ein rechtwinkliges und gleichabständiges Koordinatensystem einzupassen. Dadurch können auch verzerrte Vorlagen oder historische Karten georeferenziert werden. Diese Techniken können sowohl beim Digitalisieren mit der Maus als auch mit dem Tablett angewendet werden. Die Koordinatenwerte selbst sind Zeicheneinheiten, deren Größenordnung beim Digitalisieren der Vorlage auf dem Digitalisiertablett festgelegt wird. Später lässt sich jederzeit angeben, wie vielen Metern in der Realität eine Zeicheneinheit entspricht. Dadurch sind maßstabstreue Darstellungen möglich.

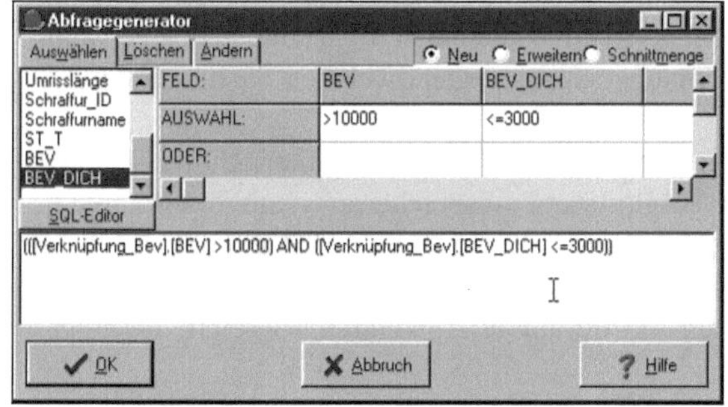

Abb. 4.39. Datenabfrage in PolyPlot

Sachdaten. Sachdaten, in PolyPlot in *Attributtabellen* verwaltet, können in der Anwendung selbst angelegt und den graphischen Objekten zugeordnet werden. Dazu wird eine Datei erzeugt, in der alle gewünschten Variablen definiert werden. Eine sicherlich komfortablere Möglichkeit ist es, die Daten zu importieren oder eine dynamische Verbindung (Hotlink) herzustellen. Darüber hinaus ermöglicht eine ODBC-Schnittstelle auch die Einbindung von SQL- und Desktop-Datenbanken. Es stehen alle gängigen Formate zur Verfügung. Die Verbindung zwischen Geometrie- und Sachdaten wird mit Hilfe eines Assistenten, dem „Verknüpfungsgenerator", vorgenommen. Nützlich ist es, dass Daten mit einer Beziehung zu den graphischen Objekten programmintern berechnet werden, sofern maßstabstreu gearbeitet wird. Dazu zählen die Größe und Umrisslänge der Flächen. Diese Werte stehen für die Indikatorenbildung zur Verfügung. Zum Beispiel lässt sich dadurch automatisch aus der Einwohnerzahl die Bevölkerungsdichte errechnen und darstellen.

Das Programm verfügt über ein integriertes Tool, um komplexe, datenabhängige Abfragen zu bearbeiten. Dabei kann das tabellarisch aufgebaute Tabellenblatt genutzt werden, oder es kann der SQL-Editor verwendet werden, wobei das Eingabeformular eine einfache Datenabfrage erlaubt (vgl. Abb. 4.39).

Darstellungsformen. In der vorliegenden Version werden nur wenige Verfahren angeboten, um Sachdaten zu visualisieren. In der Regel wird davon ausgegangen, dass die Daten in Klassen eingeteilt und dargestellt werden. Dabei ist es möglich, Flächen- und Linienobjekte auf dieser Grundlage zu gestalten. Das Programm bietet die ganze Palette der gängigen Klassifizierungsmethoden (vgl. Abb. 4.40). Die Klassenbildung kann wahlweise über eine oder zwei Variablen durchgeführt werden. Zur Unterstützung können statistische Parameter und ein Diagramm der Verteilung genutzt werden. Mittels eines Menüs ist es schnell und leicht möglich, Klassen zu bilden und z. B. durch Farbverläufe darzustellen, wobei selbst definierte Farben zugewiesen werden können. Alternativ kann der Farbverlauf durch das Programm ermittelt werden, indem die Farben der ersten und letzten Klasse vorgegeben werden. Der dazwischenliegende Farbverlauf wird durch das Programm interpoliert. Neben der datenabhängigen Gestaltung können natürlich jederzeit die graphischen Objekte individuell thematisch gestaltet werden, wenn zum Beispiel eine Wasserfläche unabhängig von irgendwelchen Sachdaten immer blau dargestellt werden soll.

Signaturen sind im Programm in begrenztem Umfang enthalten. Sie lassen sich auch frei digitalisieren und in Bibliotheken abspeichern. Symbolbibliotheken, z. B. die Signaturen der Planzeichenverordnung, können beim Hersteller nachgefragt werden. Es besteht auch die Möglichkeit auf der Homepage diverse Linientypen, Schraffuren und Signaturen für vielfältige Anwendungsbereiche herunterzuladen.

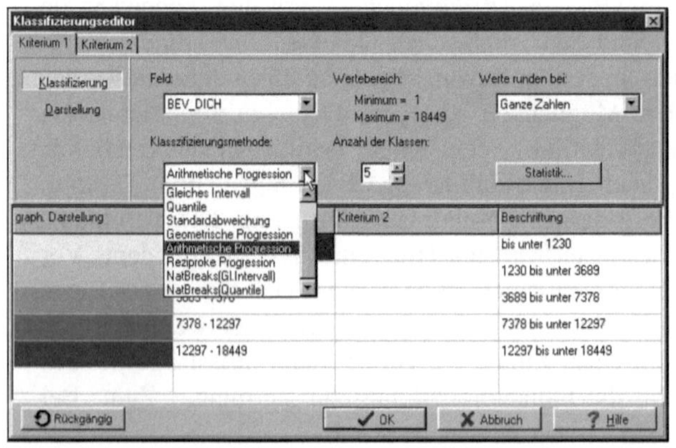

Abb. 4.40. Klassenbildung in PolyPlot

Kartenentwurf. Bei den Möglichkeiten des Kartenentwurfs kommen die Vorteile der Programmphilosophie als Zeichenbaukasten voll zur Geltung. Kartenausschnitt, Struktur und Anordnung der einzelnen Elemente lassen sich völlig frei bestimmen. Die Objektarten sind jeweils nicht auf bestimmte Kartenbereiche oder bestimmte Zwecke beschränkt, sondern können beliebig eingesetzt werden. Durch den Verzicht auf automatische Vorgaben, z. B. für Legende oder Maßstabsbalken, ist der Entwurf allerdings eine vergleichsweise langwierige und nicht ganz einfache Arbeit.

Sehr bedeutsam ist die Layer-, d. h. Ebenentechnik des Kartenentwurfs in PolyPlot (vgl. Abb. 4.41). Alle Informationen sind auf Layern abgespeichert. Diese können ein- oder ausgeblendet und in der Zeichenreihenfolge variiert werden. Auf diesen Ebenen lassen sich beliebige Informationen zur Karte hinzufügen und frei positionieren, seien es graphische Elemente oder Texte. Das Programm bietet auch die Möglichkeit, die Karte auf dem untersten Layer mit einer Rastergraphik zu unterlegen, z. B. mit einer eingescannten Karte.

Gestaltung. Die Gestaltung der Objekte in PolyPlot ist, was die Vielfalt der Möglichkeiten angeht, sehr gut. Die Methode der Zuordnung von Objekteigenschaften ist allerdings teilweise etwas kompliziert und umständlich. Eigenschaften wie Farbe etc. lassen sich fest an ein Objekt binden oder können an den Layer gekoppelt werden. Dann lassen sich diese Eigenschaften jederzeit für alle Objekte einer bestimmten Ebene einheitlich gestalten.

Graphische Objekte werden gestaltet, indem ihnen *Typen*, einem Format vergleichbare Eigenschaften, zugewiesen werden. Zeichenvorschriften können dem ganzen Layer oder individuell jedem Objekt, in PolyPlot mit Typen bezeichnet, zugewiesen werden. Die Linien- und Schraffurtypen sind in einer hierarchischen Baumstruktur angeordnet. Der mitgelieferte Umfang an unterschiedlichen Typen wird nicht ausreichend sein. Für diesen Fall besteht aber die Möglichkeit beliebige Linien- und Schraffurtypen mittels eines Menüs zu definieren.

Um Texte zu gestalten, kann unter den in Windows üblichen Möglichkeiten gewählt werden. Längere Textpassagen können einschließlich ihrer Formatierung importiert werden, indem sie im Rich Text Format (RTF) eingefügt werden. Es besteht die Möglichkeit, Schriften und Lokalsignaturen durch Rechtecke freizustellen.

Legende, Maßstab, Nordpfeil. Entsprechend der Grundphilosophie des Programms, keine automatischen Vorgaben zu machen, müssen die kartographischen Elemente Legende, Maßstab und Nordpfeil selbst konstruiert werden, wenn sie in der Karte erscheinen sollen. Immerhin bietet das Programm Legenden, Maßstabsbalken und Nordpfeil als mitgelieferte Symbole an, die in die Karte eingebracht werden können.

Ausdruck und Export. Zur Steuerung der Druckausgabe sind eine große Zahl von Optionen einstellbar. Zum Beispiel lassen sich die Ausgabegröße an die Blattgröße anpassen, die Abmessungen genau vorgeben oder maßstabsgetreu festlegen, falls der Maßstab korrekt angegeben wurde.

Um eine Graphik im Text einzubinden oder in einem anderen Graphikprogramm weiterzubearbeiten, bietet es sich an, eines der Exportformate zu nutzen. Zur Auswahl stehen das Windows Metafile (WMF) und Bitmap (BMP).

Benutzerfreundlichkeit. Die Programminstallation ist problemlos und der Einstieg in das Programm intuitiv möglich, wobei ein gut aufgebautes Tutorial die Einarbeitung erleichtert. Vor allem im Bereich der Digitalisierung ist das Programm sehr komfortabel. Positiv ist es, dass die wichtigsten Funktionen in beweglichen Fenstern angeboten werden.

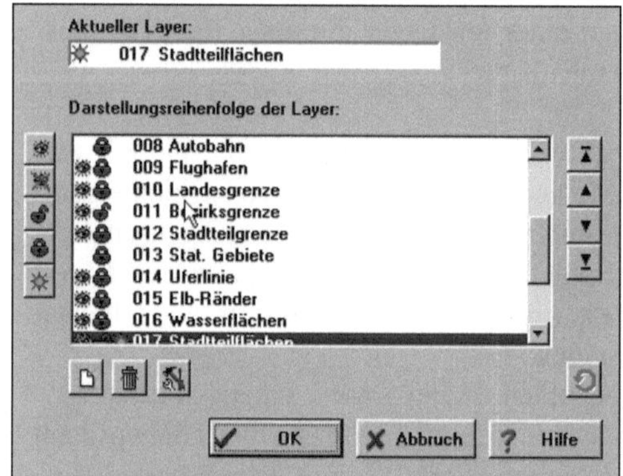

Abb. 4.41. Layertechnik in PolyPlot

Beurteilung. PolyPlot ist ein Programm, mit dem beliebige graphische Darstellungen möglich sind, auch wenn das Handbuch nur die Konstruktion von Karten beschreibt. Der Anteil an Arbeit, der dem Anwender dabei vom Programm abgenommen wird, ist vergleichsweise klein. Die Software verzichtet weitgehend darauf, feste Vorgaben für Kartenentwurf und -gestaltung zu machen, setzt der Phantasie andererseits aber kaum Grenzen. Das bedeutet, dass es wenige graphische Darstellungen gibt, die mit PolyPlot grundsätzlich unmöglich sind. Vieles muss allerdings selbst digitalisiert werden. Der Vorgang der Digitalisierung ist in PolyPlot sehr komfortabel. Ein Mangel in der vorliegenden Version sind die fehlenden Funktionen, um Diagramme zu erstellen und die stellenweise fehlende Möglichkeit, die Zwischenablage zu nutzen. Für die Zukunft sind Funktionen, die das Einbinden von Diagrammen ermöglicht, geplant.

PolyPlot eignet sich aus den genannten Gründen für Anwender mit guten kartographischen Grundkenntnissen und einem Gefühl für ansprechende graphische Gestaltung. Bei Vorliegen dieser Voraussetzungen ist das Programm auf Grund seiner Offenheit ein gutes Werkzeug, welches anderen Programmen vor allem dann überlegen ist, wenn nicht mit Standardgeometrien gearbeitet wird, sondern digitalisiert wird.

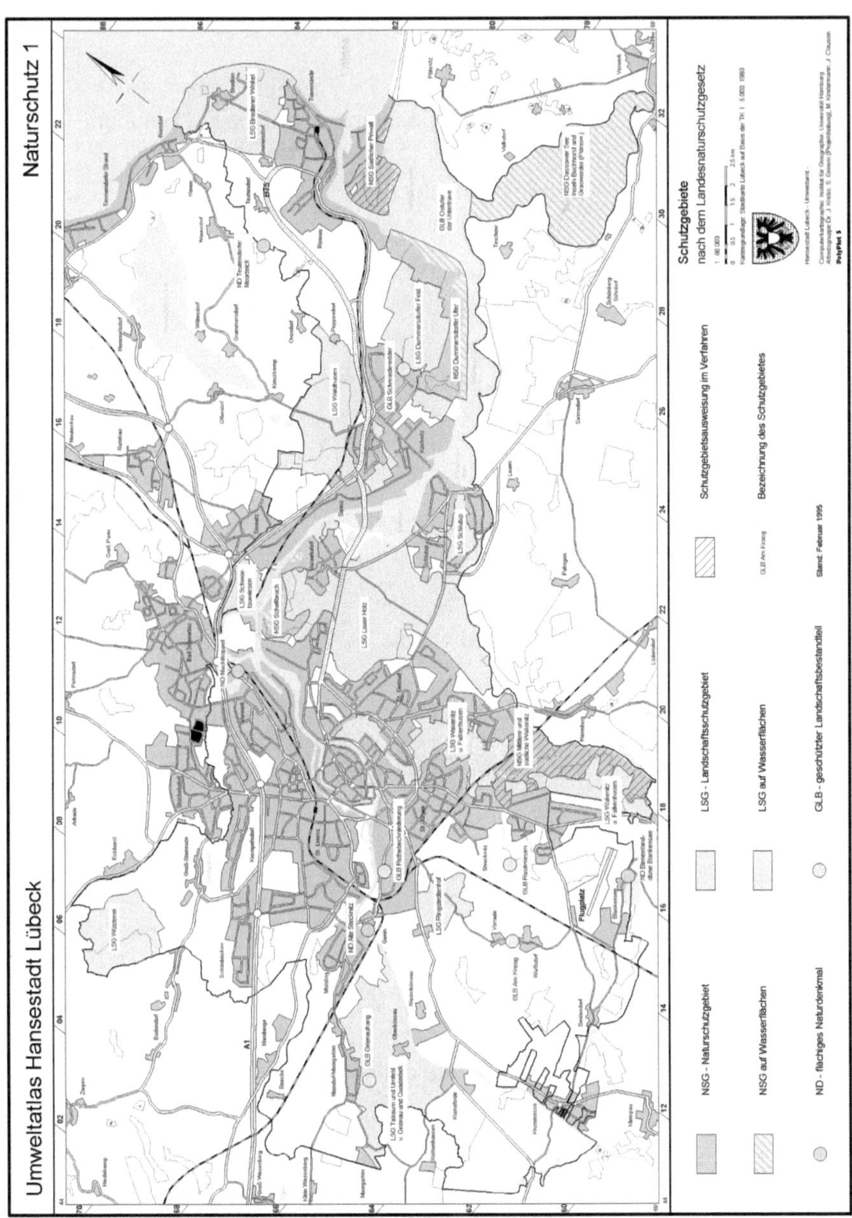

Abb. 4.42. Kartenbeispiel in PolyPlot

PolyPlot 5

Vertrieb:	Jörn Hauser und Dr. Joachim Krebs Institut für Geographie, Universität Hamburg Bundesstraße 55, 20146 Hamburg
E-Mail:	info@polyplot.de
Homepage:	www.polyplot.de
Voraussetzungen:	Prozessor 300 MHz, 64 MB RAM, 15 MB Festplatte, Windows 95, 98, NT, 2000
Geometriedaten (Vektor)	
Import:	Shape-Format, DXF
Export:	Shape-Format, DXF
Digitalisierung:	möglich
Geometriedaten (Raster)	
Import:	gängige Formate
Sachdatenanbindung:	
Import:	gängige Formate
Export:	gängige Formate
Anbindung:	ODBC
Export komplette Karte:	Rasterformat, Vektorformat WMF, PostScript
Darstellungsformen:	Choroplethen, Lokalsignaturen
Klassenbildung:	äquidistant, mathematische Progression, natürliche Brüche, Quantile, statistische Parameter, benutzerdefiniert
Gestaltung:	Entwurf von Punkten und Linien, Linienschraffuren, Symbolfüllung von Flächen, freies Zeichnen, graphischer und numerischer Maßstab
Lieferumfang:	Geometrien, Handbuch deutsch (online), Tutorial deutsch (und online)
Geometriedaten:	ca. 0,6 MB, darunter Deutschland (Bundesländer, Stadt- und Landkreise), Länder Europas (optional) und Hamburgkarte (Tutorial)
Preis Vollversion (Student):	799 € (79 €), Netzwerklizenzen

4.3.8 RegioGraph

RegioGraph ist seit 1991 auf dem Markt. Durch die unkomplizierte Programmstruktur, die schnell zum Ergebnis führt, wird das Programm vor allem für Marketing und Vertrieb (Vertriebsplanung), Standortanalysen, Wettbewerbs-, Umsatz- und Potentialanalysen eingesetzt. Die Flexibilität in der Datenverarbeitung macht RegioGraph zu einer Art elektronischem Planungshelfer, der u. a. in folgenden Bereichen zum Einsatz kommt: Behörden und Verbände, Gesundheitswesen, Umweltschutz, Automobil- und Telekommunikationsbranche, Pharmaindustrie, Versorgungsbetriebe, Transport und Logistik, Medien sowie Banken und Versicherungen.

Die integrierte Programmiersprache Visual Basic for Applications von Microsoft erlaubt die Erstellung von Makros, Datenaktualisierung in Realtime und Verknüpfung mit anderen Anwendungen.

Oberfläche. RegioGraph zeichnet sich durch seine leichte Bedienbarkeit aus. Über die Menü- und Iconleiste können fast alle Funktionen abgerufen werden. Mit der rechten Maustaste sind unabhängig vom Programmkontext weitere Popup-Menüs abrufbar. Alle Kartenvorlagen werden in einem Fenster, dem Vorlagenexplorer, angezeigt (vgl. Abb. 4.43). Diese können einfach per Drag & Drop in den Projekt-Manager eines geöffneten Projektes gezogen werden. Der Projektmanager zeigt alle übernommenen Karten und alle erstellten Arbeitsblätter an. In einem Projekt werden beliebig viele Arbeitsblätter (Karten) erstellt; die Speicherung der Arbeitsblätter und Kartenschichten erfolgt in einer Projektdatei.

Die Schritte, die bei der Erstellung einer Karte zu durchlaufen sind, erscheinen logisch und gut nachvollziehbar. Die Kartenerstellung erfolgt nach dem Layer-Prinzip, bei dem die Basisgebiete mit den administrativen Einheiten und weiteren Informationsebenen, z. B. Punkten, Streckennetzen, Flächen oder multimedialen Objekten, überlagert werden. In der Layerkontrolle wird die zu bearbeitende Kartenschicht durch Anklicken aktiviert.

Geometriedaten. In RegioGraph stehen die Geometriedaten in einem internen Format zur Verfügung. Im Basiskartensatz sind alle detaillierten Karten von Deutschland, Österreich, Schweiz (D-A-CH-Edition) und weltweite Karten vorhanden. Einwohner- und Flächendaten zu den mitgelieferten Karten können über die Homepage der Vertriebsfirma kostenlos heruntergeladen werden.

Bei den Geometriedaten können Gebietsebenen, Strecken und Punkte per Mausklick zusammengefasst und umgeordnet werden. Ein Umrechnen der hinterlegten Daten auf die neuen Strukturen findet automatisch statt. Neben den mitgelieferten Geometriedaten können weitere Basiskarten käuflich erworben werden. Außerdem bietet die Vertriebsfirma von RegioGraph die Möglichkeit an, bei Bedarf individuelle Karten zu digitalisieren.

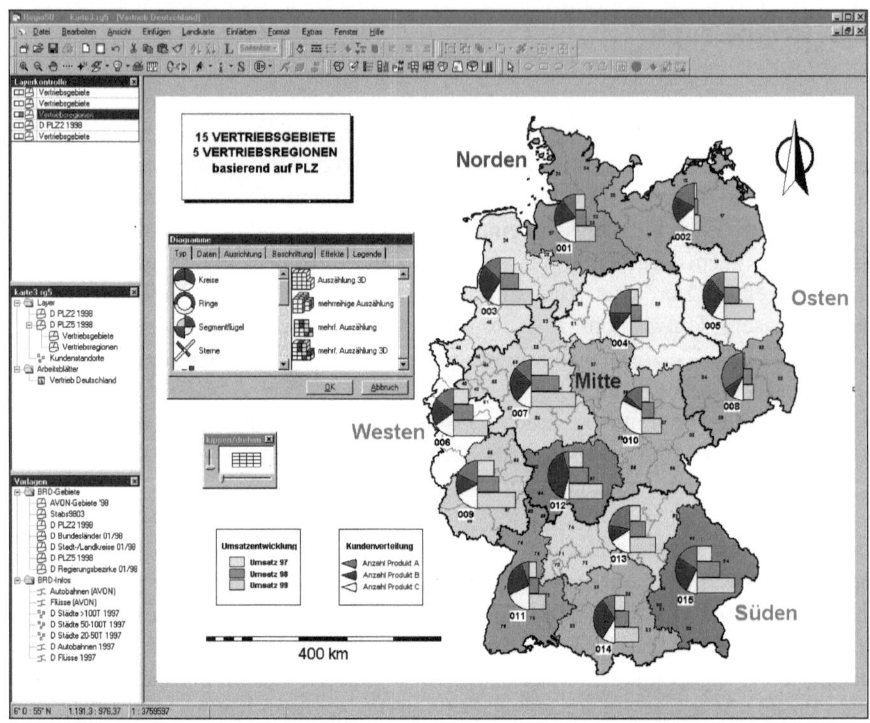

Abb. 4.43. Oberfläche von RegioGraph

Sachdaten. Daten aus verschiedenen externen Quellen werden via Datenimport in RegioGraph-Tabellen eingelesen. Mit Hilfe von verschiedenen Assistenten können damit Daten aus Datenbanken (u. a. MS-ACCESS, dBASE), Tabellenkalkulationen (u. a. MS-EXCEL), Textdateien oder per ODBC nach RegioGraph überführt werden. Beim Datenimport können externe Daten entweder in bestehende Spalten einer Tabelle abgespeichert oder es können dynamisch neue Spalten angehängt werden. Die Anzahl der zu importierenden Datensätze und Datenfelder ist unbegrenzt. Über die Funktion *Geokodieren* erhalten die Sachdaten ihre Verbindung zu den Geometriedaten.

Darstellungsformen. Im Rahmen von RegioGraph stehen folgende Darstellungsformen zur Verfügung:

- Die datenbezogene oder individuelle *Einfärbung von Gebieten* (Choroplethenkarten) wird durch die Darstellung von individuellen Mustern, Farben oder Schraffuren ermöglicht.
- Die *Punktdichtefunktion* ermöglicht die Visualisierung einer Variablen als Punktwolke. Bei der Punktdarstellung können sowohl die Anzahl der Punkte als

auch die Anzahl der Werte pro Punkt variiert werden. Die Umsetzung der Punkte kann farbig erfolgen.

- Mit *Tortendiagrammen* (Kreissektoren) oder *Balkendiagrammen* können mehrere oder gegliederte Variablen dargestellt werden. Bei diesen Diagrammarten sind maximal zehn Sektoren bzw. zehn Balken möglich.
- Bei *Symbolen* können frei skalierbare und variablenabhängige Formen gewählt werden, d. h. es sind sowohl Standortkarten als auch Diagramme möglich. Neben den internen Signaturen können beliebig viele Lokalsignaturen selbst konstruiert werden, indem die Editoren RegioDraw-P (pixelorientiert) und RegioDraw-V (vektororientierte Symbole) eingesetzt werden. Des Weiteren können Signaturen im Bitmap-Format (BMP) oder im Windows-Metafile-Format (WMF) importiert werden.
- Bivariate Beziehungen können durch die Option *Regionalportfolio* dargestellt werden, wohinter sich eine zweidimensionale Choroplethenkarte verbirgt. Mit Hilfe dieser Funktion ist es möglich, Kreuztabellen graphisch umzusetzen. Bei einer 2x2-Tabelle werden die vier Felder farbig voneinander abgesetzt.

Entwurf. Wie die meisten Kartographieprogramme, so lehnt sich auch RegioGraph beim Kartenentwurf an das in Kap. 2.1 skizzierte Schichtenmodell an. So wird zunächst die gewünschte räumliche Aggregationsebene gewählt, die als Grundkarte später die Verbindung mit den Daten herstellt. Danach können verschiedene Kartenschichten darüber gelagert werden, z. B. Gebietsnamen oder Flüsse. So ist es einerseits möglich, komplexe Karten zu erstellen, andererseits kann durch das Ausblenden von Schichten eine zielgerichtete Analyse erfolgen.

Zur Klassifizierung der Daten stehen verschiedene Methoden zur Verfügung. Es lassen sich äquidistante, gleichverteilte, logarithmische, radizierende oder benutzerdefinierte Klassen bilden. Als Hilfe werden statistische Parameter wie Minimum, Maximum, arithmetisches Mittel und Anzahl angegeben.

Gestaltung. RegioGraph bietet eine Vielzahl von Möglichkeiten zur Gestaltung von Karten. Gebietsumrandungen können in Farbe, Art oder Stärke geändert werden. Bei Linien stehen 50 Stärken und fünf Muster zur Auswahl. Darüber hinaus können Linien transparent formatiert werden. Dadurch lassen sich Gebiete ohne Umrandung zeichnen. Die Linienfarbe wird mit einer von 16 Farben aus einer Palette eingefärbt. Für die gepunkteten oder gestrichelten Linien kann der Zwischenraum mit einer anderen Hintergrundfarbe gestaltet werden.

Schrift kann mittels der Schriftartoption ausgewählt werden. Dieses Menü erlaubt es, Art, Stil und Größe zu variieren. Dabei greift das Programm auf alle unter Windows verfügbaren Schriften zurück.

Im Einfärbungsmenü können Farben und Muster gestaltet werden. Zur Farbgebung stehen die RGB- und HSB-Farbmodelle zur Verfügung, wobei auch Farbverläufe realisiert werden können. Für Muster und Schraffuren gibt es programminterne Paletten zur Auswahl. Daneben können neue Muster kreiert werden, indem auf einer Mustermatrix mit 8x8 Bildelementen einzelne Pixel schwarz oder weiß eingefärbt werden (vgl. Abb. 4.44).

Kartenelemente können durch Anklicken, Einkreisen oder Umranden mit der Maus markiert werden, um anschließend entweder umgestaltet oder bewegt zu werden. Karten lassen sich in Echtzeit drehen und kippen.

In Karten können multimediale Elemente, wie Audio- oder Videosequenzen, Bilder und Graphiken, eingebunden werden.

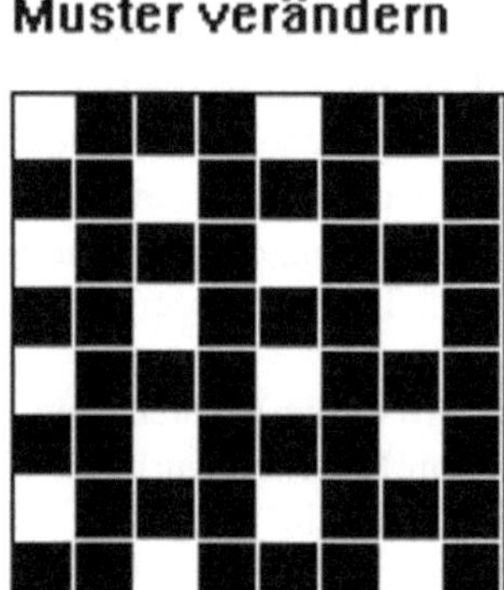

Abb. 4.44. Ausschnitt aus dem Mustermenü von RegioGraph

Legende, Maßstab, Nordpfeil. Für jede dargestellte Kartenschicht steht eine automatische Legende zur Verfügung, oder es kann eine individuelle Legende erstellt werden. Platzierung und Größe der Legende werden mit der Maus realisiert. Des Weiteren können Legendenattribute wie Hintergrundfarbe, Schattenart, Linienstärke und -farbe der Umrandung variiert werden. Das Gleiche gilt für den Schrifttyp und die Schriftgröße.

Beim Maßstab sind die Einheiten und Unterteilungen frei wählbar. Entfernungen können in der Karte direkt gemessen werden. Zum Darstellen des Nordpfeils stehen zwei Typen zur Auswahl.

Ausdruck und Export. Es können alle unter Windows zur Verfügung stehenden Ausgabegeräte genutzt werden. Das Druckformat reicht bis DIN A0; dieses ist auf kleinere Druckformate verteilbar. Eine Farbseparation der Karten ist möglich. Der Datenexport ist lediglich auf RegioGraph-Tabellen beschränkt. Beim Graphikexport stehen u. a. die Formate JPEG, TIFF, PCX zur Verfügung.

Benutzerfreundlichkeit. RegioGraph zeichnet sich durch die einfache und schnelle Bedienung aus. Alle wichtigen Funktionen sind als Icons in einer Werkzeugleiste und Werkzeugpalette anklickbar und werden zusätzlich durch Quick-Infos/Tools-Infos noch erläutert. Die Wechsel zwischen den Karten- und Tabellenebenen sowie die Layoutgestaltung verlaufen ohne Probleme.

Das mitgelieferte Handbuch ist verständlich aufgebaut und gut illustriert, was das Nachvollziehen von Programmfunktionen sehr erleichtert.

Beurteilung. Durch die gute Benutzerfreundlichkeit bereitet das Erlernen des Programms keine größeren Probleme. Einfache Karten können in kürzester Zeit erstellt werden. Für die Gestaltung komplexer Karten muss allerdings mehr Zeit aufgewendet werden, da die vielen Möglichkeiten sich nicht sofort erschließen.

Als Zielgruppe des Programms sind in erster Linie Firmen im Marketingbereich angesprochen. Dafür bietet das Programm zusätzliche Funktionen in der Tabellenkalkulation, wie Selektionen, Spaltenberechnungen und Aggregationen. Für komplexe kartographische Lösungen, die z. B. in der Planungskartographie umgesetzt werden müssen, ist RegioGraph sicherlich nicht konzipiert worden.

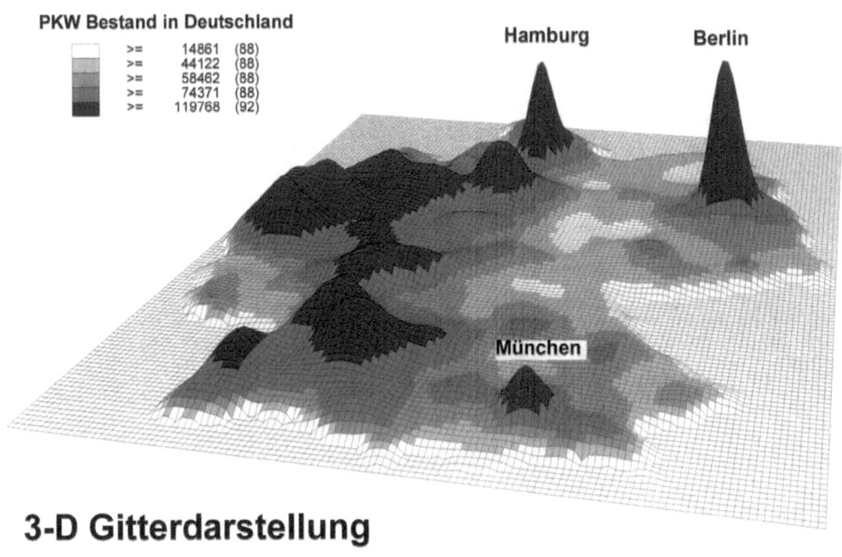

Abb. 4.45. 3D-Gitterdarstellung mit RegioGraph

RegioGraph 6.0

Vertrieb:	MACON AG Gustav-Struve-Allee 1, 68753 Waghäusel
E-Mail:	macon@macon.de
Homepage:	http://www.macon.de
Voraussetzungen:	Prozessor 133 MHz, 32 MB RAM, 15 MB Festplatte, Windows 95, 98, NT, 2000
Geometriedaten (Vektor)	
Digitalisierung:	möglich
Geometriedaten (Raster)	
Import:	gängige Formate
Sachdatenanbindung:	
Import:	gängige Formate
Export:	gängige Formate
Anbindung:	ODBC
Export komplette Karte:	Rasterformat, Vektorformat WMF, PostScript, Farbseparation
Darstellungsformen:	Choroplethen, Lokalsignaturen, datenabhängige Diagramme, Balkendiagramme (3), Kreisdiagramme (4), Ringe, Flächen, Linien, Körper, Segmentflügel, skalierte Symbole, Auszählungen, u. v. m.
Klassenbildung:	äquidistant, Quantile, benutzerdefiniert
Gestaltung:	Entwurf von Punkten und Linien, Linienschraffuren, Punktfelder und Symbolfüllung von Flächen, freies Zeichnen, automatische Legende, graphischer und numerischer Maßstab
Lieferumfang:	Geometrien, Handbuch deutsch und englisch
Geometriedaten:	ca. 600 MB, darunter Deutschland (Bundesländer, Kreise), Länder Europas, Weltkarte, thematische Layer wie PLZ, Gemeinden, administrative Grenzen, branchenspez. Layer, Flüsse/Gewässer, Autobahnen, Bundesstraßen, Städtepunkte
Preis Vollversion (Student):	900 € zzgl. Mwst., Campus-/Studentenermäßigungen auf Anfrage

4.3.9 THEMAP

THEMAP wurde von einem Team aus Historikern und Geographen an der Universität Trier konzipiert und zusammen mit der Berliner Softwarefirma GraS entwickelt. Ausgangspunkt war das Projekt „Datenmanagement" der Stiftung Rheinland-Pfalz für Innovation und Technik (Ebeling et al. 1998).

THEMAP ist ein objekt-orientiertes und modular aufgebautes Programmpaket mit kartographischem Schwerpunkt. Als eine typische Windows-Applikation kann es unter den Betriebssystemen Windows 9x, Windows NT 4.0 sowie Windows2000 eingesetzt werden.

Die Verwaltung der Geo- und Sachdaten erfolgt in Kartenprojekten, die aus einer Vielzahl von Dateien bestehen. Das Kartenfeld besteht aus den geometrischen Objekten: Punkte, Linien und Flächen, die eindeutig mit Hilfe von Objekt-Schlüsseln identifiziert werden. Diese Objekte können in Klassen mit einer fest definierten Struktur verwaltet werden. Die graphische Gestaltung wird frei definiert und ist in einem Katalog der Projekt-Karte festgehalten.

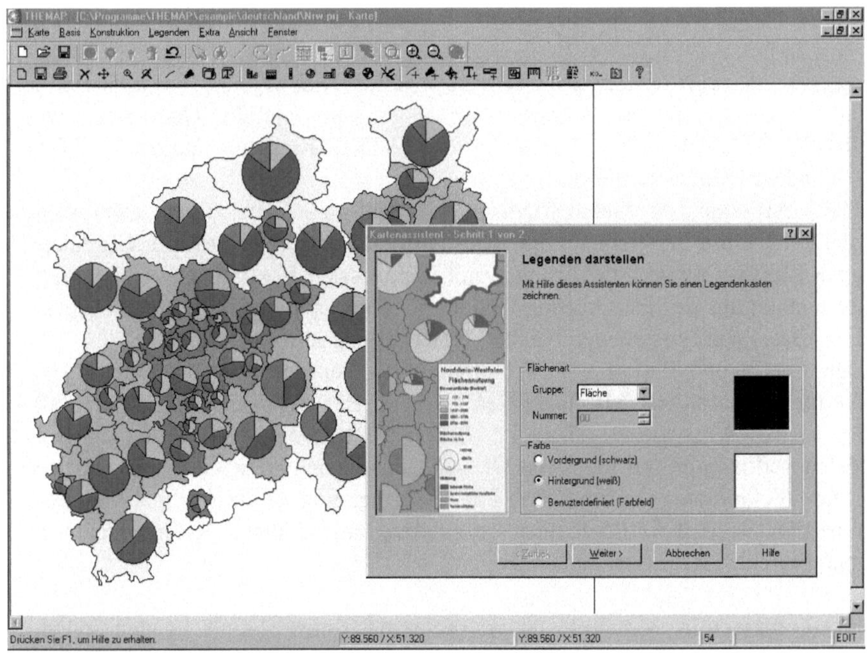

Abb. 4.46. Benutzeroberfläche von THEMAP mit Kartenassistenten

Oberfläche. Die Oberfläche besteht aus dem in Windows-Programmen üblichen Fenster mit Menüleiste oben und Statuszeile unten. Die Menüleiste wechselt in Abhängigkeit der Aktivitäten des Anwenders zwischen den Projekt- und den Kartenbefehlen. Die am häufigsten benötigten Funktionen sind über Icons aufzurufen (vgl. Abb. 4.46).

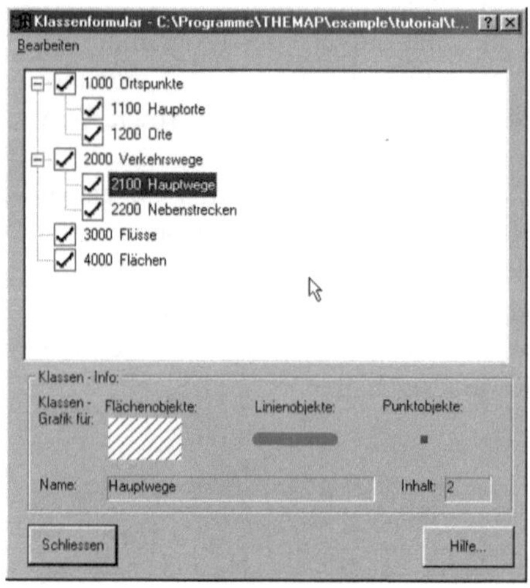

Abb. 4.47. Klassenformular

Geometriedaten. Charakteristisch für das Programm ist die Strukturierung der geometrischen Objekte in Klassen. Abbildung 4.47 zeigt ein einfach strukturiertes Klassenformular in Form einer Baumstruktur. In diesem Menü ist zu erkennen, wie die Objekte in der Karte verwaltet werden und welche graphische Gestaltung zugeordnet ist. Durch ein Doppelklick auf das Zeichenfeld besteht die Möglichkeit, die graphische Darstellung zu ändern. Das Klassenformular in THEMAP unterstützt den individuellen Aufbau einer Klassenstruktur genauso wie die Übernahme von ATKIS-Klassenkatalogen, sofern das ATKIS-Modul installiert ist.

THEMAP erlaubt es, Geometriedaten selbständig zu digitalisieren. Zwei Möglichkeiten werden unterstützt: die Bildschirmdigitalisierung auf der Grundlage einer Rastergraphik und das Arbeiten mit importierten Vektordaten. Weitere Objekte können aus der bestehenden Geometrie generiert werden. Dadurch können auf der Basis von Linienzügen Flächen-Objekte generiert werden.

Den Import und Export von Vektordaten (Geometriedaten) unterstützt THEMAP für MapInfo (MIF/MID), ESRI-ArcView (SHP), auf Anfrage ArcInfo (e00), AtlasGIS (BNA) sowie PC-Themak2 (BIN, ASCII), wobei die mit den Geometriedaten verknüpften Attributdaten ebenfalls berücksichtigt werden. Für den Import von Vektordaten der amtlichen Landesvermessung ist ein modular integrierbarer ATKIS-/ALK-EDBS-Reader vorhanden, um amtliche Referenzdaten in eigene Projekte integrieren zu können.

Georeferenzierung. Mit Hilfe des Georeferenzierungs-Moduls können sowohl Rasterkarten als auch Vektorgeometrien über Transformationen in einheitliche Referenz-Koordinatensysteme, z. B. das Gauß-Krüger-System der deutschen Landesvermessung oder das global gültige UTM-System, überführt werden. Verwendet wird eine 6-Parameter-Affin-Transformation.

Sachdaten. Sachdaten können auf verschiedenen Wegen in ein Kartenprojekt integriert und mit den Kartenobjekten verknüpft werden. Die gängigsten Methoden sind: die ODBC-Schnittstelle oder die Verwendung von ASCII- oder dBase-Dateien. Der Attributdaten-Import-Assistent unterstützt den Benutzer bei der Verknüpfung seiner Kartenobjekte mit externen Datenbeständen, wobei die einzelnen Kartenobjekte eines Projekts mit Attributdaten aus verschiedenen Datenquellen verbunden werden können. Die Zuordnung externer Daten (ODBC-Quellen) findet direkt über die Kartenobjekt-Identifikation bzw. über ein auszuwählendes Attribut statt.

Darstellungsformen. Grundsätzlich wird in THEMAP zwischen Diagrammen, die geometrischen Objekten zugeordnet sind, wie den Schwerpunkten von Flächen, Mittelpunkt von Linien, und flächenbezogenen thematischen Kartentypen unterschieden. Folgende Darstellungen werden z. B. angeboten:

- *Kreisdiagramme* (Kreissektoren) werden verwendet, um gegliederte Variablen abzubilden. Deren Größe wird proportional zum Gesamtwert abgebildet.
- *Rechteckdiagramme* stapeln die Variablen in einem rechteckigen Diagramm übereinander. Die Fläche der Diagramme ist proportional zur Summe aller dargestellten Variablen.
- *Histogramme* stellen die Variablen in nebeneinander stehenden Säulen dar.
- *Balkendiagramme* haben die Eigenschaft, dass die Variablen in immer gleich breiten Diagrammen übereinander abgetragen werden. Die Höhe der Diagramme ergibt sich aus der Summe der Werte der ausgewählten Attribute. Die Höhe der einzelnen Abschnitte ergibt sich aus den Werten der einzelnen Attribute.
- *Symboldiagramme* stellen Variablen als proportionales Diagramm dar.
- *Mosaikkarten* für flächenbezogene, qualitative Daten.
- *Choroplethenkarten* werden gewählt, um flächenbezogene, relative Daten in einer Karte abzubilden.
- *Liniennetzkarten* setzen Variablen um, die linienbezogen sind.

Diese Darstellungsformen können variiert und gleichzeitig miteinander im Kartenbild dargestellt werden. Auf diese Weise ist es möglich, verschiedene Attributdatensätze in unterschiedlichen Kartenschichten darzustellen. Darüber hinaus wird die Einbeziehung von Lokal- und Liniensignaturen sowie Texten und die Hinterlegung der Karte mit Rasterdaten ermöglicht. Die Legende wird automatisch erzeugt und kann manuell erweitert werden.

Kartenentwurf. Alle thematischen Karten werden mit Hilfe von Assistenten erstellt, die den Benutzer sicher führen. Alle notwendigen Informationen werden dort abgefragt und schließlich in der Karte umgesetzt.

Gestaltung. Jedem geometrischen Objekt ist eine graphische Gestaltung zugeordnet, die jederzeit im Objektformular geändert werden kann. Beim Doppelklick auf die graphische Gestaltung eröffnet sich ein Fenster, indem die Signaturen für

Punkte, Linien und Flächen geändert werden können. Zur Farbgestaltung stehen zwei Modelle, das HSB- und das RGB-Modell, zur Verfügung, um benutzerdefinierte Farbpaletten zu definieren (vgl. Abb. 4.48).

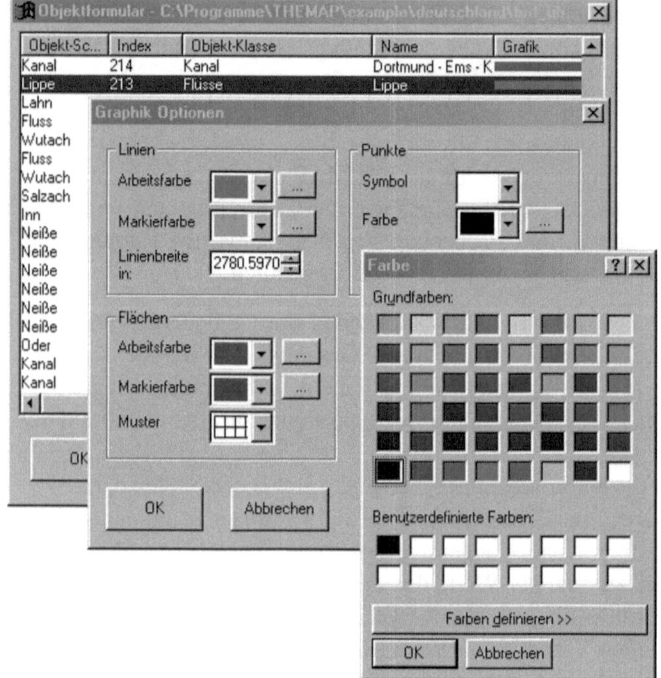

Abb. 4.48. Objektformular

Legende. Die Legende wird mit Hilfe von Assistenten automatisch generiert und lässt sich frei positionieren. Insgesamt dienen drei Assistenten dazu, die Legende zu gestalten. Unterschieden werden: Legendenbox, Legendenüberschrift und Legendenteile. Die Gestaltung der Legendenbox z. B. erfolgt in zwei Schritten: Im ersten Schritt kann der Hintergrund der Legende definiert und im zweiten Schritt verschiedene Optionen gewählt werden. Dazu gehört z. B. das Zeichnen eines Rahmens um den Legendenkasten. Die Legendenüberschrift wird in sechs Schritten erstellt, wobei Schriftart, Schriftgröße, Laufweite u. v. m. festgelegt werden. In weiteren sechs Schritten können Legendenteile definiert werden. Gemeint sind damit die Beschreibung aller verwendeten thematischen Kartensignaturen, u. a. der Signaturenmaßstab.

Ausdruck und Export. Ein Dialog steuert die Kartenausgabe auf einem Windows-Drucker. Eine Postscript-Datei kann mit einem geeigneten Druckertreiber mittels der Option „Drucken in eine Datei" erstellt werden. Die Ausgabe einer fertigen THEMAP-Präsentationskarte kann in das Windows Metafile Format

(WMF) erfolgen. Die so erzeugte Datei kann in jede Office-Anwendung integriert werden oder in Bildverarbeitungsprogrammen weiter bearbeitet und dort in andere Bildformate wie TIFF, BMP, JPG oder GIF konvertiert werden.

Benutzerfreundlichkeit. Für den Einstieg in das Programm sollte sich der unerfahrene Anwender etwas Zeit nehmen. Das Programm ist zwar klar strukturiert, geht jedoch eigene Wege und hat eine eigene Begriffswelt entwickelt. Der Anwender wird bei der Kartenerstellung durch eine Vielzahl von Assistenten unterstützt, die alle wichtigen Aufgaben in geführten Menüs strukturieren. Der mitgelieferte Tutor hilft dabei, ein erstes kleines Projekt durchzuführen. Dadurch können die wichtigen Funktionen leicht erlernt werden. Innerhalb des Programms steht eine ausreichende Online-Hilfe zur Verfügung.

Beurteilung. Der Schwerpunkt dieses Programms liegt mehr in der kartographischen Darstellung von Daten als in deren Analyse. Dafür sprechen die vielfältigen Arten von thematischen Karten, die erstellt werden können. Es steht ein Statistikmodul zur Verfügung, das über grundlegende Funktionen deskriptiver Statistik, Clusteranalyse und Korrelations-, Kovarianz- und linearer Regressionsanalyse verfügt. THEMAP soll in Zukunft um ein Geostatistik-Modul mit Funktionen wie Variogrammanalyse, Kriging, räumliche Regression, räumliche Autokorrelation sowie die Analyse räumlicher Nachbarschaftsbeziehungen ergänzt werden.

Hat sich dem Anwender die Philosophie des Programms erschlossen, ist es relativ schnell und leicht möglich, eine Karte zu erstellen. Die Verwandtschaft zum Programm THEMAK2 wird durch die große Auswahl von Kartentypen und die präzise Darstellung spürbar. Auch können dessen Projekte vollständig importiert werden.

THEMAP 1.2

Vertrieb:	Gesellschaft für raumbezogene Software und multimediale Konzeptionen (GruK) Hohenzollernstr. 22, 53173 Bonn GraS Graphische Systeme GmbH Heilbronner Str. 10, 10711 Berlin
E-Mail:	gruK@gruK.de, gvt@gras.de
Homepage:	www.gruK.de, www.gras.de
Voraussetzungen:	Prozessor 133 MHz, 64 MB RAM, 200 MB Festplatte, Windows 95, 98, NT, 2000
Geometriedaten (Vektor)	
Import:	Shape-Format, MapInfo
Export:	Shape-Format, MapInfo
Digitalisierung:	möglich
Geometriedaten (Raster)	
Import:	gängige Formate
Sachdatenanbindung:	
Import:	gängige Formate
Export:	gängige Formate
Anbindung:	ODBC
Export komplette Karte:	Vektorformat WMF, PostScript
Darstellungsformen:	Choroplethen, Lokalsignaturen, datenabhängige Diagramme, Balkendiagramme (3), Kreisdiagramme (4), Gitternetz, Netzkarte, Pfeildiagramm, Liniennetz, Mosaik, Flächenrichtungskarte
Klassenbildung:	äquidistant, mathematische Progression, Quantile, benutzerdefiniert
Gestaltung:	Linienschraffuren, Punktfelder und Symbolfüllung von Flächen, freies Zeichnen, automatische Legende, graphischer und numerischer Maßstab
Lieferumfang:	Geometrien, Handbuch deutsch und englisch, Tutorial deutsch und englisch
Geometriedaten:	ca. 4 MB, darunter Deutschland (Bundesländer), Länder Europas, Nordrhein-Westfalen (Kreise)
Preis Vollversion (Student):	ab 550 € (275 €), Netzwerklizenzen

4.4 Graphikprogramme

Auch Graphikprogramme, die nicht speziell für die Kartographie entwickelt wurden, sondern das Zeichnen und Entwerfen am Computer ermöglichen, lassen sich für die thematische Kartographie nutzen. Beispielsweise werden die Konstruktionssoftware AutoCAD (vgl. Helfer 1995) sowie verschiedene allgemeine Graphikprogramme zum Kartenentwurf eingesetzt. Graphikprogramme sind vektororientierte Programme zur Erstellung verschiedenster Darstellungen. Bei der Arbeit am PC sind sie ein vielseitiges Hilfsmittel und können auch für kartographische Zwecke eingesetzt werden, obwohl ihr hauptsächlicher Anwendungsbereich in anderen Gebieten liegt, z. B. im Design von Produktverpackungen, Werbeanzeigen oder Firmenlogos.

Während die Welt der Geoinformationssysteme und der Kartographieprogramme ihren Schwerpunkt auf der Welt des PCs hat, sind fast alle Graphikprogramme auch auf Apple Macintosh verfügbar. Bekannt sind die Macintoshs durch die systemspezifische graphische Oberfläche, die erste im Bereich der Computer überhaupt. Im Gegensatz zur IBM-PC-Welt war Apple bereits Mitte der 80er Jahre Plattform für die graphische Datenverarbeitung, vor allem für den Bereich des *Desktop Publishing*. Desktop Publishing (DTP) ist ein Konzept zur Erstellung integrierter Druckvorlagen mit Graphik und Text an einem Bildschirmarbeitsplatz.

Zu den gängigen Programmen, die sowohl auf der PC- als auch der Apple-Plattform laufen, gehören CorelDraw, FreeHand und Adobe Illustrator. Der Funktionsumfang der Graphikprogramme ist zwar unterschiedlich, enthält aber im Wesentlichen immer einen Kern ähnlicher graphischer Werkzeuge. Die Unterstützung folgender Funktionen ist charakteristisch (vgl. Abb. 4.49):

- Graphiken aus verschiedensten Quellen und in unterschiedlichen Formaten können *importiert*, kombiniert und verändert werden.
- Beim *Entwurf von Linien, geometrischen Figuren* und *Text* lassen Graphikprogramme im Allgemeinen keine Wünsche offen. Linien können als Geraden oder Kurven gezeichnet, Flächen können definiert werden. Die Elemente sind in Ebenen vor- bzw. hintereinander anzuordnen.
- Die *Gestaltung von Linien, Flächen, Lokalsignaturen* und *Text* bietet mehr Möglichkeiten, als es in Kartographieprogrammen üblich ist. So können beispielsweise die Umrandungen von Flächen in Farbe und Strichstärke beeinflusst werden, und für Füllungen stehen Kataloge mit Spezialmustern zur Verfügung.
- Besondere *graphische Effekte*, wie z. B. Farbverläufe, Verzerren, Drehen, 3D-Effekte usw. sind einsetzbar.
- Die Graphikprogramme bieten *Symbol-* und *Clipart-Bibliotheken*. Das sind Kataloge vorbereiteter Bilder, die sich in jede Graphik einbinden und weiterverarbeiten lassen.

Die Anwendungsmöglichkeiten von Graphikprogrammen in der Digitalen Kartographie sind vielfältig. Es lassen sich drei Gruppen von Einsatzmöglichkeiten unterscheiden, nämlich die Nachbearbeitung von Karten, das eigenständige Zeichnen von Karten und der Entwurf kartographischer Elemente.

Bei der *Nachbearbeitung von Karten*, die mit kartographischer Software erstellt wurden, lassen sich u. a. die in Abb. 4.49 gezeigten Funktionen nutzen. Beschriftungen können ergänzt oder verändert, Clipart-Bilder eingefügt oder die Legendengestaltung verbessert werden. Die Karten werden über die Windows-Zwischenablage oder als Graphikdateien importiert. Die Nachbearbeitung umfasst die Möglichkeit zur Kombination und Anordnung mehrerer Karten auf einer Seite.

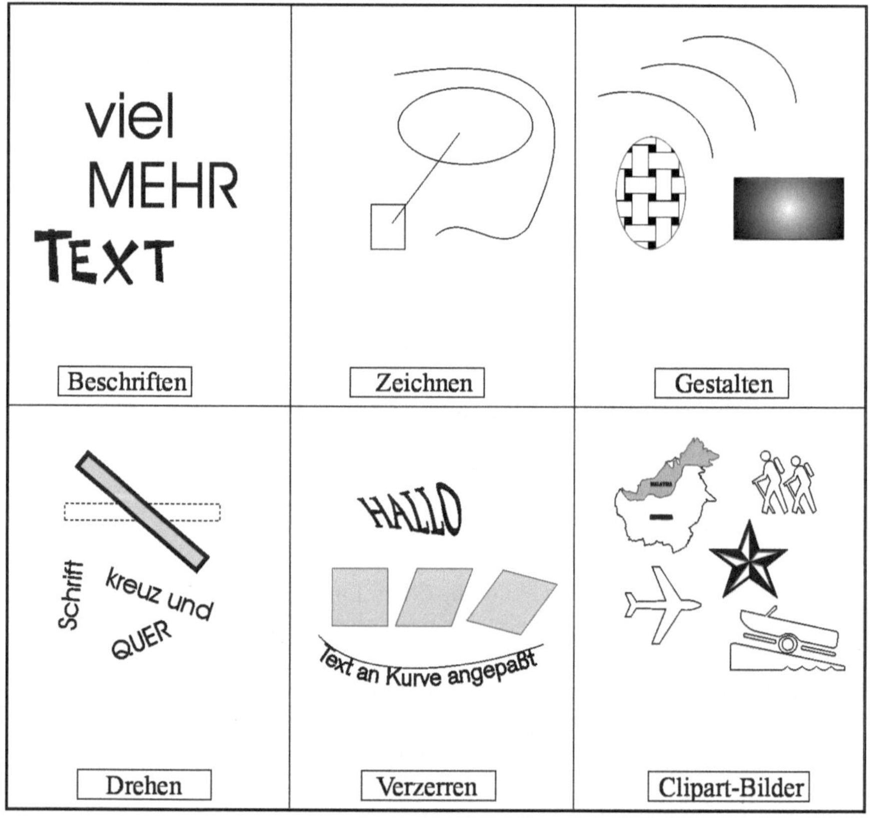

Abb. 4.49. Ausgewählte Möglichkeiten eines Graphikprogramms

Zum *eigenständigen Zeichnen von Karten* können Graphikprogramme dann eingesetzt werden, wenn Darstellungsformen verwendet werden sollen, die das vorhandene Kartographieprogramm nicht unterstützt. Cribb (1994) beschreibt die Produktion eines historischen Atlas, der ausschließlich mit CorelDraw erstellte Karten enthält. Als Kartenvorlagen können zum Beispiel Karten aus der Clipart-Bibliothek dienen, aber auch importierte Karten aus kartographischer Software. Da sich Diagrammberechnungen etc. nur eingeschränkt automatisieren lassen, ist der Kartenentwurf insgesamt relativ mühsam. Deshalb ist diese Vorgehensweise nur bei kleineren Karten oder bei Karten mit einer geringen Beziehung zu Sachdaten, z. B. Lageplänen, sinnvoll.

In Abbildung 4.50 wurde im Programm CorelDraw eine thematische Karte mit Rechteckdiagrammen erstellt. Ein Rechteckdiagramm stellt zwei Variablen dar, eine auf der x-Achse, die andere auf der y-Achse. Die Fläche des Rechtecks stellt die Multiplikation der dargestellten Werte dar, in diesem Beispiel die Anzahl der Übernachtungen. Als Grundkarte fand eine als Clipart-Graphik mitgelieferte Spanienkarte Verwendung. Die Größenrelationen der Diagramme wurden errechnet und die einzelnen Elemente dann gezeichnet. In den Beschriftungskästchen finden sich weitere Clipart-Bilder.

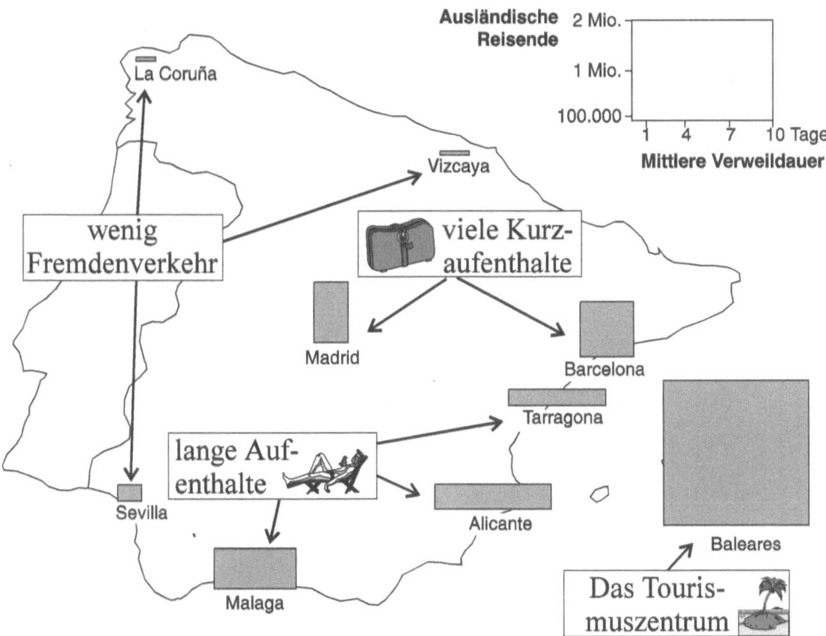

Abb. 4.50. Mit CorelDraw entworfene Karte

Schließlich können Graphikprogramme zum *Entwurf von Objekten*, z. B. Lokalsignaturen, eingesetzt werden. Diese lassen sich in manche Kartographieprogramme einlesen und dort für Entwurf oder Gestaltung von Karten verwenden.

4.5 Programme zur Bildbearbeitung und -analyse

Bei vielen Kartographieprogrammen ist es mittlerweile möglich, Rasterdaten zu integrieren, sei es als Digitalisierungsgrundlage, Kartenhintergrund oder bildhafte Zusatzinformation. Allerdings sind die wenigsten Programme in der Lage, diese Bildinformationen befriedigend zu bearbeiten oder zu analysieren. Es gibt eine Reihe von Programmen zur Bildbearbeitung wie u. a. Corel Photo-Paint, Paintbrush, Photoshop, Photo Magic oder Picture Publisher. Von diesen Programmen ist Photoshop seit 1988 der uneingeschränkte Marktführer. Die Analyse von Rastergraphiken ist im Bereich der Fernerkundungsdaten, z. B. Luft- und Satellitenbildern wichtig. Hier gibt es eine Vielzahl von Programmen, von denen beispielhaft ERDAS kurz vorgestellt wird.

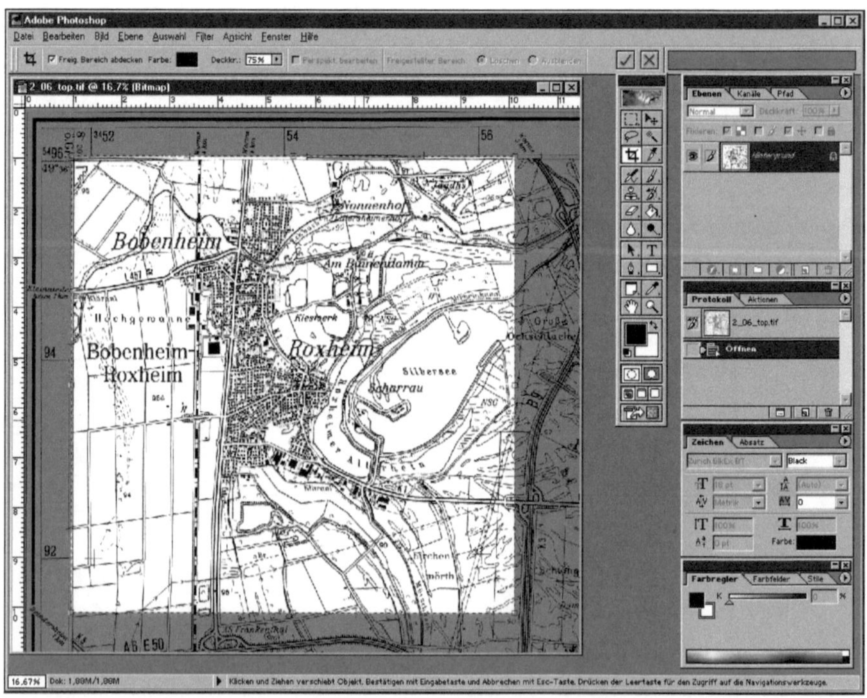

Abb. 4.51. Bildbearbeitung mit Photoshop

Photoshop. Adobe Photoshop ist ein professionelles Programm zur Erstellung und Bearbeitung von Bildern. Zu den vielen Möglichkeiten, die Photoshop bietet, gehören die Funktionen Farben ändern, Elemente retuschieren, Text einfügen, mit Spezialeffekten experimentieren, u. v. m.

Das Programm Photoshop verfügt über eine umfangreiche Ebenenfunktion, mit der in einem Bild Hunderte von Ebenen erstellt und mit deren Hilfe Elemente komplex angeordnet werden können. Diese Ebenen können wiederum zu Ebenengruppen zusammengefasst werden, um damit inhaltlich zusammenhängende Teile des Bildes zu überwachen. Die erweiterten Exportfunktionen ermöglichen das Erhalten von Ebenen in Dateien, die als PDF oder TIFF abgespeichert wurden.

Die neueste Version Photoshop 6.0 bietet integrierte Werkzeuge für das Erstellen und Ausgeben von sauberen bearbeitbaren Vektorformen und Texten. Mit diesen Werkzeugen können auflösungsunabhängige, vektorbasierte Graphiken integriert und in pixelbasierte Bilder eingefügt werden. Photoshop bietet dabei eine große Palette von Formatierungsoptionen für Texte, wobei der Text auch beim Drehen, Skalieren, Verzerren oder beim Anwenden verschiedener Effekte bearbeitbar bleibt.

Photoshop verfügt außerdem über ein erweitertes Web-Toolkit mit vielen zeitsparenden, produktionsorientierten Funktionen. Dies schließt eine enge Integration mit dem hoch entwickelten Web-Produktionswerkzeug Adobe Image Ready 3.0 ein. Mit Hilfe von neuen Rollover-Stilen, erweiterter Bildzuordnungsunterstützung und gewichteter Optimierungssteuerung kann die Web-Produktion effektiver gestaltet oder visuelle Ergebnisse verfeinert werden.

ERDAS. ERDAS ist ein rasterorientiertes Bildverarbeitungs- und geographisches Informationssystem. In der Bundesrepublik wird ERDAS seit 1984 angeboten und wird von Institutionen in den Bereichen Geographie, Geologie, Forstwirtschaft, Umweltschutz, Kartographie, Regional- und Landesplanung u. v. m. eingesetzt (vgl. Abele 1992). Die Software läuft auf PCs und Workstations unter den Betriebssystemen Windows und UNIX.

ERDAS wird in erster Linie zur Verarbeitung von digitalen Satellitendaten verwendet. Dazu gibt es spezielle Programmfunktionen, die alle wichtigen Verfahren der digitalen Bildverarbeitung sowie der Geokodierung beinhalten. Als weitere Informationsebenen können auch digitale Geländemodelle oder Vektordaten in ERDAS verarbeitet werden. Die Geometrie- und Sachdaten werden in einem speziellen GIS-Modul integriert, das vielfältige Verknüpfungen und Analysen ermöglicht.

5 Zusammenfassung

Drei Voraussetzungen müssen erfüllt sein, um gute Karten am Computer entwerfen und gestalten zu können: Ein Mindestmaß an kartographischen Grundkenntnissen, Fertigkeiten in der EDV und Software, die den benutzerspezifischen Erfordernissen angepasst ist.

Die theoretischen Grundlagen der thematischen Kartographie unterscheiden sich in einem Punkt wesentlich von den Grundlagen der EDV. Sie unterliegen nicht einer turbulenten Entwicklung, sondern es handelt sich um Grundlagen, die noch in vielen Jahren die gleiche Gültigkeit haben werden wie heute. Das heißt nicht, dass die Entwicklung in der Kartographie stillsteht, aber sie verläuft in einer anderen zeitlichen Dimension. Die Konsolidierung der Kenntnisse hat vor fast zwei Jahrzehnten stattgefunden und kam in den großen Lehrbüchern zum Ausdruck, die in den 70er Jahren erschienen sind. Die darin aufgezeigten theoretischen Grundlagen haben bis heute, und nicht nur in ihren Grundzügen, Gültigkeit. Lediglich die Akzentuierung ist einem Wandel unterworfen, der vom herrschenden Zeitgeist abhängt.

Besonders in wissenschaftlichen Publikationen herrscht in der Kartographie eine starke Sachlichkeit des Ausdrucks vor, wenn auch Tendenzen sichtbar werden, die Aussage von Karten und Graphiken stärker mit gestalterischen Elementen zu unterstützen. Meist ist es jedoch immer noch das Ziel, mit minimalem Einsatz von Ausdrucksmitteln eine zielgruppengerechte Karte zu entwerfen. Das Erscheinungsbild wird im Wesentlichen durch die Daten und das Ziel der Darstellung bestimmt. Auf schmückendes Beiwerk wird häufig verzichtet. Während bis Anfang der 90er Jahre nur ein kleiner Kreis Zugang zur Kartographie hatte und dieser Kreis überwiegend mit den theoretischen Grundlagen vertraut war, hat sich dies heute grundlegend geändert. Modern gestaltete und benutzerfreundliche Desktop-Mapping-Software erlaubt es fast jedem, Karten zu erzeugen, und zwar ohne theoretische Grundkenntnisse. Die digitale Kartographie hat jedoch die Gültigkeit der in Kapitel 2 dargelegten Grundsätze aus Graphik und Kartographie keineswegs gemindert. Deshalb ist deren Kenntnis nach wie vor von größter Wichtigkeit, und eine intensive Beschäftigung mit ihnen ist unabdingbar. Ratschläge wie „das Erscheinungsbild wird durch die Daten bestimmt“ sind ohne weitergehende Kenntnisse eine leere Phrase.

Die Qualität einer Software lässt sich daran messen, inwieweit sie die Umsetzung der kartographischen Grundprinzipien erleichtert oder zumindest ermöglicht.

Für den größten Teil der Software kann dies gelten, auch wenn bei weitem nicht die Vielfalt thematischer Kartographie abgedeckt wird.

Vergleich der PC-Programme. Die digitale Kartographie hat im PC-Bereich, analog zur Hardware, eine bemerkenswerte Entwicklung genommen. Noch Ende der 80er Jahre waren am PC erstellte Karten eindeutig als solche erkennbar, und zwar am Erscheinungsbild. Aus kartographischer Sicht wiesen sie häufig Mängel auf, die sich mit den Programmen nicht beheben ließen. Diese Kinderkrankheiten sind mittlerweile von den meisten Programmen überwunden. Sowohl die Funktionen als auch die Art der Bedienung wurden entscheidend verbessert. Die Unterschiede zwischen den einzelnen Programmen, wie sie aus Kap. 4.3 hervorgehen, sind in der Tabelle 5.2 vereinfacht zusammengefasst.

Beim *Kartenentwurf* unterscheiden alle Programme zwischen der Geometriedatenebene und der Sachdatenebene. Einige können die Informationen auf etlichen weiteren Ebenen abspeichern, die sich dann wie Transparentfolien übereinander legen lassen. Diese Arbeitsweise, die als *Multi-Layer-Technik* bezeichnet wird, findet sich in Variationen in allen Programmen.

Tabelle 5.1. Klassenbildung im Vergleich

✓ möglich Klassenbildungsverfahren	ArcView	EASYMAP	MapInfo	MapViewer	MERCATOR	PCMap	PolyPlot	RegioGraph	THEMAP
äquidistant, gleichabständig	✓	✓	✓	✓	✓	✓	✓	✓	✓
mathematische Progression					✓		✓		✓
natürliche Brüche	✓		✓		✓		✓		
Quantile	✓	✓	✓	✓	✓	✓	✓	✓	✓
mit Hilfe statistischer Parameter	✓		✓		✓	✓	✓		
benutzerdefiniert	✓	✓	✓	✓	✓	✓	✓	✓	✓

Anm.: Die Eintragungen sind nach vergleichbaren Kriterien ermittelt und können von Herstellerangaben abweichen.

Als *Darstellungsformen* bieten alle Programme Choroplethen- und Diagrammkarten, Standortkarten sowie eine Vielzahl von individuellen Kartentypen. Alle erlauben es, Choroplethenkarten mit zumindest einer weiteren Darstellungsform zu überlagern. Die Klassenbildung wird durch verschiedene Methoden unterstützt, wobei sich die Programme in der Anzahl der möglichen Methoden unterscheiden (vgl. Tab 5.1). Deutlicher sind die Unterschiede bei den Diagrammkarten. Alle Programme bieten datenabhängige Diagramme, Balken-, Säulen- und Kreisdiagramme, wobei allerdings die Auswahl innerhalb dieser Diagrammgruppen unterschiedlich ausfällt.

Die *Gestaltungsmöglichkeiten* in den Programmen sind ebenfalls recht unterschiedlich, von den einheitlichen Schriften der Windows-Software abgesehen. Die meisten Programme lassen dem Anwender bei der Anordnung der Elemente freie Hand.

Tabelle 5.2. Ausgewählte Eigenschaften der PC-Software im Vergleich

✓ möglich (✓) geplant (Angabe Hersteller) - nicht möglich n Anzahl Varianten	ArcView	EASYMAP	MapInfo	MapViewer	MERCATOR	PCMap	PolyPlot	RegioGraph	THEMAP
Version	3.2	6.5	6.0	3.0	5.0	10.5	5	6.0	1.2
Betriebssystem/Oberfläche	win	win	win	win	win	win	win	win	win
Darstellungsformen									
Choroplethenkarten	✓	✓	✓	✓	✓	✓	✓	✓	✓
Symbolkarten	✓	✓	✓	✓	✓	✓	✓	✓	✓
Diagrammkarten	✓	✓	✓	✓	✓	✓	(✓)	✓	✓
Kreisdiagramme (n)	2	2	1	1	4	3		4	3
Balkendiagramme (n)	2	2	2	1	2	4		3	2
weitere Darstellungen (n)	2	1	7	2	3	-		8	-
Sachdaten bearbeiten und analysieren									
Klassifikationsverfahren (n)	5	2	5	3	6	4	6	3	4
stat. Parameter berechnen	✓	✓	✓	✓	✓	✓	✓		✓
neue Variablen	✓		✓	✓	✓	✓	✓		✓
Sachdaten aus Zwischenablage	✓	✓	✓	✓	✓	✓		✓	
Indikatoren berechnen	✓		✓	✓	✓	✓	(✓)	✓	
Geometriedaten									
Import									
ArcView Shape-File	✓		✓		✓	✓	✓	✓	✓
MapInfo (*.mif)	✓		✓					✓	✓
DXF	✓		✓	✓	✓	✓	✓		
Export									
ArcView Shape-File	✓		✓		✓	✓	✓		✓
MapInfo (*.mif)	✓		✓						✓
DXF	✓		✓	✓		✓	✓		
Sachdatenanbindung									
Import Excel/dBase	✓	✓	✓	✓	✓	✓	✓	✓	✓
dynamischer Datenaustausch DDE	✓	✓				✓			
ODBC	✓	✓	✓			✓	✓	✓	✓
Graphische Gestaltung									
Lokalsignaturen									
Entwurf im Programm	✓		✓			✓	✓	✓	
Import eigener Liniensignatur	✓	✓	✓		✓	✓	✓	✓	
Entwurf im Programm	✓			✓		✓	✓	✓	
Flächensignatur									
Linienschraffuren definierbar	✓			✓		✓	✓	✓	✓
Punktfelder definierbar	✓			✓				✓	✓
Flächenfüllung mit Strukturmuster	✓					✓	✓	✓	✓
freies Zeichnen	✓	✓	✓	✓		✓	✓	✓	✓
automatisch Legende erzeugen	✓	✓	✓	✓	✓	✓		✓	✓
Reduktionsmaßstab (numerisch)	✓	✓			✓	✓	✓	✓	✓
Maßstabsbalken (graphisch)	✓	✓	✓	✓	✓	✓	✓	✓	✓
Ausgabe komplette Karte									
Rasterdatei	✓	✓	✓	✓	✓	✓	✓	✓	
Vektorformat WMF	✓	✓	✓	✓	✓	✓	✓	✓	✓
Druckformat (PS)	✓	✓			✓	✓	✓	✓	

Anm.: Die Eintragungen sind nach vergleichbaren Kriterien ermittelt und können von Herstellerangaben abweichen.

Die optimale Software. Nachdem insgesamt zehn PC-Kartographieprogramme ausgiebig getestet wurden, drängt sich die Frage nach dem besten Programm auf. Diese lässt sich nicht generell beantworten, da alle Programme Stärken und Schwächen in bestimmten Bereichen aufweisen. Grundsätzlich ist an ein Kartographieprogramm die Anforderung zu stellen, dass es die Herstellung vollständiger und korrekter Karten ermöglichen muss. Programme, die dies nicht oder nur auf Umwegen gestatten, können generell nicht empfohlen werden. Bei den anderen Programmen lässt sich keine Rangliste aufstellen. Welche Vor- oder Nachteile der Programme letztlich entscheidend sind, hängt von den Anforderungen und Wünschen des jeweiligen Anwenders ab. Die Qualität einer Software bemisst sich danach, inwieweit sie diesen Anforderungen entspricht. Neben dem Funktionsumfang spielt auch die Art der Bedienung, d. h. die Oberfläche, eine wichtige Rolle.

Vereinfacht lassen sich verschiedene Typen von Anwendern unterscheiden, wobei das Spektrum vom Gelegenheits-Kartographen bis hin zum hauptberuflich mit der Kartenerstellung befassten Profi reicht.

Die erste Gruppe bilden Anwender, die Karten nur gelegentlich einsetzen. Daraus folgt, dass ein geeignetes Kartographieprogramm einfach strukturiert und leicht zu erlernen sein muss. Diese Personen verfügen außerdem in der Regel über keinerlei kartographische Vorkenntnisse und verspüren wenig Lust, sich diese anzueignen. Zur Kartenerstellung sollten deshalb nur wenige Schritte erforderlich sein, bei denen das Programm den Anwender weitgehend bei der Hand nimmt und auf den richtigen Weg leitet. Essentielle Kartenelemente, z. B. der Maßstab oder die Legende, sollten vom Programm automatisch angefordert und eingezeichnet werden. Allzu viele Einstellungsmöglichkeiten erweisen sich hier zumeist als Fehlerquellen, und Variationen beim Layout führen leicht zu einem chaotischen Kartenbild. Die genannten Anforderungen werden z. B. von den Programmen EASYMAP und RegioGraph weitgehend erfüllt.

Anwender, die im Rahmen ihrer Tätigkeit regelmäßig Karten verwenden und erstellen wollen, bilden die zweite Gruppe. Bei ihnen kann ein gewisses Maß an kartographischem Sachverstand sowie an graphischem Gespür vorausgesetzt werden. Dennoch ist die Kartenerstellung nur ein Nebenaspekt der Aufgabe, woraus folgt, dass die Kartenerstellung nicht allzu viel Zeit in Anspruch nehmen sollte. Gewisse Einschränkungen, was Entwurf und Gestaltung der Karte angeht, werden dafür hingenommen. Geeignet für diese Anwendergruppe ist z. B. das Programm EASYMAP.

Anwender, die häufig Karten erstellen, gute kartographische Grundkenntnisse haben und hohe Ansprüche an Entwurf und Gestaltung einer Karte stellen, bilden die dritte Kategorie. Karten werden regelmäßig für Publikationen erarbeitet, die für ein kartographisch geschultes Fachpublikum bestimmt sind. Solche Anwender sind bereit, einen hohen Einarbeitungsaufwand hinzunehmen und gegebenenfalls viel Zeit in die Erarbeitung einer Karte zu investieren. Dementsprechend sollte ein geeignetes Kartographieprogramm wie ein Werkzeugkasten aufgebaut sein, der keine vorgefertigten Lösungen oder Rezepte liefert, sondern Unterstützung beim freien Entwurf einer Karte anbietet. Für solche Anwender eignen sich zum Beispiel die Programme PolyPlot, PCMap, MapInfo, THEMAP, MapViewer und ArcView.

Große Bedeutung kommt auch der Analyse der Daten zu, die vor dem Kartenentwurf steht. Hier gibt es sicherlich eine Reihe von Nutzern, die auf die GIS-Funktionalitäten Wert legen. Tabelle 5.2 zeigt, inwieweit GIS-Funktionalität in den beprochenen Versionen verwirklicht ist. Auffallend ist, dass in den letzten Jahren immer mehr Programme die Datenanalyse unterstützen und entsprechende Werkzeuge weiterentwickeln. Die GIS-Funktionen sind in fast allen Programmen vorhanden. Ausnahmen sind MapViewer, MERCATOR und THEMAP, die nur eingeschränkte Möglichkeiten bieten. Sehr gute GIS-Funktionen bieten ArcView und MapInfo.

Eine Sonderstellung nehmen solche Anwender ein, die nur Arbeitskarten als Analyseinstrument für ihre räumlichen Daten einsetzen wollen und an einer Präsentation fertiger Karten nur untergeordnetes Interesse haben. Diese Anwender können eventuell mit den Kartographiemöglichkeiten innerhalb der Tabellenkalkulations- oder Statistiksoftware zufrieden sein, z. B. wenn Excel oder NSDstat Pro verwendet wird.

Außerdem spielen Faktoren wie der Preis, die Zugänglichkeit von Koordinaten oder die Programmsprache eine Rolle; diese können aber von jedem selbst nach den eigenen Maßstäben gewichtet werden. Beim Preis ist unbedingt zu berücksichtigen, dass er sich aus zwei Komponenten zusammensetzt, und zwar aus den Kosten für die Software und den Kosten für die Geometriedaten. Ein Preisvergleich muss beide Faktoren einbeziehen.

Die Mehrzahl der Karten wird nicht mehr für den Druck, sondern den *Bildschirm* produziert. Einsatzbereich ist die Analyse von raumbezogenen Karten am Bildschirm, der Einsatz von Karten in Multimedia-Produkten und im Internet. Der Begriff Multimedia stammt aus dem Bereich des modernen Kommunikationswesens und bedeutet den Einsatz aller Medien im Rahmen eines komplexen Informationssystems, darunter z. B. Karten, Graphiken, Bilder, Texte, Filme und Klang. Dieses Informationsangebot wird durch Multimedia wesentlich erweitert. So können Filme und gesprochene Texte Informationen über das dargestellte Gebiet oder das Thema geben. Auf diese Art können komplexe Sachverhalte anschaulich vermittelt werden. Karten sind neben anderen audiovisuellen Techniken elementare Bestandteile von multimedialen Systemen und behalten somit ihre Funktion zur Darstellung raumbezogener Informationen bei.

Ähnliches gilt für die Karte im Internet. Auf vielen Homepages sind Karten zu finden. Inzwischen stehen eine Vielzahl von Techniken zur Verfügung, Karten in guter Qualität ins Internet zu stellen. Diese Entwicklung haben auch viele der Hersteller von Software für Kartographie und GIS erkannt und bieten Schnittstellen. Karten können durch entsprechende Speicherformate direkt in den HTML-Code eingefügt werden.

Literatur

ABELE, L. (1992): Das System ERDAS. In: KILCHENMANN, A. (Hrsg.): Technologie Geographischer Informationssysteme, 181-190. Berlin.

ADOBE SYSTEMS INC. (Hrsg.) (1988): PostScript: Einführung und Leitfaden. Bonn.

ARNBERGER, E. (1966): Handbuch der thematischen Kartographie. Wien.

ARNBERGER, E. (1968): Ein grundlegender Beitrag der Raumforschung und Landesplanung zur Methodenlehre der thematischen Kartographie. In: Mitteilungen der Österreichischen Geographischen Gesellschaft, 110, 265-277. Wien.

ARNBERGER, E. (1979): Die Bedeutung der Computerkartographie für Geographie und Kartographie. In: Mitteilungen der Österreichischen Geographischen Gesellschaft, 121, 9-45. Wien.

ARNBERGER, E. (1983): Thematische Kartographie – Revolution oder Evolution? In: Kartographische Nachrichten, 35, 109-115.

ARNBERGER, E. (1987): Thematische Kartographie. Braunschweig.

ASCHE, H. (1989): Einsatz von Mikrocomputern in der Kartographie. In: Wiener Schriften zur Geographie und Kartographie, 2, 182-190.

ASCHE, H. & C. HERRMANN (1994): Desktop Mapping in der thematischen Kartographie. Stand der Technik und Marktübersicht. In: DODT, J. & W. HERZOG (Hrsg.): Kartographisches Taschenbuch 1994/95, 75-94. Bonn.

ASCHE, H. (2001): Kartographische Informationsverarbeitung in Datennetzen – Prinzipien, Produkte, Perspektiven. In: HERRMANN, C. & H. ASCHE (Hrsg.): Web.Mapping 1. Raumbezogene Information und Komunikation im Internet. Heidelberg.

BAGER, J. (1995): Malen nach Zahlen. Desktop-Mapping-Systeme machen Statistikdaten anschaulich. In: c't, 9, 112-117.

BAHRENBERG, G., GIESE, E. & J. NIPPER (1990^3): Statistische Methoden in der Geographie. Band 1: Univariate und bivariate Statistik. Stuttgart.

BÄHR, H.-P. & T. VÖGTLE (1991^2): Digitale Bildverarbeitung. Anwendung in Photogrammetrie, Kartographie und Fernerkundung. Karlsruhe.

BAKER, S. & K. BAKER (1993): Market Mapping. How to use revolutionary new software to find, analyze, and keep customers. New York.

BÄR, W.-F. (1976): Zur Methodik der Darstellung dynamischer Phänomene in thematischen Karten. Frankfurter Geographische Hefte, 51.

BARTELME, N. (2000[3]): Geoinformatik. Modelle, Strukturen, Funktionen. Heidelberg.

BÄTZ, W.H. & R. HAYDN (1989): Satellitendaten als Informationsbasis für thematische Kartierungen. In: Internationales Jahrbuch für Kartographie, 24, 33-53.

BECK, U. (1987): Computer-Graphik. Basel.

BEISEL, H. (1993): Graphik-Files auf Mainframes und PCs. In: PC-Nachrichten des Universitätsrechenzentrums Heidelberg, 11, 18-22.

BEHR, F.-J. (2000[2]): Strategisches GIS-Management. Grundlagen und Schritte zur Systemeinführung. Heidelberg.

BERNHARDSEN, T. (1992): Geographic Information Systems. Arendal.

BERTIN, J. (1974): Graphische Semiologie. Berlin.

BERTIN, J. (1982): Graphische Darstellungen. Berlin.

BILL, R. & D. FRITSCH (1991): Grundlagen der Geo-Informationssysteme. Band 1: Hardware, Software und Daten. Karlsruhe.

BILL, R. (1993): Geographische Informationssysteme für Fernerkundungsanwendungen - eine Marktübersicht. In: STRATHMANN, F.-W. (Hrsg.): Taschenbuch zur Fernerkundung. Karlsruhe. S.87-95.

BILL, R. (1999a[4]): Grundlagen der Geo-Informationssysteme. Band 1: Hardware, Software und Daten. Heidelberg.

BILL, R. (1999b[2]): Grundlagen der Geo-Informationssysteme. Band 2: Analysen, Anwendungen und neue Entwicklungen. Heidelberg.

BILL, R. (1999c): GIS-Produkte am Markt. Stand und Entwicklungstendenzen. In: Zeitschrift für Vermessungswesen, 6, 195-199.

BISCHOFF, H. (2000): Microsoft MapPoint 2000. In: Deutsche Gesellschaft für Kartographie (Hrsg.): Neue Wege für die Kartographie? Symposium 2000. Bonn, 32-33.

BOESCH, H. (1968): The World Land Use survey. In: Internationales Jahrbuch für Kartographie, 3, 136-143.

BOESCH, H., SCHIESSER, H.H. & U. SCHWEIZER (1975a): Themakarten: Konzept, Grundlagen und kartographischer Entwurf (I). In: Geographica Helvetica, 3, 133-134.

BOESCH, H., SCHIESSER, H.H. & U. SCHWEIZER (1975b): Themakarten: Konzept, Grundlagen und kartographischer Entwurf (II). In: Geographica Helvetica, 4, 179-180.

BOLLMANN, J. (1984): Stand und Entwicklung der computergestützten Kartographie an der Freien Universität Berlin, Fachrichtung Kartographie. In: Internationales Jahrbuch für Kartographie, 19, 39- 46.

BORN, G. (1993): Referenzhandbuch Dateiformate: Grafik, Text, Datenbanken, Tabellenkalkulation. Bonn.

BRANDI-DOHRN, F. (1999): GIS im WWW – Beispiele und Nutzen. In: STROBL, J. & T. BLASCHKE (Hrsg.): Angewandte Geographische Informationsverarbeitung XI. Heidelberg, 74-79.

BRASSEL, K. (1983): Grundkonzepte und technische Aspekte von Geographischen Informationssystemen. In: Internationales Jahrbuch für Kartographie, 23, 31-51.

BRASSEL, K. (1985): Strategies and Data Models for Computer-Aided Generalization. In: Internationales Jahrbuch für Kartographie, 25, 11-27.

BRASSEL, K. (1988): EDV-Kartographie in der geographischen Lehre und Forschung. In: Wiener Schriften zur Geographie und Kartographie, 1, 11-38.

BRUNNER, K. (1995): Digitale Kartographie an Arbeitsplatzrechnern. In: Kartographische Nachrichten, 45, 66-68.

BUHMANN, E. & J. WIESEL (2000): GIS-Report. Software, Daten, Firmen. Karlsruhe.

CAUVIN, C. (1991): De la cartographie de report à la cartographie transformationelle. In: Espace, Populations, Sociétés, 1991-3, 487-503.

CLARKE, K.C. (1990): Analytical and computer cartography. Englewood Cliffs, NJ.

COULSON, M.R.C. (1990): In Praise of Dot Maps. In: Internationales Jahrbuch für Kartographie, 30, 51-61.

CRIBB, R. (1994): Using CorelDRAW for Thematic Maps: An Atlas of Indonesian History. In: GOERKE, M. (Hrsg.), Coordinates for Historical Maps, St. Katharinen: Scriptae Mercaturae Verlag, 17-22.

DAVIS, P. (1974): Data Description and Presentation. In: FITZGERALD, B. (1974): Science in Geography. Oxford University Press.

DEPUYDT, F. (1988): Optimization of the Cartographic Communication Process in Choropleths by Computer Assistance. In: Internationales Jahrbuch für Kartographie, 28, 203-211.

DENT, B. D. (1999): Cartography. Thematik Map Design. Boston.

DICKMANN, F. (1997): Kartographie im Internet. In: Katographische Nachrichten, 47(3):87-96.

DICKMANN, F. (2000a): Wepmapping (Teil I): Kartenpräsentation im World Wide Web. In: Geographische Rundschau 52, Heft 3, Braunschweig, S. 42-47.

DICKMANN, F. (2000b): Webmapping (Teil II): Kartenentwurf mit dem World Wide Web. In: Geographische Rundschau 52, Heft 5, Braunschweig, S. 51-56.

DICKMANN, F. & K. ZEHNER (1999): Computerkartographie und GIS. Braunschweig (=Das geographische Seminar).

DICKMANN, F. & K. ZEHNER (1998): Geographie und Internet - Chancen und Geahren des Datenhighways für Geographen in Forschung und Praxis. In: Standort, (1):22-29.

EEBELING, D., FREIMUTH P., NAGEL, J. G., SCHMIDT M. & T. STEIN (Hrsg.) (1998): ARASS – Ein Datenmanagementsystem als Grundlage eines offenen Geoinformationssystems. Trier (=Wissenschaft und Praxis, 28).

EGGELING, T. & H. FRATER (1999): PC Hardware. Poing.

ENGELHARDT, H.P. (1993): Entwicklung und heutiger Stand der digitalen Kartendarstellung. In: Kartographische Nachrichten, 43, 7-12.

FASBENDER, M. (1991): Computergestützte Erstellung von komplexen Choroplethenkarten, Isolinienkarten und Gradnetzentwürfen mit dem Programmsystem SAS/GRAPH. Heidelberger Geographische Bausteine, 9.

FEHL, G. (1967): Karten aus dem Computer. In: Stadtbauwelt, 13, 1001-1008.

FREITAG, U. (1987): Die Kartenlegende – nur eine Randangabe? In: Kartographische Nachrichten, 37, 42-49.

FREITAG, U. (1991): Zur Theorie der Kartographie. In: Kartographische Nachrichten, 41, 42-50.

GARDINER, V. & D.J. UNWIN (1987): Computer cartography. London.

GARTNER, G. (1999): Internet-Kartographie: (R)Evolution oder Sackgasse. In: Kartographische Nachrichten, 49(3):98-104.

GOERKE, M. (Hrsg.) (1994): Coordinates for Historical Maps. = Halbgraue Reihe zur Historischen Fachinformatik, A25. St. Katharinen: Scriptae Mercaturae Verlag.

GÖPFERT, W. (1991^2): Raumbezogene Informationssysteme. Karlsruhe.

GRÖSSCHEN, H.W. (1981): Neue Wege zur „Automation“ in der Kartographie. In: Internationales Jahrbuch für Kartographie, 21, 97-119.

GRÖSSCHEN, H.W. (1988): Digitale Kartographie in Vektor- und Rastertechnik. In: Wiener Schriften zur Geographie und Kartographie, 1, 180-183.

GROSSER, K. (1982): Zur Konzeption thematischer Grundlagenkarten. In: Geographische Berichte, 27, 171-183.

GRÜNREICH, D. (1992): Welche Rolle spielt die Kartographie beim Aufbau und Einsatz von Geo-Informationssystemen. In: Kartographische Nachrichten, 42, 1-6.

GRÜNREICH, D. (1993): Stand der Forschung und Entwicklung in der digitalen Kartographie - ein Überblick. In: Kartographische Schriften, 1, 10-18. Bonn.

GUNN, C.A. & T.R. LARSEN (1988): Tourism potential-aided by computer cartography. Aix-en-Provence.

HAKE, G. ($1982^{6)}$: Kartographie I. Berlin.

HAKE, G. (1985^3): Kartographie II. Berlin.

HAKE, G. (1988): Gedanken zur Form. In: Kartographische Nachrichten, 38, 65-72.

HAKE, G. (1991): Die Entwicklung der Kartentechnik seit 1950. In: Kartographische Nachrichten, 41, 50-59.

HAKE, G. & D. GRÜNREICH (1994^7): Kartographie. Berlin.

HEIDORN, D. (1990): THEMSE: Ein Verfahren zur rechnergestützten Herstellung thematischer Karten. In: Kartographische Nachrichten, 40, 108-112.

HELFER, M. (1995): Computerkartografie. Anwendung von AutoCAD. Saarbrücken: Akademie Verlag.

HERDEG, E. (1993): Die amtliche Kartographie zwischen analoger und digitaler Karte. In: Kartographische Nachrichten, 43, 1-7.

HERRMANN, C. & H. ASCHE (2001): Web.Mapping 1. Raumbezogene Information und Komunikation im Internet. Heidelberg.

HERRMANN, C.M., ASCHE, H. & V. ANTUNES (1991): Desktop Mapping mit dem Apple Macintosh - ein neues Arbeitsmittel für den Kartographen. In: Kartographische Nachrichten, 41, 170-178.

HERZOG, A. (1988): Desktop Mapping. In: Geographica Helvetica, 43, 21-26.

HÜTTERMANN, A. (1979): Karteninterpretationen in Stichworten. Teil II : Geographische Interpretation thematischer Karten. Kiel.

ILLERT, A. (1990): Methoden und Anwendungen der kartographischen Mustererkennung. In: Kartographische Nachrichten, 39, 93-97.

ILLERT, A. (1992): Automatisierte Digitalisierung von Karten durch Mustererkennung. In: Kartographische Nachrichten, 42, 6- 12.

ILLERT, A., & B.M. POWITZ (1992): Automatisierung der kartographischen Datenerfassung und Generalisierung. In: KILCHENMANN, A. (Hrsg.): Technologie Geographischer Informationssysteme, 75-85. Berlin.

IMHOF, E. (1972): Thematische Kartographie. Berlin.

JÄGER, E. (1990): Methoden zur Ableitung Digitaler Kartographischer Modelle im Rasterdatenformat. In: Kartographische Nachrichten, 40, 101-105.

JUNIUS, H. (1988): Planungskartographie: ARC/INFO - ein wirksames Hilfsmittel beim Aufbau von Planungssystemen. In: Kartographische Nachrichten, 38, 105-113.

JUNIUS, H. (1991): Kartographische Darstellungsmöglichkeiten bei ARC/INFO. In: Kartographische Nachrichten, 41, 136-144.

KANT, E. (1970): Über die ersten absoluten Punktkarten der Bevölkerungsverteilung. Bemerkungen zur Geschichte der thematischen Kartographie. In: Lund Studies in Geography, Series B, 36, 1-12.

KEATES, J.S. (1989): Cartographic Design and Production. Essex.

KELNHOFER, F. (1984): Themakartenentwurf und Datenbindung. In: Kartographische Nachrichten, 34, 1-15.

KERN, H. (1988): Anforderungen an EDV-Programmsysteme aus der Sicht der Thematischen Kartographie. In: Wiener Schriften zur Kartographie, 1, 154-165.

KERN, K. (1977): Thematische Computerkartographie. Entwicklungen und Anwendungen. Karlsruher Manuskripte zur Mathematischen und Theoretischen Wirtschafts- und Sozialgeographie, 22.

KESSLER-DE VIVIE, C. (1993): Ein Verfahren zur Steuerung der numerischen Klassenbildung in der thematischen Kartographie. Trier (=Beiträge zur kartographischen Informationsverarbeitung, 6).

KILCHENMANN, A. (Hrsg.) (1992): Technologie Geographischer Informationssysteme. Berlin.

KILCHENMANN, A., STEINER, D., MATT, O.F. & E. GÄCHTER (1972): Computer-Atlas der Schweiz. Bern.

KRAAK, M.-J. (2001): Webdesign-Webmapping '99 – Potentiale und Beispiele. In: HERRMANN, C. & H. ASCHE (Hrsg.): Web.Mapping 1. Raumbezogene Information und Komunikation im Internet. Heidelberg.

KRÄMER, W. (1991): So lügt man mit Statistik. Frankfurt.

KRETSCHMER, I. (1991): Wissenschaft und Technik der Kartographie im zukünftigen Deutschland. In: Kartographische Nachrichten, 41, 23-26.

KRUSE, I. (1990): Neuere Entwicklungen und Einsatzmöglichkeiten des Programmsystems TASH. In: Kartographische Nachrichten, 39, 90-93.

KUNZMANN, K.R. (1993): Geodesign: Chance oder Gefahr? In: Informationen zur Raumentwicklung, 7, 389-396.

LAMMERS, D.A. (1980): Graphische Datenverarbeitung in der Geographie. Karlsruher Manuskripte zur Mathematischen und Theoretischen Wirtschafts- und Sozialgeographie, 50.

LEIBERICH, P. (1997): Einführung zum Business Mapping im Marketing. In: LEIBERICH, P. (Hrsg.): Business Mapping im Marketing. Heidelberg.

LICHTNER, W. (1983): Computerunterstützte Verzerrung von Kartenbildern bei der Herstellung thematischer Karten. In: Internationales Jahrbuch für Kartographie, 23, 83-95.

LICHTNER, W. (1985): Investigations and Experiences on Automatic Digitization of Maps. In: Internationales Jahrbuch für Kartographie, 25, 101-107.

LICHTNER, W. (1987): RAVEL – Ein Programm zur Raster-Vektor-Transformation. In: Kartographische Nachrichten, 37, 63-68.

LIEBIG, W. (2001^3): Desktop-GIS mit ArcView GIS. Leitfanden für Anwender. Heidelberg.

LIEBIG, W. & J. SCHALLER (2000^2): ArcView GIS. GIS-Arbeitsbuch. Heidelberg

LINDER, W. (1999): Geo-Informationssysteme. Ein Studien- und Arbeitsbuch. Heidelberg.

MacEACHREN, A.M. & D.R.F. TAYLER (Hrsg.) (1994): Visualization in Modern Cartography. Oxford.

MÄDER, C. (1992): Kartographie für Geographen. Geographica Bernensia, 22.

MAYER, F. (1990): Die Atlaskartographie auf dem Weg zum elektronischen Atlas. Wiener Schriften zur Geographie und Kartographie, 4, 124-143.

MAYER, F. (1992): Thematische Kartographie heute: Impulse/Zukunftsaspekte. In: Wiener Schriften zur Geographie und Kartographie, 6, 137-150.

McMASTER, B. & K.S. SHEA (1992): Generalization in Ditital Cartography. Washington D.C.

MEUSBURGER, P. (1979): Zum gegenwärtigen Stand der Computerkartographie. In: Mitteilungen der Österreichischen Geographischen Gesellschaft, 121, 3-8. Wien.

MEYNEN, E. (1975): Die Grund- und Aussageformen der thematischen Karte. In: Vermessung, Photogrammetrie, Kulturtechnik, 1, 1-11.

MOCKER, U., MOCKER, H. & M. WERNER (1990): Computergestützte Arbeitstechniken für Geistes- und Sozialwissenschaftler. Bonn.

MONMONIER, M. (1982): Computer-Assisted Cartography. Principles and Prospects. Englewood Cliffs, New Jersey.

MONMONIER, M. (1985): Technological Transition in Cartography. Wisconsin.

MONMONIER, M. (1991): How to Lie with Maps. The University of Chicago Press.

MONMONIER, M. (1993): Mapping it out: Expository cartography for the humanities and social sciences. The University of Chicago Press.

MONMONIER, M. (1996): Eins zu einer Million. Die Tricks und Lügen der Kartographen. Basel.

MULLER, J.C. (1985): Wahrheit und Lüge in thematischen Karten – Zur Problematik der Darstellung statistischer Sachverhalte. In: Kartographische Nachrichten, 35, 44-52.

MUTUNAYAGAM, B.N. & A. BAHRAMI (1987): Cartography and Site Analysis with Microcomputers. New York.

NORDBECK, S. & B. RYSTEDT (1967): Computer cartography point in polygon programs. Lund studies in geography. Serie C, 7.

o.A. (1993): Kartographie und Geo-Informationssysteme: Grundlagen, Entwicklungsstand und Trends. Kartographische Schriften, 1. Bonn.

o.A. (1996): Scheibenwelten. In: PC Anwender, 1, 54-62.

OEST, K. & P. KNOBLOCH (1974): Untersuchungen zu Arbeiten aus der Thematischen Kartographie mit Hilfe der EDV. Abhandlungen der Akademie für Raumforschung und Landesplanung, 72. Hannover.

OEST, K. & P. KNOBLOCH (1976): Untersuchungen zu Arbeiten aus der Thematischen Kartographie mit Hilfe der EDV. 2. Teil. Abhandlungen der Akademie für Raumforschung und Landesplanung, 72. Hannover.

OTT, T. (1999): Microsoft MapPoint 2000. In: Petermanns Geographische Mitteilungen, 143(1):48.

OTT, T. & P. TIEDEMANN (1999): Internet für Geographen. Eine praxisorientierte Einführung. Darmstadt.

PESCHEL, G.J. (1991): Klassifizierung Geowissenschaftlicher Informationen. Köln (=Beiträge zur Mathematischen Geologie und Geoinformatik, 1).

PEYKE, G. (1989): Thematische Kartographie mit PC und Workstation. In: Kartographische Nachrichten, 39, 168-174.

POEHLMANN, G.M. (1989): Map Production Today and at the End of the 1990's. In: Internationales Jahrbuch für Kartographie, 29, 217- 227.

POWITZ, B.M. (1990): Automationsgestützte kartographische Generalisierung: Voraussetzungen, Strategien, Lösungen. In: Kartographische Nachrichten, 39, 97-101.

PRECHT, M., MEIER, N. & J. KLEINLEIN (1992): EDV-Grundwissen: Eine Einführung in Theorie und Praxis der EDV. Bonn.

PUDLATZ, H. (1982): Computer-Kartographie. Möglichkeiten des EDV- Einsatzes bei der Erzeugung thematischer und topographischer Karten. Schriftenreihe Rechenzentrum Universität Münster, 52.

QUICK, M. & J. SCHWEIKART (1996): Computer Cartography in Social Research: Desktop Mapping with Microsoft Excel 7.0. In: EURODATA Newsletter, 3.

RASE, W.-D. (1988): Rechnergestützte Zeichnung von thematischen Karten für die Raumplanung. In: Wiener Schriften zur Geographie und Kartographie, 1, 122-138.

RASE, W.-D. (1992): Kartographische Anamorphosen. In: Kartographische Nachrichten, 42, 99-105.

RASE, W.-D. (1998): Visualisierung von Planungsinformationen. Modellierung und Darstellung immaterieller Oberflächen. Bonn (=Forschungen, 89).

RASE, W.-D. (2000): Darstellung von immateriellen Oberflächen in der großräumigen Planung. In: Kartographische Nachrichten, 50(1):10-17.

RASE, W.-D. & T.K. PEUKER (1971): Erfahrungen mit einem Computer-Programm zur Herstellung thematischer Karten. In: Kartographische Nachrichten, 21, 50-57.

RASSO, H. & P. RUPPERT (1979): Computerkartographie. Industriegeographische Anwendungsbeispiele. Nürnberger Wirtschafts- und sozialgeographische Arbeiten, 31.

RECHENBERG, P. (1991): Was ist Informatik? Eine allgemeinverständliche Einführung. München.

REY, B.M. (1991): Kartographie in der Wirtschaft. In: Kartographische Nachrichten, 41, 17-23.

REY, B.M. (1999): Piktogramme und ihre Bedeutung in der Kartographie. Bochum (=Bochumer Geographische Arbeiten, 66).

RHIND, D. (1993): Maps, Information and Geography: a New Relationship. In: Geography, 339, 150-159.

RITTER, H. (1991): PC-Graphik-Programme in der Statistik. Stuttgart.

SAARO, H. (1999): Internet: kompakt, komplett, kompetent. Haar.

SARADETH, S. & A. SIEBERT (1993): Info-Karten hausgemacht. In: Magazin für Computer Technik, Heft 8, 74-78.

SAURER, H. & F.-J. BEHR (1997): Geographische Informationssysteme. Eine Einführung. Darmstadt.

SCHALLER, J. & C.D. WERNER (1992): Das Softwaresystem ARC/INFO. In: KILCHENMANN, A. (Hrsg.): Technologie Geographischer Informationssysteme, 141-154. Berlin.

SCHEEPERS, C.F. (1986): Graphical communication and symbolism in a computerized cartography and map compilation system. Pretoria.

SCHEIBE, C. (1992): Moderne Kartographie. In: DOS- Shareware, Heft 11, 35-41.

SCHELLER, M., BODEN, K.-P. & J. KAMPERMANN (1994): Internet: Werkzeuge und Dienste. Berlin.

SCHIEB, J. (1992): Neue Schriftentechnologie: TrueType. In: Microsoft Anwender Journal Extra, 100-103.

SCHIEDE, H. (1962): Die Farbe in der Kartenkunst. In: BOSSE, H. (Hrsg.): Kartengestaltung und Kartenentwurf, 23-37. Mannheim.

SCHIEDE, H. (1970): Das Element Farbe in der thematischen Kartographie. In: Mitteilungen der Österreichischen Geographischen Gesellschaft, 112, 293-313. Wien.

SCHILCHER, M. (1990): CAD-Kartographie. Anwendungen in der Praxis. Karlsruhe.

SCHLÄPFER, K. (1991): Definition von Farben und Farbräumen in der digitalen Bildverarbeitung. In: FOGRA-Mitteilungen, 143, 8-14.

SCHLIMM, R. (1998): Aufbau eines Kartographischen Informationssystems im World Wide Web. In: Kartographische Nachrichten, 48(1):1-7.

SCHMID, D. (1988): Die Topographischen Landeskartenwerke in der Bundesrepublik Deutschland. In: Kartographisches Taschenbuch 1988/89, 21-46. Stuttgart.

SCHMUDE, J. & M. HOYLER (1992): Computerkartographie am PC: Digitalisierung graphischer Vorlagen und interaktive Kartenerstellung mit DIGI90 und MERCATOR. Heidelberger Geographische Bausteine, 11.

SCHNURER, G. (1991): Wachsender Überblick. In: c't, 7.

SCHOLZ, E., TANNER, G. & R. JÄNCKEL (1983): Einführung in die Kartographie und Luftbildinterpretation. Gotha.

SCHÖN, N. & P. MEUSBURGER (1986): GEOTHEM – I. Software zur computergestützten Kartographie. Heidelberger Geographische Bausteine, 2.

SCHOPPMEYER, J. (1991): Farbreproduktion in der Kartographie und ihre theoretischen Grundlagen. Frankfurt.

SCHOPPMEYER, J. (1992): Farbe – Definition und Behandlung beim Übergang zur digitalen Kartographie. In: Kartographische Nachrichten, 42, 125-134.

SCHRÖDER, K. (1998): Thematische Karten im Internet: Neue Möglichkeiten der Karten- und Legendengestaltung. Berlin (=Berliner Manuskripte zur Kartographie).

SCHWEIKART, J., QUICK, M. & G. OLBRICH (1995): Stand und Entwicklung des Desktop Mapping am PC. In: Kartographische Nachrichten, 45, 1-9.

SCHWEIKART, J., SCHMUDE, J., OLBRICH, G. & U. BERGER (1989): Graphische Datenverarbeitung mit SAS/GRAPH – Eine Einführung. Heidelberger Geographische Bausteine, 7.

SEELE, E. & F. WOLF (1973): Darstellung thematischer Karten mit Schnelldrucker und Plotter auf der CD 3300. Mitteilungsblatt des Rechenzentrums der Universität Erlangen-Nürnberg, 15.

SIEGERT, F. (2000): PDF in der Kartographie. In: Deutsche Gesellschaft für Kartographie (Hrsg.): Neue Wege für die Kartographie? Symposium 2000. Bonn, 95-102.

SPIESS, E. (1987): Computergestützte Verfahren im Entwurf und in der Herstellung von Atlaskarten. In: Kartographische Nachrichten, 37, 55-63.

STÄHLER, P. (2001): Von Geographischen Informationssystemen zu Webmapping-Applikationen – eine ökonomische Analyse. In: HERRMANN, C. & H. ASCHE (Hrsg.): Web.Mapping 1. Raumbezogene Information und Komunikation im Internet. Heidelberg.

STOCKMAR, C. (2001): Aufbau und Nutzen eines Online-Informationspools für die Kartenredaktion. In: HERRMANN, C. & H. ASCHE (Hrsg.): Web.Mapping 1. Raumbezogene Information und Komunikation im Internet. Heidelberg.

STOLZE, D. (1991): Kartenspiele. Computeranwendungen in der Kartographie. In: c't, Heft 5, 50-59.

STRAHL, R. (1995): Grundlagen geographischer Informationssysteme. Moderne Landkarten. In: iX, 9, 42-50.

STRATHMANN, F.-W. (Hrsg.) (1993): Taschenbuch zur Fernerkundung. Karlsruhe.

STROBL, J. (2001): Online GIS. In: HERRMANN, C. & H. ASCHE (Hrsg.): Web.Mapping 1. Raumbezogene Information und Komunikation im Internet. Heidelberg.

TAINZ, P. (1991): Weiterentwicklung THEMAK2. In: Kartographische Nachrichten, 41, 188-191.

TAYLOR, D.R.F (1991): Geographic Information Systems. The Microcomputer and modern Cartography. Oxford.

TIEMEYER, E. (1992): Windows 3.1: Einsteigen leichtgemacht. Braunschweig.

TOBLER, W.R. (1959): Automation and Cartography. In: Geographical Review, 49, 526-543.

VOSS, A. (1999): Das große PC Lexikon. Düsseldorf.

WEBER, W. (1991): Moderne Techniken der Kartenbearbeitung/Kartenherstellung – eine Übersicht. In: LEIBBRAND, W. (Hrsg.): Moderne Techniken der Kartenherstellung, 25-40. Bonn.

WIESEL, J. (1995): Geographische Informationssysteme in Deutschland. In: iX, 9, 51-55.

WIESNER, T. (1993): Beraten und verkauft. In: dos, Heft 11, 58-67.

WILFERT, I. (2000): Rasterdatenformate und ihr Einsatz bei kartographischen Aufgabenstellungen. In: Deutsche Gesellschaft für Kartographie (Hrsg.): Neue Wege für die Kartographie? Symposium 2000. Bonn, 65-77.

WILHELMY, H. (19905): Kartographie in Stichworten. Unterägeri.

WITT, W. (19702): Thematische Kartographie. Hannover.

WITTENBERG, R. (1991): Computerunterstützte Datenanalyse. Stuttgart.

WOOD, D. & J. FELS (1993): The Power of Maps. London.

Anhang 1: Wichtige Adressen

A. Statistische Ämter

Argentinien: Instituto Nacional de Estadistica y Censos (INDEC)
(National Institute of Statistics and Census) Divulgation Department, Special Works, PB, 1067 Buenos Aires
http://www.indec.mecon.ar

Armenien: National Statistical Service of the Republik of Armenia
http://www.armstat.am

Australien: Australian Bureau of Statistics
P.O.Box 10, Belconnen ACT 2616
http://www.abs.gov.au

Belgien: Nationaal Instituut voor de Statistiek (Statistisches Landesamt)
Rue de Louvain 44-46, B-1000 Bruxelles
http://www.statbel.fgov.be

Bulgarien: National Statistical Institute
2, P. Volov Str., 1504 Sofia
http://www.nsi.bg

China: China Statistical Information Network, National Bureau of Statistics
http://www.stat.gov.cn/english/

Dänemark: Danmarks Statistik (Statistics Denmark)
Sejrøgade 11, DK-2100 København Ø,
http://www.dst.dk

Deutschland: Statistisches Bundesamt
65180 Wiesbaden
http://www.statistik-bund.de

Deutschland/Baden-Württemberg: Statistisches Landesamt Baden-Württemberg
Postfach 106033, 70049 Stuttgart
http://www.statistik.baden-wuerttemberg.de

Deutschland/Bayern: Bayerisches Landesamt für Statistik und Datenverarbeitung
80288 München
http://www.bayern.de/lfstad/

Deutschland/Berlin: Statistisches Landesamt Berlin
10306 Berlin
http://www.statistik-berlin.de

Deutschland/Brandenburg: Landesbetrieb für Datenverarbeitung und Statistik
Postfach 601052, 14410 Potsdam
http://www.brandenburg.de/lds/

Deutschland/Bremen: Statistisches Landesamt Bremen
Postfach 10 13 09, 28013 Bremen
http://www.bremen.de/info/statistik/

Deutschland/Hamburg: Statistisches Landesamt der Freien und Hansestadt Hamburg
20453 Hamburg
http://www.hamburg.de/Behoerden/StaLa/

Deutschland/Hessen: Hessisches Statistisches Landesamt
Rheinstraße 35/37, 65175 Wiesbaden
http://www.hsl.de

Deutschland/Mecklenburg-Vorpommern: Statistisches Landesamt Mecklenburg-Vorpommern, Lübecker Straße 287, 19059 Schwerin
http://www.statistik-mv.de

Deutschland/Niedersachsen: Niedersächsisches Landesamt für Statistik
Postfach 91 07 64, 30427 Hannover
http://www.nls.niedersachsen.de

Deutschland/Nordrhein-Westfalen: Landesamt für Datenverarbeitung und Statistik Nordrhein-Westfalen, Postfach 101105, 40002 Düsseldorf
http://www.lds.nrw.de

Deutschland/Rheinland-Pfalz: Statistisches Landesamt Rheinland-Pfalz
56128 Bad Ems
http://www.statistik.rlp.de/

Deutschland/Saarland: Statistisches Landesamt Saarland
Postfach 103044, 66030 Saarbrücken
http://www.statistik.saarland.de

Deutschland/Sachsen: Statistisches Landesamt des Freistaates Sachsen
Macherstraße 63, 01917 Kamenz
http://www.statistik.sachsen.de

Deutschland/Sachsen-Anhalt: Statistisches Landesamt Sachsen-Anhalt
Postfach 20 11 56, 06012 Halle
http://www.stala.sachsen-anhalt.de

Deutschland/Schleswig-Holstein: Statistisches Landesamt Schleswig Holstein
Postfach 71 30, 24171 Kiel
http://www.statistik-sh.de

Deutschland/Thüringen: Thüringer Landesamt für Statistik
Postfach 90 01 63, 99104 Erfurt
http://www.tls.thueringen.de

Estland: Statistikaamet (Statistical Office of Estonia)
Endla 15, 15174 Tallinn
http://www.stat.ee

Europäische Union: Statistisches Amt der Europäischen Union (Eurostat)
Eurostat Information Office, Jean Monnet Building, L-2920 Luxembourg
http://europa.eu.int/en/comm/eurostat/eurostat.html

Finnland: Tilastokeskus (Statistics Finland)
POB 2B, FIN-00022 Statistics Finland
http://www.stat.fi

Frankreich: Institute Natinal de la Statistique et des Etudes Economiques France (INSEE), Direction Générale de l'Insee, 18, bd. Adolphe Pinard, F-75675 Paris cedex 14
http://www.insee.fr

Griechenland: National Statistical Service of Greece (NSSG)
14-16 Lykourgou Street, GR-10166 Athens
http://www.statistics.gr

Großbritannien und Nordirland: Office for National Statistics (ONS), United Kingdom
Cardiff Road, Newport NP10 8XG
http://www.statistics.gov.uk

Indonesien: Badan Punat Statistik (Statistics Indonesia)
Il. Dr, Sutomo 6-8, Jakarta 10710
http://www.bps.go.id

Irland: Central Statistics Office of Ireland
Skehard Road, Cork, Ireland
http://www.cso.ie

Italien: Instituto Nazionale di Statistica (ISTAT) (National Institut of Statistics of Italy)
Via Cesare Balbo 16, I-00184 Roma
http://www.istat.it

Japan: Statistics Bureau & Statistics Center
19-1 Wakamatsu-cho, Shinjuku-ku Tokyo 162-8668
http://www.stat.go.jp/english/1.htm

Kanada: Statistics Canada
120 Parkdale Avenue, Tunney's Pasture, R.H. Coats Building, 10A, Ottawa, Ontario, K1A 0T6
http://www.statcan.ca

Korea: National Statistical Office
920, Dunsan-dong, seo-gu, Daejeon, 302-701, Rep. of Korea
http://www.nso.go.kr/eng/

Kroatien: Croatian Bureau of Statistics
Ilica 3, 10 000 Zagreb
http://www.dzs.hr

Litauen: Lietuvos Statistikos Departamentas (Statistics Lithuania)
Gedimino av. 29, LT-2600 Vilnius
http://www.std.lt

Luxemburg: statec
B.P. 304, L-2013 Luxembourg
http://statec.gouvernement.lu

Mexiko: Instituto Nacional de Estadistica, Geografia e Informatica (INEGI)
http://www.inegi.gob.mx

Neuseeland: Statistics NewZealand
POB 2922, Wellington, NewZealand
http://www.stats.govt.nz

Niederlande: Centraal Bureau voor de Statistiek (Statistics Netherlands)
POB 4000, NL-2270 JM Voorburg
http://www.cbs.nl

Norwegen: Statistik sentralbyrå (Statistics Norway)
POB 8131 Dep., N-0033 Oslo
http://www.ssb.no

Österreich: Statistik Austria
Hintere Zollamtsstraße 2b, A-1033 Wien
http://www.statistik.at

Peru: Instituto Nacional de Estadística e Informática (INEI)
http://www.inei.gob.pe

Polen: Polska Statystyka Publiczna (Polish Offical Statistics)
Al. Niepodleglosci 208, PL-00-925 Warsawa
http://www.stat.gov.pl/english/index.htm

Portugal: Instituto Nacional de Estatística
Av. Antonio José de Almeida 2, P-1000-043 Lisboa
http://www.ine.pt/en_index.asp

Russische Föderation: State Committee of the Russian Federation on Statistics
39 Myasnitskaya Str., Moscow 103450
http://www.gks.ru

Schweden: Statistics Sweden (SCB)
POB 24300, S-10451 Stockholm
http://www.scb.se/eng

Schweiz: Statistik Schweiz, Bundesamt für Statistik (BFS)
CH-2010 Neuchâtel
http://www.statistik.admin.ch

Slowakei: Statistický úrad slovenskej republiky (Statistical Office of the Slovak Republic)
Mileticova 3, 824 67 Bratislava
http://www.statstics.sk

Slowenien: Statisticni urad Republike Slovenije (Statistical Office of the Republic of Slovenia),Vo arski pot 12, SLO-61000 Ljubljana
http://www.sigov.si/zrs

Spanien: Instituto Nacional de Estadística (INE)
Paseo de la Castellana 183, E-28071 Madrid
http://www.ine.es

Tschechische Republik: Ceský Statistický Úrad
Sokolovská 142, 186 04 Praha 8
http://www.czso.cz

Türkei: State Institute of Statistics
Necatibey Caddesi No 114, TR-06100 Ankara
http://www.die.gov.tr

Ungarn: Hungarian Central Statistical Office
POB 51, 1525 Budapest
http://www.ksh.hu/eng/index.html

USA: U.S. Census Bureau
Washington DC 20233
http://www.census.gov

B. Landesvermessungsämter Deutschlands

Bundesrepublik Deutschland: Bundesamt für Kartographie und Geodäsie
Richard-Strauss-Allee 11, 60598 Frankfurt a. M.
http://www.ifag.de

Baden-Württemberg: Landesvermessungsamt Baden-Württemberg
Postfach 10 29 62, 70025 Stuttgart
http://www.lv-bw.de

Bayern: Bayerisches Landesvermessungsamt
Postfach 22 00 04, 80535 München
http://www.bayern.de/vermessung

Berlin: Senatsverwaltung für Stadtentwicklung, Abt. Geoinformation und Vermessung, Mansfelder Straße 16, 10713 Berlin
http://www.stadtentwicklung.berlin.de

Brandenburg: Landesvermessungsamt Brandenburg
Heinrich-Mann-Allee 103, 14473 Potsdam
http://www.lverma-bb.de

Bremen: Kataster und Vermessung Bremen
Wilhelm-Kaisen-Brücke 4, 28199 Bremen
http://www.bremen.de/buerger.html

Hamburg: Freie und Hansestadt Hamburg, Amt für Geoinformation und Vermessung
Postfach 10 05 04, 20003 Hamburg
http://www.hamburg.de/Behoerden/Vermessungsamt

Hessen: Hessische Verwaltung für Regionalentwicklung, Kataster und Flurneuordnung
Schaperstraße 16, 65195 Wiesbaden
http://www.hkvv.hessen.de

Mecklenburg-Vorpommern: Landesvermessungsamt Mecklenburg-Vorpommern
Postfach 12 01 34, 19018 Schwerin
http://www.lverma-mv.de

Niedersachsen: Landesvermessung und Geobasisinformation Niedersachsen (LGN)
Podbielskistraße 331, 30659 Hannover
http://www.lgn.de

Nordrhein-Westfalen: Landesvermessungsamt Nordrhein-Westfalen
Postfach 20 50 07, 53170 Bonn
http://www.lverma.nrw.de

Rheinland-Pfalz: Landesvermessungsamt Rheinland-Pfalz
Ferdinand-Sauerbruch-Straße 15, 56073 Koblenz
http://www.lverma.rlp.de

Saarland: Landesamt für Kataster-, Vermessungs- und Kartenwesen
Von der Heydt 22, 66115 Saarbrücken
http://www.lkvk.saarland.de

Sachsen: Landesvermessungsamt Sachsen
Postfach 10 02 44, 01072 Dresden
http://www.lverma.smi.sachsen.de

Sachsen-Anhalt: Landesamt für Landesvermessung und Datenverarbeitung Sachsen-Anhalt, Barbarastraße 2, 06110 Halle/Saale

Schleswig-Holstein: Landesvermessungsamt Schleswig-Holstein
Mercatorstraße 1, 24106 Kiel
http://www.schleswig-holstein.de/lverma

Thüringen: Thüringer Landesvermessungsamt
Postfach 9 07, 99018 Erfurt
http://www.thueringen.de/de

Anhang 2: Kartographische Software

Adobe Illustrator/Adobe Photoshop: http://www.adobe.com

ARC/INFO: ESRI Geoinformatik GmbH, Ringstraße 7, 85402 Kranzberg. http://ESRI-Germany.de

ArcView: ESRI Geoinformatik GmbH, Ringstraße 7, 85402 Kranzberg. http://ESRI-Germany.de

AutoCAD: Autodesk GmbH, Hansastraße 28, 80686 München. http://www.autodesk.de

CorelDraw/CorelPhotoPaint: Corel Regus Office, Landsberger Straße 155, 80687 München. http://www.corel.de

EASYMAP: LUTUM + TAPPERT, DV-Beratung GmbH, Andreas-Hermes-Straße 7-9, 53175 Bonn. http://www.geomarketing.de

ERDAS: GEOSYSTEMS GmbH, Gesellschaft für Vertrieb und Installation von Fernerkundungs- und Geoinformationssystemen, Riesstraße 10, 82110 Germering. http://www.erdas.de

INKAR: Bundesamt für Bauwesen und Raumordnung, Abteilung I, Am Michaelshof 8, 53177 Bonn, bzw. Postfach 20 01 30, 53131 Bonn. http://www.bbr.bund.de/abt1/i6/bbr_inkar99_inset.htm

Macromedia FreeHand: Macromedia GmbH, Martin-Greif-Straße 3, 80336 München. http://www.macromedia.com/de/

MapInfo: MapInfo GmbH, Kelsterbacher Straße 23, 65479 Raunheim. http://www.mapinfo.de

MapViewer: HarbourDom GmbH, Riehler Platz 1, 50668 Bonn. http://www.harbourdom.de

MERCATOR: SDE Sigrid Schüller, Schillerstraße 19, 68723 Plankstadt. http://www.mercator-sde.de

Microsoft Encarta Weltatlas 2001/Microsoft Excel/Microsoft MapPoint 2001: Microsoft GmbH, Konrad-Zuse-Straße 1, 85716 Unterschleißheim. http://www.microsoft.de

Nationalatlas Bundesrepublik Deutschland: Institut für Länderkunde e.V., Schongauerstraße 9, 04329 Leipzig. http://www.ifl-leipzig.de/daten/deutsch/navigation/_atlas.html

NSDstat: ZUMA, B2,1 , 68159 Mannheim, bzw. Postfach 122 155, 68072 Mannheim. http://www.social-science-gesis.de/software/NSDSTAT/index.htm

PCMap: GISCAD Institut, Prof. Dr. Gerd Peyke, Dipl. Inform. Stefan Zaunseder, Fesenmayrstraße 6, 86495 Freienried. http://www.pcmap.de

Photo Magic/Picture Publisher: Micrografx Headquarters, 8144 Walnut Hill Lane, Suite 1050, Dallas, TX 75231. http://www.micrografx.com

PolyPlot: Jörn Hauser und Dr. Joachim Kebs, Institut für Geographie, Universität Hamburg, Bundesstraße 55, 20146 Hamburg. http://www.polyplot.de

RegioGraph: MACON AG, Gustav-Struve-Allee 1, 68753 Waghäusel. http://www.macon.de

SAS: SAS Institute, In der Neckarhelle 162, 69118 Heidelberg. http://www.sas.com/offices/europe/germany/

THEMAP: Gesellschaft für raumbezogene Software und multimediale Konzeptionen (GruK), Hohenzollernstr. 22, 53173 Bonn. http://www.gruK.de; GraS GmbH, Heilbrunner Straße 10, 10711 Berlin. http://www.gras.de

TOP10 NRW: Muffendorfer Straße 19-21, 53177 Bonn, bzw. Postfach 20 50 07, 53170 Bonn. http://www.lverma.nrw.de/produkte/topkart/cdrom/1top10.htm

Anhang 3: Die grauen Kästen

Jedes in Kapitel 4 vorgestellte Programm schließt mit einem grauen Kasten ab, in dem die wichtigsten Eigenschaften der Software zusammengestellt sind. Die überwiegende Zahl dieser Informationen wurde mit Hilfe eines Fragebogens ermittelt, der an die Hersteller versandt wurde. Aufgrund der großen Unterschiede der Programme und der Vielfalt der Möglichkeiten wurde ein Weg gesucht, die Informationsflut vergleichbar zu machen. Bei tiefergehendem Interesse sollten diese Informationen durch die Homepages der Hersteller und durch die Anwendung der Demoprogramme individuell ergänzt werden. Durch die Vereinheitlichung der Aussagen, kann es in einzelnen Fällen auch zu Unterschieden zwischen dem Inhalt der grauen Kästen und den Herstellerangaben kommen.

Für viele Funktionalitäten ist es ausreichend, ausgewählte Techniken zu prüfen. Ist es in einer Software z. B. möglich, Sachdaten durch Excel-Dateien anzubinden, reicht dies vollkommen aus, da es ohne Probleme möglich ist, diese Datenstruktur zu erzeugen. Ähnlich verhält es sich mit Rasterformaten: Mit entsprechender Software können diese auch außerhalb der kartographischen Software in andere Formate konvertiert werden.

Im Folgenden werden die Inhalte erläutert, soweit dies zum Verständnis der grauen Kästen notwendig ist:

- *Voraussetzungen.* Diese technischen Anforderungen beziehen sich auf die minimal notwendige Ausstattung. Für ein komfortables Arbeiten ist im Allgemeinen ein leistungsfähigerer Rechner von großem Vorteil.
- *Geometriedatenimport* und *-export.* Bei den Vektorformaten ist die Angabe der Import- und Exportfilter auf die wichtigsten Formate, nämlich ArcView Shape-Files, MapInfo-Files (MIF) und das DXF-Format, beschränkt. Viele Programme haben wesentlich mehr Möglichkeiten. Bei den Rasterdaten erfolgt die Angabe „gängige Formate", falls mindestens eines der Formate TIFF, GIF, BMP und JPG importiert bzw. exportiert werden kann.
- *Sachdatenimport* und *-export.* Es erfolgt die Angabe „gängige Formate", falls mindestens eines der Formate Excel oder dBase importiert bzw. exportiert werden kann. Bei der Datenanbindung werden die Techniken ODBC und OCI berücksichtigt.
- *Export der kompletten Karte.* Dabei werden folgende Möglichkeiten berücksichtigt: Rasterformate, falls mindestens eines der Formate TIFF, GIF, BMP oder JPG gespeichert werden kann; weiterhin wird das Vektorformat WMF

und Druckformate (PS und EPS) genannt. Ansonsten erfolgt die Angabe „nicht möglich“.

- *Darstellungsformen.* Für die Darstellung auf Grundlage einer Sachdatenanbindung werden Choroplethen (Flächendarstellung), Signaturen und datenabhängige Diagramme, wie flächenproportionale Kreise, Quadrate usw., unterschieden. Die Angaben zu den Balken- und Kreisdiagrammen werden durch die Anzahl der Möglichkeiten, die jedoch nur diejenigen berücksichtigt, die in der Abbildung dargestellt sind, ergänzt. Zusätzlich wird eine Auswahl der weiterreichenden Möglichkeiten der Programme aufgeführt.
- *Geometriedaten im Lieferumfang.* Es wird eine Liste der gelieferten Daten angefertigt, wobei Deutschland auf der Ebene der Bundesländer und der Ebene der Stadt- und Landkreise, die Länder Europas und eine Weltkarte genannt werden, sofern sie vorhanden sind. Darüberhinaus werden weitere Geometriedaten aufgelistet, wobei hierbei kein Anspruch auf Vollständigkeit besteht. Auch die beiliegenden Demoversionen sind in dieser Hinsicht aus Platzgründen selten vollständig.

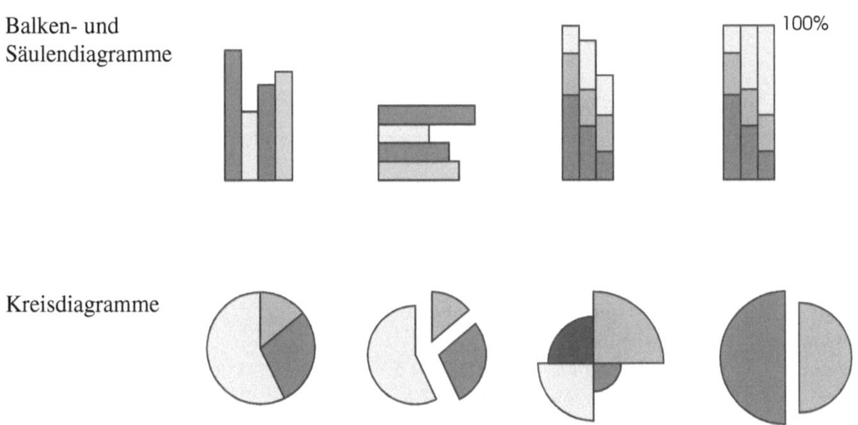

Abb. A.1. Balken-, Säulen- und Kreisdiagramme

Anhang 4: Dokumentation der CD-ROM

Hersteller von Kartographieprogrammen bieten in der Regel Demoversionen ihrer Programme an, die dazu gedacht sind, Kaufinteressenten die Funktionsweise des Programms zu veranschaulichen und ein Ausprobieren zu ermöglichen. Diese „Demos" sind zumeist kostenlos oder gegen eine geringe Schutzgebühr erhältlich. Dem Buch liegt eine CD-ROM bei, die Demos der meisten im Kapitel 4.3 getesteten Kartographieprogramme enthält. Bei den Demos handelt es sich teilweise um vollständige Programmversionen, bei denen lediglich Druck- und Speicherfunktionen abgeschaltet sind oder deren Anwendung zeitlich begrenzt ist.

Tabelle A.1. Inhalt der CD-ROM

Verzeichnis	Inhalt	vgl. Kapitel
AcrobatReader	Programm Acrobat Reader Version 4	
Anhang	HTML-Datei Anhang 1 und 2	
Arcview	Demoversion von ArcView GIS 3.2	4.3.1
Easymap	Demoversion von EasyMap 2000 Version 6.5	4.3.2
Mapinfo	Demo MapInfo Professional 6	4.3.3
Mapview	Demoversion von MapViewer 4	4.3.4
Mercator	Demoversion von MERCATOR 5	4.3.5
Pcmap	Demoversion von PCMap 10.5	4.3.6
Polyplot	Demoversion von PolyPlot 5	4.3.7
Regiogra	Demoversion von RegioGraph 5.0	4.3.8
Themak2	Demoversion von THEMAK2 3.1	ohne Text
Themap	Demoversion von THEMAP 1.2	4.3.9

Die Programme sind nicht direkt von der CD-ROM aus lauffähig, sondern müssen zuerst auf der Festplatte installiert werden. Viele Verzeichnisse enthalten auf der ersten Ebene eine Datei mit Installationshinweisen. Bei Problemen mit Installation oder Bedienung der Programme ist der jeweilige Programmhersteller bzw. -lieferant der kompetente Ansprechpartner (vgl. auch Homepages der Hersteller).

Index